教育部高等学校电子信息类专业教学指导委员会规划教材

高等学校电子信息类专业系列教材

Principles of Electric Circuits

电路原理

（上册）

第3版

汪建　刘大伟　编著
Wang Jian　Liu Dawei

清华大学出版社

北京

内 容 简 介

本书在第 2 版的基础上修订而成,系统地介绍电路的基本原理和基本分析方法。全书分上、下两册,共 19 章。上册内容包括:电路的基本定律和电路元件,电路分析方法——等效变换法、电路方程法、运用电路定理法,含运算放大器的电阻电路,动态元件,正弦稳态电路分析,谐振电路与互感耦合电路,三相电路。下册内容包括:非正弦周期性稳态电路分析,网络图论基础与电路的矩阵方程,暂态分析方法——经典分析法、复频域分析法、状态变量分析法,双口网络,均匀传输线的稳态分析和暂态分析,非线性电路分析概论,电路仿真简介。

从培养学生分析、解决电路问题的能力出发,本书通过对电路理论课程中重点、难点及解题方法的详细论述,将基本内容的叙述和学习方法的指导有机地结合,例题丰富,十分便于读者自学。

本书可作为高等院校电气、电子信息类专业"电路理论"课程的教材,也可供有关科技人员参考。

本书封面贴有清华大学出版社防伪标签,无标签者不得销售。
版权所有,侵权必究。举报:010-62782989,beiqinquan@tup.tsinghua.edu.cn。

图书在版编目(CIP)数据

电路原理.上册/汪建,刘大伟编著.—3 版.—北京:清华大学出版社,2020.4(2025.3重印)
高等学校电子信息类专业系列教材
ISBN 978-7-302-55154-6

Ⅰ.①电… Ⅱ.①汪… ②刘… Ⅲ.①电路理论-高等学校-教材 Ⅳ.①TM13

中国版本图书馆 CIP 数据核字(2020)第 049794 号

责任编辑:盛东亮
封面设计:李召霞
责任校对:白 蕾
责任印制:刘 菲

出版发行:清华大学出版社
    网 址:https://www.tup.com.cn,https://www.wqxuetang.com
    地 址:北京清华大学学研大厦 A 座   邮 编:100084
    社 总 机:010-83470000   邮 购:010-62786544
    投稿与读者服务:010-62776969,c-service@tup.tsinghua.edu.cn
    质量反馈:010-62772015,zhiliang@tup.tsinghua.edu.cn
    课件下载:https://www.tup.com.cn,010-83470236
印 装 者:三河市龙大印装有限公司
经 销:全国新华书店
开 本:185mm×260mm 印 张:27 字 数:647 千字
版 次:2007 年 12 月第 1 版 2020 年 4 月第 3 版 印 次:2025 年 3 月第 5 次印刷
印 数:3801~4300
定 价:79.00 元

产品编号:084409-01

高等学校电子信息类专业系列教材

顾问委员会

谈振辉	北京交通大学（教指委高级顾问）	郁道银	天津大学（教指委高级顾问）
廖延彪	清华大学（特约高级顾问）	胡广书	清华大学（特约高级顾问）
华成英	清华大学（国家级教学名师）	于洪珍	中国矿业大学（国家级教学名师）
彭启琮	电子科技大学（国家级教学名师）	孙肖子	西安电子科技大学（国家级教学名师）
邹逢兴	国防科技大学（国家级教学名师）	严国萍	华中科技大学（国家级教学名师）

编审委员会

主任	吕志伟	哈尔滨工业大学		
副主任	刘 旭	浙江大学	王志军	北京大学
	隆克平	北京科技大学	葛宝臻	天津大学
	秦石乔	国防科技大学	何伟明	哈尔滨工业大学
	刘向东	浙江大学		
委员	王志华	清华大学	宋 梅	北京邮电大学
	韩 焱	中北大学	张雪英	太原理工大学
	殷福亮	大连理工大学	赵晓晖	吉林大学
	张朝柱	哈尔滨工程大学	刘兴钊	上海交通大学
	洪 伟	东南大学	陈鹤鸣	南京邮电大学
	杨明武	合肥工业大学	袁东风	山东大学
	王忠勇	郑州大学	程文青	华中科技大学
	曾 云	湖南大学	李思敏	桂林电子科技大学
	陈前斌	重庆邮电大学	张怀武	电子科技大学
	谢 泉	贵州大学	卞树檀	火箭军工程大学
	吴 瑛	解放军信息工程大学	刘纯亮	西安交通大学
	金伟其	北京理工大学	毕卫红	燕山大学
	胡秀珍	内蒙古工业大学	付跃刚	长春理工大学
	贾宏志	上海理工大学	顾济华	苏州大学
	李振华	南京理工大学	韩正甫	中国科学技术大学
	李 晖	福建师范大学	何兴道	南昌航空大学
	何平安	武汉大学	张新亮	华中科技大学
	郭永彩	重庆大学	曹益平	四川大学
	刘缠牢	西安工业大学	李儒新	中国科学院上海光学精密机械研究所
	赵尚弘	空军工程大学	董友梅	京东方科技集团股份有限公司
	蒋晓瑜	陆军装甲兵学院	蔡 毅	中国兵器科学研究院
	仲顺安	北京理工大学	冯其波	北京交通大学
	黄翊东	清华大学	张有光	北京航空航天大学
	李勇朝	西安电子科技大学	江 毅	北京理工大学
	章毓晋	清华大学	张伟刚	南开大学
	刘铁根	天津大学	宋 峰	南开大学
	王艳芬	中国矿业大学	靳 伟	香港理工大学
	苑立波	哈尔滨工程大学		
丛书责任编辑	盛东亮	清华大学出版社		

序
FOREWORD

我国电子信息产业销售收入总规模在2013年已经突破12万亿元,行业收入占工业总体比重已经超过9%。电子信息产业在工业经济中的支撑作用凸显,更加促进了信息化和工业化的高层次深度融合。随着移动互联网、云计算、物联网、大数据和石墨烯等新兴产业的爆发式增长,电子信息产业的发展呈现了新的特点,电子信息产业的人才培养面临着新的挑战。

(1) 随着控制、通信、人机交互和网络互联等新兴电子信息技术的不断发展,传统工业设备融合了大量最新的电子信息技术,它们一起构成了庞大而复杂的系统,派生出大量新兴的电子信息技术应用需求。这些"系统级"的应用需求,迫切要求具有系统级设计能力的电子信息技术人才。

(2) 电子信息系统设备的功能越来越复杂,系统的集成度越来越高。因此,要求未来的设计者应该具备更扎实的理论基础知识和更宽广的专业视野。未来电子信息系统的设计越来越要求软件和硬件的协同规划、协同设计和协同调试。

(3) 新兴电子信息技术的发展依赖于半导体产业的不断推动,半导体厂商为设计者提供了越来越丰富的生态资源,系统集成厂商的全方位配合又加速了这种生态资源的进一步完善。半导体厂商和系统集成厂商所建立的这种生态系统,为未来的设计者提供了更加便捷却又必须依赖的设计资源。

教育部2012年颁布了新版《高等学校本科专业目录》,将电子信息类专业进行了整合,为各高校建立系统化的人才培养体系,培养具有扎实理论基础和宽广专业技能的、兼顾"基础"和"系统"的高层次电子信息人才给出了指引。

传统的电子信息学科专业课程体系呈现"自底向上"的特点,这种课程体系偏重对底层元器件的分析与设计,较少涉及系统级的集成与设计。近年来,国内很多高校对电子信息类专业课程体系进行了大力度的改革,这些改革顺应时代潮流,从系统集成的角度,更加科学合理地构建了课程体系。

为了进一步提高普通高校电子信息类专业教育与教学质量,贯彻落实《国家中长期教育改革和发展规划纲要(2010—2020年)》和《教育部关于全面提高高等教育质量若干意见》(教高【2012】4号)的精神,教育部高等学校电子信息类专业教学指导委员会开展了"高等学校电子信息类专业课程体系"的立项研究工作,并于2014年5月启动了《高等学校电子信息类专业系列教材》(教育部高等学校电子信息类专业教学指导委员会规划教材)的建设工作。其目的是为推进高等教育内涵式发展,提高教学水平,满足高等学校对电子信息类专业人才培养、教学改革与课程改革的需要。

本系列教材定位于高等学校电子信息类专业的专业课程,适用于电子信息类的电子信息工程、电子科学与技术、通信工程、微电子科学与工程、光电信息科学与工程、信息工程及其相近专业。经过编审委员会与众多高校多次沟通，初步拟定分批次（2014—2017年）建设约100门课程教材。本系列教材将力求在保证基础的前提下，突出技术的先进性和科学的前沿性，体现创新教学和工程实践教学；将重视系统集成思想在教学中的体现，鼓励推陈出新，采用"自顶向下"的方法编写教材；将注重反映优秀的教学改革成果，推广优秀的教学经验与理念。

为了保证本系列教材的科学性、系统性及编写质量，本系列教材设立顾问委员会及编审委员会。顾问委员会由教指委高级顾问、特约高级顾问和国家级教学名师担任，编审委员会由教育部高等学校电子信息类专业教学指导委员会委员和一线教学名师组成。同时，清华大学出版社为本系列教材配置优秀的编辑团队，力求高水准出版。本系列教材的建设，不仅有众多高校教师参与，也有大量知名的电子信息类企业支持。在此，谨向参与本系列教材策划、组织、编写与出版的广大教师、企业代表及出版人员致以诚挚的感谢，并殷切希望本系列教材在我国高等学校电子信息类专业人才培养与课程体系建设中发挥切实的作用。

吕志伟 教授

第3版前言
PREFACE

  本书是在 2016 年出版的《电路原理(上册)》(第 2 版)的基础上修订而成的。本书根据第 2 版教材的使用情况和效果,并通过征求教师和学生的意见、建议进行修订,修订的内容主要有:①为突出重点,强调对基本分析方法的理解和掌握,重新编写了第 3 章,主要介绍建立电路方程的观察法;②遵循学生的认知规律,按照循序渐进、由浅入深的原则,将网络图论基础及列写电路方程的系统法单独编为一章,且将该章内容在教材中的顺序后移;③将双口网络的内容移至暂态分析方法的介绍之后,并增加针对双口网络暂态分析的内容,以使学生扩展视野,从新的角度去更好地理解相关知识体系;④对各章的习题进行了修订,适当调整了综合题,增加或删减了部分习题,使习题在难度上更富有层次感,更好地起到锻炼学生思维能力及分析解决问题能力的作用。

  全书共 19 章,分上、下两册。本书为上册,包括 9 章。

  本书的修订、编写工作由汪建和刘大伟共同完成。其中刘大伟负责修订第 2、5、6 章,其余各章的编写、修订工作由汪建完成。全书由汪建统稿。

  为便于读者学习,本书配套提供了教学课件与教学大纲等资源,可以扫描二维码下载:

  因作者水平有限,书中疏漏和不妥之处在所难免,请读者提出宝贵意见以便再版时改进。

汪 建

2020 年 2 月于华中科技大学

第2版前言
PREFACE

本书第1版于2007年底出版,为普通高等教育"十一五"国家级规划教材,也被评为华中科技大学优秀教材一等奖。本书出版后,被国内多所大学选作电路课程教材并取得了良好的效果。多年的教学实践表明,该教材能够适应理工科院校对基础电路课程的教学需求。

我们认为,随着现代电工技术、信息技术的飞速发展和进步,电路原理这一技术基础课的课程教学体系的改革应不断深化。在课程核心内容保持稳定的前提下,通过教学内容的适当调整和充实,使教材与时俱进,适应形势的发展,不断得到完善和提高。基于上述考虑,根据教材多年的教学实践情况及广泛听取教师和学生的意见及建议,本次对教材在第1版的基础上进行了修订、编写。修订的主要内容有:将动态元件及特性、奇异函数及波形的表示法的内容后移,两者合并单独编为一章,以使其与正弦稳态分析及暂态分析等内容更好地衔接,便于教学;将含运算放大器电路的分析单独设为一章重新编写,内容上做了较大的调整和充实;新增加了电路的计算机仿真分析的内容;另外,从加强基本概念的掌握、分析方法的应用以及更好地适应教学内容顺序调整的角度考虑,对各章习题进行了修订,适当增加或删减了部分习题。空军预警学院的黄道敏老师也参与了本书的修订工作,编写了下册的有关章节。

全书共18章,分上、下两册。上册包括8章。

上册的修订、编写工作由汪建和王欢共同完成。其中王欢负责编写、修订第2、5、6章,其余各章的编写、修订由汪建完成。全书由汪建统稿。

限于编者的水平,书中的错误和疏漏在所难免,敬请读者批评指正。

编 者

2016年1月于华中科技大学

第1版前言
PREFACE

电路理论是电类各专业重要的技术基础课。本课程的教学目的是使学习者懂得电路的基础理论,掌握电路分析的基本方法,为后续课程的学习及今后从事电类各学科领域的研究和工作打下坚实的基础。毋庸置疑,在电类专业领域的学习、研究过程中,电路理论知识的掌握程度至关重要,因此,学好这门课程的重要性不容低估。

电路理论的内容丰富,知识点多,概念性强。学习本课程不仅要具有良好的物理学有关内容的基础,也需要掌握高等数学的相关理论。可以说,清晰的物理概念和扎实的数学基础是学好电路理论的基本保证。通过本课程的学习,学生能够了解高等数学的理论在工程专业领域的应用方法,可以体会到数学工具在研究和解决专业理论和工程实际问题时的重要作用。

学生对本课程内容的掌握,可归结为综合运用所学的知识分析求解具体电路的能力。而这一能力的培养和提高,有赖于对基本概念、基本原理的准确理解,对基本方法的熟练掌握。因此,在本书的编写中,除参照高等学校对"电路"课程教学的基本要求,兼顾电气类和电子类专业的需要,突出对基本内容的叙述外,还刻意加强了对学习方法特别是解题方法的指导。具体的做法是:

(1) 强调对基本概念的准确理解。对重点、难点内容用注释方式予以较详尽的说明和讨论;对在理解和掌握上易于出错之处给予必要的提示。

(2) 重视对基本分析方法的训练和掌握。对各种解题方法给出了具体步骤,并用众多实例说明这些解题方法的具体应用,且许多例题同时给出多种解法,供读者比较。

(3) 注意培养学生独立思考、善于灵活运用基本概念和方法分析解决各种电路理论问题的能力。在每一章的最后均安排有"例题分析",通过对一些典型的或综合性较强、具有一定难度的例题的精讲,进一步讨论各种电路分析方法的灵活应用,以启迪思维,开阔思路,达到融会贯通、举一反三的效果。

本书的内容采用授课式语言叙述,十分便于自学。

全书共分上、下两册15章,本书为上册。本书的出版得到了清华大学出版社的大力支持,在此深表谢意。

限于编者的学识水平,书中的疏漏和不当之处在所难免,希望读者批评指正。

编　者

2007年3月于华中科技大学

目 录
CONTENTS

第1章 电路的基本定律和电路元件 ········· 1
- 1.1 电路的基本概念 ········· 1
- 1.2 电流、电压及其参考方向 ········· 4
- 1.3 功率和能量 ········· 8
- 1.4 电路的基本定律——基尔霍夫定律 ········· 10
- 1.5 电路元件的分类 ········· 13
- 1.6 电阻元件 ········· 15
- 1.7 独立电源 ········· 20
- 1.8 受控电源 ········· 23
- 1.9 例题分析 ········· 26
- 习题 ········· 30

第2章 电路分析方法之一——等效变换法 ········· 35
- 2.1 等效电路和等效变换的概念 ········· 35
- 2.2 电阻元件的串联和并联 ········· 37
- 2.3 电阻元件的混联 ········· 40
- 2.4 线性电阻的Y形连接和△形连接的等效变换 ········· 43
- 2.5 电源的等效变换 ········· 47
- 2.6 无伴电源的转移 ········· 53
- 2.7 受控电源的等效变换 ········· 55
- 2.8 求入端等效电阻的几种特殊方法 ········· 60
- 2.9 例题分析 ········· 68
- 习题 ········· 75

第3章 电路分析方法之二——电路方程法 ········· 82
- 3.1 概述 ········· 82
- 3.2 典型支路及其支路特性 ········· 83
- 3.3 2b变量分析法 ········· 85
- 3.4 支路电流分析法 ········· 86
- 3.5 节点分析法 ········· 90
- 3.6 回路分析法 ········· 98
- 习题 ········· 105

第4章 电路分析方法之三——运用电路定理法 ········· 109
- 4.1 叠加定理 ········· 109
- 4.2 替代定理 ········· 116

4.3	戴维南定理和诺顿定理	118
4.4	特勒根定理	127
4.5	互易定理	130
4.6	最大功率传输定理	134
4.7	中分定理	138
4.8	对偶原理和对偶电路	143
4.9	例题分析	145
习题		157

第 5 章 含运算放大器的电阻电路 164

5.1	运算放大器及其特性	164
5.2	含运算放大器的电阻电路分析	166
5.3	例题分析	171
习题		173

第 6 章 动态元件 176

6.1	奇异函数	176
6.2	波形的奇异函数表示法	182
6.3	电容元件	186
6.4	电感元件	192
6.5	动态元件的串联和并联	195
6.6	例题分析	204
习题		208

第 7 章 正弦稳态电路分析 212

7.1	正弦交流电的基本概念	212
7.2	正弦量的相量表示	218
7.3	基尔霍夫定律的相量形式	224
7.4	RLC 元件伏安关系式的相量形式	225
7.5	复阻抗和复导纳	232
7.6	用相量法求解电路的正弦稳态响应	237
7.7	相量图与位形图	244
7.8	正弦稳态电路中的功率	250
7.9	功率因数的提高	266
7.10	例题分析	270
习题		281

第 8 章 谐振电路与互感耦合电路 292

8.1	串联谐振电路	292
8.2	并联谐振电路	304
8.3	一般谐振电路及其计算	310
8.4	耦合电感与电感矩阵	313
8.5	互感耦合电路的分析	321
8.6	耦合电感元件的去耦等效电路	326
8.7	空心变压器电路	331
8.8	全耦合变压器与理想变压器	333

8.9　理想变压器电路的计算 ································· 337
　8.10　例题分析 ································· 341
　习题 ································· 354
第 9 章　三相电路 ································· 362
　9.1　三相电路的基本概念 ································· 362
　9.2　三相电路的两种基本连接方式 ································· 365
　9.3　对称三相电路的计算 ································· 369
　9.4　不对称三相电路的计算 ································· 376
　9.5　三相电路的功率及测量 ································· 380
　9.6　例题分析 ································· 387
　习题 ································· 397
习题参考答案 ································· 402

第1章 电路的基本定律和电路元件
CHAPTER 1

本章提要

本章介绍电路的基本概念、电路的基本定律以及几种基本的电路元件。主要内容有：电路和电路模型；电流、电压及其参考方向；基尔霍夫电流定律和电压定律；电阻元件；独立电压源和独立电流源；受控电源。应予以强调，电路的基本定律和电路元件的特性是分析、求解电路的基本依据。

1.1 电路的基本概念

一、实际电路

电能是人类的基本能源之一。电与现代社会息息相关，它在人们的日常生产、生活和科学研究工作中几乎无处不在。电的作用是通过具体的实际电路实现的。所谓实际电路，是由用电设备或电工器件用导线按一定的方式连接而成的电流的通路。

实际的电路千差万别，种类繁多。尽管各种电路的复杂程度相异，完成的功能亦不相同，但它们都是由电源或信号源、用电设备（又称负载）和中间环节这三部分构成的。电路中电源或信号源的作用是将其他形式的能量转化为电能或产生信号向负载输出；用电设备（负载）的作用是将电能转化为人们需要的其他形式的能量或信号；而中间环节（包括连接导线、开关等）用于将电源和负载相连，并加以控制，构成电流的通路以传输电能或信号。如一个简单的手电筒电路，其电源为干电池，它将化学能转化为电能并提供给负载；手电筒的负载为小灯泡，它将电能转化为光能供人们使用；手电筒的金属外壳或金属连线起着连接导线的作用并附有开关，以便根据需要形成电流的通路使电能从电池传送到灯泡。

电路也称为电网络或网络。

不同的电路具有不同的功能。实际电路可实现如下功能：完成能量的转换、传输和分配，例如电力系统；实现对某种对象的控制，如电机运行控制电路；对信号进行加工处理，以获取所需的信号，例如通信网络；实现信息的存储及数学运算，典型的例子是计算机电路等。无论何种电路，它们都遵循着相同的电路定律，可以按照共同的理论加以研究。

二、电路模型

1. 理想电路元件

实际电路中的电气设备或元器件称为实际器件。当电路工作时,任何一个实际器件都将呈现出复杂的电磁特性,其内部一般包含有能量的损耗、电场能量的储存和磁场能量的储存三种基本效应。并且这些效应交织在一起,使得直接对实际电路的分析计算变得十分困难。譬如一个电感线圈,当绕组通以电流后,将储存磁场能量;同时还因绕线电阻存在,出现发热损耗;以及因有匝间电容及层间电容而储存电场能量。

为便于对实际电路进行分析研究,有必要对实际器件进行理想化处理。事实上,在一定的条件下,一个实际器件中的某些电磁效应处于次要地位,将其忽略不计也可使理论分析结果与实际情况十分近似,不会有本质的差异。鉴于此,提出了理想化电路元件的概念,用它们或它们的组合来近似模拟实际器件。

所谓理想化的电路元件一般是指具有一种电磁性质的电路元件,并且可用数学式子予以严格定义。例如理想线性电阻元件的定义式为 $u=Ri$,即众所周知的欧姆定律。理想化的电路元件也称为理想元件或电路元件。应注意,实际中并不存在只呈现单一电磁性质的元器件,电路元件是理想化的元件模型,是一种科学抽象。

2. 电路模型

电路理论所研究的并非是实际电路,而是由理想元件构成的电路模型。例如图1-1(a)所示为手电筒的实际电路,它由干电池、灯泡、开关和手电筒壳(连接导体)组成。图1-1(b)是手电筒的电路模型,其中干电池由一个电压为 U_s 的电源和一个与它串联的电阻 R_i 表示,灯泡由一个电阻 R 表示。电路模型体现为电路图,在电路图中各种电路元件采用规定的图形符号。

将实际电路或实际器件转化为电路模型的基本出发点是,必须客观地反映实际元器件的基本特性,即按照电路的工作条件,依据实际发生的能量效应和电磁现象,突出主要矛盾,忽略次要因素,用一些恰当的理想元件按一定方式连接所构成的电路模型去模拟、逼近实际情况。譬如对一个实际的电感线圈,在低频的情况下,其电容效应相对较弱,可予以忽略,因此它的电路模型是一个电阻元件和一个电感元件串联而成的电路,如图1-2(a)所示。而在高频时,线圈的匝间和层间电容将增大,这样就必须考虑电容效应,其电路模型需由电阻、电感和电容三个元件组合而成,如图1-2(b)所示。

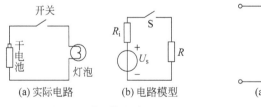

图1-1 手电筒电路

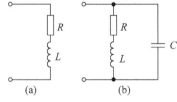

图1-2 电感线圈的电路模型

由上述可见,对实际电路建立电路模型是理论分析所必需的,同时也是一种满足一定准确度的近似方法。对大多数的实际电路而言,通常需要深入分析其中的物理过程、电路现象才能作出其电路模型,而这是相应的专门课程的内容。

三、集中参数电路和分布参数电路

任何电路中都存在能量损耗、电场储能和磁场储能这三种基本效应。人们用电阻参数反映能量损耗,用电容参数和电感参数表征电路的电场储能及磁场储能性质。严格地讲,实际电路中的上述三种基本效应具有连续分布的特性,因此反映这些能量过程的电路参数也是连续分布的,或者说电路的各处既有电阻,也有电容和电感,这样的电路称为分布参数电路。从数学的观点看,分布参数电路中的电磁量是时间和空间坐标的函数,因而描述电路的是偏微分方程。

实际电路及其元器件中的电磁现象及过程与其几何尺寸密切相关。当电路中电压和电流的最高频率所对应的波长远大于电路器件及电路的各向尺寸时,电路参数的分布性对电路性能的影响程度很小,可认为能量损耗、电场储能和磁场储能分别集中在电阻元件、电容元件和电感元件中进行,并将电路元件赋以确切的参数,这样的电路称为集中参数电路(也称集总参数电路)。在集中参数电路中,任意两个端点间的电压和流入任一器件端钮的电流是完全确定的。描述一般集中参数电路的是常微分方程,对于电阻性电路,其对应的则是实数代数方程。采用集中参数电路的概念也是一种近似方法,它给大多数实际电路的理论分析与计算带来了便利。同时,分布参数电路的研究也可借助于集中参数电路的分析方法。

若用 l 表示电路的最大几何尺寸,λ 表示电路中电流波或电压波的最高频率对应的波长,则当式(1-1)成立时,所研究的电路便可视为集中参数电路:

$$\lambda > 100l \tag{1-1}$$

式中 $\lambda = c/f$,f 为电路的最高工作频率,$c = 3 \times 10^5 \text{km/s}$,为电磁波的传播速度。

如频率 $f = 50\text{Hz}$ 的工频正弦交流电,其波长 $\lambda = c/f = 6000\text{km}$,而一般用电设备及电路的尺寸远小于这个数值,因而相应的电路视为集中参数电路处理是完全可行的。但对于电力传输线(高压输电线路)而言,其长度可达几百千米甚至数千千米,与电路工作频率的波长处于同一数量级,若将其当作集中参数电路,将导致不良或是错误的结果。又如在高频电子电路中,信号频率的波长为米,甚至是毫米数量级,与电路和元器件的尺寸相当或更小,这样的电路只能按照分布参数电路来处理。

四、电路中的几个术语

下面结合图 1-3 所示的电路,介绍电路中常用的几个重要名词。

1. 支路

电路中的每一个分支称为一条支路。如图 1-3 电路中的分支 baf、bd、df、bce 等均为支路。这样,该电路共有六条支路。此外,亦可将每一个二端元件(具有两个端钮的元件)、甚至一对开路端钮或者一段短接线视为一条支路。

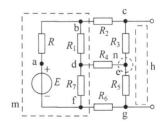

图 1-3 用以说明电路术语的电路

2. 节点

电路中两条或两条以上支路的连接点被称为节点。节点的定义与电路中支路的定义有关。若认为图 1-3 电路中的每一个二端元件为一条支路,则该电路共有七个节点;若将电路中的每一个分支视为一条支路,则该电路只有 b、d、e、 f 四个节点。

电路中亦有"广义节点"的概念。所谓"广义节点"是指电路中的任一封闭面,如图 1-3 中由虚线构成的闭合路径 m、n 表示两个封闭面。"汇集"于每一个广义节点的支路为虚线(即封闭面)所切割的支路,如"汇集"于广义节点 m 的有 bc、de、fg 等三条支路。要注意表示广义节点的虚线(即封闭面)只能对任一支路切割一次。显然,"节点"是"广义节点"的特例,其封闭面只包围一个节点,仅切割与该节点相连的支路,如广义节点 n 就是节点 e。

3. 回路

电路中从任一节点出发,经过某些支路和节点,又回到原来的起始节点(所有的节点和支路只能通过一次)的任一闭合路径被称为回路。如图 1-3 所示电路中的路径 bcedb、degfd、bcegfdb 等均为回路,该电路共有七个回路。

回路不一定要全部由支路构成,也可以包括虚拟路径,如在图 1-3 中的回路 chgec 便包括了虚拟路径 chg,这种回路称为虚拟回路。

回路的特例是"网孔"。所谓"网孔"是指在回路内部不含有支路的回路。如图 1-3 中的回路 bcedb 便是一个网孔;但回路 bcegfdb 不是网孔,因为在该回路内部有一条 de 支路。网孔又分为"内网孔"和"外网孔"。外网孔是指由电路最外沿的支路所形成的闭合路径。如图 1-3 中的路径 abcegfa 构成一个外网孔,该电路有三个内网孔和一个外网孔。网孔的概念只适用于所谓的"平面"电路。

4. 平面电路和非平面电路

若一个电路能画在平面上且不致有任何两条支路在非节点处交叉(即交叉而不相连接的情况),这种电路被称为平面电路,否则称为非平面电路。图 1-4(a)所示的电路是一个非平面电路。在该电路中出现了 R_8 支路和 R_9 支路交叉而不相连接的情况。但图 1-4(b)所示电路不是非平面电路,这是因为它能被改画为图 1-4(c)所示的电路,在此电路中,R_5 和 R_6 支路不再相交叉。

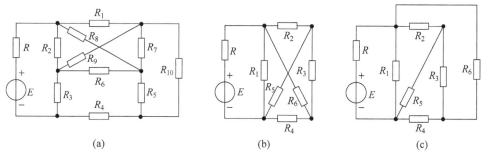

图 1-4 非平面电路和平面电路示例

1.2 电流、电压及其参考方向

电流和电压是电路中的两个基本物理量,它们也是电路分析的主要求解对象。这两个物理量在物理学中已有论述,下面对它们作简要的回顾,重点是介绍电流和电压的参考方向。

一、电流

电荷的定向运动形成电流。为表征电流的强弱,引入电流强度的概念,它被定义为单位时间内通过导体横截面的电量,用符号 i 表示,即

$$i = \frac{\mathrm{d}q}{\mathrm{d}t} \tag{1-2}$$

式中电荷量 q 的单位为库[仑](C),时间 t 的单位为秒(s),则电流强度 i 的单位为安[培](A)。实用中电流强度的单位还有千安(kA)、毫安(mA)和微安(μA)等。

电流强度通常简称为电流。这样,电流这一术语既表示一种物理现象,同时也代表一种物理量。

电流是有流向的,习惯规定正电荷的运动方向为电流的正方向。一般情况下,电流是时间 t 的函数,以小写字母 i 表示,称为瞬时电流。当电流的大小和方向为恒定时,称为直流电流,并可用大写字母 I 表示。

实际中的电流有传导电流、徙动电流和位移电流三种类型。电流是按其形成方式的不同来分类的。传导电流是导电媒质中的自由电子或离子在电场作用下有规则地运动而形成的,如金属导体或电解液中的电流。徙动电流是由带电粒子在自由空间(真空或稀薄气体中)运动而形成的电流,典型的例子是电晕现象和真空电子管中的电流。徙动电流也称作对流电流或运流电流。位移电流是因电场的变化使得电介质内部的束缚电荷位移而形成的电流,例如电容器内部的电流。

二、电压和电位

电荷在电场中会受到电场力的作用。为衡量电场力作功的能力,引入"电压"这一物理量。电场中任意两点 a、b 间的电压被定义为库仑电场力将单位正电荷从 a 点移动至 b 点所作的功。设电量为 $\mathrm{d}q$ 的电荷由 a 点移动至 b 点时电场力作的功为 $\mathrm{d}W$,则 a、b 两点间的电压为

$$u_{ab} = \frac{\mathrm{d}W}{\mathrm{d}q} \tag{1-3}$$

设能量 W 的单位为焦[耳](J),电荷 q 的单位为库(C),则电压 u 的单位为伏(特)(V)。实用中,电压的单位还有千伏(kV)、毫伏(mV)、微伏(μV)等。

电压也可用电场强度 $\boldsymbol{E}$ 进行计算,其计算式为

$$u_{ab} = \int_{alb} \boldsymbol{E} \, \mathrm{d}\boldsymbol{l} \tag{1-4}$$

该积分式中的 alb 表示由 a 点经路径 l 至 b 点的线积分。式(1-4)是电压的又一定义式,由该式可见,电压 u_{ab} 的值只取决于点 a、b 的位置,与积分路径的选取无关。

电压是有极性的。若单位正电荷从 a 点移动至 b 点时电场力作了正功,则 a 点为正极性,b 点为负极性,$u_{ab} > 0$,此时 a、b 之间的这段电路将吸收能量。若单位正电荷从 a 点移动至 b 点时电场力作了负功,则 a 点为负极性,b 点为正极性,$u_{ab} < 0$,此时 a、b 间的这段电路将释放能量。电压 u_{ab} 采用的是双下标表示法,其前一个下标代表电压的起点,后一个下标为电压的终点,且 $u_{ab} = -u_{ba}$,表明两个下标的位置不可随意颠倒,需特别予以注意。

电场中任意两点间电压的大小与计算时所选取的路径无关,是一个重要的结论。与此

结论对应的实际应用是,当用电压表测量电路中两点的电压时,无论连接电压表的导线如何弯曲,只要电压表所连接的电路中两点的位置不变,则表的读数不变。在进行理论计算时,若求解电压有多个路径,则应选取计算最便利的路径。

电压一般是时间 t 的函数,应以小写字母 u 表示,称为瞬时电压。当电压为恒定值时称为直流电压,可用大写字母 U 表示。

在电路分析中,常用到"电位"的概念。电路中某点的电位被定义为该点与电路中参考点之间的电压,因此在谈到电位的同时必须指出电路的参考点。参考点的电位显然为零。电位的单位与电压的单位相同。

电位的表示符号为 u 或 φ,并常用单下标作为点的标记。例如若选电路中的某点 O 为参考点,则 a 点的电位可记为 u_a 或 φ_a,这也意味着 $u_a = \varphi_a = u_{aO}$。

设电路中 a、b 两点的电位为 φ_a 和 φ_b,则

$$\varphi_a - \varphi_b = u_{aO} - u_{bO} = u_{aO} - (-u_{Ob}) = u_{aO} + u_{Ob} = u$$

这个电压 u 是电场力移动单位正电荷从 a 点经 O 点至 b 点所做的功。前已指出,电路中两点间的电压与电荷移动的路径无关,因此 u 便是 a、b 两点间的电压。于是有

$$\varphi_a - \varphi_b = u_{ab} \tag{1-5}$$

这表明,电路中任两点间的电压等于这两点的电位之差,故电压又称为电位差。

若选择不同的参考点,则电场中某点的电位将具有不同的值,这表明电位是一个相对的量。但两点间的电压(电位差)却与参考点的选择无关,它是一个确定的值。

在分析实际的电磁场或电路问题时,往往需选择一个参考点。原则上讲,参考点可任意选择,但许多情况下应根据具体研究对象,从便于分析的角度出发选择参考点。如在电磁场问题中,通常是将无穷远处作为电位参考点;而在电力系统中一般以大地为电位参考点;在电子线路中往往把设备的外壳或公共接线端作为电位参考点。

三、电流和电压的参考方向

电流有流向,习惯上规定正电荷的运动方向为电流的实际方向。电压有极性(方向),电压的实际方向是指由实际高电位点指向实际低电位点的方向。但除了结构极简单的电路可以较容易地确定电流、电压的实际方向外,对于结构稍复杂的电路,如图 1-5 所示的电路,则很难不通过分析计算而直接判断出每一元件中的电流和大多数元件两端电压的实际方向。另外在交流电路中,电流和电压的方向随时间而不断变化,它们的实际方向在电路中不便于标示,即便标示也无实际意义。

为了分析计算电路,从而确定电流、电压的实际方向和数值的大小,需建立电路的数学模型,即列写出必要的电路方程。当电流和电压的方向不确定时,因无依据而不能列写电路方程。考虑到电流、电压的实际方向只有两种可能,我们给各元件的电流和电压人为地假设一个方向,并按此方向来建立电路方程。这一假设的方向称为"参考方向"。

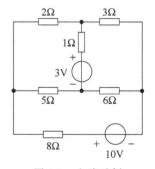

图 1-5 电路示例

应强调指出,在电路理论中,参考方向是一个极为重要的概念,须予以特别重视。

1. 电流的参考方向

在电路图中,电流的参考方向用箭头表示,如图 1-6 所示。在图 1-6(a)中,i 为正值,表明电流的实际方向与图中标示的方向(即参考方向)一致,即电流确实从 a 端流入,从 b 端流出;在图 1-6(b)中,i 为负值,表明电流的实际方向与标示的方向相反,即电流实际是从 b 端流入,从 a 端流出。尽管图 1-6(b)中电流的实际流向与假定方向不一致,也无须将电流的参考方向予以改变,因为参考方向和电流数值负号的结合便明确地指明了电流的实际方向。

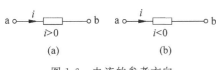

图 1-6 电流的参考方向

图 1-6 中的矩形方框代表电路中的一个任意的元件或多个元件的组合,这是一种常用的表示方法。这种具有两个引出端钮(端子)的一段电路称为"二端电路"或"二端网络"。

2. 电压的参考方向

电压的参考极性称为电压的参考方向。在电路图中,电压的参考方向有两种标示法。一种是用"+""-"符号表示,即参考高电位端标以符号"+"表示,参考低电位端标以符号"-"表示。另一种是用箭头表示,箭头由高电位端指向低电位端。两种表示法示于图 1-7 中。在该图中,若 $u>0$,表明电压的实际极性和参考方向一致,即 a 为高电位端,b 为低电位端;若 $u<0$,则情形与上面的刚好相反。

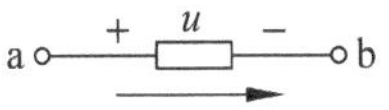

图 1-7 电压的参考方向

3. 电流和电压的关联参考方向

一般而言,电流和电压的参考方向可以独立地任意指定。若在选取两者的参考方向时,使电流从电压的"+"极流入,从"-"极流出,如图 1-8(a)所示,这种情形称为电流电压的关联参考方向,或称一致的参考方向。相反的情形称为电流电压的非关联参考方向,如图 1-8(b)所示。关联参考方向也可简称作"关联正向"。

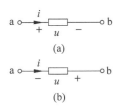

图 1-8 电流和电压的关联参考方向和非关联参考方向

4. 关于参考方向的说明

参考方向的概念虽然简单,但极为重要,它的应用贯穿在电路原理课程的始终,有必要再作几点说明。

(1) 对电路进行分析计算有赖于电流、电压参考方向的指定,因此在求解电路时,必须首先给出相关电流及电压的参考方向,而这一点容易被初学者忽视。务必记住,在分析计算电路时,需在电路图中标示出所涉及的所有电压、电流的参考方向。

(2) 参考方向是假设的方向,它不代表真实方向,但电量的真实方向是根据它和电量数值的正负号共同决定的。离开了参考方向,电量的实际方向将无从确定,电量数值的符号亦失去意义。

(3) 参考方向的给定具有任意性,这意味着标示参考方向可随心所欲。但应注意,参考方向一经指定并在电路图中标示后,则在分析计算过程中不得再变动。

(4) 在电路分析中,电流电压参考方向的标示可采用关联参考方向,这样做,可使问题的讨论更为方便。此时可在电路图中只标示电流的参考方向,或者只标示电压的参考方向。一般地,在仅标示某一电流(或电压)的参考方向而不加说明的情况下,可默认采用的是关联参考方向。

(5) 应当注意，关联或非关联参考方向是一个相对的概念，它是针对某段二端电路而言的。如在图 1-9 中，对二端电路 N_1 来说，电流和电压是关联参考方向，但对二端电路 N_2 而言，电流和电压是非关联参考方向。

练习题

1-1　回答下列问题：
(1) 何谓电压、电流的参考方向？
(2) 为何要引入电压、电流参考方向的概念？
(3) 如何理解参考方向的任意性、真实方向的客观性？

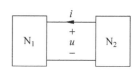

图 1-9　关联或非关联参考方向是一个相对的概念

1.3　功率和能量

一、电功率的定义

当任意一段二端电路通以电流后，该段电路将和外部电路发生能量的交换，或从外部电路吸收电能，或向外部电路送出电能。设在时间 dt 内吸收或送出的电能为 dW，则把在单位时间内吸收或送出的电能定义为电功率，简称为功率，并用符号 p 表示，即

$$p = \frac{dW}{dt} \tag{1-6}$$

功率的单位为瓦[特] (W)，其他常用的单位有千瓦 (kW)、毫瓦 (mW) 等。

二、电功率的计算

一般不直接采用式 (1-6) 计算功率，而转化用电压、电流计算。

设任意一段二端电路上的电压、电流取关联的参考方向，在电场力的作用下，电量 dq 从高电位端移动至低电位端，电场力所作的功为

$$dW = u\,dq$$

将上式代入式 (1-6)，有

$$p = \frac{dW}{dt} = \frac{u\,dq}{dt}$$

但 $i = \dfrac{dq}{dt}$，于是得

$$p = ui \tag{1-7}$$

式中 u、i、p 均为时间 t 的函数，p 称为瞬时功率。上式表明，功率为电压与电流的乘积。若电压、电流的单位分别为伏和安，则功率的单位为瓦。

在直流的情况下，式 (1-7) 又可写为

$$P = UI \tag{1-8}$$

在电压、电流为关联参考方向的情况下，正电荷是从高电位端转移至低电位端，库仑电场力要作正功，这意味着将电能转化为了其他形式的能量，因此式 (1-7) 表示二端电路吸收的 (电) 功率。由于电压和电流均为代数量，因此按式 (1-7) 计算所得功率值可正可负。若 p 值为正，则表明电路确为吸收功率；若 p 值为负，则表明该段电路实为发出功率，即产生

(电)功率向外部输出。

不难理解,若电压、电流为非关联参考方向,且仍约定 $p>0$ 时为吸收功率,$p<0$ 时为产生功率,则功率的计算式前应冠一负号,即

$$p = -ui \tag{1-9}$$

或

$$P = -UI \tag{1-10}$$

例 1-1 (1) 在图 1-10(a)中,已知 $U_1=10\text{V}$,$I_1=-3\text{A}$,求此二端电路的功率,并说明是吸收功率还是发出功率;

(2) 在图 1-10(b)中,已知二端电路产生的功率为 -12W,$I_2=3\text{A}$,求电压 U_2。

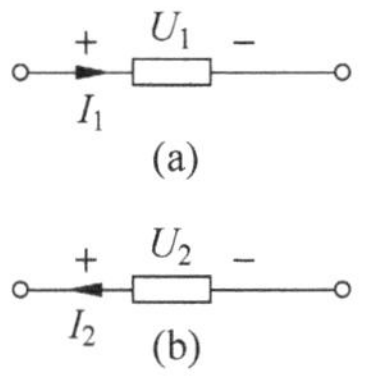

解 (1) 因图 1-1(a)中电压、电流为关联参考方向,则功率的计算式为

$$P_1 = U_1 I_1 = 10 \times (-3)\text{W} = -30\text{W}$$

图 1-10 例 1-1 图

该二端电路吸收的功率为 -30W,表明实为发出(产生)功率 30W。

(2) 在图 1-1(b)中,电压、电流为非关联参考方向,则功率的计算式为

$$P_2 = -U_2 I_2$$

电路产生的功率为 -12W,即吸收功率 12W,或 $P_2=12\text{W}$,于是有

$$U_2 = -\frac{P_2}{I_2} = -\frac{12}{3}\text{V} = -4\text{V}$$

由例题可见,计算功率时需注意以下两点:

(1) 应正确地选用功率计算式。采用公式 $p=ui$ 或 $p=-ui$ 中的哪一个是由电压、电流的参考方向决定的。当 u、i 为关联参考方向时,用公式 $p=ui$;当 u、i 为非关联参考方向时,用公式 $p=-ui$。

(2) 应正确地确定 p 值的正负号。当电路吸收正功率(或发出负功率)时,p 取正值;当电路产生正功率(或吸收负功率)时,p 为负值。

前述功率的计算是以电路吸收功率(即 p 为正值时,元件实为吸收功率)为前提。若以发出功率(即约定 p 值为正时实为产生功率)为前提进行计算,则功率的计算式为

$$p = ui \quad \text{(非关联参考方向时)}$$
$$p = -ui \quad \text{(关联参考方向时)}$$

为避免混乱,在本书中约定按吸收功率这一前提进行计算,与此相对应,约定在不了以说明时,$p>0$ 时一律表示电路实际吸收正功率,$p<0$ 时一律表示电路实际发出正功率。

三、能量及电路的无源性、有源性

设任意二端电路的电压、电流为关联参考方向,由式(1-6)和式(1-7)可得该电路从 t_1 到 t_2 的时间段内吸收的电能为

$$W = \int_{t_1}^{t_2} p\,\mathrm{d}t = \int_{t_1}^{t_2} ui\,\mathrm{d}t \tag{1-11}$$

式中电压的单位为伏(V),电流的单位为安(A),功率的单位为瓦(W),则电能的单位为焦(J)。实用中电能的一个常用单位为 1kW·h(千瓦时),且 $1\text{kW·h}=3600\text{kJ}$。1 千瓦时又称为 1 度(电)。

若式(1-11)中积分下限取为 $-\infty$,"$-\infty$"表示电路能量为零的一个抽象时刻,则电路在任一时刻 t 所吸收的电能为

$$W = \int_{-\infty}^{t} p\,d\tau = \int_{-\infty}^{t} ui\,d\tau \tag{1-12}$$

若对于所有时间 t 和 u、i 的可能组合,式(1-12)的积分值恒大于或等于零,则称该电路是无源的,否则电路就是有源的。

1.4 电路的基本定律——基尔霍夫定律

电路问题的研究依赖于对电路基本规律的认识和把握。电路是由元件相互连接而成的,电路的行为取决于元件之间的连接关系或电路结构的总体情况以及各元件自身的特性。基尔霍夫定律是体现电路结构关系的电路基本定律,反映了电路中各支路电压、电流之间的约束关系。基尔霍夫定律是整个电路理论的基础,是分析计算电路的基本依据。该定律由基尔霍夫电流定律和基尔霍夫电压定律组成。

一、基尔霍夫电流定律

基尔霍夫电流定律(Kirchhoff's Current Law,KCL)又称为基尔霍夫第一定律,它说明的是电路中任一封闭面或任一节点上各支路电流间的约束关系,其具体内容是:在任一瞬时,流入电路中任一封闭面(或节点)的电流必等于流出该封闭面(或节点)的电流;或表述为:在任一瞬时,流出任一封闭面(或节点)的电流的代数和恒等于零。KCL 的数学表达式为

$$\sum_{k=1}^{b} i_k = 0 \tag{1-13}$$

式中,b 为所讨论的封闭面(或节点)相关联的支路数。若以流入封闭面(或节点)的电流为正,则流出封闭面(或节点)的电流为负;或以流出的电流为正,则流入的电流为负。如对图 1-11(a)所示的电路,写出节点 N 的 KCL 方程为

$$i_1 + i_2 + i_3 - i_4 = 0$$

对图 1-11(b)所示的电路,写出封闭面的 KCL 方程为

$$i_1 + i_2 + i_3 + i_4 = 0$$

KCL 是电荷守恒原理在电路中的具体体现,是电流连续性原理的必然结果。

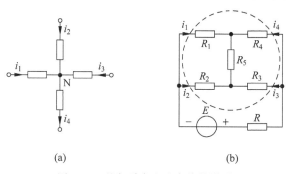

图 1-11 基尔霍夫电流定律的说明

二、基尔霍夫电压定律

基尔霍夫电压定律(Kirchhoff's Voltage Law,KVL)又称为基尔霍夫第二定律,它说明的是电路中任一回路的各支路电压间的约束关系,其具体内容是:在任一瞬时,沿电路中任一闭合回路的绕行方向,各支路电压降的代数和等于零。KVL的数学表达式为

$$\sum_{k=1}^{b} u_k = 0 \quad (1\text{-}14)$$

式中,b 为所讨论的回路含有的支路数,与回路绕行方向一致的支路电压取正号,反之则取负号。在图 1-12 所示的电路中,回路的绕行方向(简称为回路方向)用箭头表示,写出该回路的 KVL 方程为

$$U_1 - U_2 + U_3 - U_4 - U_5 - U_6 = 0$$

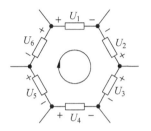

图 1-12　基尔霍夫电压定律的说明

基尔霍夫电压定律是能量守恒原理在电路中的具体体现。

三、关于基尔霍夫定律的说明

(1) 基尔霍夫定律体现了集中参数电路中各支路电流、电压间的相互约束关系,它在本质上揭示的是网络结构上的内在规律性。换句话说,基尔霍夫定律的应用只取决于网络的具体结构,而与各支路元件的电特性无关。因此,只要是集中参数电路,无论电路由什么元件构成,基尔霍夫定律都是适用的。

(2) 电路分析中的任一方程式均对应着一定的参考方向,故在列写 KCL 或 KVL 方程时,必须首先给定各支路电流和电压的参考方向。

(3) 在确定 KCL 和 KVL 方程式中各项的符号时,只需遵循这一基本原则:各项电压或电流前取正号或负号取决于参考方向与选定的"基准方向"的相对关系。所谓选定"基准方向"指的是在列写 KCL 方程时应指定流入节点的电流为正或为负;列写 KVL 方程时应选定回路的绕行方向(或为顺时针方向,或为逆时针方向)。选定基准方向后,参考方向与基准方向一致的电压、电流冠以正号,反之冠以负号。

例 1-2　在图 1-13 所示的电路中,已知 $U_1 = 3\text{V}, U_2 = -3\text{V}, U_3 = -8\text{V}$,求 U。

解　求解此题只需列写一个 KVL 方程便可,但若直接用给定的电压数值列写,则因数值的正、负号与 KVL 方程中的正、负号混在一起,易出现符号错误。恰当的方法是先写出代数形式的 KVL 方程为

$$U_1 - U_2 - U - U_3 = 0$$

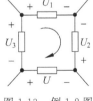

图 1-13　例 1-2 图

则

$$U = U_1 - U_2 - U_3$$

再将给定的电压数值代入,可求得

$$U = [3 - (-3) - (-8)]\text{V} = (3 + 3 + 8)\text{V} = 14\text{V}$$

(4) 对任一网络,可对所有的节点写出 KCL 方程,对所有的回路写出 KVL 方程,但这些方程中有不独立的方程。如图 1-14 所示的电路,共有四个节点,这些节点的 KCL 方程为

N_1: $i_1 + i_2 - i = 0$ (1)

N_2: $i_3 + i_4 - i_2 = 0$ (2)

N_3: $i_1 + i_4 - i_5 = 0$ (3)

N_4: $i_3 + i_5 - i = 0$ (4)

不难验证，上述四个方程中的任意一个可由另外三个方程的线性组合而得到，如(4)=(1)-(3)+(2)。这表明，上述四个 KCL 方程中有一个是不独立的。

该电路共有七个回路，现只对三个网孔和外回路(由电路最外沿的支路构成的回路)列写 KVL 方程为

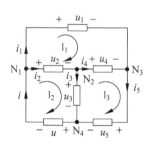

l_1: $u_1 - u_2 - u_4 = 0$ (5)

l_2: $u_2 + u_3 + u = 0$ (6)

l_3: $u_4 + u_5 - u_3 = 0$ (7)

外回路：$u_1 + u_5 + u = 0$ (8)

图 1-14 关于独立的 KCL、KVL 方程的说明

不难验证，四个方程中仅有三个方程是独立的，如(8)=(5)+(6)+(7)。

如何确定任意一个网络独立的 KCL 和 KVL 方程的数目呢？这里不加证明地给出结论：若某网络有 n 个节点，b 条支路，则独立的 KCL 方程的数目为 $n-1$ 个(或说独立节点数为 $n-1$ 个)，独立的 KVL 方程的数目为 $b-(n-1)=b-n+1$ 个(或说独立回路数为 $b-n+1$ 个)。

对网络中的任意 $n-1$ 个节点写出的 KCL 方程为独立的 KCL 方程；对平面网络中的网孔写出的 KVL 方程为独立的 KVL 方程。第 4 章将给出列写一般网络(包括平面的和非平面的网络)独立的 KCL 及 KVL 方程的方法。

练习题

1-2 如图 1-15 所示电路。

(1) 在图 1-15(a)中，若设 $i_1=-2\text{A}, i_2=3\text{A}, i_3=-1\text{A}$，问是否满足 KCL？

(2) 在图 1-15(a)中，若设 $i_1=-2\text{e}^{-2t}\text{A}, i_2=-3\text{e}^{-2t}\text{A}$，求 i_3。

(3) 在图 1-15(b)中，电路仅有一处接地，求电流 i_1 和 i_2。

(4) 在图 1-15(c)中，电路有两处接地，求电流 i_1 和 i_2 的关系。

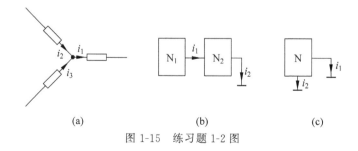

图 1-15 练习题 1-2 图

1-3 电路如图 1-16 所示。

(1) 若设 $i_5=2\text{A}, i_6=-3\text{A}, i_9=-2\text{A}$，能否求出 i_7？若能求得 i_7，其值是多少？

(2) 若已知条件仍如(1)，又设 $i_4=-1\text{A}, i_8=2\text{A}$，能否求出全部的电流？试求出尽可

能多的电流。

1-4 电路仍如图 1-16 所示。

(1) 设 $u_1=10\text{V}, u_7=2\text{V}, u_9=-6\text{V}, u_{11}=3\text{V}$，求 u_8；

(2) 若 u_2, u_4 的波形如图 1-17 所示，试画出 $u_1(t)$ 的波形。

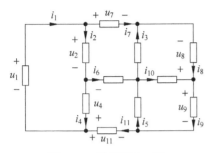

图 1-16　练习题 1-3 图

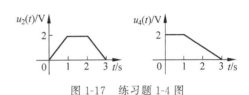

图 1-17　练习题 1-4 图

1.5　电路元件的分类

前已指出，电路理论所研究的具体对象是电路模型，电路模型由理想化的电路元件构成，各种电路元件都能用数学加以严格定义。对于常见的具有两个外部端钮的二端元件而言，其定义式是两种电量（变量）间的函数关系式，以这两个电量为坐标构成的定义平面通常称为元件的特性平面，作于特性平面上的定义曲线也称为元件的特性曲线。

一、电路元件的四种类型

对于电路元件，通常依照其定义式的特性进行分类。更直观地，可以按其特性曲线的形状和在特性平面上的位置予以分类。

若元件的特性曲线为一条经过坐标原点的直线，如图 1-18(a) 所示，则称为线性元件，否则为非线性元件，如图 1-18(b) 所示。若元件的特性曲线在坐标平面上的位置不随时间而变，则称为时不变元件，否则称为时变元件。时变元件的特性曲线如图 1-18(c) 所示。

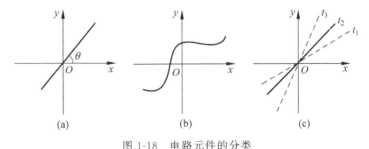

图 1-18　电路元件的分类

这样，电路元件可分为下面四类：

(1) 线性时不变元件，即元件的特性曲线为一条经过原点的直线，且该直线在特性平面上的位置不随时间而变。

(2) 线性时变元件，即元件的特性曲线为一条经过原点的直线，但该直线在特性平面上的位置随时间而变化。

(3) 非线性时不变元件,即元件的特性曲线是非线性的,且曲线在特性平面上的位置不随时间变化。

(4) 非线性时变元件,即元件的特性曲线为非线性的,且曲线在特性平面上的位置随时间变化。

本书主要讨论线性时不变元件,以及由这类元件构成的线性时不变电路,同时也涉及非线性元件。

从能量的观点看,电路元件还可分为有源和无源两大类。若元件在一定工况下能对外提供能量(输出功率),则称为有源元件,否则称为无源元件。

另外,元件还有二端元件和多端元件之分。具有两个外接端钮的元件称为二端元件或一端口元件,如图 1-19(a)所示;具有多个外接端钮的元件称为多端元件,如图 1-19(b)所示。

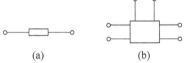

图 1-19 二端元件和多端元件

二、非线性元件的进一步分类

非线性元件的特性曲线的性状多种多样。在实用中,可根据特性曲线的性状对非线性元件进一步分类,下面作简单的介绍。

1. 双向和单向元件

若元件的特性曲线对称于原点,即特性曲线满足关系式 $y(x)=-y(-x)$,则称为双向元件,否则称为非双向元件。图 1-20 给出了双向和非双向元件特性曲线的示例。显然,线性元件都是双向元件。在实用中,双向元件的外接端钮不必加以区分,而非双向元件的外接端钮却必须明确区分,不可错接,因为非双向元件的外接端钮对调后会产生完全不同的结果。单向导电性是非双向元件的极端情况,并称为理想单向元件。二极管便是单向元件的一个典型例子。

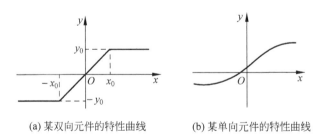

(a) 某双向元件的特性曲线　　(b) 某单向元件的特性曲线

图 1-20 单、双向元件的特性曲线

2. 单控型元件

若元件的特性曲线能用单值函数式 $y=f(x)$ 或 $x=g(y)$ 表示,则称为单控型元件,图 1-21 给出了两个单控型元件的特性曲线。特性曲线 $y=f(x)$ 表明 y 是 x 的单值函数,即对于每一个 x 值,有且仅有一个 y 值与之对应,这样的元件称之为变量 x 控制型元件。譬如 x 为电流,便称该元件是电流控制型的。对特性曲线 $x=g(y)$ 也可做出同样的解释。

若特性曲线既可表示为 $y=f(x)$,又可表示为 $x=f^{-1}(y)$,则该元件既是 x 控制型的,又是 y 控制型的。

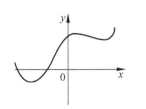 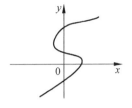

(a) 特性曲线方程 $y=f(x)$　　(b) 特性曲线方程 $x=f^{-1}(y)$

图 1-21　单控型元件的特性曲线

例 1-3　某元件被定义在 u-i 平面上，若电压 u 和电流 i 为关联参考方向，试分别就下述该元件的两种特性曲线方程说明元件特性是线性的还是非线性的，是时不变的还是时变的，是电压控制型的还是电流控制型的，是有源的还是无源的。

(1) $u+2\mathrm{e}^{-t}i=0$　　(2) $u=\sin i+1$

解　应注意，由于元件的特性曲线方程与电量的参考方向相对应，故在题中首先说明元件电压、电流的参考方向。

(1) 元件的特性方程可写为

$$u=-2\mathrm{e}^{-t}i$$

显然，由于特性曲线与时间 t 有关，表明特性曲线在特性平面上的位置随时间变化，故元件是时变的。对于任一时刻 t_k，特性曲线为

$$u=Ai$$

式中，$A=-2\mathrm{e}^{-t_k}$ 为一常数。可见在任一时刻 t_k，特性曲线总是一条经过原点的直线，故元件是线性的。该元件既是电流控制型的又是电压控制型的。

因 $A<0$，则特性曲线位于特性平面坐标系的第二、四象限。由于 u、i 为关联正向，元件的功率 $p=ui<0$，表明元件产生功率，故该元件是有源的。

因此，由 $u+2\mathrm{e}^{-t}i=0$ 定义的元件是线性时变的、有源的、既是电流控制型又是电压控制型的元件。

(2) 特性曲线 $u=\sin i+1$ 不是一条经过原点的直线，且与时间 t 无关，故元件是非线性时不变的。由于 u 是 i 的单值函数，而 i 不是 u 的单值函数，故元件是电流控制型的，但不是电压控制型的。当 $i<0$ 时，特性曲线位于第二象限，此时元件的功率 $p=ui<0$，故元件是有源的。

因此由 $u=\sin i+1$ 定义的元件是非线性时不变的、有源的、电流控制型的元件。

1.6　电阻元件

电阻器是最基本的电路器件之一。电阻元件是一种理想化的模型，用来模拟电阻器和其他器件的电阻特性，即能量损耗特性。

一、电阻元件的定义及分类

电阻元件的基本特征是当其通以电流时，在其两端便会建立起电压。电阻元件的定义可表述为：一个二端元件，如果在任何瞬时 t，其两端的电压 $u(t)$ 与通过的电流 $i(t)$ 间的关

系可用 u-i 平面（或 i-u 平面）上的一条曲线来描述，则该二端元件就称为电阻元件。电阻元件通常简称为电阻。

按照前述元件分类的方法，根据特性曲线在定义平面上的具体情况，电阻元件可分为线性时不变的、线性时变的、非线性时不变的、非线性时变的四种类型。本书讨论所涉及的主要是线性时不变电阻元件和非线性时不变电阻元件，并且以前者为主。

二、线性时不变电阻元件

若电阻元件的特性曲线是一条通过原点的直线，则称为线性电阻元件，否则称为非线性电阻元件。若线性电阻元件的特性曲线在 u-i 平面上的位置不随时间而变，则为线性时不变电阻元件。图 1-22 为线性时不变电阻元件的电路符号及其特性曲线。在电压 $u(t)$ 和电流 $i(t)$ 为关联参考方向的前提下，线性时不变电阻元件的定义式为

$$u(t)=Ri(t) \quad (1\text{-}15)$$

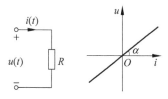

图 1-22 线性时不变电阻元件的电路符号及其特性曲线

上式是大家熟知的欧姆定律，式中 R 为比例常数，它是特性曲线的斜率，即 $R=\tan\alpha$。R 称为电阻元件的电阻值，也称为电阻，其 SI 单位为欧姆，简称欧（符号为 Ω）。欧姆定律也可表示为

$$i(t)=Gu(t) \quad (1\text{-}16)$$

式中，$G=\dfrac{1}{R}$。G 称为电导，其单位称为西门子，简称西（符号为 S）。

关于线性时不变电阻元件的说明如下：

（1）必须指出，各种元件的特性方程均与电路变量参考方向的选取有关。若电压、电流为非关联参考方向，则式(1-15)和式(1-16)的右边均应冠以负号，即

$$u(t)=-Ri(t) \quad (1\text{-}17)$$
$$i(t)=-Gu(t) \quad (1\text{-}18)$$

相应地，电阻元件的特性曲线如图 1-23 所示。

（2）一般地，电阻元件的电阻值恒为正值（$R>0$），这种电阻元件中的电流和电压的真实方向总是一致的。在电压、电流为关联参考方向时，其特性曲线位于第一、三象限，如图 1-22 所示；而在电压、电流为非关联参考方向时，其特性曲线位于第二、四象限，如图 1-23 所示。若电阻元件在其电压、电流为关联参考方向时，其特性曲线位于第二、四象限，如图 1-24 所示，其特性方程为

$$u(t)=Ri(t)$$

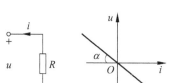

图 1-23 非关联参考方向时电阻元件的特性曲线

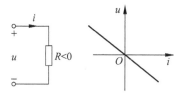

图 1-24 负电阻及其特性曲线

式中 $R<0$,这种电阻称为负电阻,它是一种有源元件,可通过电子器件的组合予以实现。

(3) 电阻值和电导值是反映同一电阻元件性能且互为倒数的两个参数。电阻体现的是电阻元件对电流的阻力,而电导则反映电阻元件导电能力的强弱。

(4) 线性电阻元件有两种极端情况。当 $R=0$(或 $G=\infty$)时,特性曲线将与 i 轴重合。此时只要电流为有限值,总有端电压恒为零,此种情形与一根无阻短接线相当,称之为"短路"。当 $R=\infty$(或 $G=0$)时,特性曲线将与 u 轴重合,称为"开路"。此时只要电压为有限值,总有通过的电流恒为零,此种情形与断路相当,称之为"开路"。

(5) 由线性时不变电阻元件的特性方程 $u(t)=Ri(t)$ 可知,元件在任一时刻的电压值只取决于同一时刻的电流值,与在此之前的电流值无关。具有这种特性的元件被称为"无记忆元件"。

三、线性时不变电阻元件的功率和能量

当电压、电流取关联的参考方向时,线性时不变电阻元件吸收的瞬时功率为

$$p(t)=u(t)i(t)=Ri^2(t)=Gu^2(t) \tag{1-19}$$

在时间段 $[t_0,t]$ 内,其吸收的能量为

$$W[t_0,t]=\int_{t_0}^{t} p(t')\mathrm{d}t'=R\int_{t_0}^{t} i^2(t')\mathrm{d}t'=G\int_{t_0}^{t} u^2(t')\mathrm{d}t' \tag{1-20}$$

由上式可见,对于正电阻($R>0$),在任意时间段内,其吸收的能量 $W[t_0,t]\geqslant 0$。根据电路有源性无源性的概念,正电阻是一无源元件。在任一瞬时 t,正电阻吸收的功率 $p(t)\geqslant 0$,它总是从外界吸收功率并消耗掉,即它是一个纯耗能元件。类似地可以得出结论,负电阻($R<0$)是有源元件,它总是向外界输出能量。

例 1-4 在图 1-25 所示的电路中,已知 $i=-2$A,电阻元件产生 8W 的功率,求 u 和 R 的大小。

解 电阻元件产生 8W 的功率,即 $p_R=-8$W。因电压、电流为关联参考方向,有

$$p_R=ui$$

$$u=\frac{p_R}{i}=\frac{-8}{-2}=4\text{V}$$

$$R=\frac{u}{i}=\frac{4}{-2}=-2\Omega$$

图 1-25 例 1-4 电路

四、线性时变电阻元件

若电阻元件的特性曲线是经过原点的直线,且直线的斜率随时间而变化,则称为线性时变电阻元件。取电压、电流为关联参考方向,线性时变电阻元件的特性曲线如图 1-26 所示,其特性方程为

$$u(t)=R(t)i(t) \tag{1-21}$$

或

$$i(t)=G(t)u(t) \tag{1-22}$$

线性时变电阻具有变换信号频率的作用,这一特点在通信工程的调制、倍频技术中得到了应用。

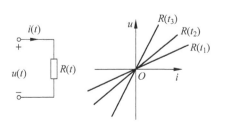

图 1-26 线性时变电阻元件及其特性曲线

例 1-5 电工、电信技术中常用的电位器是一种线性时变电阻器,当其滑动触点运动时,在 t 时刻的电阻可用下式表示:

$$R(t)=R_1+R_2\sin\omega_1 t$$

若通过电位器的电流是角频率为 ω_2 的正弦波,即 $i(t)=K\sin\omega_2 t$,求电位器端电压 $u(t)$ 的表达式。

解 设电位器的电压、电流为关联参考方向,则

$$\begin{aligned}u(t)&=R(t)i(t)=(R_1+R_2\sin\omega_1 t)K\sin\omega_2 t\\&=KR_1\sin\omega_2 t+\frac{KR_2}{2}\cos(\omega_1-\omega_2)t-\frac{KR_2}{2}\cos(\omega_1+\omega_2)t\end{aligned}$$

由此可见,在电位器端电压中出现了两个新的(角)频率 $(\omega_1+\omega_2)$ 和 $(\omega_1-\omega_2)$。

五、非线性电阻元件

特性曲线不是经过原点的直线的电阻元件为非线性电阻元件。非线性电阻元件包括时不变的和时变的两类,下面主要讨论非线性时不变电阻元件,其表示符号如图 1-27 所示。

一般地,电阻元件的特性方程可表示为

$$f(u,i)=0 \tag{1-23}$$

若是非线性电阻元件,则上式为非线性方程。如果非线性电阻元件的端电压 u 可表示为端电流 i 的单值函数,即

$$u=f_1(i)$$

则该非线性电阻元件是一个电流控制型的元件。这类元件的实际例子是具有负温度系数的热敏电阻器和充气二极管等电子器件,它们的特性曲线如图 1-28 所示。

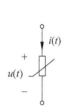
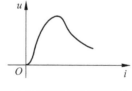
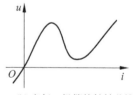

(a) 具有负温度系数的热敏电阻器的特性曲线　　(b) 充气二极管的特性曲线

图 1-27　非线性电阻元件的符号　　图 1-28　电流控制型非线性电阻元件的特性曲线

若非线性电阻元件的端电流 i 可表示为端电压 u 的单值函数,即

$$i=f_2(u)$$

则该非线性电阻元件是一个电压控制型的元件。这类元件的实际例子是具有正温度系数的热敏电阻器和隧道二极管等电子器件,它们的特性曲线如图 1-29 所示。

如果非线性电阻元件的端电压 u 可以表示为端电流 i 的单值函数,同时电流 i 也可表示为电压 u 的单值函数,即

$$u=f(i) \quad \text{或} \quad i=g(u)$$

且 f 和 g 互为反函数,这样的非线性电阻元件既是电流控制型的又是电压控制型的,典型的例子是普通二极管和压敏电阻器等电子器件,它们的特性曲线示于图 1-30 中。

(a) 具有正温度系数的热敏　　(b) 隧道二极管的特性曲线
　　电阻器的特性曲线

图 1-29　电压控制型非线性电阻元件的特性曲线

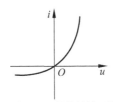
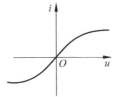

(a) 普通二极管的特性曲线　　(b) 压敏电阻器的特性曲线

图 1-30　既是压控型又是流控型的非线性电阻元件的特性曲线

值得一提的是普通二极管，它是电工应用中常见的一种电子器件。PN 结二极管的特性方程为

$$i = I_0(e^{au} - 1)$$

式中，u、i 分别是二极管的电压和电流，I_0 为二极管的反向饱和电流，a 为一正常数。从图 1-30(a)可见，二极管是非双向性元件，使用中必须注意区分它的两个端钮。图 1-31(a)为二极管的电路符号，图中 a 端为正极，b 端为负极。当二极管承受正向电压(图中 $u>0$)时，其处于导通状态，端电压较小，电流很大；当二极管被施加反向电压($u<0$)时，其处于截止状态，电流很小。

在电路理论中，用理想二极管作为实际二极管的电路模型，理想二极管的电路符号(与实际二极管的符号相同)及其特性曲线示于图 1-31 中。由图中的特性曲线可见，当理想二极管导通时，其端电压为零，相当于短路；当理想二极管截止时，其通过的电流为零，相当于断路(或开路)。由特性曲线也可知，理想二极管为既不是电流控制型的也不是电压控制型的非线性时不变电阻元件。

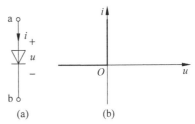

图 1-31　理想二极管的电路符号及其特性曲线

除了前面所介绍的二端电阻性元件外，工程实际中还经常用到一些具有三个或三个以上端钮的电阻性器件，通常将它们称为多端电阻性元件，其中最为常见和典型的是晶体三极管，它是组成电子电路的最基本的元件。从电路的角度看，这是一种三端非线性电阻性元件。它包括 NPN 和 PNP 两种类型(视内部结构的不同)，其电路符号如图 1-32 所示。图中 b 称作基极，c 称作集电极，e 称作发射极。

在实际应用中，晶体管的基本功能是放大信号。人们关心的是晶体管各极的电压、电流间的关系，这些关系用晶体管的输入特性和输出特性表示。图 1-33 给出了某种 PNP 型晶体管在一定接法下的输入特性和输出特性曲线。输入特性是指在固定集电极电压 U_{ce} 的条件下,基极与发射极间的电压 U_{be} 和基极电流 I_b 之间的关系;而输出特性是指在一定的基极电流 I_b 时,集电极电流 I_c 和集电极与发射极间的电压 U_{ce} 间的关系。

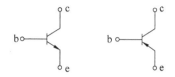

(a) NPN 型三极管　(b) PNP 型三极管

图 1-32　晶体管的电路符号

在输出特性图上,虚线的右侧部分为晶体管的放大区域。在放大区中,当基极电流 I_b 变化时,集电极电流随之而变并与电压 U_{ce} 基本无关,且 I_c 的变化比 I_b 的变化要大得多,这样就起到了放大电流的作用。

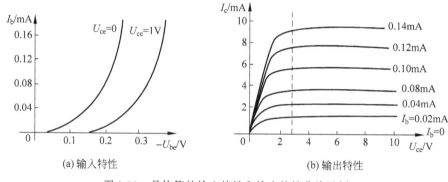

(a) 输入特性　　　　　　　　(b) 输出特性

图 1-33　晶体管的输入特性和输出特性曲线示例

练习题

1-5　说明下列电阻元件是线性的还是非线性的,时不变的还是时变的,有源的还是无源的。设电压 u 和电流 i 为关联参考方向。

(1) $i = 2e^{-t} + 1$　(2) $u = 3e^{-2u} + 5i$　(3) $u = (5e^{-t} + 2\sin 2t)i$　(4) $i = -3e^{-t}u$

1.7　独立电源

电路中的电源或信号源的作用是向负载提供电能或输出信号。在电路理论中,通常将电源和信号源都称为电源,并且将电源称作激励源,简称为"激励"。由电源在电路的任一部分引起的电压或电流称为"响应"。

实际电源的理想化模型有两种,分别是独立电压源和独立电流源。

一、独立电压源

1. 独立电压源的定义

独立电压源可用作发电机、蓄电池、干电池等实际电源装置的电路模型。独立电压源的定义可表述为:一个二端元件,若在与任意的外部电路相连接时,总能维持其端电压为确定的波形或量值,而与流过它的电流无关,则此二端元件称为独立电压源。独立电压源也称为理想电压源,通常简称为电压源。电压源的电路符号及特性曲线如图 1-34 所示。

应注意,电压源符号中的电压极性为参考极性(参考方向)。当电压源的输出 $u_s(t)$ 为恒定值时,称为直流电压源;当 $u_s(t)$ 为一特定的时间函数时,称为时变电压源。例如当 $u_s(t)$ 是一正弦函数时,就是一个正弦电压源,这是工程应用中最常见的一种电源类型。

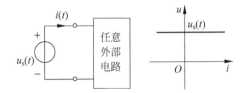

图 1-34 独立电压源的电路符号与特性曲线

2. 独立电压源的有关说明

(1) 电压源的特性曲线位于 u-i 平面上,按电阻元件的定义,它应是一种电阻性元件,且是一种有源的、非线性的、非双向的、电流控制型的电阻元件。

(2) 若电压源的输出为零,则特性曲线与 i 轴重合,表明此时的电压源与一个 $R=0$ 的线性电阻相当,即它等同于短路,与一根无阻导线相当,如图 1-35 所示。这一结论在电路分析中常被用到。需注意,当 $u_s \neq 0$ 时,电压源不能短路,否则流经电压源的电流将为无穷大。

(3) 因电压源的特性曲线是平行于 i 轴的直线,其输出的电压与外部电路无关,但通过电压源的电流完全取决于它所连接的外部电路。

(4) 由于电压源的电流是由外部电路决定的,故电压源可工作于两种状态,即吸收功率状态(称为负载状态)和产生功率状态(称为电源状态)。可由特性曲线结合电压、电流的参考方向来判断电压源的工作状态。如在图 1-36 所示的 u-i 平面上,若设电压、电流为非关联的参考方向,则当电压源工作于第一象限时,$p<0$,为产生功率;而工作于第二象限时,$p>0$,为吸收功率。

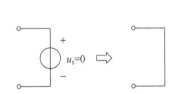

图 1-35 输出为零的电压源与短路相当

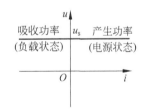

图 1-36 电压源工作状态的说明

顺便指出,因电压源的电流可在无限范围内变化,故它的功率的变化范围也是无限的。但这样的电源在实际中是不可能存在的。实际电源的功率范围总是有限的。

二、独立电流源

1. 独立电流源的定义

在实际应用中,用电子器件可构成恒流源,它能独立地向外部电路输出电流。独立电流源可作为这类电源装置的电路模型。独立电流源的定义可表述为:一个二端元件,若在与任意的外部电路相连接时,总能维持其输出的电流为确定的波形或量值,而与其端电压无关,则此二端元件称为独立电流源。独立电流源也称为理想电流源,通常简称为电流源。电流源的电路符号及特性曲线如图 1-37 所示。

应注意,电流源电路符号中的箭头为其电流的参考方向。当电流源的电流 $i_s(t)$ 为恒定值时,称为直流电流源;当 $i_s(t)$ 为一特定的时间函数时,称为时变电流源。

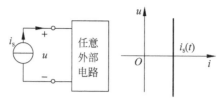

图 1-37 独立电流源的电路符号及其特性曲线

2. 独立电流源的有关说明

（1）电流源的特性曲线位于 u-i 平面上，它是一种有源的、非线性的、非双向的、电压控制型的电阻元件。

（2）若电流源的输出为零，则特性曲线与 u 轴重合，表明此时的电流源和一个 $G=0$ 或 $R=\infty$ 的电阻相当，即它等同于断路（开路），如图 1-38 所示。这一结论在电路分析中常被用到。需指出，当 $i_s\neq 0$ 时，电流源不能置为开路，否则相当于一个电流源与一个 $R=\infty$ 的电阻相接而导致电流源的端电压为无穷大。

（3）因电流源的特性曲线是平行于 u 轴的直线，所以它的输出电流与外部电路无关，但其两端的电压完全取决于它所连接的外部电路。应注意，电路中的电流源的两端具有电压，初学者易忽视这一点。

（4）和电压源类似，电流源既可工作于电源状态（向外电路输出功率），也可工作于负载状态（从外电路吸收功率），其工作状态由外部电路决定。

需指出的是，虽然理想电流源的功率范围是无限的，但实际中并不存在这样的电源装置，实际电流源的功率范围是有限的。

例 1-6 图 1-39 所示为一电流源及其特性曲线。试说明该电流源的工作状态。若电流源的端电压 $U=5\text{V}$，求它输出的功率。

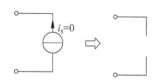

图 1-38 输出为零的电流源与断路相当

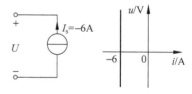

图 1-39 例 1-6 图

解 电流源的工作状态由给定的参考方向和特性曲线共同决定。因 U 和 I_s 为非关联的参考方向，故电流源的功率计算式为 $P_s=-UI_s$。当电流源工作于第二象限时，$P_s>0$，为吸收功率（负载状态）；当其工作于第三象限时，$P_s<0$，为输出功率。

若 $U=5\text{V}$，有
$$P_s=-UI_s=-5\times(-6)\text{W}=30\text{W}$$

计算结果表明电流源吸收 30W 的功率，或输出的功率为 -30W。

练习题

1-6　一个 10V 的电压源接上一个 5Ω 的电阻，求电压源输出的电流及功率。

1-7　一个输出电流为 $10\sin 5t$ A 的电流源与一个 5Ω 的电阻相接，求电流源的端电压及输出的瞬时功率。

1.8 受控电源

在电路中存在某条支路的电压或电流受另外一条支路的电压或电流影响（控制）的情况。例如当晶体三极管工作于放大区时，集电极电流的大小受基极电流的控制。基极电流称为控制量，集电极电流称为被控制量。现代电路特别是电子电路中存在着大量类似的情况。为了模拟这样的现象，人们提出了一类称为"受控电源"的电路元件，这是一种将控制量和被控制量之间的关系加以理想化以后的，具有两条支路或四个端子的理想元件，其中一条是控制量所在的控制支路，也称为受控源的输入支路，另一条是被控制量所在的受控制支路，也称为受控源的输出支路。控制量（输入量）可以是电压，也可以是电流；同样，被控制量（输出量）既可以是电压，亦可以是电流。这样，按照输入量和输出量的组合关系分类，共有四种形式的受控电源。为区别于独立电源，受控电源的输出支路用菱形符号表示。受控电源通常简称为受控源。

当受控源的控制量和被控制量之间为线性关系时，称为线性受控源，否则称为非线性受控源。本书只讨论线性受控源。

一、四种形式的受控电源

1. 电流控制的电流源（CCCS）

这种受控源的控制量为电流，被控制量也为电流。若控制电流用 i_1 表示，被控制电流用 i_2 表示，则两者间的关系式为

$$i_2 = \alpha i_1$$

式中，$\alpha = i_2/i_1$，是一无量纲的常数，称为转移电流比或电流增益。电流控制的电流源的电路符号如图 1-40 所示。图中控制电流 i_1 为输入端口的短路电流。

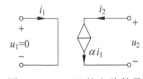

图 1-40 CCCS 的电路符号

工作在放大区的晶体三极管的集电极电流（输出电流）正比于基极电流（输入电流），可以用电流控制的电流源来模拟这一器件。

2. 电流控制的电压源（CCVS）

这种受控源的控制量是电流，被控量是电压。若控制量用 i_1 表示，被控制量用 u_2 表示，则两者间的关系式为

$$u_2 = r_m i_1$$

式中，$r_m = u_2/i_1$ 是一常数，具有电阻的量纲，称为转移电阻。电流控制电压源的电路符号如图 1-41 所示。图中控制电流 i_1 为输入端口的短路电流。

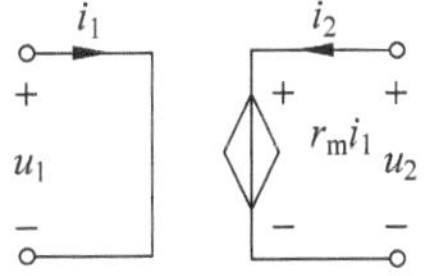

图 1-41 CCVS 的电路符号

直流发电机可看成是电流控制的电压源的一个例子。在直流发电机的转子匀速转动的情况下，发电机的输出电压与励磁电流成正比，因此可以用电流控制的电压源加以模拟。

3. 电压控制的电流源（VCCS）

这种受控源的控制量是电压，被控制量是电流。控制量若用 u_1 表示，被控制量用 i_2 表示，则两者之间的关系为

$$i_2 = g_m u_1$$

式中，$g_m = i_2/u_1$ 是一常数，具有电导的量纲，称为转移电导。电压控制的电流源的电路符号如图 1-42 所示。图中 u_1 为输入端口的开路电压。

当场效应管工作于线性区内时，其输出电流正比于其输入电压，可以用电压控制的电流源来模拟这一电子器件。

4. 电压控制的电压源（VCVS）

这种受控源的控制量是电压，被控制量也是电压。若控制量是 u_1，被控制量为 u_2，则两者间的关系式为

$$u_2 = \mu u_1$$

式中，$\mu = u_2/u_1$ 是一无量纲的常数，称为转移电压比或电压增益。电压控制的电压源的电路符号如图 1-43 所示。图中 u_1 为输入端口的开路电压。

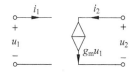

图 1-42　VCCS 的电路符号

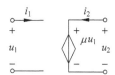

图 1-43　VCVS 的电路符号

电压控制的电压源的一个典型实例是三极电子管，该器件的输出电压正比于输入电压，因此可用电压控制的电压源对其进行模拟。

二、受控源的相关说明

（1）受控源由控制支路和被控制支路这两条支路构成，因此它是一种四端元件或二端口元件。其中被控制支路的电量受控制支路电量的影响（控制），这种一条支路对另一条支路产生影响或者双方相互影响的情况（现象）称为"耦合"。因此，受控源也是一种耦合元件。

（2）因受控源的输出只受一个输入变量的控制，因此为了体现这一输入变量的控制作用，将另一个输入变量置为零。所以每一受控源的控制支路或为短路（输入电压为零），或为开路（输入电流为零）。

（3）受控电源虽然称为电源，但它与独立电源有着本质的不同。独立电源是电路中能量的来源，能单独在电路中引起电压和电流。但受控源主要是体现电路中的一条支路对另一条支路的控制关系，它并不能单独在电路中产生电压和电流，因此它实际上并不是电源。受控源与独立电源也有相似之处，就受控源的输出支路的特性而言，受控电流源被控制支路的电流与该支路的电压无关，受控电压源被控制支路的电压与该支路的电流无关。

（4）在电路分析中，含有受控源的电路在处理方法上常有特殊之处，需要特别予以注意。

例 1-7　图 1-44 所示为一个场效应管放大器的简化电路模型。设 $u_1 = 5.4\text{V}$，场效应管的转移电导为 $g_m = 850 \times 10^{-6}\text{s}$。

(1) 求负载电阻上的输出电压 u_o;
(2) 求电压传输比(电压增益)u_o/u_i。

解 (1) 根据受控电流源的特性及欧姆定律,有

$$u_o = -6 \times 10^3 \times g_m u$$
$$= -6 \times 10^3 \times 850 \times 10^{-6} u = -5.1u$$

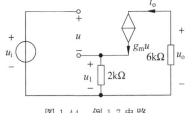

图 1-44 例 1-7 电路

又由 KVL,有

$$u_i = u + u_1 = u + 2 \times 10^3 \times 850 \times 10^{-6} u = 2.7u$$

可求得

$$u = \frac{u_i}{2.7} = \frac{5.4}{2.7} = 2\text{V}$$

于是

$$u_o = -5.1u = -5.1 \times 2 = -10.2\text{V}$$

(2) 电压增益为

$$\frac{u_o}{u_i} = \frac{-10.2}{5.4} = -\frac{17}{9} = -1.89$$

例 1-8 求图 1-45 所示电路中独立电压源和受控源的功率。

解 为求独立源和受控源的功率,需先求出通过独立电压源的电流 i 和受控电流源两端的电压 U_1。

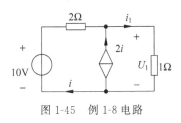

图 1-45 例 1-8 电路

由 KCL,有

$$i_1 = i + 2i = 3i$$

又由 KVL,有

$$2i + i_1 = 10$$

即

$$2i + 3i = 10$$

于是求得

$$i = 2\text{A}$$
$$U_1 = i_1 = 3i = 6\text{V}$$

进而可求得电压源的功率为

$$P_s = -10i = -10 \times 2 = -20\text{W}$$

受控源的功率为

$$P_c = -2iU_1 = -2 \times 2 \times 6 = -24\text{W}$$

练习题

1-8 求图 1-46 所示电路中的电压 U_o 及两受控源的功率。

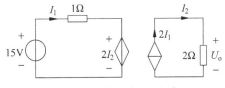

图 1-46 练习题 1-8 电路

1.9 例题分析

例 1-9 对图 1-47 所示电路写出如下的等式:
$$u = u_1 + u_2 = iR_1 + iR_2 = i(R_1 + R_2)$$
问该等式是否正确?

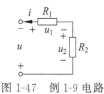

图 1-47 例 1-9 电路

解 该等式的最后结果是正确的,但中间的两步骤均有错。注意在图中采用了分别标出电流及电压参考方向的做法,并未采用关联的参考方向。对电阻元件而言,仅当电压、电流为关联的参考方向时,才有 $u=iR$ 成立。因此该电路正确的电压方程是
$$u = -u_1 - u_2 = -(u_1 + u_2) = -(-iR_1 - iR_2) = iR_1 + iR_2$$

若要题中所给等式成立,应修改电路图中电压、电流的参考方向,有两种方法:①将 u_1、u_2 的参考方向改为相反的方向;②将 u 和 i 的参考方向同时反向。

例 1-10 已知某元件在电压、电流为关联的参考方向时 u、i 的波形如图 1-48(a)所示。
(1) 绘出该元件功率 p 的波形,并求元件在 $t=0.5\text{s}$ 和 $t=1.8\text{s}$ 时产生的功率。
(2) 若将电流 i 的参考方向改为相反的方向,问 p 的波形将如何变化。
(3) 若元件在电压、电流为非关联参考方向时 u、i 的波形仍如图 1-48(a)所示,绘出 p 的波形。

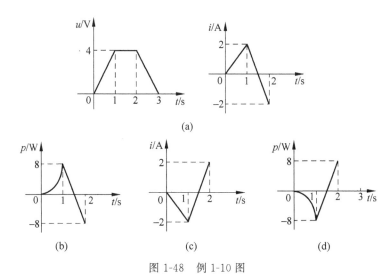

图 1-48 例 1-10 图

解 (1) 本书已约定按吸收功率进行功率的计算,此时 u、i 为关联参考方向,故功率计算式为 $p=ui$。因 u、i 均为分段连续的波形,故 p 应分段计算。

$$t \leqslant 0, \quad p = 0$$
$$0 \leqslant t \leqslant 1, \quad p = 4t \times 2t = 8t^2$$
$$1 \leqslant t < 2, \quad p = 4 \times 4(1.5-t) = 24 - 16t$$
$$2 < t \leqslant 3, \quad p = 4(3-t) \times 0 = 0$$
$$t \geqslant 3, \quad p = 0$$

画出 p 的波形如图 1-48(b)所示。由 p 的表达式,可求得
$$p(0.5)=8\times(0.5)^2=2\text{W}$$
$$p(1.8)=(24-16\times1.8)=-4.8\text{W}$$
计算表明,元件在 $t=0.5$s 时产生 -2W(即吸收 2W)的功率,在 $t=1.8$s 时产生 4.8W 的功率。

(2) 若改变 i 的参考方向,则应在原 i 值前冠一负号,可得波形如图 1-48(c)所示。由于此时 u 和 i 为非关联参考方向,故 $p=-ui$。此式比情况(1)中的功率计算式多一个负号,而 i 值是情况(1)中 i 值的相反数,故由该式求得的 p 表达式和情况(1)中的完全一样,p 的波形亦完全相同。这表明参考方向的改变并不对实际结果产生影响。

(3) 应注意本问与情况(2)的区别。此时图 1-48(a)所示的 u、i 波形与非关联参考方向对应,则 $p=-ui$,由此做出 p 的波形如图 1-48(d)所示。该波形与(1)中 p 的波形关于横轴互为镜像。

例 1-11 求图 1-49 所示电路中的电流 i_1、i_2、i_3 和 i_4。

解 图中虚线所示为一封闭面,对该封闭面写出 KCL 方程为
$$i_4+8-2=0$$
得
$$i_4=-6\text{A}$$
此时再用 KCL 无法求出其余电流。对图示回路按箭头所示绕行方向写出 KVL 方程为
$$u_2-u_3-u_1=0$$
(注意 u_1、u_2、u_3 分别与 i_1、i_2、i_3 为关联参考方向。)又令 $i_2=x$,因图中每一节点均有三条支路,且有一支路的电流为已知,于是 i_1 和 i_3 均可用 x 表示,即
$$i_1=2-x,\quad i_3=-8+i_1=-6-x$$
将电阻元件的伏安关系式代入 KVL 方程,有
$$2x-(-6-x)-2(2-x)=0$$
解之,得
$$x=-0.4\text{A}$$
则
$$i_1=2-x=2.4\text{A},\quad i_2=x=-0.4\text{A},\quad i_3=-6-x=-5.6\text{A}$$

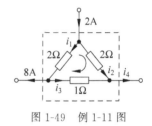

图 1-49 例 1-11 图

注意此题电路有三个端子与外部电路相连,它是某网络的一部分,不要误认为这些端子是悬空的。

例 1-12 求图 1-50 所示电路中电压源的电压 U_s。已知 $E_0=4$V,$E_1=2$V,$E_2=1$V,$R_1=8\Omega$,$R_2=10\Omega$,$U_1=-2$V,$U_3=-3$V。

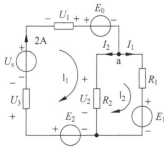

图 1-50 例 1-12 电路

解 列出回路 l_1 的 KVL 方程为
$$-U_1+E_0+U_2-E_2+U_3-U_s=0 \qquad(1)$$
其中 U_2 也为未知量。为求出 U_2,列出回路 l_2 的 KVL 方程为
$$E_1+I_1R_1-I_2R_2=0 \qquad(2)$$
对节点 a 列写 KCL 方程
$$I_1+I_2=2$$
即
$$I_1=2-I_2 \qquad(3)$$

将式(3)代入式(2),求得
$$I_2 = 1\text{A}$$
则
$$U_2 = I_2 R_2 = 1 \times 10 = 10\text{V}$$
将 U_2 值代入式(1),求出 U_s 为
$$U_s = -U_1 + E_0 + U_2 - E_2 + U = [-2 + 4 + 10 - 1 - (-3)] = 12\text{V}$$

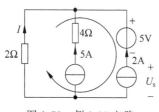

图 1-51 例 1-13 电路

例 1-13 求图 1-51 所示电路中的电流 I 及 2A 电流源的端电压 U_s。若将电压源置零,则电流 I 及 U_s 又为多少?

解 由 KCL,有
$$I = -5 - 2 = -7\text{A}$$
按箭头所示的绕行方向列写 KVL 方程,有
$$2I + 5 + U_s = 0$$
于是
$$U_s = -2I - 5 = -2 \times (-7) - 5 = 9\text{V}$$

应注意在一般情况下,电流源的两端存在电压。初学者在列写方程时易出现漏掉电流源端电压的错误。

若将电压源置零(意味着用一根短路线代替电压源),按 KCL,电流 I 的大小不变,仍为 -7A。可以验证,5A 电流源及其他支路的元件电压、电流亦不发生变化。这表明与电流源串联的元件去掉与否,不影响其他支路电压、电流的大小。但电压源置零后,2A 电流源的端电压将发生改变,即与电流源串联的元件去掉后将对电流源支路的电压及功率产生影响。求得
$$U_s = -2I = -2 \times (-7) = 14\text{V}$$

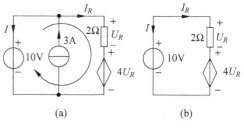

图 1-52 例 1-14 电路

例 1-14 如图 1-52(a)所示的电路。
(1) 求电流 I 及各元件的功率。
(2) 将电流源置零后,再求电流 I 和各元件的功率。

解 (1) 为求 I,需先求出 I_R。注意本题电路中有一电压控制电压源,在列写电路方程时,先将受控源与独立电源同样对待。按箭头所示的回路绕行方向写出 KVL 方程为
$$U_R + 4U_R = 10$$
$$U_R = 2\text{V}$$
则
$$I_R = U_R/2 = 1\text{A}$$
故
$$I = 3 - I_R = (3 - 1)\text{A} = 2\text{A}$$
求出各元件的功率为

10V 电压源功率: $P_{10V} = 10I = 10 \times 2 = 20\text{W}$

3A 电流源功率: $P_{3A} = -10 \times 3 = -30\text{W}$

2Ω电阻功率：$P_{2\Omega}=2I_R^2=2\times1^2=2\text{W}$

受控源功率：$P_c=4U_R I_R=4\times2\times1=8\text{W}$

计算表明，该电路中仅 3A 电流源发出功率，其余元件均吸收功率。

（2）若将电流源置零（将其用开路代替），则电路如图 1-52(b) 所示。由 KVL，有

$$U_R+4U_R=10$$

$$U_R=2\text{V},\quad I_R=\frac{U_R}{2}=1\text{A},\quad I=-I_R=-1\text{A}$$

与情况（1）中计算结果比较，知受控源支路的电流、电压没有变化，但独立电压源支路的电流发生改变。这表明，与电压源并联的支路去掉后（用开路代替），不影响与电压源并联的其余支路的电压、电流以及功率，但会影响电压源支路的电流以及功率。显然，此时电阻及受控源的功率仍与情况（1）相同，即

$$P_{2\Omega}=2\text{W},\quad P_c=8\text{W}$$

独立电压源的功率为

$$P_{10\text{V}}=10I=10\times(-1)=-10\text{W}$$

例 1-15 求图 1-53 所示电路中的电流 I 和 I_1。

解 此题电路支路较多，形似复杂，但仔细观察可发现，虽每一节点均联有 4 条或 5 条支路，但都只有两条支路的电流是未知的。若选择某一支路的未知电流为求解变量，则全部的未知电流均可用该未知电流表示。这样按箭头所示的绕行方向列写的回路 KVL 方程中只含有一个未知变量，这意味着只需用一个方程便能解出全部的未知电流。按上述思想，选电流 I 为求解变量，有

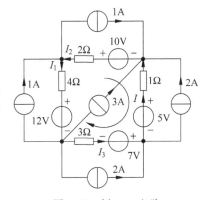

图 1-53　例 1-15 电路

$$I_2=2+I+1+3=I+6$$
$$I_1=I_2+1-1=I_2=I+6$$
$$I_3=I_1-1-3-2=I_1-6=I+6-6=I$$

按箭头所示的绕行方向写出回路的 KVL 方程为

$$-I+5+7-3I_3-12-4I_1-2I_2+10=0$$

各电流用 I 表示可得

$$10I=-26$$
$$I=-2.6\text{A}$$
$$I_1=I+6=(-2.6+6)=3.4\text{A}$$

由本题的解题过程可见，在求解一个电路之前，对电路的结构、参数特点仔细观察，可找到较方便的分析方法。

例 1-16 求图 1-54(a) 所示含理想二极管电路中的电压 u_{ab}。

解 当电路中含有理想二极管时，可采用"假定状态法"进行分析，即先假设二极管是处于导通状态或是截止状态，再根据这一假设对电路进行计算，看计算结果是否与假设的情况一致。若相矛盾，则重新假设后再进行计算。在这一电路中，先假设二极管为导通状态，它相当于短路，于是可得图 1-54(b) 所示的电路。为计算此电路，设电流 I 的参考方向如

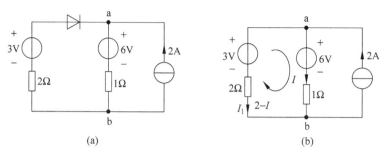

图 1-54 例 1-16 电路

图 1-54(b)所示,由 KCL 得,3V 电压源支路的电流为 $I_1=2-I$,参考方向如图 1-54(b)所示。又对该电路左边的网孔列写 KVL 方程,有

$$6+I-2(2-I)-3=0$$

可求得

$$I=\frac{1}{3}\text{A}$$

则

$$I_1=2-I=\frac{5}{3}\text{A}$$

这一计算结果表明二极管支路通过了 $\frac{5}{3}$A 的电流,且是从二极管的负极流向正极,这与二极管导通时的电流方向相矛盾,因此二极管导通的假设是不成立的。由此可断定电路中的二极管是截止的,则 3V 电压源支路处于断路状态,6V 电压源支路与 2A 电流源相串联,于是可求得

$$u_{ab}=6+1\times 2=8\text{V}$$

当电路中含有多个理想二极管时,同样可应用假设状态法。由于一个二极管有导通、截止两种工作状态,当电路中有 n 个二极管时,二极管导通、截止的组合情况有 2^n 种。

习题

1-1 二端电路如题 1-1 图所示,求当 u、i 为下列各值时电路的功率,并说明是吸收功率还是产生功率。

题 1-1 图

(1) $u=-3\text{V}, i=-5\text{A}$
(2) $u=3\text{V}, i=-2\text{A}$
(3) $u=2\text{e}^{-t}\text{V}, i=100\text{e}^{-t}\text{mA}$

1-2 在题 1-2 图所示电路中,已知 $U=-200\text{V}, I=3\text{A}$,试分别计算二端电路 N_1 和 N_2 的功率,并说明是发出功率还是吸收功率。

1-3 题 1-3 图所示电路为某复杂电路的一部分。已知 $I_1=2\text{A}, I_2=-3\text{A}$,支路 3 发出功率 15W,支路 4 吸收功率 30W;各点电位 $\varphi_a=10\text{V}, \varphi_b=-20\text{V}, \varphi_c=5\text{V}, \varphi_d=-25\text{V}$。

(1) 求支路 1 和支路 2 的功率,并说明是吸收还是发出功率;
(2) 求支路 3 和支路 4 的电流,并说明各电流的真实方向。

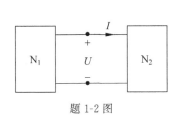
题 1-2 图

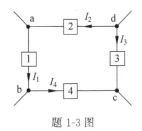
题 1-3 图

1-4 题 1-4 图所示电路是某电路的一部分,试根据给定的电流求出尽可能多的其他支路电流。

1-5 (1) 在上一题(题 1-4)中,为何根据已知条件不能求得全部的支路电流?
(2) 若再给出 $I_3=2A$,是否能求出全部的支路电流? 若能,试求之。

1-6 电路如题 1-6 图所示。
(1) 求出各未知电压;
(2) 以节点③为电位参考点,求出其余各节点电位值。

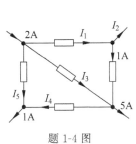
题 1-4 图

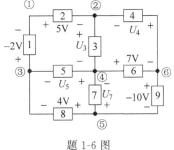
题 1-6 图

1-7 在题 1-7 图所示电路中,已知 $I=2A, R_1=1\Omega, R_2=2\Omega, R_3=3\Omega$,于是端口电压 $U=U_1+U_2+U_3=12V$。

(1) 若将电流的参考方向反向,如图中的 I',于是 $I'=-2A$,试问这时 $U=-12V$ 吗。为什么?

(2) 若电流的参考方向不变,但改变 U_3 的参考方向,如图中的 U'_3,那么端口电压为 $U=U_1+U_2-U_3=0$,对吗? 为何?

1-8 (1) 电路如题 1-8(a)图所示,已知 R 吸收 $-8W$ 的功率,且 $i=-2A$,求电阻 R 的值;

(2) 电路如题 1-8(b)图所示,已知 R 产生 $-8W$ 的功率,且 $u=2V$,求电阻 R 的值。

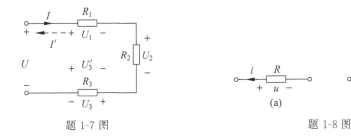
题 1-7 图 题 1-8 图

1-9 线性电阻如题 1-9 图所示。

(1) 求题 1-9(a)图所示电阻的参数 R 和它吸收的功率；

(2) 若题 1-9(b)图所示电阻发出的功率为 10W，求电阻 R 和电流 i。

1-10 含电位器的电路如题 1-10 图所示，已知 $U=30$V，当电位器滑动端移动时：

(1) 求电流 i 的变化范围；

(2) 设选用额定功率为 5W 的电位器，问电流是否超过电位器的额定电流值？

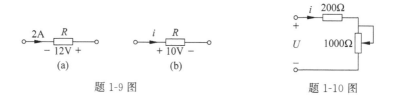

题 1-9 图　　　　　　　　　题 1-10 图

1-11 求一个电阻值为 5000Ω，功率为 0.5W 的电阻在使用时所能施加的最大端电压和所能通过的最大电流各为多少？

1-12 求题 1-12 图所示各电路中各电源的功率，并说明是吸收功率还是发出功率。

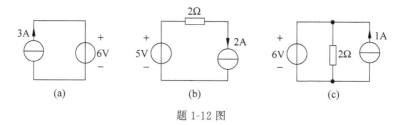

题 1-12 图

1-13 求题 1-13 图所示两电路中各电阻元件的功率及每一电路中全部元件的功率之和。

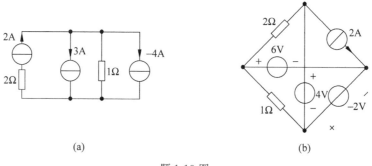

题 1-13 图

1-14 电路如题 1-14 图所示，求 AB 支路的电流 I_{AB} 及功率 P_{AB}。

1-15 题 1-15 图所示为用二极管构成的应用于数字电路的一种门电路。试求下面三组情况下的 Q 点电位值及电流 I、I_A、I_B、I_C。

(1) A 点的电位值为 +3V，B、C 两点的电位值均为 0V；

(2) A、B、C 三点的电位值分别为 $\varphi_A=-5$V，$\varphi_B=0$V，$\varphi_C=-3$V；

(3) A、B、C 三点的电位值分别为 $\varphi_A=0$，$\varphi_B=\varphi_C=5$V。

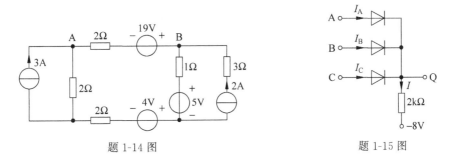

题 1-14 图　　　　　　　　题 1-15 图

1-16　试求题 1-16 图所示含理想二极管电路的端口电压 u_{AB}。

1-17　试求题 1-17 图所示含理想二极管电路中两电流源的功率。

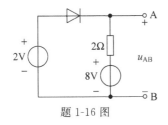 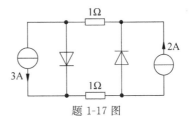

题 1-16 图　　　　　　　　题 1-17 图

1-18　求题 1-18 图所示两电路中的电压 U_1 及受控电源的功率。

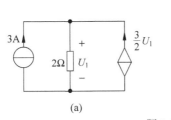 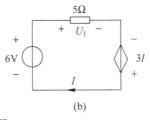

(a)　　　　　　　　(b)

题 1-18 图

1-19　求题 1-19 图所示电路中两个独立电源的功率。

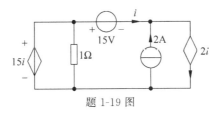

题 1-19 图

1-20　求题 1-20 图所示两电路中的电流 I_1 和受控源的功率。

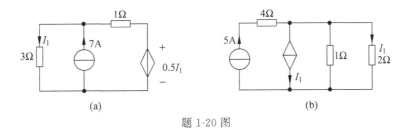

(a)　　　　　　　　(b)

题 1-20 图

1-21　计算题 1-21 图所示电路中的电压 U_1、U_2 和 U_3。

1-22　求题 1-22 图所示电路中的电阻 R 的值。

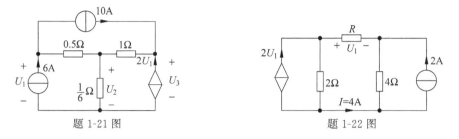

题 1-21 图　　　　　　　　题 1-22 图

1-23　欲使题 1-23 图所示电路中 2Ω 电阻的功率为 4Ω 电阻功率的 2 倍，求电压源电压 E 值的大小。

1-24　计算题 1-24 图所示电路中各支路电流及所有电源的功率。

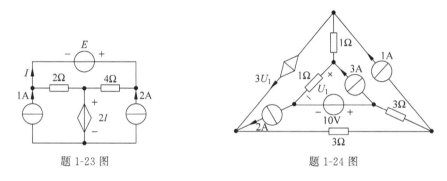

题 1-23 图　　　　　　　　题 1-24 图

第 2 章

CHAPTER 2

电路分析方法之一
——等效变换法

本章提要

本章介绍等效电路的概念以及电路等效变换的方法。主要的内容有：电阻的串联、并联和混联；电源的等效变换；电阻的星形连接和三角形连接的等效互换；简化电阻电路的一些特殊方法；用等效变换法分析含受控源的电路等。

等效变换既是分析电路的一种有效的手段，也是一种重要的思想方法。

2.1 等效电路和等效变换的概念

在电路理论中，等效电路是一个重要的概念，等效变换是一种常用的电路分析方法。等效变换既可针对二端电路，也可应用于多端电路。本章主要讨论二端电路的等效变换，同时也涉及三端电路的等效变换。

一、二端电路及端口的概念

如果一个电路只有两个引出端钮（端子）与外部电路相连，如图 2-1 所示，则称为二端电路。

根据 KCL，流入二端电路一个端钮的电流必定等于流出另一端钮的电流。这样的两个端钮就构成了一个所谓的"端口"，因此二端电路也称为单口电路。二端电路的两个端钮间的电压 $u(t)$ 和流经端钮的电流 $i(t)$ 分别称为端口电压和端口电流，它们之间的关系式 $u=f(i)$ 或 $i=f(u)$ 称为端口伏安关系式或端口特性。

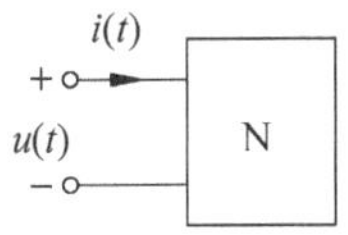

图 2-1 二端电路（单口电路）

一般情况下，人们总能根据需要将网络的一部分抽取出来作为一个二端电路加以分析研究，这个二端电路结构的复杂程度可以有很大的差异。最简单的二端电路是一个任意的二端元件，例如是一个电阻元件或是一个电压源。在许多情况下，人们感兴趣的是二端电路的端口特性以及它对其所连接的外部电路的影响，而并不关心它的内部情况。这样，可将二端电路的内部视为一个所谓的"黑匣子"。

端口的概念也可推广至多端电路。对具有多个引出端钮的电路而言，并非任意一对端钮都能称作一个端口。仅当满足在任意时刻都有进出两个端钮的电流相等这一条件时，这一对端钮才构成一个端口。

二、等效电路

若有两个二端电路 N_1 和 N_2，无论两者内部的结构怎样不同，只要它们的端口伏安关系（端口特性）完全相同，则称 N_1 和 N_2 是等效的。此时称 N_1 是 N_2 的等效电路，反之亦然。这一"等效"定义还可推广至多端电路，即对两个多端电路而言，只要它们对应的每一个端口的伏安关系式相同，便称两个电路是等效的。

"等效"的核心在于两个电路对外效果的一致，即它们对任意外部电路的影响完全相同，而不问两者之间内部结构的差异。按定义，若 N_1 和 N_2 等效，则当 N_1 和 N_2 分别和相同的任意外部电路相接时，两者端口上的电压、电流是完全相同的，如图 2-2 所示。应注意，"任意外部电路"中的"任意"二字是关键，即"两个电路对

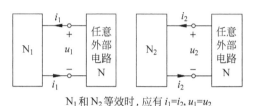

N_1 和 N_2 等效时，应有 $i_1=i_2, u_1=u_2$

图 2-2 N_1 和 N_2 等效的说明

外电路的效果一致"不能有例外。倘有例外，便不能算作等效。例如，设 N_1 为一个 1A 的电流源，其端口特性为 $i_1=1A$；N_2 为一个 1V 的电压源，其端口特性为 $u_2=1V$，显然两者不等效。但它们和某些外部电路相接时，会出现两个端口上电压和电流相等的情况，但这并不能说明 N_1 和 N_2 是等效的，如图 2-3 所示。

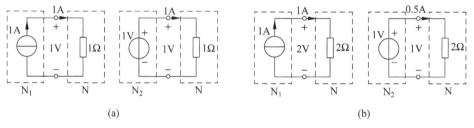

(a)　　　　　　　　　　　　　(b)

图 2-3　两个不等效的二端电路 N_1 和 N_2

三、等效变换

将一个网络（电路）用一个与之等效的网络（电路）代替，称为等效变换。

应注意，一个电路的等效电路不止一个，通常是任意多个。例如，一个由两个 3Ω 电阻串联而成的电路，其等效电路可以是一个 6Ω 电阻的电路，也可以是三个 2Ω 电阻串联的电路等，如图 2-4 所示。

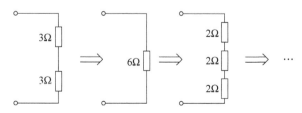

图 2-4　一个电路有任意个与之等效的电路

通常所说的等效变换是指将一个电路用一个最简单的等效电路来替代。如前述两个 3Ω 电阻串联的电路,其最简单的等效电路为一个 6Ω 的电阻。

四、等效变换概念的相关说明

(1) 两个内部结构不同的电路"等效"的唯一标准是两者对应端口的伏安关系式完全一致,即它们对同一任意外部电路的影响效果完全相同。

(2) 在电路分析中,采用"等效变换"方法的目的通常是将一个较为复杂的电路化为最简电路,从而方便电路的分析,简化计算。

(3) 等效变换不仅是一种行之有效的分析、计算手段,而且也是一种重要的思想方法,可用于问题的分析、概念的理解、定理的推导证明等。

2.2 电阻元件的串联和并联

串联、并联电路被称为简单电路。对线性简单电阻电路的分析,主要考虑两个方面的问题:
(1) 求电路端口的等值参数,即求等效电路的参数 R_{eq}。
(2) 各元件上电压、电流的分配关系。

一、电阻元件的串联

若干个元件首尾相接连成一个无分支的二端电路,若通以电流,各元件将通过同一电流,这种连接形式称为串联。图 2-5(a)为一个由 n 个电阻元件构成的串联电路。

1. 串联电阻电路的等效电阻 R_{eq}

对图 2-5(a)所示的串联电路应用 KVL,有
$$u = u_1 + u_2 + \cdots + u_n$$
根据 KCL,各电阻通过同一电流。将电阻元件的特性方程代入上式,有
$$u = iR_1 + iR_2 + \cdots + iR_n = i(R_1 + R_2 + \cdots + R_n)$$
令
$$R_{eq} = R_1 + R_2 + \cdots + R_n = \sum_{k=1}^{n} R_k \quad (2\text{-}1)$$

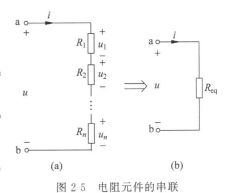

图 2-5 电阻元件的串联

则
$$u = iR_{eq} \quad (2\text{-}2)$$

这表明此 n 个电阻串联的电路和一个参数为 R_{eq} 的电阻的端口特性完全一样,即两者互为等效电路,因此可用后者代替前者,如图 2-5(b)所示。参数 R_{eq} 称为串联电阻电路的等效电阻,也称为 ab 端口的入端电阻。由式(2-2),有
$$R_{eq} = u/i \quad (2\text{-}3)$$
即等效电阻为端口电压和端口电流之比。

结论:串联电阻电路的等效电阻等于各串联电阻之和。

2. 串联电阻的分压公式

图 2-5 所示串联电路中的电流为

$$i = \frac{u}{R_1 + R_2 + \cdots + R_n} = \frac{u}{\sum_{k=1}^{n} R_k}$$

则第 k 个电阻 R_k 上的电压为

$$u_k = iR_k = \frac{R_k}{\sum_{k=1}^{n} R_k} u = \frac{R_k}{R_{eq}} u \tag{2-4}$$

式(2-4)称为串联电阻的分压公式。因此有如下结论：串联电阻电路中任一电阻上的电压等于该电阻与等效电阻的比值乘以端口电压。显然电阻值越大的电阻分配到的电压值越高。

例 2-1 电路如图 2-6 所示，已知 $U=12\text{V}$，$R_1=2\Omega$，$R_2=4\Omega$。

(1) 求 U_1 和 U_2；

(2) 在 U 和 R_1 不变的情况下，若使 $U_1=3\text{V}$，求 R_2 的值。

解 (1) 由分压公式，有

$$U_1 = \frac{R_1}{R_1 + R_2} U = \frac{2}{2+4} \times 12 = 4\text{V}$$

$$U_2 = \frac{R_2}{R_1 + R_2} U = \frac{4}{2+4} \times 12 = 8\text{V}$$

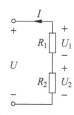

图 2-6 例 2-1 图

或由 KVL，有

$$U_2 = U - U_1 = 12 - 4 = 8\text{V}$$

(2) 由欧姆定律，有

$$R_2 = -\frac{U_2}{I}$$

应注意此时 R_2 上的电压、电流为非关联参考方向，故上式中有一负号。

$$U_2 = U - U_1 = 12 - 3 = 9\text{V}$$

I 也是 R_1 中流过的电流，故

$$I = \frac{-U_1}{R_1} = -1.5\text{A}$$

$$R_2 = -\frac{U_2}{I} = -\frac{9}{-1.5} = 6\Omega$$

二、电阻元件的并联

若干个元件的首尾两端分别联在一起构成一个二端电路，若施加电压，则每一元件承受同一电压，这种连接方式称为并联。

1. 并联电阻电路的等效电导 G_{eq} 和等效电阻 R_{eq}

图 2-7(a)所示为 n 个电阻元件的并联。应用 KCL，有

$$i = i_1 + i_2 + \cdots + i_n$$

根据 KVL，各电阻承受同一电压。将电阻元件的特性方程代入上式，有

$$i = G_1 u + G_2 u + \cdots + G_n u = (G_1 + G_2 + \cdots + G_n) u$$

令

$$G_{eq} = G_1 + G_2 + \cdots + G_n = \sum_{k=1}^{n} G_k \tag{2-5}$$

则
$$i = G_{eq}u$$

这表明 n 个电阻并联的电路与一个参数为 G_{eq} 的电阻的端口特性完全一样,因此可用后者代替前者,如图 2-7(b)所示。参数 G_{eq} 称为并联电路的等效电导。因电导和电阻互为倒数关系,则式(2-5)可写为

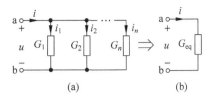

图 2-7 电阻元件的并联

$$\frac{1}{R_{eq}} = \sum_{k=1}^{n} \frac{1}{R_k} \tag{2-6}$$

其中
$$R_{eq} = 1/G_{eq}$$
$$R_k = 1/G_k$$

结论:n 个电阻并联时,其端口等效电导为各并联电导之和。

若由 R 值直接求等效电阻 R_{eq},则有

$$R_{eq} = \frac{R_1 R_2 \cdots R_n}{R_2 R_3 \cdots R_n + R_1 R_3 R_4 \cdots R_n + \cdots + R_1 R_2 \cdots R_{n-1}} \tag{2-7}$$

式中,分子为 n 个电阻的乘积,分母共有 n 项,每项为 $n-1$ 个电阻的乘积。特别当两个电阻并联时,有

$$R_{eq} = \frac{R_1 R_2}{R_1 + R_2} \tag{2-8}$$

式(2-8)是一个常用的公式。

当 n 个并联电阻的参数相等且均为 R 时,有
$$R_{eq} = \frac{1}{n}R$$

一般而言,n 个电阻并联之等效电阻值总小于 n 个电阻中最小的电阻值,即
$$R_{eq} < R_{min}$$

2. 并联电阻的分流公式

在并联电路中,每一支路两端的电压相同。图 2-8(a)所示电路中的电压为

$$u = \frac{i}{G_1 + G_2 + \cdots + G_n} = \frac{i}{\sum_{k=1}^{n} G_k}$$

则 G_k 中的电流为

$$i_k = G_k u = \frac{G_k}{\sum_{k=1}^{n} G_k} i = \frac{G_k}{G_{eq}} i \tag{2-9}$$

式(2-9)称为并联电阻的分流公式。因此有如下的结论:在并联电阻电路中,任一电阻中的电流等于该电阻的电导值与等效电导的比值乘以端口电流。显然电导值越大(即电阻值越小)电阻通过的电流就越大。

若用电阻值而不是用电导值时,分流公式为

$$i_k = \frac{R_{eq}}{R_k} i \tag{2-10}$$

图 2-8 两电阻的并联电路

对图 2-8 所示两电阻的并联电路,分流公式为

$$i_1 = \frac{R_{eq}}{R_1}i = \frac{R_2}{R_1+R_2}i$$

$$i_2 = \frac{R_{eq}}{R_2}i = \frac{R_1}{R_1+R_2}i$$

这两个式子也是常用的公式。

在实际中,常用符号"//"表示元件的并联关系。如电阻 R_1 和 R_2 并联,可记为 $R_1//R_2$。

练习题

2-1 有人将额定电压为 110V、功率分别为 40W 和 100W 的两只灯泡串联后接到 220V 的电源上作应急照明用,这样做可行吗?为什么?

2-2 在图 2-9 所示的电路中,已知电导值为 0.5S 的电阻消耗的功率为 32W,求电流 i_1,i_2,i_3,i 及三个电阻消耗的总功率。

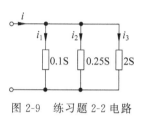

图 2-9 练习题 2-2 电路

2.3 电阻元件的混联

电路中既有串联亦有并联的连接方式称为混联。

一、混联电阻电路的等效电阻

对于指定的端口而言,电阻元件混联的电路也等效于一个电阻元件。计算混联电路等效电阻的基本方法,是根据各电阻间的相互连接关系(即是串联还是并联关系),交替运用串、并联等效电阻的计算公式求得指定端口的等效电阻。

例 2-2 求图 2-10(a)所示电路的等效电阻 R_{ab} 和 R_{ac}。

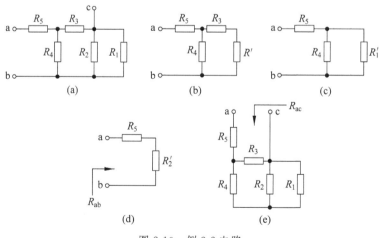

图 2-10 例 2-2 电路

$R' = R_1//R_2$; $R'_1 = R_3 + R'$; $R'_2 = R_4//R'_1$

解 应特别注意,等效电阻都是针对一定的端口而言的,因此在求等效电阻之前,必须明确所指定的端口。

(1) 求 R_{ab}。R_{ab} 是指从 ab 端口看进去的等效电阻。判断元件间的连接关系可根据"通过同一电流为串联,承受同一电压为并联"的基本原则来进行。每当看清某几个元件间的连接关系后,就将它们用一个等效的电阻替代,具体步骤见图 2-10(b)~(d)所示。于是可求得

$$R_{ab} = R_5 + R_2' = R_5 + R_4 /\!/ R_1'$$
$$= R_5 + R_4 /\!/ (R_3 + R') = R_5 + R_4 /\!/ [R_3 + (R_1 /\!/ R_2)]$$

(2) 求 R_{ac}。此时指定的是 ac 端口。一般而言,端口变化,各元件间的连接关系亦随之变化。求 R_{ac} 时,可将电路重画为较习惯的形式(将构成端口的端钮放在一起并置于平行的位置),如图 2-10(e)所示,以便于看清各元件间的连接关系,于是求得

$$R_{ac} = R_5 + R_3 /\!/ [R_4 + (R_1 /\!/ R_2)]$$

例 2-3 求图 2-11(a)所示电路的入端电阻 R_{ab}。

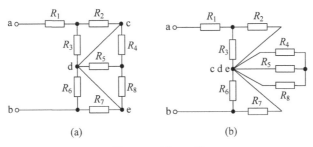

图 2-11 例 2-3 图

解 此例不像例 2-2 那样易于看清各元件间的连接关系,原因是电路中有两根短路线。为清晰起见,将每一短路线所连接的两节点合并为一个节点,如图 2-11(b)所示。由图可见,原电路中的 c、d、e 三点变成为一点。由此可看清各电阻间的连接关系。可求得

$$R_{ab} = R_1 + R_2 /\!/ R_3 + R_6 /\!/ R_7$$

电阻 R_4、R_5 和 R_8 均因只有一个端子与电路相接,而另一个端子悬空,元件中不会有电流通过,因此对入端电阻不产生影响。

二、求混联电路入端电阻的方法要点

(1) 弄清所求等效电阻所对应的端口。
(2) 根据"通过同一电流为串联,承受同一电压为并联"的原则判断各元件间的连接关系。
(3) 必要时,可将电路改画为习惯形式,以便于看清各元件间的连接关系。

三、混联电路中电压、电流的计算

交替运用串、并联电路等效电阻的计算公式及分压、分流公式,便可求出混联电路中待求支路上的电压或电流。

例 2-4 求图 2-12(a)所示电路中的电流 I 和 I_6。已知 $U_s = 10\text{V}$,$R = 3\Omega$,$R_1 = 3\Omega$,$R_2 = 2\Omega$,$R_3 = 8\Omega$,$R_4 = 6\Omega$,$R_5 = 6\Omega$,$R_6 = 3\Omega$。

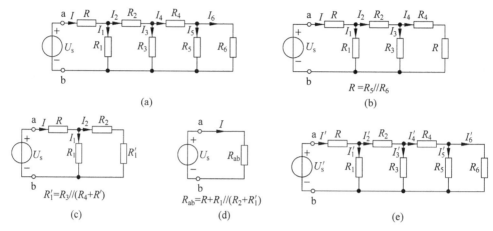

图 2-12 例 2-4 图

解 用两种方法求解。我们将电路中连有电源的一侧称为电路的前部,相应的另一侧称为后部。

方法一:"由前向后"法

此法的特点是先对电路作等效变换,求出电路前部(ab 端口)的电流,然后依次向后部算出各支路的电流。具体做法如下:

(1) 求出等效电阻 R_{ab},步骤见图 2-12(b)~(d),可得

$$R_{ab} = [(R_5 /\!/ R_6 + R_4) /\!/ R_3 + R_2] /\!/ R_1 + R = 5\,\Omega$$

(2) 求出 ab 端口的电流后,由前向后算出各支路的电流。这一过程实际上是将简化后的电路逐步还原的过程。计算用图的顺序是图 2-12(d)~(a)。由图 2-12(d),得

$$I = \frac{U_s}{R_{ab}} = \frac{10}{5} = 2\,\mathrm{A}$$

由图 2-12(c),有

$$I_2 = \frac{R_1}{R_1 + (R_2 + R_1')} I = \frac{3}{3 + (2+4)} \times 2 = \frac{2}{3}\,\mathrm{A}$$

由图 2-12(b),有

$$I_4 = \frac{R_3}{R_3 + (R_4 + R')} I_2 = \frac{8}{8 + (6+2)} \times \frac{2}{3} = \frac{1}{3}\,\mathrm{A}$$

由图 2-12(a),有

$$I_5 = \frac{R_5}{R_5 + R_6} I_4 = \frac{6}{6+3} \times \frac{1}{3} = \frac{2}{9}\,\mathrm{A}$$

即所求为

$$I = 2\,\mathrm{A}, \quad I_6 = \frac{2}{9}\,\mathrm{A}$$

方法二:"由后向前"法

此法的特点是不需对电路作任何简化,直接对原电路进行计算。具体做法是先假定电路后部任一支路的电流为任一数值,然后据此向电路前部推算至电源处。若设推算至电源处所得电压为 U_s',而电源真实电压为 U_s,则称 $\beta = U_s/U_s'$ 为倍乘因子。将各支路电压、电流

的推算值乘以 β 便得各电压、电流的真实值。根据图 2-12(e)，具体计算如下：

设 $I_6=1\text{A}$（为任意数值均可），则

$$U'_6=I'_6R_6=3\text{V}, \quad I'_5=\frac{U'_5}{R_5}=\frac{U'_6}{R_5}=\frac{1}{2}\text{A}, I'_4=I'_5+I'_6=\frac{3}{2}\text{A}$$

$$U'_3=U'_4+U'_5=I'_4R_4+I'_5R_5=12\text{V}, \quad I'_3=\frac{U'_3}{R_3}=\frac{3}{2}\text{A}, \quad I'_2=I'_3+I'_4=3\text{A}$$

$$U'_1=U'_2+U'_3=I'_2R_2+I'_3R_6=18\text{V}, \quad I'_1=\frac{U'_1}{R_1}=6\text{A}, \quad I'=I'_1+I'_2=9\text{A}$$

电源处的推算电压为

$$U'_s=U+U'_1=I'R+I'_1R_1=45\text{V}$$

倍乘因子为

$$\beta=U_s/U'_s=\frac{10}{45}=\frac{2}{9}$$

于是有

$$I=\beta I'=\left(\frac{2}{9}\right)\times 9=2\text{A}$$

$$I_6=\beta I'_6=\left(\frac{2}{9}\right)\times 1=\frac{2}{9}\text{A}$$

推算值乘以 β 实际上是利用了线性电路的线性特性（齐次性），即激励增加 β 倍，响应亦相应增加 β 倍。这一性质在电路分析中经常用到。

在计算的过程中，应注意在电路图中给出计算中涉及的各支路电压或电流的参考方向。

练习题

2-3　求图 2-13 所示电路的入端等效电阻 R_{ab}。

2-4　求图 2-14 所示电路中电流源 I_s 的值。

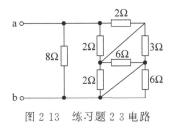

图 2-13　练习题 2-3 电路

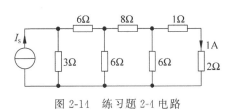

图 2-14　练习题 2-4 电路

2.4　线性电阻的Y形连接和△形连接的等效变换

一、元件的Y形连接和△形连接

在许多电路中可以见到Y形连接和△形连接这两种结构形式。将三个元件（或支路）的一端连在一起形成一个公共点，而将元件（或支路）的另一端分别引出连向外部电路，就形成了元件（或支路）的Y形（星形）连接，也称为Y形电路。图 2-15(a)是由三个电阻元件构成的Y形电路。将三个元件（或支路）的首尾端依次相连，从两个元件（或支路）的连接处分别引

出端子连向外部，就构成了元件(或支路)的△形(三角形)连接，也称为△连接。图 2-15(b)是由三个电阻元件构成的△电路。在图 2-16 所示的所谓电桥电路中就同时存在着这两种结构形式。如 r_1、r_2、r_3 为丫形连接，而 r_1、r_3、r_4 为△连接；同样地，r_3、r_4、r_5 为丫形连接，而 r_2、r_3、r_5 为△连接。

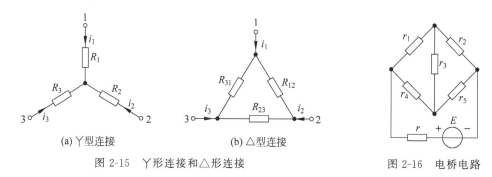

(a) 丫型连接　　　　(b) △型连接

图 2-15　丫形连接和△形连接

图 2-16　电桥电路

二、电阻电路的丫-△等效变换

丫形电路和△形电路均是三端电路，一般可对这两种电路施行等效变换，例如将丫形电路等效变换为△形电路，或者反之。下面讨论电阻电路丫-△等效变换的条件。

1. 丫→△变换

根据等效电路的定义，两个三端网络等效的条件是它们的端部特性(外特性)应当完全相同。对图 2-15 所示的丫形电路和△形电路，写出它们端部的 KCL 和 KVL 方程均为

$$\begin{cases} i_1 + i_2 + i_3 = 0 \\ u_{12} + u_{23} + u_{31} = 0 \end{cases} \tag{2-11}$$

由此可见，端部的三个电流变量和三个电压变量都只有两个是独立的，因此每一电路的三个端部特性(端部电压和电流的关系)方程只需写出其中的两个便可。

对图 2-15(a) 所示的丫形电路，其端部特性方程为

$$\begin{cases} u_{12} = R_1 i_1 - R_2 i_2 \\ u_{23} = R_2 i_2 - R_3 i_3 \end{cases} \tag{2-12}$$

对图 2-15(b) 所示的△形电路，其端部特性方程为

$$\begin{cases} i_1 = \dfrac{u_{12}}{R_{12}} - \dfrac{u_{31}}{R_{31}} \\ i_2 = \dfrac{u_{23}}{R_{23}} - \dfrac{u_{12}}{R_{12}} \end{cases} \tag{2-13}$$

联立式(2-11)和式(2-12)，解出电流 i_1 和 i_2：

$$\begin{cases} i_1 = \dfrac{R_3}{R_1 R_2 + R_2 R_3 + R_3 R_1} u_{12} - \dfrac{R_2}{R_1 R_2 + R_2 R_3 + R_3 R_1} u_{31} \\ i_2 = \dfrac{R_1}{R_1 R_2 + R_2 R_3 + R_3 R_1} u_{23} - \dfrac{R_3}{R_1 R_2 + R_2 R_3 + R_3 R_1} u_{12} \end{cases} \tag{2-14}$$

式(2-14)是丫形电路端部特性的另一种形式。若要丫形电路和△形电路等效，则两者的端部

特性须完全一致,即式(2-13)和式(2-14)相同。比较这两式可得

$$\begin{cases} R_{12} = \dfrac{R_1R_2 + R_2R_3 + R_3R_1}{R_3} \\ R_{23} = \dfrac{R_1R_2 + R_2R_3 + R_3R_1}{R_1} \\ R_{31} = \dfrac{R_1R_2 + R_2R_3 + R_3R_1}{R_2} \end{cases} \qquad (2\text{-}15)$$

式(2-15)是将△形电路参数用丫形电路参数表示的算式,亦是丫形电路变换为△形电路的等效条件。为便于记忆,可借助于图 2-17,将式(2-15)概括为

$$R_{ij} = \dfrac{R_iR_j + R_jR_k + R_kR_i}{R_k} \qquad (2\text{-}16)$$

若丫形电路中三条支路的电阻均相等,则等效的△形电路中三条支路的电阻亦相等,且有

$$R_\triangle = 3R_\curlyvee \qquad (2\text{-}17)$$

当丫形或△形电路中三条支路上的电阻相等时,也称该电路是对称的。

2. △→丫变换

与前述过程相似,为得到将△形电路变换为丫形电路的等效条件,将式(2-11)和式(2-13)联立,解出电压 u_{12} 和 u_{23}:

$$\begin{cases} u_{12} = \dfrac{R_{12}R_{31}}{R_{12}+R_{23}+R_{31}}i_1 - \dfrac{R_{12}R_{23}}{R_{12}+R_{23}+R_{31}}i_2 \\ u_{23} = \dfrac{R_{12}R_{23}}{R_{12}+R_{23}+R_{31}}i_2 - \dfrac{R_{23}R_{31}}{R_{12}+R_{23}+R_{31}}i_3 \end{cases} \qquad (2\text{-}18)$$

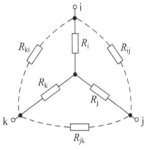

图 2-17 记忆丫-△变换参数计算公式用图

与式(2-12)作系数比较,可得

$$\begin{cases} R_1 = \dfrac{R_{12}R_{31}}{R_{12}+R_{23}+R_{31}} \\ R_2 = \dfrac{R_{12}R_{23}}{R_{12}+R_{23}+R_{31}} \\ R_3 = \dfrac{R_{23}R_{31}}{R_{12}+R_{23}+R_{31}} \end{cases} \qquad (2\text{-}19)$$

式(2-19)是将△形电路等效变换为丫形电路的参数计算式。当电路为对称时,有

$$R_\curlyvee = \dfrac{1}{3}R_\triangle$$

为便于记忆,借助于图 2-17,式(2-19)可概括为

$$R_i = \dfrac{R_{ij}R_{ki}}{R_{ij}+R_{jk}+R_{ki}} \qquad (2\text{-}20)$$

例 2-5 求图 2-18(a)所示电路中的电流 I。

解 这是一非串、并联的电桥电路,可利用丫-△变换将它变换为串、并联电路。有两种解法。

解法一:进行△→丫变换

r_3、r_4 和 r_5 构成△形电路,将它变换为丫形电路如图 2-18(b)中虚线框所示。图 2-18(b)为一混联电路,求得

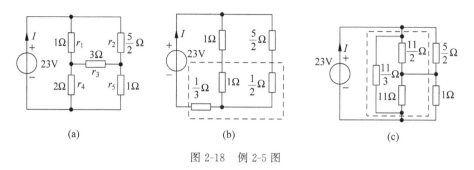

图 2-18 例 2-5 图

$$I = \frac{23}{\frac{1}{3} + \frac{2 \times 3}{2+3}} = \frac{23}{\frac{23}{15}} = 15\text{A}$$

当然,亦可将 r_1、r_2 和 r_3 构成的△形电路化为等效的Y形电路进行计算。

解法二：进行Y→△变换

r_1、r_3 和 r_4 构成Y形电路,将它等效为△形电路如图 2-18(c)中虚线框所示。图 2-18(c)亦为一混联电路,可求得

$$I = \frac{23}{\frac{11}{3} \;/\!/\; \left(11 \;/\!/\; 1 + \frac{5}{2} \;/\!/\; \frac{11}{2}\right)} = \frac{23}{\frac{23}{15}} = 15\text{A}$$

三、进行Y-△变换的说明

(1) Y-△变换是简化电路的一种十分有用的方法。一般而言,非串、并联结构的电路应用若干次Y-△变换后便能转换为串、并联电路。

(2) Y-△变换的参数计算比较烦琐,因此在确定应用Y-△变换之前,应考察一下所研究的电路是否可用其他较为简便的方法加以简化(简化网络的一些特殊方法将在稍后介绍),以避免不必要的复杂计算。应注意的是,在串、并联电路中,也能找到△形或Y形结构,因此不要对串、并联电路施行Y-△变换,避免将简单问题复杂化。

练习题

2-5 求图 2-19 所示电路的入端电阻 R_{in}。

2-6 用Y-△变换法求图 2-20 所示电路中电压源的功率。

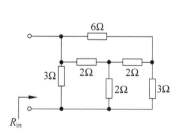

图 2-19 练习题 2-5 电路

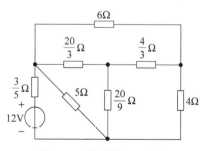

图 2-20 练习题 2-6 电路

2.5 电源的等效变换

一、实际直流电源的电路模型

独立(理想)电压源和电流源的输出不受它所连接的外电路的影响,但实际电源(如发电机、电池)的输出却随着外部电路的变化而改变。为了研究实际的情况,必须建立实际电源的电路模型。

1. 实际电压源的电路模型

实际电压源的输出电压会随输出电流的增加而减小,其端口特性如图 2-21 所示,即特性曲线不是一条平行于电流轴的直线。这一端口特性的方程为

$$u = E_s - R_e i \tag{2-21}$$

与此方程对应的电路如图 2-22 所示,这一电路就是实际直流电压源的电路模型,它由一个独立电压源和一个电阻串联而成,也称为戴维南(等效)电路。

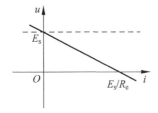

图 2-21　实际电压源的端口特性曲线

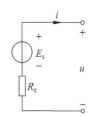

图 2-22　实际电压源的电路模型

2. 实际电压源电路模型的相关说明

(1) 实际电压源的端电压随端口电流而变化,当端口电流为零时(即端口开路),$u = E_s$。因此把电压源的电压 E_s 称为开路电压。

(2) 电路模型中的电阻 R_e 为端口特性曲线的斜率。R_e 称为实际电压源的内(电)阻。可以看出,R_e 越小,特性曲线越接近于一条平行于 i 轴的直线。当 $R_e = 0$ 时,实际电压源的输出电压为 E_s,而成为一个理想电压源。对实际电压源而言,内阻越小越好。

(3) 当实际电压源的端口电压为零(即端口短路)时,端口电流为开路电压与内阻的比值 E_s/R_e,特性曲线上 $(E_s/R_e, 0)$ 处为端口电压 u 改变符号的分界点。

3. 实际电流源的电路模型

实际电流源的输出电流将随输出电压的增加而减小,其端口特性如图 2-23 所示,即特性曲线不是一条平行于电压轴的直线。这一端口特性的方程为

$$i = I_s - G_i u \tag{2-22}$$

与此方程对应的电路如图 2-24 所示。该电路就是实际电流源的电路模型,它由一个独立电流源和一个电阻并联而成,也称为诺顿(等效)电路。

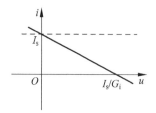
图 2-23　实际电流源的端口特性曲线

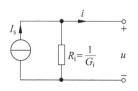
图 2-24　实际电流源的电路模型

4. 实际电流源电路模型的有关说明

(1) 实际电流源的端口电流随端口电压而变化,当端口电压为零时(即端口短路),有 $i=I_s$。因此将理想电流源的电流 I_s 称为短路电流。

(2) 电路模型中电阻的电导为端口特性曲线的斜率,若用电阻参数表示,则 $R_i=1/G_i$,R_i 称为实际电流源的内(电)阻。可以看出,R_i 越大,特性曲线越接近于一条平行于 u 轴的直线。当 $R_i=\infty$ 时,实际电流源的输出电流为 I_s 而成为一个理想电流源。对实际电流源而言,内阻越大越好。

(3) 当实际电流源的端口电流为零(即端口开路)时,端口电压为短路电流与内阻的乘积 R_iI_s。特性曲线上 $(R_iI_s,0)$ 或 $(I_s/G_i,0)$ 处为端口电流改变符号的分界点。

二、实际电源的两种电路模型的等效变换

作为实际电源电路模型的戴维南电路和诺顿电路具有不同的结构,它们是否可以作为同一实际电源的电路模型呢? 答案是肯定的。

1. 戴维南电路和诺顿电路等效变换的条件

如果戴维南电路和诺顿电路可模拟同一实际电源,就意味着它们互为等效电路。根据等效电路的概念,两者应对任意相同的外部电路的作用效果相同,或者说它们应有完全相同的端口特性。由图 2-22 所示的戴维南电路,它的端口特性为

$$u=E_s-R_e i$$

或

$$i=\frac{E_s}{R_e}-\frac{u}{R_e}$$

图 2-24 所示的诺顿电路的端口特性为

$$i=I_s-\frac{u}{R_i}$$

或

$$u=R_iI_s-R_i i$$

比较上述两个电路的端口特性方程,可知当戴维南电路和诺顿电路互为等效电路时,电路的参数应满足下面的关系式:

$$\begin{cases} I_s=\dfrac{E_s}{R_e} \\ R_i=R_e \end{cases} \quad (2\text{-}23)$$

和

$$\begin{cases} E_s = R_i I_s \\ R_e = R_i \end{cases} \qquad (2\text{-}24)$$

将戴维南电路等效为诺顿电路时用式(2-23),将诺顿电路等效为戴维南电路时用式(2-24)。这两种等效变换示于图 2-25 中。

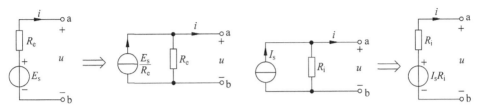

(a) 戴维南电路等效为诺顿电路　　　　(b) 诺顿电路等效为戴维南电路

图 2-25　戴维南电路和诺顿电路的等效变换

2. 戴维南电路和诺顿电路等效变换的相关说明

(1) 两种电路的内阻连接方式不同。戴维南电路中电压源与内阻串联,而诺顿电路中电流源与内阻并联。

(2) 需注意等效变换时电压源的电压正、负极性和电流源的电流正向的首、末端相对应,即电流源的电流正向为电压源的电压极性由负到正的方向。

(3) 这种变换的"等效"是对电路端口的外特性而言的,对电路内部来说,这种变换并非是等效的。如当戴维南电路端口开路时,因流过内阻的电流为零,其内部损耗也为零;当诺顿电路端口开路时,流过内阻的电流不为零,其内部存在损耗。

(4) 在求解电路时,可根据需要,应用这两种电路等效变换的方法,将戴维南电路转换为诺顿电路,或反之。

例 2-6　求图 2-26(a)所示电路中的电流 I 和 I_1。

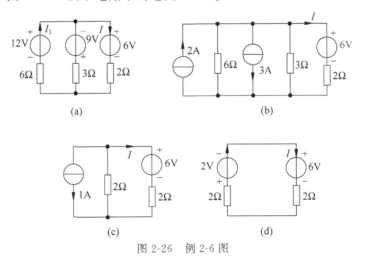

图 2-26　例 2-6 图

解　(1) 先求 I。这是一个由三条戴维南支路并联而成的电路。为求 I,应将 I 所在支路予以保留,将另外两条戴维南支路用一条戴维南支路等效,变换过程如图 2-26(b)~(d)所示。这样,原电路变为一串联电路,应用 KVL,有

$$6+(2+2)I+2=0$$

$$I=\frac{-2-6}{4}=-2\text{A}$$

(2) 求 I_1。在求得 I 后，必须回到原电路求 I_1，这是因为等效变换后的电路中 I_1 所在支路已不复存在，无法求出 I_1。应用 KVL，如图 2-26(a)所示，由 I 和 I_1 所在支路形成的回路，可得

$$6+2I+6I_1-12=0$$

求得

$$I_1=\frac{12-6-2I}{6}=\frac{12-6-2\times(-2)}{6}=\frac{5}{3}\text{A}$$

应用等效变换的方法求解电路时，需注意如下两点：

(1) 应注意区分电路的变换部分和非变换部分。一般地讲，应把感兴趣的支路（即需求解的支路或待求量所在的支路）置于非变换部分，将非求解部分尽可能地加以变换，用等效电路代替。

(2) 若需求解的支路已被变换，则应返回该支路未被变换时的电路，进而求出这一支路中的电压或电流。

三、任意支路与理想电源连接时的等效电路

这里所说的任意支路与理想电源的连接是指支路与理想电压源的并联及支路与理想电流源的串联这两类特殊情况。

1. 任意支路与电压源的并联

图 2-27(a)所示为任意一条支路与电压源并联的电路。图中的任意支路可以是任何一种二端元件，也可以是一个二端电路。根据电压源的特性，这一电路的端口电压 u 总等于电压源的电压 e_s，而端口电流 i 取决于所连接的外部电路，与并联于电压源两端的任意支路无关，这样将该任意支路断开移去后也不会影响端口的特性，于是可得图 2-27(b)所示的等效电路。因此有下面的结论：在求解含有电压源与支路并联的电路时，若不需要计算电压源电流以及与电压源并联的支路的电量时，可将与电压源并联的支路从电路中移去（即断开）从而简化电路。

电压源与支路的并联有一种特殊情况，即电压源与电压源的并联，如图 2-28(a)所示，这种并联要求各电压源的电压数值与极性必须完全一致，否则将违反 KVL。这样多个电压源的并联对外部电路而言也可等效为一个电压源，如图 2-28(b)所示。

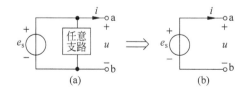

图 2-27 任意支路与电压源并联时的等效电路

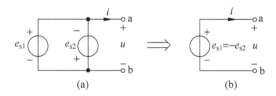

图 2-28 电压源的并联及其等效电路

2. 任意支路与电流源的串联

图 2-29(a)所示为任意一条支路与电流源串联的电路。图中的任意支路可为一个二端

元件或是一个二端电路。根据电流源的特性,这一电路的端口电流 i 总等于电流源的电流 i_s,而端口电压 u 取决于所连接的外部电路,与串联于电流源的任意支路无关。这样可将该任意支路短接移去后而不会对端口特性产生任何影响,于是可得图 2-29(b)所示的等效电路。因此有下述结论:在求解含有电流源与支路串联的电路时,若不需要计算电流源电压以及与电流源串联的支路的电量时,可将与电流源串联的支路从电路中移去(即用短路线代替),从而简化电路。

电流源与支路的串联有一种特殊情况,即电流源与电流源的串联,如图 2-30(a)所示。这种串联要求各电流源的电流数值与电流方向必须完全一致,否则将违反 KCL。这样,多个电流源的串联对外部电路而言等效于一个电流源,如图 2-30(b)所示。

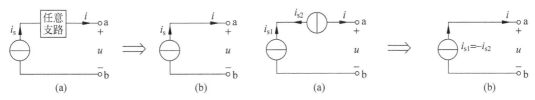

图 2-29 任意支路与电流源串联时的等效电路　　图 2-30 电流源的串联及其等效电路

例 2-7　电路如图 2-31(a)所示。(1)求电流 I_1 和 I_2;(2)求 1A 电流源和 3V 电压源的功率。

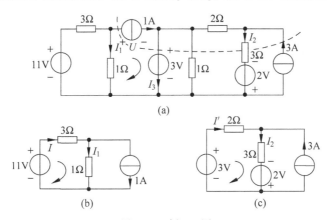

图 2-31　例 2-7 图

解　(1) 求 I_1 时,1A 电流源右侧的部分可视为一个整体,当作与 1A 电流源串联的一个二端电路,这样该二端电路可移去并用短路线代替,于是得到图 2-31(b)所示的等效电路。在这一电路中,有

$$I = 1 + I_1$$

列写图示回路的 KVL 方程

$$3I + 1 \times I_1 = 11$$

即

$$3(1 + I_1) + I_1 = 11$$

得

$$I_1 = 2\text{A}$$

求 I_2 时,3V 电压源左侧的部分可视为一个整体,当作与 3V 电压源并联的一个二端电路,这样该二端电路以及与 3V 电压源并联的 1Ω 的电阻均可移去并用断路代替,于是可得图 2-31(c)所示的等效电路。在这一电路中,有

$$I' = I_2 - 3$$

列写图示回路的 KVL 方程

$$2I' + 3I_2 = 3 + 2$$

即

$$2(I_2 - 3) + 3I_2 = 5$$

得

$$I_2 = 5.5\text{A}$$

(2) 应注意需求的 1A 电流源的功率不是图 2-31(b)电路中 1A 电流源的功率,因为该电路对 1A 电流源而言是不等效的。求 1A 电流源的功率必须回到原电路中去分析计算。类似地,需求的 3V 电压源的功率也不是图 2-31(c)电路中 3V 电压源的功率,也必须回到原电路求解。

对图 2-31(a)电路,设 1A 电流源两端的电压为 U,3V 电压源中的电流为 I_3。列写图示回路的 KVL 方程:

$$U + 3 - 1 \times I_1 = 0$$

得

$$U = I_1 - 3 = 2 - 3 = -1\text{V}$$

于是求得 1A 电流源的功率为

$$P_{1\text{A}} = 1 \times U_1 = -1\text{W}$$

又对虚线所示的封闭面列写 KCL 方程:

$$-1 + I_3 + 3/1 + I_2 - 3 = 0$$

得

$$I_3 = 1 - I_2 = 1 - 5.5 = -4.5\text{A}$$

则 3V 电压源的功率为

$$P_{3\text{V}} = 3I_3 = 3 \times (-4.5) = -13.5\text{W}$$

练习题

2-7 求图 2-32 所示各电路的最简等效电路。

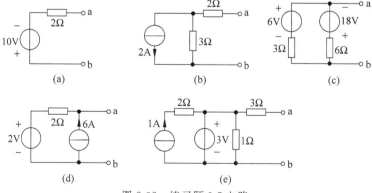

图 2-32 练习题 2-7 电路

2-8　求图 2-33 所示两电路中各电源的功率。

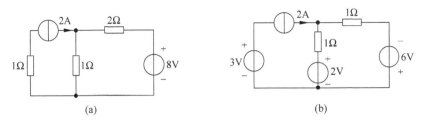

图 2-33　练习题 2-8 电路

2.6　无伴电源的转移

一、无伴电源的概念

当电路中的某条支路上仅有电压源,而无其他无源元件如电阻与其串联时,称该支路为无伴电压源。当某条支路上仅有电流源,而无其他无源元件如电阻与其并联时,称该支路为无伴电流源。无伴电源可以是独立源,也可以是受控源。如在图 2-34 所示的电路中,就含有一个无伴独立电压源和一个无伴受控电流源。在分析电路时,有些情况下可能需要通过等效变换来消除无伴电源支路,这可以采用无伴电源转移的方法达到目的。

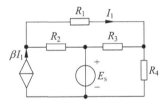

图 2-34　含无伴电源的电路

二、无伴电压源的转移

在图 2-35(a)所示的电路中含有一无伴电压源支路。按照电压源的特性,若在其两端并

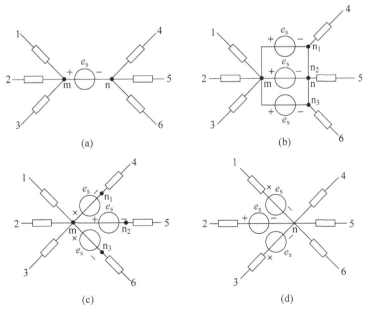

图 2-35　无伴电压源的转移

联两个完全相同的电压源 e_s，如图 2-35(b)所示，显然，除了电压源支路外，这种并联对其他支路的电压、电流不会有任何影响。图中的 n_1、n_2 和 n_3 点又是等位点，连线 $n_1 n_2$ 时，$n_2 n_3$ 中无电流通过，将这两根连线断开后，对整个电路（除电压源 e_s 支路外）的工作状态亦不会有任何影响，如图 2-35(c)所示。至此，电路中已不存在无伴电压源支路。

从最后所得电路的形式上看，该变换是将原电路中的节点 n 分裂为三个等位点 n_1、n_2 和 n_3，其具体做法是将电压源 e_s 按其电压极性和大小移过节点 n 并与 n 所连接的全部支路相串联。这一变换过程也称为将无伴电压源按节点 n 转移。同样，也可将无伴电压源 e_s 按节点 m 转移，如图 2-35(d)所示。

三、无伴电流源的转移

在图 2-36(a)所示电路中含有一无伴电流源支路。现选择其右侧的回路 l_1，该回路的绕行方向与无伴电流源的方向取为一致，在构成该回路的每一支路上均并联一个大小为 i_s、正向与回路绕行方向相反的电流源，如图 2-36(b)所示。由于与此回路相关联的各节点在并联电流源后均有一数值相同的电流流进和流出，因此各节点的 KCL 方程与原电路相同，这表明采用了这种并联方式后，除了无伴电流源支路外，对整个电路的工作状态不产生任何影响。

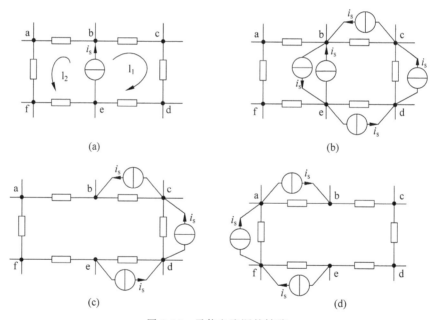

图 2-36　无伴电流源的转移

在图 2-36(b)中，并联在节点 b、e 间的两电流源的代数和为零，这等同于断路，于是可得图 2-36(c)所示的等效电路。在此电路中，已消除了无伴电流源支路。从最后所得电路的形式上看，这一变换的具体做法是将无伴电流源按其电流的正向和大小转移至含无伴电流源的任一回路的全部支路上去，且与每一支路并联，原无伴电流源支路则代之以开路。上述变换过程也称为将无伴电流源按回路 l_1 转移。同样，也可将无伴电流源按回路 l_2 转移，所得等效电路如图 2-36(d)所示。

例 2-8 用无伴电源转移的方法求图 2-37(a)所示电路中的电流 I。

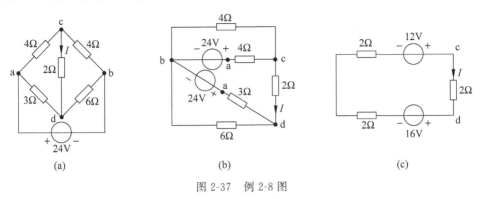

图 2-37 例 2-8 图

解 将电路中的无伴电压源按节点 a 转移,可得图 2-37(b)所示的等效电路,对该电路作等效变换,又得图 2-37(c)所示等效电路。注意在变换的过程中保持待求支路即 c、d 间的 2Ω 支路不变。于是求得

$$I = \frac{12-16}{2+2+2} = -\frac{2}{3}\text{A}$$

练习题

2-9 对图 2-38 所示电路中的无伴电流源作等效变换后求电压 U。

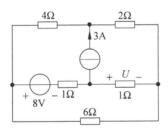

图 2-38 练习题 2-9 电路

2.7 受控电源的等效变换

在受控电源的控制量为确定的情况下,其受控支路(输出支路)具有理想电源的特性,即受控电压源不受外部电路的影响输出一个确定的电压;受控电流源不受外部电路的影响输出一个确定的电流。因此,对含受控源的电路也能进行类似于含独立电源的电路那样的等效变换。

一、受控电源的戴维南-诺顿等效变换

若一个受控电压源的被控支路与一个电阻串联,如图 2-39(a)所示,也称其为戴维南支路,它可等效变换为一个受控电流源的被控支路与一个电阻的并联,如图 2-39(b)所示,也称为诺顿支路。这种等效变换的方法与独立电源的戴维南-诺顿等效变换的方法完全相同。

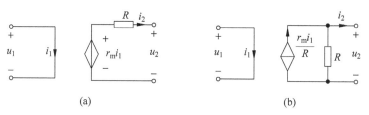

图 2-39 受控电源的戴维南-诺顿等效变换

在进行上述等效变换时，一般只涉及受控源的被控支路(输出支路)，而控制支路则需注意予以保留，不可随意加以变换，以确保控制关系的存在。

例 2-9 用等效变换的方法求图 2-40(a)所示电路中独立电压源的功率。

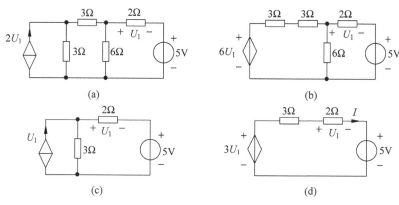

图 2-40 例 2-9 电路

解 先将图 2-40(a)所示电路中的受控源诺顿支路等效变换为戴维南支路，如图 2-40(b)所示；再将受控源戴维南支路变换为诺顿支路，如图 2-40(c)所示；又将受控源诺顿支路变换为戴维南支路，如图 2-40(d)所示。对图 2-40(d)电路列写 KVL 方程：

$$3I + U_1 + 5 - 3U_1 = 0$$

但 $U_1 = 2I$, 于是可求得

$$I = 5\text{A}$$

则所求独立电压源功率为

$$P_v = 5I = 5 \times 5 = 25\text{W}$$

应注意到在解题的过程中，受控源的控制支路一直被保留而未予变换，这是十分重要的。例如在图 2-40(d)所示的电路中，不能将 3Ω 的电阻和 2Ω 的电阻合并为一个 5Ω 的电阻，否则控制量将不复存在。

对受控源的控制支路并非不能进行变换，只不过在变换之前需要对受控源的控制量作"转移"的处理，即把控制量转移为电路非变换部分的电压和电流。

例 2-10 用等效变换的方法求图 2-41(a)所示电路中受控电压源的功率。

解 因求解的是受控源的功率，则在变换的过程中保留受控源支路不变。先对独立电压源支路作等效变换，得图 2-41(b)所示的电路。为将受控源的控制支路即电流 I 所在 6Ω

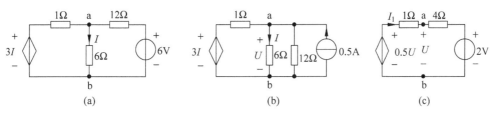

图 2-41 例 2-10 电路

电阻支路予以变换,需先进行受控源控制量的转移。因图中的 ab 端口在后面的变换中保持不变,可将受控源的控制量转换为 ab 端口的电压 U。显然有 $U=6I$,于是 $I=U/6$,则受控源的输出为 $3I=3\times\dfrac{U}{6}=0.5U$。将受控源的控制量由 I 变为 U 后,便可对原控制支路施行等效变换,得到图 2-41(c)所示的电路。对该电路列写 KVL 方程:

$$5I_1 + 2 - 0.5U = 0$$

又由该电路,有

$$U = 4I_1 + 2$$

将上述两式联立,可解出

$$I_1 = -\frac{1}{3}\text{A}, \quad U = \frac{2}{3}\text{V}$$

于是所求受控源功率为

$$\begin{aligned}P_c &= -0.5UI_1 \\ &= -0.5 \times \frac{2}{3} \times \left(-\frac{1}{3}\right) \\ &= \frac{1}{9}\text{W}\end{aligned}$$

受控源的控制量可转换为非变换部分任意支路的电压或电流,但为简便起见,通常是转换为变换端口处的电压或电流,如本例所做的那样。在例 2-10 中,也可将受控源的控制量转换为端口处的电流 I_1。

二、其他连接形式的受控源的等效变换

下面的讨论,一般只涉及受控源被控支路(输出支路)的变换,因此在许多电路中未画出受控源的控制支路及控制量。

1. 任意支路与理想受控电压源的并联

当任意一条支路或一个二端电路与受控电压源并联时,若该支路不是受控源的控制支路或该二端电路中不含受控源的控制支路时,对外部电路而言,与受控电压源并联的支路或二端电路可以断开,即等效电路是一个理想受控电压源,如图 2-42 所示。

2. 任意支路与理想受控电流源的串联

当任意一条支路或一个二端电路与受控电流源串联时,若该支路不是受控源的控制支路或该二端电路中不含受控源的控制支路,则对外部电路而言,与受控电流源串联的支路或二端电路可以用短路线代替,即等效电路是一个理想受控电流源,如图 2-43 所示。

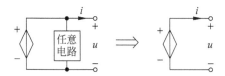
图 2-42 任意电路与受控电压源并联的等效电路

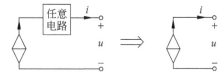
图 2-43 任意电路与受控电流源串联的等效电路

3. 无伴受控源的转移

对于无伴受控源的处理,其方法与无伴独立电源等效变换的方法相同。无伴受控电压源按节点转移,即将它转移至它所连接的任一节点所关联的全部支路上去。无伴受控电流源则按回路转移,即把它转移到包含它的任一回路中的所有其他支路上去。

三、含受控源电路的去耦等效变换

在第 1 章中已作说明,受控源是一种耦合元件。一些含有受控源的电路,当受控源的被控支路和控制支路均在该电路内部时,可通过适当的处理和变换,得到一个不含受控源的等效电路,称为去耦等效变换法。

例 2-11 求图 2-44(a)所示电路的去耦等效电路。

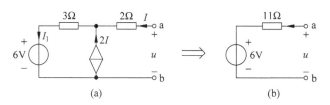

图 2-44 例 2-11 电路

解 为得到图 2-44(a)电路 ab 端口的电压-电流方程,列写出 KVL 方程为
$$u = 2I + 3I_1 + 6$$
又由 KCL,可得
$$I_1 = 2I + I = 3I$$
于是得端口特性方程
$$u = 2I + 3 \times 3I + 6 = 11I + 6$$
与该方程对应的电路如图 2-44(b)所示,在这一电路中不再含有受控源,因此它是原电路的去耦等效电路。

例 2-12 先将图 2-45(a)所示电路中虚线框内的部分进行等效变换,再求电流 I。

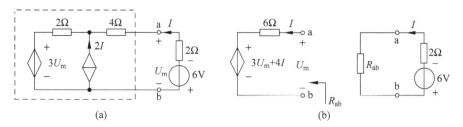

图 2-45 例 2-12 电路

解 虚线框内的电路只含受控源和电阻，且两个受控源的控制量均为端口处的电量。在进行等效变换时，根据需要，端钮处的电量既可视为需变换电路内部的电量，也可视作外部电路的电量。

首先将虚线框内的电路等效变换为一个含受控电压源的支路，该受控源的控制量为两个电量，如图 2-45(b)所示。由于受控源的输出和控制量在同一支路上，因此它可等效为一个电阻元件，具体推导过程如下。

列写图 2-45(b)电路的端口电压-电流方程：
$$U_\mathrm{m}=6I+4I+3U_\mathrm{m}$$
即
$$U_\mathrm{m}=-5I$$
按端口等效电阻的定义，有
$$R_\mathrm{ab}=\frac{U_\mathrm{m}}{I}=-5\,\Omega$$
这表明原电路中虚线框内的部分可等效为一个 $-5\,\Omega$ 的电阻。将 R_ab 与外电路相接，如图 2-45(c)所示，求得
$$I=\frac{-6}{2-5}=2\,\mathrm{A}$$

根据上述讨论，可得到下面的结论：

(1) 对一个含有独立电源、受控源和电阻的二端电路，若受控源的输出支路和控制支路均在电路内部之中，则一般可通过适当的变换消除受控源(去耦)，最终的等效电路是一个独立电源的戴维南支路或诺顿支路。

(2) 对一个仅含受控源和电阻而不含有独立电源的二端电路，若受控源的输出支路和控制支路均在该电路内部之中，则一般可通过适当的变换，使该电路与一个电阻等效。

练习题

2-10 用等效变换法求图 2-46 所示电路中独立电流源的功率。

2-11 求图 2-47 所示电路的最简等效电路。

2-12 用无伴电源转移的方法求图 2-48 所示电路中的电流 I。

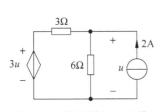

图 2-46 练习题 2-10 电路

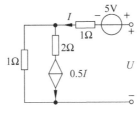

图 2-47 练习题 2-11 电路

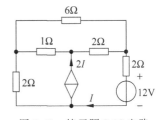

图 2-48 练习题 2-12 电路

2.8 求入端等效电阻的几种特殊方法

当一个电路中不含独立电源而只含无源元件和受控源时,称为无源电路或无源网络,否则称为有源网络。回顾前面的讨论,对于一个无源二端电阻网络,无论其内部结构如何,总可以用某种方法求得其端口的等效电阻。这个从指定端口看进去的等效电阻也称为入端电阻。在电路理论中,入端电阻是一个十分重要的概念,在电子技术中,入端电阻也称为输入电阻。本节首先给出入端电阻的一般定义,再介绍几种求入端电阻的特殊方法。

一、入端电阻的定义

图 2-49 表示一个无源二端电阻电路 N_o。设电路端口的电压 u 和电流 i 的参考方向在从端口向电路看进去时为关联的参考方向,则该电路的入端电阻 R_{in} 的定义式为

$$R_{in} = \frac{u}{i} \quad (2-25)$$

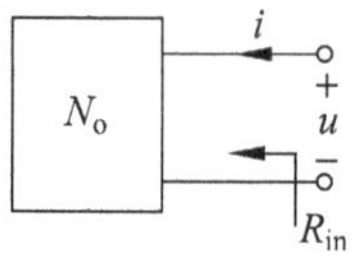

这表明入端电阻为端口电压、电流之比。若端口电压、电流为非关联参考方向,则式(2-25)的右边应冠一负号。

图 2-49 无源二端电阻电路

式(2-25)也提供了一种求入端电阻的方法,即在无源电阻网络的端口施加一电压源 u,求得在此电压源激励下的端口电流 i,则 u 和 i 的比值即为入端电阻或端口等效电阻。

二、电位的相关特性

电路中某点的电位就是该点与电路的参考点之间的电压,因此在谈到电位时,必须先指明电路中的参考点。在电路分析包括对电路进行等效变换时,经常会涉及电位的概念,下面通过示例对电位的一些重要相关特性予以说明。

例 2-13 如图 2-50(a)所示的电路。
(1) 以 a 点为参考点求各点的电位及电压 U_{bd};
(2) 以 c 点为参考点,求各点的电位及电压 U_{bd}。

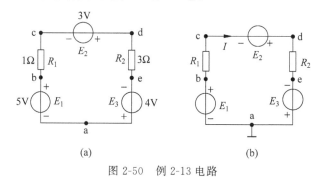

图 2-50 例 2-13 电路

解 (1) 以 a 点为参考点即令 a 点的电位为零,即 $\varphi_a = 0$,在 a 处标明接地符号,如图 2-50(b)所示。求各点的电位即是求各点和参考点间的电压,先求出电路中的电流:

$$I = \frac{E_1 + E_2 + E_3}{R_1 + R_2} = 3\text{A}$$

则各点电位为

$$\varphi_b = U_{ba} = E_1 = 5\text{V}$$
$$\varphi_c = U_{ca} = U_{cb} + U_{ba} = -IR_1 + \varphi_b = -3 \times 1 + 5 = 2\text{V}$$
$$\varphi_d = U_{da} = U_{dc} + U_{ca} = E_2 + \varphi_c = 3 + 2 = 5\text{V}$$
$$\varphi_e = U_{ea} = -E_3 = -4\text{V}$$

b、d 两点间的电压为两点间的电位之差,即

$$U_{bd} = \varphi_b - \varphi_d = 5 - 5 = 0\text{V}$$

(2) 以 c 为参考点,则 $\varphi_c = 0$。电路中的电流与参考点无关,仍为 $I = 3\text{A}$,电路中各点的电位为

$$\varphi_d = E_2 = 3\text{V}$$
$$\varphi_e = -IR_2 + \varphi_d = -9 + 3 = -6\text{V}$$
$$\varphi_a = E_3 + \varphi_e = 4 - 6 = -2\text{V}$$
$$\varphi_b = IR_1 = 3 \times 1 = 3\text{V}$$

b、d 两点间的电压为

$$U_{bd} = \varphi_b - \varphi_d = 3 - 3 = 0\text{V}$$

根据上例的分析计算,可得到下述的一些重要结论。

(1) 电路中各点的电位与参考点的选择有关。这表明若参考点改变,各点的电位亦随之变化。这一特性称为电位的相对性。

(2) 电路中任意两点间的电压不随参考点的改变而变化,即电压与参考点的选择无关。

(3) 在例 2-13 中,无论选 a 点还是选 c 点作参考点,b、d 两点的电位均相等,与参考点的选择无关。这两点称为自然等位点。

自然等位点有两条重要的特性:

① 自然等位点之间可以用一根无阻导线(即短路线)相连,这样做对电路的工作状态不产生任何影响。这是因为自然等位点间的电压为零,而电压为零意味着与短路线等效。例 2-13 电路中的自然等位点 b、d 两点用短路线相连后,如图 2-51 所示,电路中的各电流、电位、电压均不发生改变,短路线中的电流为零。

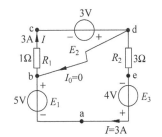

图 2-51 自然等位点用短路线相连,不改变电路的工作状态

② 自然等位点间的无源支路可以拿掉,代之以开路,这样做对电路的工作状态也不产生任何影响。这是因为自然等位点间的电压为零,自然等位点之间的无源支路上的电流必为零,而电流为零便意味着和开路等效。

电路中还有一种"强迫等位点"。所谓"强迫等位点"是指用一根短路线将电位不等的两点相连,使电路的工作状况发生改变,短路线中的电流不为零。通常所说的短路事故实际上是强迫等位现象。

三、电桥平衡法

1. 电桥电路

图 2-52 所示的电路称为电桥电路(简称为电桥)。平行于 ab 端口的那些支路被称为

"桥臂",跨接在桥臂之间的支路称为"桥"。如图 2-52 所示电路中,R_1、R_2、R_3、R_4 等支路为桥臂,R 支路为桥。

电桥电路在一定条件下存在自然等位点,即桥支路的两个端点为等位点,此时称"电桥平衡"。利用自然等位点的特性,可将等位点用短路线相连,也可将等位点之间的支路断开,从而将电路转换为串并联形式,如图 2-53 所示,使电路得以简化。

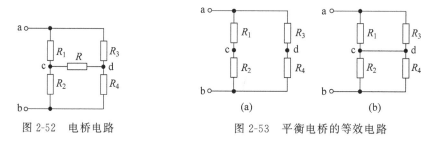

图 2-52 电桥电路   图 2-53 平衡电桥的等效电路

2. 电桥平衡条件

当电桥平衡时,在图 2-53(a)所示的等效电路中,有 $u_{cd}=0$,即

$$u_{cd}=u_{ad}-u_{ac}=\frac{R_1}{R_1+R_2}u_{ab}-\frac{R_3}{R_3+R_4}u_{ab}=0$$

即

$$\frac{R_1}{R_1+R_2}-\frac{R_3}{R_3+R_4}=0$$

化简得

$$R_1R_4=R_2R_3 \tag{2-26}$$

这就是电桥的平衡条件。

3. 电桥电路的相关说明

(1) 在许多网络中,桥式结构并不容易分清,需仔细加以观察。

(2) 电桥平衡时,电路中"桥"的两个端点是自然等电位点。

(3) 电桥平衡条件是针对"桥"支路为无源支路这一特定情况而言的。若"桥"为有源支路,则在一般情况下,即使桥臂的参数满足平衡条件,"桥"的两个端点也不是等电位点。如图 2-54 所示的桥式电路,电路参数满足平衡条件:$R_1R_4=R_2R_3$,现因"桥"支路是有源支路,故 c、d 两点不是等位点。

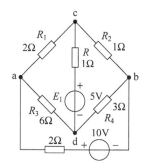

图 2-54 桥为有源支路的桥式电路

例 2-14 求图 2-55(a)所示四面体电路中任意两顶点间的等效电阻。

解 仔细分析后可发现,该电路无论从哪一对端钮看,均为一桥式结构。求 R_{ab} 时,将电路改画为图 2-55(b),图中的桥式结构是非常明显的,即虚线的右边部分为一电桥,它显然是平衡的,即 c、d 两点是等位点。将 c、d 间的 3Ω 电阻支路断开后,所得电路如图 2-55(c)所示,求得

$$R_{ab}=1 \mathbin{/\mkern-6mu/} 4 \mathbin{/\mkern-6mu/} 4 = \frac{2}{3}\Omega$$

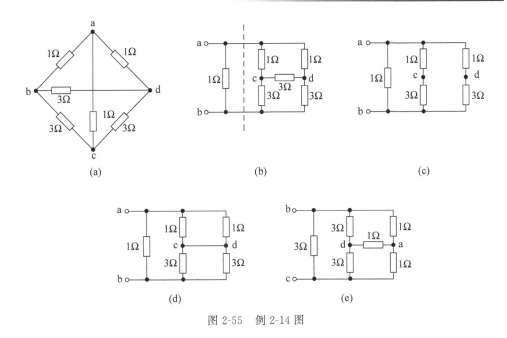

图 2-55 例 2-14 图

也可将 c、d 两点用短路线相连如图 2-55(d)所示，则有

$$R_{ab} = 1 \mathbin{/\mkern-1mu/} (1 \mathbin{/\mkern-1mu/} 1 + 3 \mathbin{/\mkern-1mu/} 3) = \frac{2}{3}\Omega$$

同样可求得

$$R_{ad} = R_{ac} = R_{ab} = \frac{2}{3}\Omega$$

求 R_{bc} 时，将电路改画为图 2-55(e)，求得

$$R_{bc} = 3 \mathbin{/\mkern-1mu/} 6 \mathbin{/\mkern-1mu/} 2 = 1\Omega$$

同样可求得

$$R_{cd} = R_{bd} = R_{bc} = 1\Omega$$

当然，此题也可用 Y-△ 变换法求解，但无疑计算要烦琐一些。

四、对称法

对具有某种对称结构的电路，往往可采用适当的方法予以简化。这些方法也属于等效变换。

1. 对称点法

在电路中处于对称位置的点通常是自然等位点。于是可利用自然等位点的性质，或将这些对称点短接，或将联于对称点间的支路断开，从而达到化简网络的目的。

例 2-15 对图 2-56(a)所示的电路，能否用串、并联方法求出各支路电流？若能，求之。

解 经观察可发现，该电路中只有一条含源支路，对这条含源支路而言，a、b 两点处于对称的位置，故这两点是等位点。将这两点予以短接后得图 2-56(b)所示的等效电路。这是一混联电路，不难求得

$$I = \frac{3}{(2 \mathbin{/\mkern-1mu/} 2 + 1) \mathbin{/\mkern-1mu/} 4 \mathbin{/\mkern-1mu/} 4 + 2 \mathbin{/\mkern-1mu/} 2 + 1} = 1\text{A}, \quad I_1 = \frac{1}{2}I = 0.5\text{A}$$

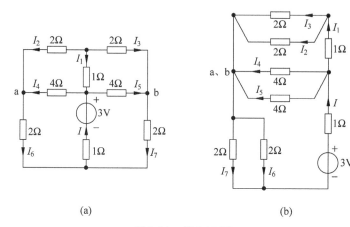

图 2-56 例 2-15 图

$$I_2 = I_3 = \frac{1}{2}I_1 = 0.25\text{A}, \quad I_4 = I_5 = \frac{1}{2}I_1 = 0.25\text{A}, \quad I_6 = I_7 = \frac{1}{2}I = 0.5\text{A}$$

应用"对称点法"时，需注意所谓的"对称"都是相对于一定的"基准"而言的。譬如无源二端电路的对称点是关于两个端钮对称，两个端钮便是"基准"；仅含一条有源支路的电路的对称点是关于该有源支路对称；而在有多条含源支路的电路中的对称点则是同时关于这些有源支路对称。

2. 平衡对称法

该法适用于平衡对称电路。

(1) 平衡对称电路。如果垂直于端口的直线能将二端电路分成两个完全相同的部分，如图 2-57 所示，且两部分之间无交叉连接的支路，则此电路是平衡对称电路。

(2) 平衡对称电路的特点。平衡对称电路中的平分线所经过的点为自然等位点。

(3) 关于平衡对称电路的说明。

① 在图 2-57 所示的电路中，平分线的上、下部分为两个完全相同的电路。"完全相同"的含义是指平分线上、下的电路互为镜像，即沿平分线折叠，上、下两部分将完全重合。

② 关于"交叉连接"。两个相同的电路相连时，端钮的连接有"对接"和"叉接"(即交叉连接)两种方式，可用图 2-58 予以说明。"对接"是指两个网络中编号相同的端钮相接，如图 2-58 中端钮"1"和"1′"、"n"和"n′"相接便是对接。"叉接"是指网络中编号不同的对应端钮相接，如图 2-58 中端钮"i"和"j′"、"j"和"i′"相接即是叉接。叉接总是成对出现的。

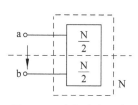

图 2-57 平衡对称电路

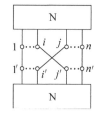

图 2-58 "对接"和"叉接"的概念说明用图

例 2-16 如图 2-59(a)所示的电路,试求入端电阻 R_{ab}。

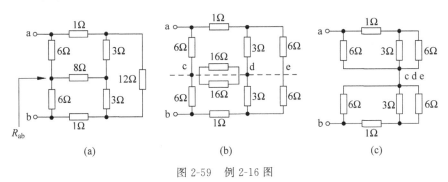

图 2-59 例 2-16 图

解 将电路中的 8Ω 电阻视为两个 16Ω 电阻的并联,将 12Ω 电阻视为两个 6Ω 电阻的串联,如图 2-59(b)所示,则可见这一电路为平衡对称电路。于是平分线经过的 c、d、e 三点同为等位点,可用短路线予以短接,所得电路如图 2-59(c)所示。求出入端电阻为

$$R_{ab} = 2R_{ac} = 2\times[6 /\!/ (1+3 /\!/ 6)] = 4\Omega$$

3. 传递对称法

传递对称法适用于传递对称电路。

(1) 传递对称电路。若一个通过两个端钮的平面能将二端网络平分为左、右完全相同的两个部分,如图 2-60 所示,则该网络为传递对称电路。

(2) 传递对称网络的特点。平分线经过的对接端钮上的电流为零,叉接端钮间的电压为零,于是可将对接端钮断开、叉接端钮短接。如图 2-61 所示。图中端钮 1 和 $1'$, n 和 n' 为对接端钮, i 和 j'、i' 和 j 为叉接端钮。

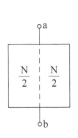

图 2-60 传递对称电路

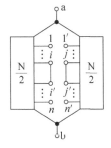

图 2-61 传递对称网络的等效电路

例 2-17 求图 2-62(a)所示电路的入端电阻 R_{ab},图中电阻的单位均为 Ω。

解 将该电路中的 7Ω 电阻视为两个 3.5Ω 电阻的串联,将两叉接支路中的 12Ω 电阻视为两个 6Ω 电阻的串联,如图 2-62(b)所示,则不难看出这是一传递对称电路。利用传递对称电路的特点,将对接端钮断开,每侧的叉接端钮短接,可得图 2-62(c)所示的电路,这是一混联电路,不难求出入端电阻为

$$R_{ab} = \frac{1}{2}\times[2+18 /\!/ (8+12 /\!/ 12+4)+5] = 8\Omega$$

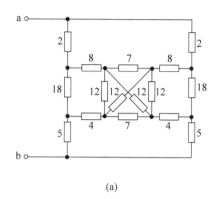

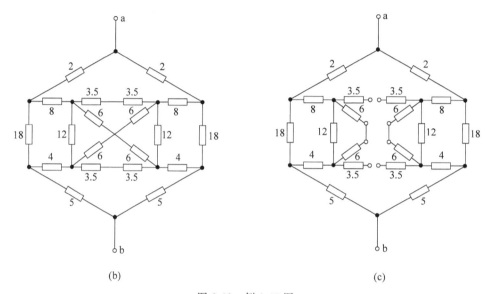

图 2-62　例 2-17 图

4. 电流分布系数法

电流分布系数法是一种求具有特定对称结构电路的入端电阻的方法。其基本做法是在端口加一理想电流源 I_s，而后根据电路的结构特点，判断电路中各支路上电流的分布情况，并将各支路电流用端口电流表示，再写出适当回路的 KVL 方程 $U_i = f(I_s)$（U_i 为端口电压），由入端电阻的定义式 $R_i = U_i / I_s$ 求出等效电阻。

例 2-18　用电流分布系数法求图 2-63 所示电路的入端电阻 R_{ab}。

解　在电路端口加一电流源 I_s，根据电路的结构和参数特点，各支路电流的大小和流向如图 2-63 所示。流过 12Ω 电阻的电流为 j，应设法将电流 j 用端口电流 I_s 表示。对箭头所在的回路列写 KVL 方程为

$$12j = (0.5I_s - j) + 5(I_s - 2j) + (0.5I_s - j)$$

解出

$$j = \frac{1}{4}I_s$$

这样电路中全部的支路电流均可用端口电流表示。再任选一包括端口在内的回路列写

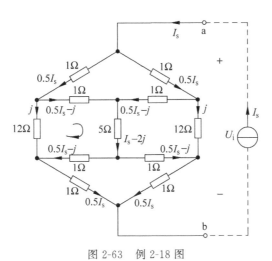

图 2-63 例 2-18 图

KVL 方程为

$$U_\mathrm{i} = 0.5I_\mathrm{s} + 12 \times \frac{1}{4}I_\mathrm{s} + 0.5I_\mathrm{s} = 4I_\mathrm{s}$$

$$R_\mathrm{ab} = \frac{U_\mathrm{i}}{I_\mathrm{s}} = \frac{4I_\mathrm{s}}{I_\mathrm{s}} = 4\Omega$$

五、求电路入端电阻的方法小结

(1) 求二端电路的入端电阻的五种方法：①根据入端电阻的定义式求；②串并联法；③Y-△变换法；④电桥平衡法；⑤对称法。其中对称法又包括四种方法，即对称点法、平衡对称法、传递对称法、电流分布系数法。

(2) 在五种方法中，前三种是基本方法，它们可用于一般结构形式的电路。后两种是特殊方法，它们只能用于具有特殊结构特点的电路，通常它们都能使分析计算工作得到简化。

(3) 对于非串并联结构的电路，在求解之前，一定要仔细观察和分析，判断它是否具有某种对称特点，以便采用适当的特殊方法简化计算。

练习题

2-13　求图 2-64 所示电路的入端电阻 R_in。

2-14　求图 2-65 所示电路中电压源的功率。

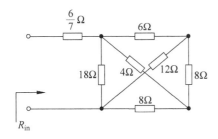

图 2-64　练习题 2-13 图

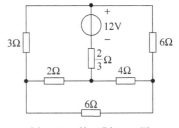

图 2-65　练习题 2-14 图

2-15 试用传递对称法求图 2-63 所示电路的入端电阻 R_{ab}。

2.9 例题分析

例 2-19 试求图 2-66(a)所示电路中的电流 I 和电压 U。

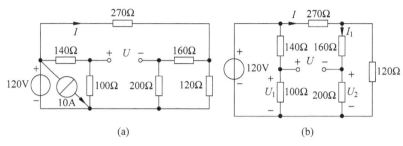

图 2-66　例 2-19 图

解 这是一串并联电路,根据理想电压源特性,与 120V 电压源并联的电流源对外电路无影响,可除去,为便于看清各元件间的连接关系,将电路改画于图 2-66(b)中,先求电流 I,可得

$$I = \frac{120}{270 + (160 + 200) /\!/ 120} = \frac{120}{270 + 90} = \frac{1}{3} \text{A}$$

再求电压 U,有

$$U = U_1 - U_2$$

又

$$U_1 = 120 \times \frac{100}{140 + 100} = 50 \text{V}$$

$$U_2 = 200 I_1 = 200 \times \frac{120}{160 + 200 + 120} I = 200 \times \frac{1}{4} \times \frac{1}{3} = \frac{50}{3} \text{V}$$

故

$$U = U_1 - U_2 = 50 - \frac{50}{3} = \frac{100}{3} \text{V}$$

由解题过程可见,分析串并联电路,关键在于看清各元件间的连接关系及熟练运用串、并联等效电阻的计算公式及分压、分流公式。为便于分析,可改画电路(当然不可改变元件间的连接关系)。

例 2-20 求图 2-67(a)所示电路中的电流 I。

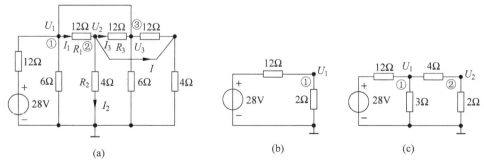

图 2-67　例 2-20 图

解 这也是一串并联电路。注意待求量是短路线中的电流。选定参考点如图所示,若能求得电位 U_1、U_2 和 U_3,则 I 可解出。由 KCL,有 $I=I_1-I_2-I_3$,又

$$I_1=\frac{U_1-U_2}{R_1}, \quad I_2=\frac{U_2}{R_2}, \quad I_3=\frac{U_2-U_3}{R_3}$$

则

$$I=\frac{U_1-U_2}{R_1}-\frac{U_2}{R_2}-\frac{U_2-U_3}{R_3}$$

为求 U_1,保留节点①,对电路作等效变换,得图 2-67(b)所示等效电路,求得

$$U_1=28\times\frac{2}{12+2}=4\text{V}$$

显然节点①与③是同一点,于是有

$$U_3=U_1=4\text{V}$$

为求 U_2,保留节点②,进行等效变换后得图 2-80(c)所示等效电路,可求出

$$U_2=U_1\times\frac{2}{2+4}=4\times\frac{2}{6}=\frac{4}{3}\text{V}$$

于是得

$$I=\frac{U_1-U_2}{R_1}-\frac{U_2}{R_2}-\frac{U_2-U_3}{R_3}=\frac{4-\frac{4}{3}}{12}-\frac{\frac{4}{3}}{12}-\frac{\frac{4}{3}-4}{4}=\frac{1}{9}\text{A}$$

对电路作等效变换时,要分清电路的变换部分和非变换部分。通常把需求解的部分(依解题步骤而定)作为非变换部分,这一部分务必不能加以变换。在进行等效变换后,应做出相应的等效电路。

例 2-21 实用的直流电压表是由磁电式表头与线性电阻串联而成的。现有一只直流电压表,其量程为 U_m,表头的总内阻为 R_v。若使该电压表具有三个量程:U_m、$1.5U_m$ 和 $3U_m$,且电压表的表内电路结构如图 2-68 所示,试计算需串联的电阻值 R_1 和 R_2。

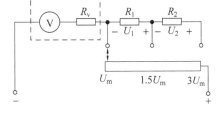

图 2-68 例 2-21 图

解 为得到 $1.5U_m$ 的量程,需串入电阻 R_1,则 R_1 在 $1.5U_m$ 的电压下分配的电压为

$$U_1=1.5U_m-U_m=0.5U_m$$

由串联分压公式,有

$$U_1=0.5U_m=\frac{R_1}{R_v+R_1}\times 1.5U_m$$

则

$$R_1=0.5R_v$$

为得到 $3U_m$ 的量程,又串入电阻 R_2,则 R_2 在 $3U_m$ 电压下分配的电压为

$$U_2=3U_m-1.5U_m=1.5U_m$$

由串联分压公式,有

$$U_2=1.5U_m=\frac{R_2}{R_v+R_1+R_2}\times 3U_m$$

则

$$R_2 = 1.5R_v$$

例 2-22 实际的直流电流表是由磁电式表头(含内阻)与电阻并联而成的。现有一满刻度偏转为 $100\mu A$,内阻为 $R_i = 1000\Omega$ 的表头,用其构成量程分别为 $50mA$, $10mA$,$1mA$ 的电流表,若电流表的电路结构如图 2-69 所示,求电阻 R_1、R_2 和 R_3 的值。

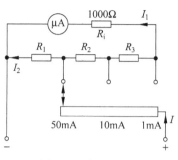

图 2-69　例 2-22 图

解 由题意,根据电路的结构,可知在测量电流为 $50mA$、$10mA$ 和 $1mA$ 时,通过表头的电流均为 $100\mu A$ 即 $0.1mA$。由并联分流公式,不难得到下述方程组:

$$\begin{cases} 0.1 \times 10^{-3} = \dfrac{R_1}{R_1 + R_2 + R_3 + R_i} \times 50 \times 10^{-3} \\ 0.1 \times 10^{-3} = \dfrac{R_1 + R_2}{R_1 + R_2 + R_3 + R_i} \times 10 \times 10^{-3} \\ 0.1 \times 10^{-3} = \dfrac{R_1 + R_2 + R_3}{R_1 + R_2 + R_3 + R_i} \times 1 \times 10^{-3} \end{cases}$$

解之,可得

$$R_1 = \frac{20}{9}\Omega, \quad R_2 = \frac{80}{9}\Omega, \quad R_3 = 100\Omega$$

例 2-23 如图 2-70(a)所示的电路,欲使电流 $I = 2A$,则电压源的电压 E_s 应为多少?

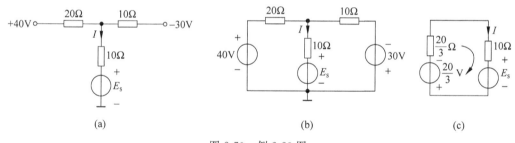

图 2-70　例 2-23 图

解 本题电路采用了电子线路中的习惯画法,即略去了电路中某些独立电压源的电路符号,而代之以电压源的极性及电压的数值。采用这种画法的前提是电路中应有参考点,且仅当某独立电压源有一端子与参考点相连时才可略去该电压源的电路符号,否则该电压源的电路符号应予以保留。

与图 2-70(a)电路对应的电路如图 2-70(b)所示。对电压源 E_s 之外的两条戴维南支路进行等效变换,可得图 2-70(c)所示的等效电路。对该电路列写 KVL 方程为

$$\left(\frac{20}{3} + 10\right)I + \frac{20}{3} + E_s = 0$$

解之,得

$$E_s = -40V$$

例 2-24 求图 2-71(a)所示电路的电压 U_o。

解 该电路由 n 条电压源支路并联而成。对图 2-71(a)中虚线框内的部分作电源的等

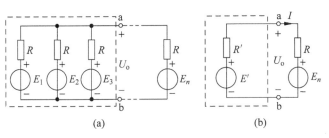

图 2-71 例 2-24 图

效变换后,可得图 2-71(b)所示的等效电路,其中 R' 为 $n-1$ 个电阻 R 的并联,即

$$R' = \frac{R}{n-1}$$

电压源 E' 为

$$E' = \left(\frac{E_1}{R} + \frac{E_2}{R} + \cdots + \frac{E_{n-1}}{R}\right) R' = \frac{1}{R}(E_1 + E_2 + \cdots + E_{n-1}) \frac{R}{n-1}$$

$$= \frac{1}{n-1}(E_1 + E_2 + \cdots + E_{n-1})$$

$$U_o = IR + E_n = \frac{E' - E_n}{R + R'} R + E_n = \frac{\frac{1}{n-1}(E_1 + E_2 + \cdots + E_{n-1}) - E_n}{R + \frac{R}{n-1}} R + E_n$$

$$= \frac{1}{n}(E_1 + E_2 + \cdots + E_n)$$

例 2-25 计算图 2-72(a)所示电路中的电流 I。

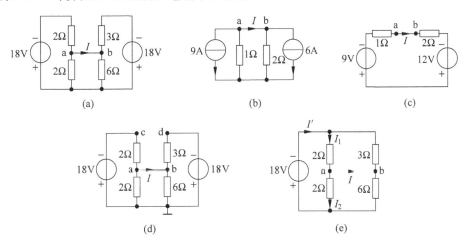

图 2-72 例 2-25 图

解 用两种方法求解。

方法一:作电源的等效变换,得图 2-72(b)、(c)所示的等效电路。应注意到在变换过程中需求解的支路及其端点始终未予变换并加以标示。可得

$$I = \frac{12 - 9}{1 + 2} = 1\text{A}$$

方法二：注意到原电路中两电压源的电压均为18V，且电源的正极性端连在一起。若选电压源的正极性端为参考点，如图 2-72(d) 所示，可见 c、d 两点为等位点。根据等位点的特性，c、d 两点用一根短路线相连，这样两电压源为并联，又由电压源特性，两电压源可等效为一个电压源，如图 2-72(e) 所示。这是一串并联电路，可得

$$I = I_1 - I_2 = \frac{3}{2+3}I' - \frac{6}{2+6}I'$$

而

$$I' = \frac{-18}{2 /\!/ 3 + 2 /\!/ 6} = -\frac{20}{3} \text{A}$$

$$I = I_1 - I_2$$
$$= \frac{3}{5} \times \left(-\frac{20}{3}\right) - \frac{6}{8} \times \left(-\frac{20}{3}\right)$$
$$= -4 - (-5) = 1 \text{A}$$

例 2-26　求图 2-73(a) 所示电路的等效电路。

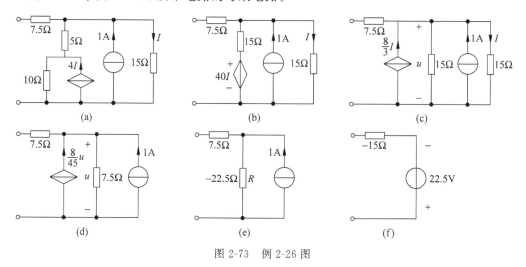

图 2-73　例 2-26 图

解　本题电路中既含有独立电源，也含有受控源，且受控源的控制支路亦在需变换的电路之中，因此等效电路必定是一仅含独立电源的戴维南支路(或诺顿支路)。

先将图 2-73(a) 所示电路中的含受控源的诺顿支路变换为戴维南支路，如图 2-73(b) 所示。再将含受控源的戴维南支路变换为诺顿支路，如图 2-73(c) 所示。应注意，此时不可将两个并联的 15Ω 电阻直接等效为一个 7.5Ω 的电阻，这是因为最右侧 15Ω 电阻中的电流 I 是受控源的控制量，如果直接进行变换，则受控源的控制支路不复存在。为此，需先进行控制量的转移，将 I 转移(转化)为 15Ω 电阻两端的电压 u，则有 $I = \frac{u}{15}$。于是受控源的输出为 $\frac{8}{3}I = \frac{8}{3} \times \frac{u}{15} = \frac{8}{45}u$，这样就完成了控制量的转移，两个 15Ω 的电阻可等效为一个 7.5Ω 的电阻，变换后的电路如图 2-73(d) 所示。

由于受控源输出支路的电流和端电压均用电压 u 表示，于是该支路可等效为一个电阻 R，且

$$R = -\frac{u}{\frac{8u}{45}} = -\frac{45}{8} = -22.5\Omega$$

于是做出等效电路如图 2-73(e)所示,进一步求得最简等效电路如图 2-73(f)。

例 2-27 图 2-74(a)所示为一个由 12 个 1Ω 电阻构成的网络。试求等效电阻 R_{ac} 和 R_{ag}。

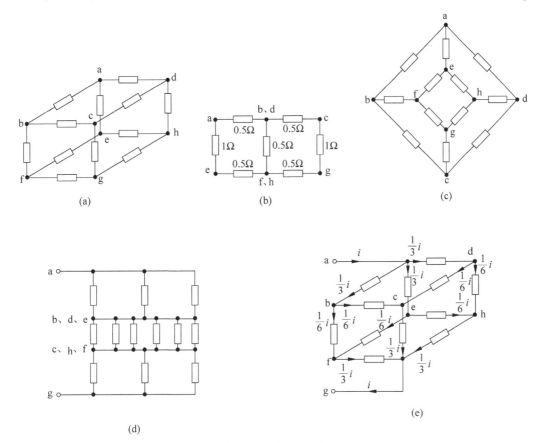

图 2-74 例 2-27 图

解 (1) 求 R_{ac},用两种方法求解

① 找对称点法。经观察后可发现,对端口 ac 而言,b、d 两点及 f、h 两点为对称点,予以短接,得图 2-74(b)所示的等效电路。显然这又是一平衡电桥,于是有

$$R_{ac} = (0.5 + 0.5) \text{//} (1.5 + 1.5) = 3/4 \Omega$$

② 平衡对称法。将原立体网络改画为平面电路,如图 2-74(c)所示。从 ac 端口看进去为一平衡对称电路,b、f、h、d 四点为等位点。将这些等位点用短路线连接后,为一串并联电路,可求出

$$R_{ac} = [1 \text{//} 1 \text{//} (1 + 0.5)] \times 2 = 3/4 \Omega$$

(2) 求 R_{ag},亦用两种方法求解

① 找对称点法。经观察可发现,原网络中 b、d、e 为对称点(等位点),f、h、c 亦为对称点(等位点)。将这些对称点分别予以短接后,得图 2-74(d)所示等效电路,可求得

$$R_{ag} = \frac{1}{3} + \frac{1}{6} + \frac{1}{3} = \frac{5}{6}\Omega$$

② 电流分布系数法。设 ag 端口流入一电流 i,根据电路的结构特点,不难得出电路中各支路的电流分布情况,如图 2-74(e)所示。任选一包括 ag 端口在内的回路列出 KVL 方程

$$U_{ag} = \frac{1}{3}i + \frac{1}{6}i + \frac{1}{3}i = \frac{5}{6}i$$

$$R_{ag} = \frac{U_{ag}}{i} = \frac{\frac{5}{6}i}{i} = \frac{5}{6}\Omega$$

例 2-28 求图 2-75(a)所示电路中的电流 I。

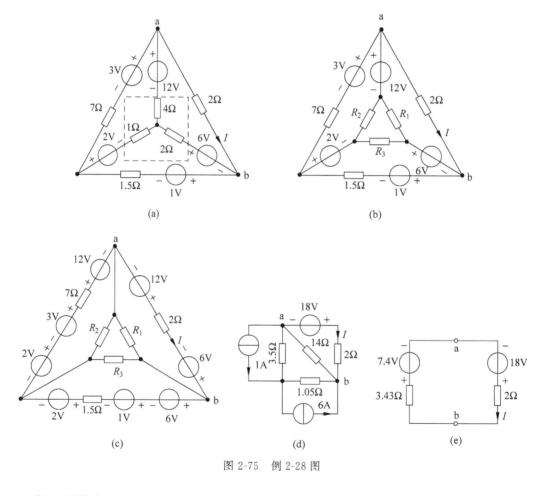

图 2-75 例 2-28 图

解 用等效变换法求解。先进行 Y-△ 变换,将电路中虚线框内 Y 形电阻转换为 △ 形电阻,如图 2-75(b)所示,然后再进行理想电压源转移,所得等效电路如图 2-75(c)所示。其中

$$R_1 = \frac{1 \times 4 + 1 \times 2 + 2 \times 4}{1} = 14\Omega$$

$$R_2 = \frac{1 \times 4 + 1 \times 2 + 2 \times 4}{2} = 7\Omega$$

$$R_3 = \frac{1\times 4 + 1\times 2 + 2\times 4}{4} = 3.5\,\Omega$$

将该电路加以整理后作电源的等效变换,又可得图 2-75(d)所示的等效电路。继续对电路进行等效变换,得如图 2-75(e)所示的电路。可求得

$$I = \frac{18-7.4}{2+3.43} = 1.96\,\text{A}$$

例 2-29 求图 2-76(a)所示电路中的电流 I。

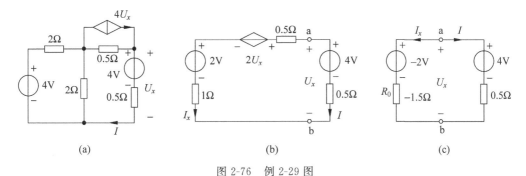

图 2-76 例 2-29 图

解 进行独立电源和受控电源的等效变换,得等效电路如图 2-76(b)所示。列出 KVL 方程

$$-2U_x + (1+0.5+0.5)I + 4 - 2 = 0$$

又

$$U_x = 0.5I + 4$$

由上面两式可解出

$$I = 6\,\text{A}$$

也可用求出图 2-76(b)所示网络左侧部分等效电路的方法求解。从 ab 端口向网络的左边看进去,由 KVL 有

$$U_x = 1.5I_x + 2U_x + 2$$

将上式整理为

$$U_x = -1.5I_x - 2$$

该式便是变换部分的端口伏安关系式,由此不难做出等效电路如图 2-76(c)所示。应注意等效电压源支路中的电阻值 R 之正负取决于 U_x 和 I_x 参考方向之间的关系,当对变换部分而言,U_x 和 I_x 为关联参考方向时,电阻的正负与伏安关系式中 I_x 前的符号一致,故题中的 R_0 取负值。于是可求出

$$I = -\frac{4+2}{0.5-1.5} = -\frac{6}{-1} = 6\,\text{A}$$

习题

2-1 题 2-1 图所示两个二端电路的端口伏安关系式分别为 $u_1 = a_1 i_1 + b_1$ 和 $i_2 = a_2 u_2 + b_2$,求两者互为等效电路应满足的条件。

2-2 电路如题 2-2 图所示。

(1) 欲使 $U_1=10\text{V}, U_2=8\text{V}$，求 R_1 和 R_2 的值；

(2) 欲使电流 $I=4\text{A}$ 且 $U_1=2U_2$，求 R_1 和 R_2 的值。

2-3 在题 2-3 图所示电路中，已知 $E_s=10\text{V}, R_1=8\Omega, R_2=3\Omega$。试在下列三种情况下，分别求电压 u 和电流 i_1、i_2、i_3：(1) $R_3=6\Omega$；(2) $R_3=0$；(3) $R_3=\infty$。

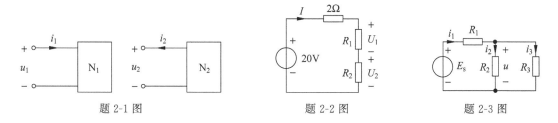

题 2-1 图　　　题 2-2 图　　　题 2-3 图

2-4 在题 2-4 图所示电路中，若电阻 R_1 增大，电流表将怎样变动，并说明原因。

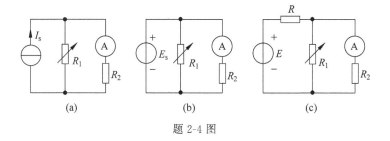

题 2-4 图

2-5 电路如题 2-5 图所示，试求等效电阻 R_{ab}、R_{ac}、R_{ad}、R_{bd}、R_{ce}。

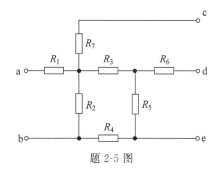

题 2-5 图

2-6 求题 2-6 图所示各电路的入端电阻 R_{ab}。

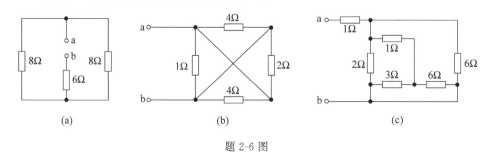

题 2-6 图

2-7 有一滑线电阻器作分压器使用,如题 2-7(a)图所示,其电阻 R 为 500Ω,额定电流为 $1.5A$。若已知外加电压为 $u=250V$,$R_1=100\Omega$,求

(1) 输出电压 u_2;

(2) 用内阻为 800Ω 的电压表去测量输出电压,如题 2-7(b)图所示,问电压表的读数是多大。

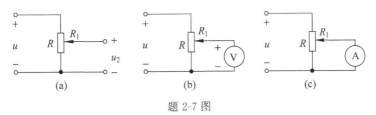

题 2-7 图

(3) 若误将内阻为 0.5Ω、量程为 $2A$ 的电流表看成是电压表去测量输出电压,如题 2-7(c)图所示,将发生什么后果?

2-8 题 2-8 图所示为用一个直流电流表的表头构成的多量程直流电压表的电路。试对该电路进行设计计算,求出应串入的电阻 R_1、R_2、R_3。

2-9 已知题 2-9 图所示电路中 $I=1A$,求电压源的电压 E。

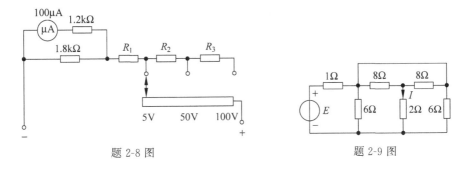

题 2-8 图　　　　　　　　　　　题 2-9 图

2-10 求题 2-10 图所示电路中的电流 I_1 和 I_2。

2-11 无限长链形网络如题 2-11 图所示,且 $R_1=4R$,求 R_{ab}。

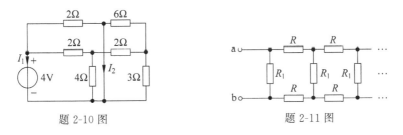

题 2-10 图　　　　　　　　　　　题 2-11 图

2-12 试求题 2-12 图所示电路的入端电阻 R_{ab}。

2-13 电路如题 2-13 图所示,求电流 I_1 和 I_2。

2-14 两个二端电路如题 2-14 图所示。(1)试分别绘出两个电路的端口伏安关系(VAR)曲线,并在坐标轴上标出截距;(2)欲使两电路的 VAR 完全相同,即两者互为等效电路,试确定两电路参数间的关系。

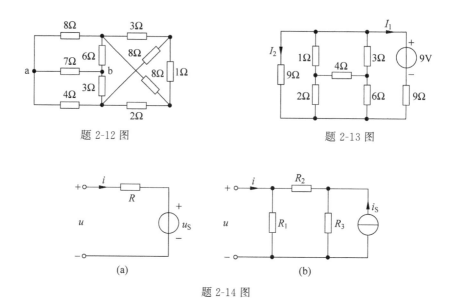

题 2-12 图   题 2-13 图

题 2-14 图

2-15 求题 2-15 图所示各电路的等效电路。

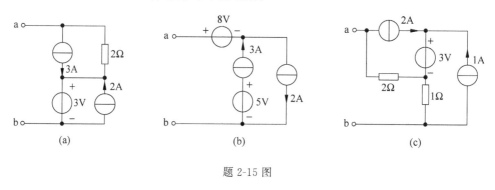

题 2-15 图

2-16 求题 2-16 图所示电路中的电压 u_{ab}，并求各电源的功率。

2-17 已知题 2-17 图所示电路中 N_1 的端口伏安特性为 $U=2I+10$，其中 U 的单位为 V，I 的单位为 mA，$I_s=2$mA，求 N 的等效电路。

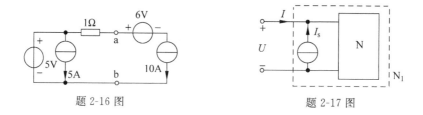

题 2-16 图   题 2-17 图

2-18 实际测量一个含源线性电阻网络的戴维南等效电路的参数时，可用两块内阻不同的电压表进行测量，如题 2-18 图所示。若用内阻为 $5\times10^4\Omega$ 的电压表测得电压为 30V，而用内阻为 $10^5\Omega$ 的电压表测出电压为 45V，试求网络 N 的戴维南等效电路参数。

2-19 在题 2-19 图所示电路中，N 为含源线性电阻网络，已知 $U_s=1$V，$I_s=2$A，$U=$

$3I-3$。欲使 $I_1=0.5\mathrm{A}$,试确定 R_1 的值。

题 2-18 图　　　　　　题 2-19 图

2-20　已知题 2-20 图所示电路消耗的总功率为 $150\mathrm{W}$,求 R 的值。

2-21　如题 2-21 图所示电路,N 为含源电阻网络。已知开关 S 断开时 $U_{ab}=13\mathrm{V}$,S 闭合时 $I=3.9\mathrm{A}$,求 N 的等效电路。

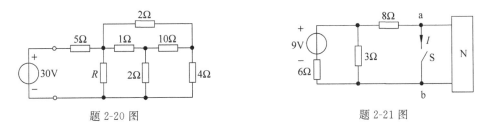

题 2-20 图　　　　　　题 2-21 图

2-22　计算题 2-22 图所示电路中各电源发出的功率。

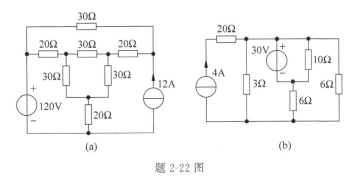

(a)　　　　　　(b)

题 2-22 图

2-23　如题 2-23 图所示电路,求 S 打开和闭合两种情况下的电流 I 及 P 点电位。

2-24　用电源转移的方法求题 2-24 图所示电路中的电流 I。

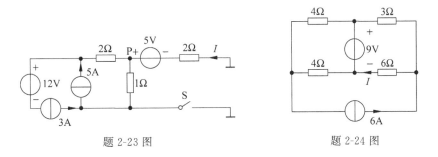

题 2-23 图　　　　　　题 2-24 图

2-25 求题 2-25 图所示电路的等效电路。

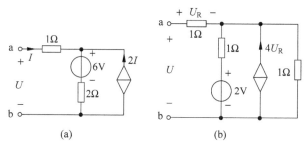

题 2-25 图

2-26 求题 2-26 图所示电路中 2Ω 电阻消耗的功率。

2-27 求题 2-27 图所示电路中的电流 I。

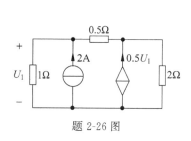

题 2-26 图

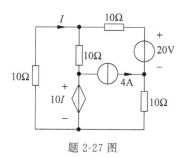

题 2-27 图

2-28 求题 2-28 图所示两电路的入端等效电阻 R_{ab}。

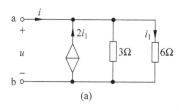
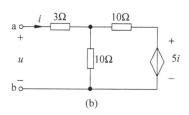

题 2-28 图

2-29 确定题 2-29 图所示电路中的电阻 R。

2-30 用等效变换的方法求题 2-30 图所示电路中的电流 I。

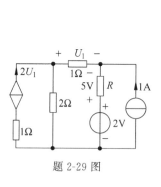

题 2-29 图

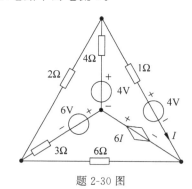

题 2-30 图

2-31 求题 2-31 图所示各电路 a、b 端的入端电阻 R_{ab}。每条支路的电阻均为 1Ω。其中,图(b)电路中 c、d 间为一短路线。

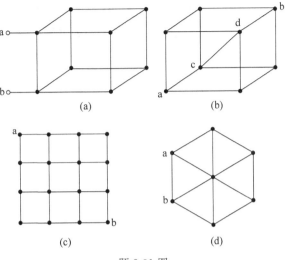

题 2-31 图

第 3 章
CHAPTER 3

电路分析方法之二
——电路方程法

本章提要

本章讨论电路分析的一般方法——电路方程法。这类方法是在选取合适的电路变量后，依据基尔霍夫定律和元件特性列写电路方程（组）求解电路。本章的主要内容有：典型支路及其特性方程、$2b$ 变量分析法、支路电流分析法、节点电压分析法、回路电流分析法等。本章所介绍的电路方程法，不仅适用于线性电阻仪电路分析，也可容易地推广应用于含动态元件电路的正弦稳态分析和暂态分析。

3.1 概述

等效变换法对于较简单电路的求解是一种行之有效的方法，但这类方法具有一定的局限性。本章所介绍的电路方程法是一类普遍适用的方法，也称为网络一般分析法，它既能用于具有任意结构形式的复杂电路的求解，也能借助网络图论的知识用于计算机对电路的计算、分析。

电路方程法是在选取合适的电路变量后建立并求解电路方程从而获得电路响应的方法。这一方法的关键是如何建立选取了特定变量的网络方程，因此本章的学习重点集中于讨论如何建立电路方程的方法上。通过对电路的直接观察建立电路方程称为视察法，应用网络图论的知识采用系统的方法建立矩阵形式的方程称为系统法。系统法主要用于计算机辅助电路分析和设计，因此本章只介绍常用的视察法，本书的第 15 章将简要介绍网络图论的基础知识及列写电路方程的系统法。

任何电路分析方法的基本依据都是电路的两类基本约束，即基尔霍夫定律和电路元件特性（元件的电压、电流关系），电路方程法也不例外。选取了一定的电路变量后所建立的电路方程均是电路两类基本约束的特定表现形式。

建立电路方程时，所需列写的 KCL 和 KVL 方程都应是独立的方程。对应于一组独立的 KCL 方程的节点称为独立节点，对应于一组独立的 KVL 方程的回路称为独立回路。在第 1 章已述及，若一个电路有 b 条支路，n 个节点，则独立节点数为 $n-1$ 个，独立回路数为 $b-n+1$ 个。如何写出一个电路独立的 KCL 和 KVL 方程呢？下面以图 3-1 所示电路为例加以说明。

在图 3-1 所示电路中，共有 4 个节点，6 条支路。则独立节点数为 3 个，独立回路数也为

3个。选取列写 KCL 方程的独立节点的方法是选择四个节点中的任意三个即可,例如选节点①、②、③写出的三个 KCL 方程为一组独立的 KCL 方程。由这三个方程可导出节点④的 KCL 方程,因此,节点④是不独立的节点。若电路中指定了参考节点,则通常就将参考节点之外的 $n-1$ 个节点选作独立节点。

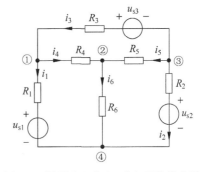

图 3-1　说明独立节点、独立回路的电路

选取列写 KVL 方程的一组独立回路时可按下面的方法去做。在每选择一个新的回路时,使该回路至少包含一条新的支路,即未含在已选回路中的支路,从而使此回路的 KVL 方程中至少含有一个新的未知支路电流。这样选取的新回路的 KVL 方程一定独立于已选取的回路的 KVL 方程。

通常一个电路按上述方法可选出多组独立回路。可以验证图 3-1 所示电路,可以选出 16 组独立回路,而每一组独立回路中的回路数都是 3 个。图 3-2 给出了其中的三组独立回路。

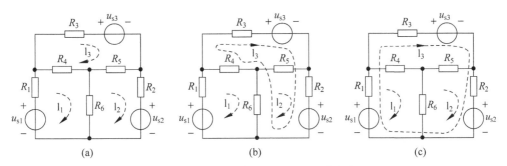

图 3-2　图 3-1 电路的三组独立回路示意

可以证明电路中各组独立回路的 KVL 方程体现的是相同的对回路电压的约束,即由一组独立回路的各 KVL 方程可导出其他各组独立回路的 KVL 方程。例如由图 3-2(a)所示电路的三个独立回路的 KVL 方程可得出图 3-2(b)所示三个回路的 KVL 方程;由图 3-2(b)所示电路的三个独立回路的 KVL 方程可导出图 3-2(c)所示电路的三个独立回路的 KVL 方程等,读者可自行验证之。

电路中的求解对象通常是各支路的电压、电流,可以直接以支路电压电流为变量来建立电路方程而求得电路响应,但这样做往往使所建立的电路方程数目较多而增大计算工作量。为解决这一问题,可以选取电路中的一些中间变量(电量)来建立电路方程,再由这些中间电量来求得各支路电压、电流。这些中间电量包括节点电位(节点电压)、回路电流、网孔电流等。选择不同的中间电量建立电路方程从而求解电路的方法就是本章所要介绍的各种电路分析方法。

3.2　典型支路及其支路特性

元件特性(元件的电压、电流关系)是电路分析的基本依据之一。在实际计算电路的响应时,往往将元件特性转化为用支路特性(支路的电压、电流关系)表示。

一、典型支路及其支路特性方程

图 3-3 是电路中的一条典型支路，它由独立电压源、电流源及电阻元件复合连接而成。所谓"典型"是指该支路基本包含了电路中一条支路构成所可能具有的情形。例如纯电阻电路是其中的所有电源为零的情形，而电源的戴维南支路则是电流源为零的情形等。这条典型支路暂未包含受控源，含有受控源的情况将在稍后讨论。

该典型支路的特性是支路电压 u_k 和电流 i_k 的关系方程，也称为支路伏安关系或支路方程。支路方程有两种表示形式，即用支路电流表示支路电压，或用支路电压表示支路电流。根据图 3-3 所示典型支路 k 的电压、电流的参考方向，两种形式的支路方程为

$$u_k = R_k i_{Rk} + u_{sk} = R_k(i_k - i_{sk}) + u_{sk} = R_k i_k + u_{sk} - R_k i_{sk} \tag{3-1}$$

或

$$i_k = G_k u_k + i_{sk} - G_k u_{sk} \tag{3-2}$$

式中 $G_k = \dfrac{1}{R_k}$。

具有 b 条支路的电路可认为是由 b 条典型支路构成的，于是便有 b 个上述的支路方程（当然一些方程中的某些项为零）。

例 3-1 试写出图 3-4 所示电路中所有支路的用支路电压表示支路电流的特性方程。

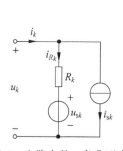

图 3-3 电路中的一条典型支路

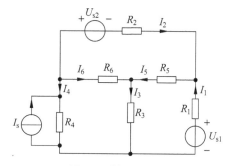

图 3-4 例 3-1 电路

解 依题意，是需写出如式(3-2)所示的支路方程。设各支路电压、电流为关联正向，且 $G_k = 1/R_k$，可写出各支路方程为

$$I_1 = G_1 U_1 + G_1 U_{s1}$$
$$I_2 = G_2 U_2 - G_2 U_{s2}$$
$$I_3 = G_3 U_3$$
$$I_4 = G_4 U_4 - I_s$$
$$I_5 = G_5 U_5$$
$$I_6 = G_6 U_6$$

二、电路含有受控源时的支路特性方程

在列写含有受控源电路的支路方程时，应注意对受控源控制量的处理，需将受控源的控制量用合适的支路电量表示，即支路方程形式为式(3-1)时，控制量应为支路电流，支路方程形式为式(3-2)时，控制量则为支路电压。

例 3-2 试写出图 3-5 所示电路的支路特性方程（支路电压用支路电流表示）。

解 所需列写的是形如式(3-1)的支路方程。设各支路电压、电流为关联正向,写出各支路特性方程为

$U_1 = R_1(I_1 - i_s) = R_1 I_1 - R_1 i_s$

$U_2 = R_2 I_2$

$U_3 = R_3 I_3$

$U_4 = R_4 I_4 + r_m I_2$

$U_5 = R_5 I_5 + u_s$

$U_6 = R_6(I_6 - g_m U_1) = R_6 I_6 - R_6 g_m U_1$
$\quad\quad = -R_1 R_6 g_m I_1 + R_6 I_6 + R_1 R_6 g_m i_s$

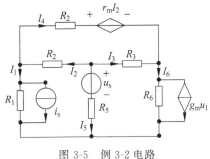

图 3-5 例 3-2 电路

需注意的是,第 6 条支路中的受控源控制量是支路 1 的电压 U_1,应将 U_1 用支路电流 I_1 表示。

3.3 $2b$ 变量分析法

一般而言,对于具有 b 条支路的电路,就有 b 个支路电流变量和 b 个支路电压变量,于是网络变量的总数为 $2b$ 个。若电路有 n 个节点,则可写出 $n-1$ 个独立的 KCL 方程和 $b-n+1$ 个独立的 KVL 方程以及 b 个独立的支路方程。上述独立方程的总数为

$$(n-1) + (b-n+1) + b = 2b$$

这表明网络可列写的独立方程的数目与网络未知变量的数目正好是相等的,因此可用列写上述方程并联立求解的方法来求出网络中的全部 $2b$ 个支路电流、电压变量。这种方法称为 $2b$ 变量分析法(简称为 $2b$ 法),相应的方程式也称为 $2b$ 方程。

电路分析的依据是基尔霍夫定律和元件特性这两类基本约束。可以看出,$2b$ 法是这两类约束的直接应用。$2b$ 法的优点是建立电路方程简单直观,且适用于任意的网络,包括线性和非线性网络。同时它也是其他电路分析方法方程的基础,即各种电路分析法的方程均可视为 $2b$ 法方程演变的结果。但由于该法所需列写的方程数目较多,求解计算较为烦琐,除了某些情况下用于计算机辅助电路分析外,实际中用得较少。

练习题

3-1 电路如图 3-6 所示。

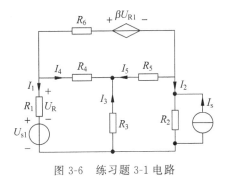

图 3-6 练习题 3-1 电路

(1) 试列写两种形式的支路方程;
(2) 试建立该电路的 $2b$ 法方程式。

3.4 支路电流分析法

以支路电流为变量建立电路方程求解电路的方法称为支路电流分析法,也可简称为支路法。该方法所建立的是电路中独立节点的 KCL 方程和独立回路的 KVL 方程。对于有 b 条支路的电路,电流变量有 b 个,所建立的方程的数目也是 b 个,较 $2b$ 法而言,方程的数目减少了一半。这一方法所对应的电路方程也称为支路法方程。

一、支路法方程的导出

建立支路法方程时所列写的是电路中独立节点的 KCL 方程和独立回路的 KVL 方程,所有方程中的变量均是支路电流。下面举例说明支路法方程的具体形式及导出用视察法列写支路法方程的规则。

在图 3-7 所示的电路中,选取各支路电流、电压的参考方向如图中所示。对三个独立节点①、②、③建立 KCL 方程为

$$\begin{cases} i_1 + i_4 - i_5 = 0 \\ i_2 + i_5 + i_6 = 0 \\ -i_3 - i_4 - i_5 = 0 \end{cases} \quad (3\text{-}3)$$

又对三个独立回路(网孔)建立 KVL 方程为

$$\begin{cases} -u_1 + u_2 - u_5 = 0 \\ -u_2 - u_3 + u_6 = 0 \\ u_4 + u_5 - u_6 = 0 \end{cases} \quad (3\text{-}4)$$

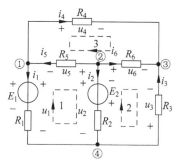

图 3-7 建立支路电流法方程的用图

各支路的特性方程(伏安关系式)为

$$\begin{cases} u_1 = R_1 i_1 + E_1 \\ u_2 = R_2 i_2 - E_2 \\ u_3 = R_3 i_3 \\ u_4 = R_4 i_4 \\ u_5 = R_5 i_5 \\ u_6 = R_6 i_6 \end{cases} \quad (3\text{-}5)$$

将支路方程式(3-5)代入 KVL 方程式(3-4),并对方程进行整理,将未知量的项置于方程左边,将已知量移至方程右边,可得

$$\begin{cases} -R_1 i_1 + R_2 i_2 - R_5 i_5 = E_1 + E_2 \\ -R_2 i_2 - R_3 i_3 + R_6 i_6 = -E_2 \\ R_4 i_4 + R_5 i_5 - R_6 i_6 = 0 \end{cases} \quad (3\text{-}6)$$

将式(3-3)和式(3-6)联立,便得所需的支路电流法方程。

容易看出,式(3-6)实质是 KVL 方程,是将相关支路特性代入各独立回路 KVL 方程后

的结果。这表明支路法方程和 $2b$ 法方程类似，是电路两类基本约束的一种体现形式。

二、视察法建立支路法方程

支路电流法的方程由两组方程构成。一组是独立节点的 KCL 方程，可任选 $n-1$ 个节点后写出。另一组是在电路中任选一组独立回路后写出的 KVL 方程，该组方程中的第 k 个方程对应于电路中的第 k 个独立回路。考察并分析式(3-6)，可知其一般形式为

$$\sum R_j i_j = \sum E_{sj} \tag{3-7}$$

该方程的左边是 k 回路中所有支路的电阻电压之代数和，当支路电流的参考方向和 k 回路的绕行方向一致时，该电阻电压项前面取正号，否则取负号。式(3-7)的右边是 k 回路中所有电压源(包括由电流源等效的电压源)电压的代数和，当电源电压的参考方向和 k 回路的绕行方向一致时，该电压项前面取负号，否则取正号。

根据上述规则和方法，可由对电路的观察直接写出支路法方程，称为视察法建立电路方程。

视察法建立支路电流法方程的具体步骤归纳如下：

① 指定电路中各支路电流的参考方向。

② 指定各独立回路的绕行方向。若是平面电路，则可直接以网孔作为独立回路，并选定顺时针方向为网孔的绕行方向。

③ 任选 $n-1$ 个节点作为独立节点，列写这些节点的 KCL 方程。

④ 列写各独立回路的 KVL 方程，方程的形式为 $\sum R_j i_j = \sum E_{sj}$，即每一 KVL 方程的左边为回路中各电阻电压的代数和，且每一电阻电压均用该电阻中的电流表示；方程的右边为回路中所有电压源电压的代数和，注意需将与电阻并联的电流源等效变换为与电阻串联的电压源。

例 3-3 如图 3-8 所示电路，已知 $R_1=R_2=1\Omega$，$R_3=2\Omega$，$E_s=10\text{V}$，$I_s=7.5\text{A}$。试用支路电流法求各支路电流及两电源的功率。

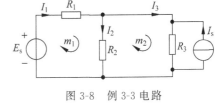

图 3-8 例 3-3 电路

解 (1) 选定各支路电流的参考方向和网孔的绕行方向如图所示。

(2) 该电路共有两个节点，则独立节点只有一个，可任选一个节点为独立节点。写出节点①的 KCL 方程为

$$-I_1 + I_2 + I_3 = 0 \qquad ①$$

(3) 写出各网孔的 KVL 方程为

$$m_1: \quad R_1 I_1 + R_2 I_2 = E_{s1} \qquad ②$$
$$m_2: \quad -R_2 I_2 + R_3 I_3 = -R_3 I_s \qquad ③$$

(4) 将①、②、③式联立，并代入电路参数求解，解出各支路电流为

$$I_1 = 3\text{A}, \quad I_2 = 7\text{A}, \quad I_3 = -4\text{A}$$

(5) 两电源的功率为

E_s 的功率：$P_{s1} = -E_{s1} I_1 = -10 \times 3 = -30\text{W}$

I_s 的功率：$P_{s2} = -(I_s + I_3) R_3 I_s = -(7.5-4) \times 2 \times 7.5 = -52.5\text{W}$

(6) 验算计算结果的正确性。电路中的全部电阻吸收的总功率为

$$P_R = R_1 I_1^2 + R_2 I_2^2 + R_3 (I_3 + I_s)^2 = 1 \times 3^2 + 1 \times 7^2 + 2 \times 3.5^2 = 82.5 \text{W}$$

两电源吸收的总功率为

$$P_s = P_{s1} + P_{s2} = -30 - 52.5 = -82.5 \text{W}$$

例 3-3 的结果说明电源发出的功率与电阻吸收的功率相等,谓之"功率平衡",表明了电路的计算结果是正确的。

对电路进行计算后,应验证结果的正确性,验算"功率平衡"是常用方法之一。

事实上,支路分析法还包括了支路电压分析法,即以支路电压为变量列写电路的 KVL 和 KCL 方程的方法。由于支路电压法在实际中用得较少,因此不再作深入讨论。

三、电路中含受控源时的支路电流法方程

在电路中含有受控源时,若用视察法建立支路电流法方程,可根据受控源的特性,先将受控源视为独立电源列写方程,再将受控源的控制量转换用支路电流表示,然后对方程加以整理,将含有待求支路电流变量的项都移放至方程的左边。

例 3-4 试列写图 3-9 所示电路的支路电流法方程。

解 (1) 先将受控源视为独立电源列写方程。列写独立节点①、②、③的 KCL 方程为

$$-I_1 - I_4 + I_6 = 0$$
$$I_2 + I_4 + I_5 = 0$$
$$I_3 - I_5 - I_6 = 0$$

列写回路 1、2、3 的 KVL 方程为

$$R_1 I_1 + R_2 I_2 - R_4 I_4 = E_{s1} - E_{s2}$$
$$-R_2 I_2 + R_3 I_3 + R_5 I_5 = E_{s2} + R_3 \alpha U_1$$
$$R_4 I_4 - R_5 I_5 + R_6 I_6 = r_m i_2$$

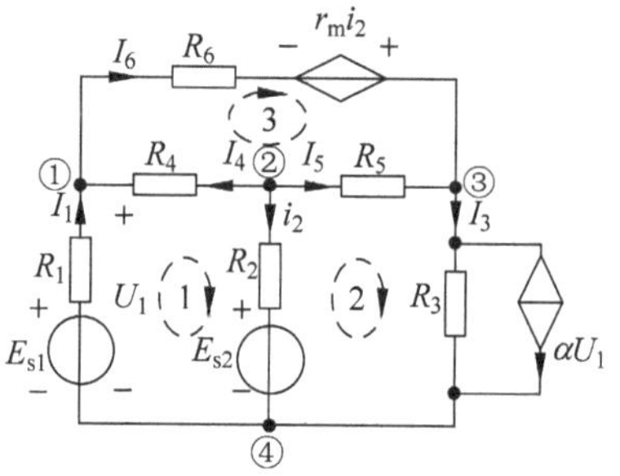

(2) 电路中受控电流源的控制量为电压 U_1,将其转换为支路电流 I_1。由电路,有

$$U_1 = E_{s1} - R_1 I_1$$

图 3-9 例 3-4 电路

(3) 将上式代入回路 2 的 KVL 方程,并对 KVL 方程加以整理,将含未知量的项移至方程左边,则该电路的支路电流法方程为

$$\begin{cases} -I_1 - I_4 + I_6 = 0 \\ I_2 + I_4 + I_5 = 0 \\ I_3 - I_5 - I_6 = 0 \\ R_1 I_1 + R_2 I_2 - R_4 I_4 = E_{s1} - E_{s2} \\ R_1 R_3 \alpha I_1 - R_2 I_2 + R_3 I_3 + R_5 I_5 = R_3 \alpha E_{s1} + E_{s2} \\ -r_m I_2 + R_4 I_4 - R_5 I_5 + R_6 I_6 = 0 \end{cases}$$

四、应用支路电流法时对无伴电流源支路的处理方法

当电路中含有无伴电流源支路时,因该支路的端电压为未知量,且不能用其支路电流予

以表示,所以在用前述方法列写回路的 KVL 方程时会遇到困难。对这种情况可有两种解决办法。

1. 虚设电压变量法——增设无伴电流源的端电压变量

在列写 KVL 方程时,将无伴电流源两端的未知电压作为待求变量,这一新增变量并非是电流变量,因此称为"虚设变量"。由于无伴电流源支路的电流是已知的,尽管出现了一个新的电压变量,但待求变量的总数并未增加,因此方程的总数亦未增加。

例 3-5 用支路电流法求图 3-10 所示电路中各支路电流及两电源的功率。

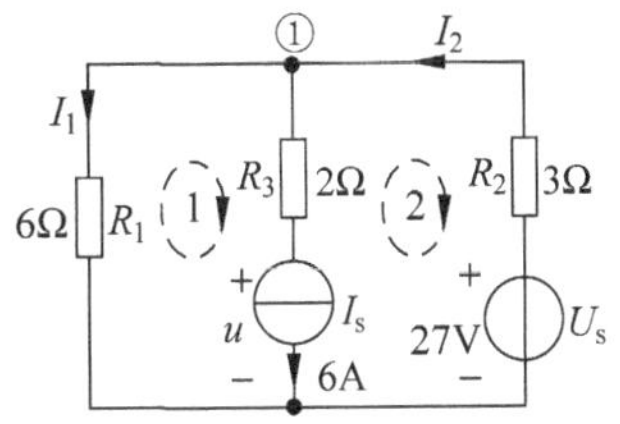

解 设无伴电流源的端电压为 u,其参考方向如图中所示,又设各支路电流的参考方向如图示。节点①的 KCL 方程为

$$I_1 - I_2 + 6 = 0$$

回路 1 和回路 2 的 KVL 方程为

$$-R_1 I_1 + 6R_3 + u = 0$$
$$-R_2 I_2 - R_3 \times 6 - u = -U_s$$

将电路参数代入并对方程加以整理后得

$$\begin{cases} I_1 - I_2 = -6 \\ -6I_1 + u = -12 \\ -3I_2 - u = -15 \end{cases}$$

解上述方程组,求得

$$I_1 = 1\text{A}, \quad I_2 = 7\text{A}, \quad u = -6\text{V}$$

两电源的功率为

$$P_{I_s} = uI_s = -6 \times 6 = -36\text{W}$$
$$P_{U_s} = -U_s I_2 = -27 \times 7 = -189\text{W}$$

图 3-10 例 3-5 电路

2. 选合适回路法——使无伴电流源支路只和一个独立回路关联

在所选的一组独立回路中,无伴电流源支路只和一个独立回路关联,即该支路只出现在一个回路中,而不会成为两个及两个以上回路的公共支路。

由于该无伴电流源支路的电流为已知,未知的支路电流的数目就比支路数少一个,故该无伴电流源所在独立回路的 KVL 方程无须列写。又因在其他独立回路中不出现该无伴电流源支路,因而避开了无伴电流源的端电压不能用支路电流表示的困难。由于不引入新的变量,因此减少了方程的数目。若一个电路中有 q 个无伴电流源(包括受控电流源),则所需列写的 KVL 方程将减少 q 个。

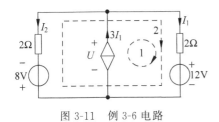

图 3-11 例 3-6 电路

例 3-6 试用支路电流法求图 3-11 所示电路中独立电源和受控源的功率。

解 该电路有两个独立回路,如果使无伴受控电流源只属于右边的独立回路 1,则不需列写该回路的 KVL。而另一不含无伴受控电流源支路的独立回路应是虚线所示的回路 2。于是需列写的支路电流法方

程为

$$\text{KCL:} \quad I_1 + I_2 - 3I_1 = 0$$
$$\text{KVL:} \quad 2I_1 - 2I_2 = -12 - 8$$

即

$$\begin{cases} -2I_1 + I_2 = 0 \\ I_1 - I_2 = -10 \end{cases}$$

解之,可得

$$I_1 = 10\text{A}, \quad I_2 = 20\text{A}$$

又可求得

$$U = 2I_1 + 12 = 32\text{V}$$

于是求出各电源的功率为

$$P_{8\text{V}} = -8I_2 = -8 \times 20 = -160\text{W}$$
$$P_{12\text{V}} = 12I_1 = 12 \times 10 = 120\text{W}$$
$$P_c = -3I_1 U = -3 \times 10 \times 32 = -960\text{W}$$

应用支路电流法时所列写的是独立节点的 KCL 方程和独立回路的 KVL 方程,其特点是电路中有多少个未知的支路电流,所需列写的方程数目就有多少个。当电路的支路数较多时,求解方程组的工作量很大。因此对支路数较少的电路适宜用此法,但对较复杂的电路,一般不用支路分析法,而选用其他方法求解。

练习题

3-2 列写图 3-12 所示电路的支路电流法方程。

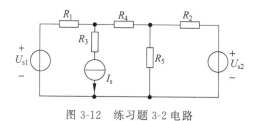

图 3-12 练习题 3-2 电路

3.5 节点分析法

在一个有 n 个节点的电路中,在指定了一个参考节点后,其余 $n-1$ 个节点的电位(也称为节点电压)可作为求解变量。由于在电路中应用了电位的概念后,KVL 将自动获得满足,因此若能将各支路电流用节点电位表示,则只需列写 $n-1$ 个独立节点的 KCL 方程,从而获得一组有 $n-1$ 个方程且正好有 $n-1$ 个节点电位变量的电路方程,就可求得各节点电位。由于每一支路是连接于两个节点之间,因此根据支路特性(元件特性)方程,总能将支路电流用节点电位予以表示。这种以节点电位为待求变量依 KCL 建立方程求解电路的方法,称为节点电位分析法或简称为节点分析法,所对应的电路方程称为节点法方程。

一、节点法方程的导出

节点法的求解对象是节点电位(也称节点电压),所建立的是独立节点的 KCL 方程。在图 3-13 所示电路中,选节点④为参考节点,指定各支路电流的参考方向如图中所示。各独立节点的节点电位为 U_1、U_2 和 U_3。写出独立节点①、②、③的 KCL 方程为

$$\begin{cases} I_1 + I_2 + I_6 - I_s = 0 \\ -I_1 + I_3 + I_4 = 0 \\ -I_2 - I_3 - I_5 - I_6 = 0 \end{cases} \quad (3\text{-}8)$$

再将各支路电流用节点电位表示为

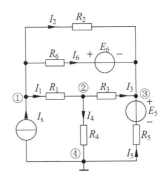

图 3-13 建立节点法方程的用图

$$\begin{cases} I_1 = \dfrac{U_1 - U_2}{R_1} \\ I_2 = \dfrac{U_1 - U_3}{R_2} \\ I_3 = \dfrac{U_2 - U_3}{R_3} \\ I_4 = \dfrac{U_2}{R_4} \\ I_5 = \dfrac{-U_3 + E_5}{R_5} \\ I_6 = \dfrac{U_1 - U_3 - E_6}{R_6} \end{cases} \quad (3\text{-}9)$$

将式(3-9)代入 KCL 方程式(3-8)并进行整理,将未知量的项置于方程左边,将已知量移至方程右边,可得

$$\begin{cases} \left(\dfrac{1}{R_1} + \dfrac{1}{R_2} + \dfrac{1}{R_6}\right)U_1 - \dfrac{1}{R_1}U_2 - \left(\dfrac{1}{R_2} + \dfrac{1}{R_6}\right)U_3 = \dfrac{E_6}{R_6} + I_s \\ -\dfrac{1}{R_1}U_1 + \left(\dfrac{1}{R_1} + \dfrac{1}{R_3} + \dfrac{1}{R_4}\right)U_2 - \dfrac{1}{R_3}U_3 = 0 \\ -\left(\dfrac{1}{R_2} + \dfrac{1}{R_6}\right)U_1 - \dfrac{1}{R_3}U_2 + \left(\dfrac{1}{R_2} + \dfrac{1}{R_3} + \dfrac{1}{R_5} + \dfrac{1}{R_6}\right)U_3 = \dfrac{E_5}{R_5} - \dfrac{E_6}{R_6} \end{cases} \quad (3\text{-}10)$$

式(3-10)即是所需的节点法方程。可以看出节点法方程实质是 KCL 方程,是把用节点电位表示的支路电流方程代入 KCL 方程后的结果,它是 $2b$ 法方程的又一种表现形式。

二、视察法建立节点法方程

节点法方程的本质是独立节点的 KCL 方程,显然节点法方程的数目与独立节点数相同,为 $n-1$ 个。每一节点法方程都和一个独立节点对应。考察并分析式(3-10),可知与节点 k 对应的第 k 个方程的一般形式为

$$G_{kk}U_k - \sum G_{kj}U_j = I_{sk} \quad (3\text{-}11)$$

式中,G_{kk} 为连接于节点 k 上所有支路中电阻元件的电导之和,恒为正值,也称为节点 k 的自电导;G_{kj} 为连接于节点 k 和节点 j 之间的全部支路的电阻元件的电导之和,恒为负值,也

称为节点 k 和 j 的互电导；I_{sk} 为连接于节点 k 上全部支路中电流源(含由电压源等效的电流源)电流的代数和，当某个电流源的电流是流入节点 k 时，该项电流前取正号，否则取负号。

按照上述规则和方法，可通过对电路的观察直接写出节点法方程，称为视察法建立节点法方程。

用视察法建立节点电位法方程并求解电路的具体步骤如下。

(1) 给电路中的各节点编号，并指定电路的参考节点。
(2) 在电路图中标示待求电量的参考方向，例如指定各支路电流的参考方向。
(3) 按视察法建立节点法方程的规则，列写出对应于各独立节点的电路方程。
(4) 解第(3)步所建立的方程(组)，求出各节点电位。
(5) 由节点电位求得待求的电量，例如支路电压、支路电流或元件的功率等。

例 3-7 试列写图 3-14 所示电路的节点电位法方程。

解 (1) 给电路中的各节点编号如图，并选节点④为参考点，则节点电位变量为 U_1、U_2 和 U_3。

(2) 将电路中的两条戴维宁支路等效变换为诺顿支路后，按前述确定自电导、互电导和节点电流源电流的方法，对各节点逐一写出该电路的节点电位法方程为

$$\begin{cases} n_1: \left(\dfrac{1}{R_1}+\dfrac{1}{R_5}+\dfrac{1}{R_6}\right)U_1 - \dfrac{1}{R_1}U_2 - \dfrac{1}{R_5}U_3 = -\dfrac{E_{s5}}{R_5} + I_s \\ n_2: -\dfrac{1}{R_1}U_1 + \left(\dfrac{1}{R_1}+\dfrac{1}{R_2}+\dfrac{1}{R_3}\right)U_2 - \dfrac{1}{R_2}U_3 = 0 \\ n_3: -\dfrac{1}{R_5}U_1 - \dfrac{1}{R_2}U_2 + \left(\dfrac{1}{R_2}+\dfrac{1}{R_4}+\dfrac{1}{R_5}\right)U_3 = \dfrac{E_{s4}}{R_4} + \dfrac{E_{s5}}{R_5} \end{cases}$$

例 3-8 用节点电位分析法求图 3-15 所示电路中各支路电流及电流源的功率。

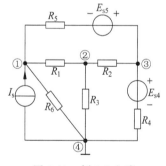

图 3-14 例 3-7 电路

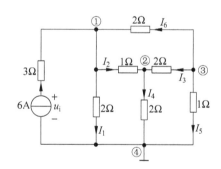

图 3-15 例 3-8 电路

解 (1) 如图 3-15 所示，给各节点编号，并选定节点④为参考点。

(2) 指定各支路电流的参考方向及电流源的端电压的参考方向如图 3-15 中所示。

(3) 各独立节点电位为 U_1、U_2 和 U_3。按视察法的规则建立电路的节点法方程为

$$\begin{cases} \left(\dfrac{1}{2}+\dfrac{1}{2}+1\right)U_1 - U_2 - \dfrac{1}{2}U_3 = 6 \\ -U_1 + \left(\dfrac{1}{2}+\dfrac{1}{2}+1\right)U_2 - \dfrac{1}{2}U_3 = 0 \\ -\dfrac{1}{2}U_1 - \dfrac{1}{2}U_2 + \left(\dfrac{1}{2}+\dfrac{1}{2}+1\right)U_3 = 0 \end{cases}$$

应注意节点①的自电导中不应包括与电流源串联的3Ω电阻的电导,这是因为节点法的实质是按 KCL 建立电路方程,而待求变量是节点电位,每一方程实际是相应节点的 KCL 方程。在节点①方程的右边已写入了与此节点相连的电流源的电流,而此电流与串联的3Ω电阻无关,因此在节点法方程中不应出现与电流源串联的电阻之电导值。

(4) 将上述方程组进行整理,得

$$\begin{cases} 2U_1 - U_2 - 0.5U_3 = 6 \\ -U_1 + 2U_2 - 0.5U_3 = 0 \\ -0.5U_1 - 0.5U_2 + 2U_3 = 0 \end{cases}$$

解之,可得各节点电位为

$$U_1 = 5\text{V}, \quad U_2 = 3\text{V}, \quad U_3 = 2\text{V}$$

(5) 将各支路电流用节点电位表示后,可求得

$$I_1 = \frac{U_1}{2} = 2.5\text{A}, \quad I_2 = \frac{U_1 - U_2}{1} = 2\text{A}, \quad I_3 = \frac{U_3 - U_2}{2} = -0.5\text{A}$$

$$I_4 = \frac{U_2}{2} = 1.5\text{A}, \quad I_5 = \frac{U_3}{1} = 2\text{A}, \quad I_6 = \frac{U_3 - U_1}{2} = -1.5\text{A}$$

电流源两端的电压为

$$u_i = U_1 + 3 \times 6 = 5 + 18 = 23\text{V}$$

电流源的功率为

$$P_i = -6u_i = -6 \times 23 = -138\text{W}$$

三、电路中含受控源时的节点法方程

当电路中含受控源时,若用视察法建立节点法方程,可根据受控源的特性,先将受控源视为独立电源,用规则化方法列写方程,再将其控制量用节点电位表示,然后对方程加以整理,将含有未知节点电位的项均移至方程的左边。

例 3-9 电路如图 3-16 所示,试求独立电流源和受控电流源的功率。

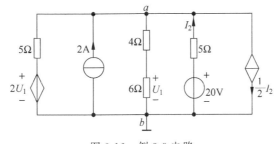

图 3-16 例 3-9 电路

解 用节点法求解。选节点 b 为参考点,先将受控源视为独立电源,控规则化方法建立节点 a 的方程为

$$\left(\frac{1}{5} + \frac{1}{10} + \frac{1}{5}\right)U_a = \frac{20}{5} + 2 - \frac{1}{2}I_2 + \frac{2U_1}{5}$$

将受控源的控制量 U_1 和 I_2 用节点电位 U_a 表示,有

$$U_1 = \frac{6}{4+6}U_a = \frac{3}{5}U_a$$

$$I_2 = \frac{20-U_a}{5} = 4 - \frac{1}{5}U_a$$

将上述两式代入节点法方程,整理方程并求解,可求得节点电位为

$$U_a = 25\text{V}$$

又求得电流 I_2 为

$$I_2 = 4 - \frac{1}{5}U_a = 4 - \frac{1}{5} \times 25 = -1\text{A}$$

于是求出独立电流源的功率为

$$P_\text{I} = -2U_a = -2 \times 25 = -50\text{W}$$

受控电流源的功率为

$$P_\text{c} = \frac{1}{2}I_2 U_a = \frac{1}{2} \times (-1) \times 25 = -12.5\text{W}$$

四、电路中含无伴电压源时的节点法方程

当电路中含无伴电压源支路时,因该支路的电流为未知量,且不能用其支路电压予以表示,因此在用前述方法列写节点法方程时会遇到困难。对此种情况可有三种处理方法。

1. 虚设电流变量法——增设无伴电压源支路的电流变量

在列写节点法方程时,必须计入无伴电压源支路的电流。为此将无伴电压源支路的未知电流作为新的待求变量,这一新增变量并非是节点电位变量,因此称为"虚设变量"。在增加这一变量后,为使方程可解,必须补充一个方程。由于无伴电压源支路的电压是已知的,且这一支路连接在两个节点之间,于是可用这两个节点电位之差表示无伴电压源的电压,这一关系式便是所需补充的方程,也称为"增补方程"。

在列写节点电位方程时,可将无伴电压源支路的未知电流变量视为电流源的电流写入方程。

例 3-10 试列写图 3-17 所示电路的节点电位法方程。

解 (1) 给电路中的各节点编号,并选节点④为参考节点。

(2) 设无伴电压源 E_2 支路中的电流为 I_e,其参考方向如图 3-17 中所示。

(3) 将无伴电压源支路的电流 I_e 视为独立电流源的电流写入节点法方程,并写出"增补方程",即用节点电位表示的无伴电压源电压的方程。于是列写出采用"虚设电流变量法"的节点电位法方程为

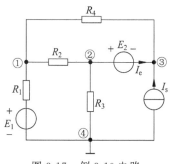

图 3-17 例 3-10 电路

$$\left(\frac{1}{R_1} + \frac{1}{R_2} + \frac{1}{R_4}\right)U_1 - \frac{1}{R_2}U_2 - \frac{1}{R_4}U_3 = \frac{E_1}{R_1}$$

$$-\frac{1}{R_2}U_1 + \left(\frac{1}{R_2} + \frac{1}{R_3}\right)U_2 = I_e$$

$$-\frac{1}{R_4}U_1 + \frac{1}{R_4}U_3 = I_s + I_e$$

增补方程为
$$U_2 - U_3 = E_2$$
（4）将上述方程中的未知量均移至方程的左边，整理后的节点法方程为
$$\begin{cases} \left(\dfrac{1}{R_1}+\dfrac{1}{R_2}+\dfrac{1}{R_4}\right)U_1 - \dfrac{1}{R_2}U_2 - \dfrac{1}{R_4}U_3 = \dfrac{E_1}{R_1} \\ -\dfrac{1}{R_2}U_1 + \left(\dfrac{1}{R_2}+\dfrac{1}{R_3}\right)U_2 + I_e = 0 \\ -\dfrac{1}{R_4}U_1 + \dfrac{1}{R_4}U_3 - I_e = I_s \\ U_2 - U_3 = E_2 \end{cases}$$

2. 电压源端点接地法——选择无伴电压源支路关联的节点之一为参考节点

当无伴电压源支路的一个端点与参考节点相接时，该无伴电压源支路另一个端点所接节点的电位便是已知的，其值为无伴电压源的电压值。于是这一电位为已知的节点对应的方程就不必列写，从而减少了方程的数目。

例 3-11 用节点电位法求图 3-18 所示电路中两独立电源的功率。

解 给电路中的各节点编号，并选无伴电压源的负极性端所接的节点④为参考节点。指定电压源支路的电流 I 和电流源的端电压 U 的参考方向以及各相关支路电流的参考方向如图中所示。节点①的电位为
$$U_1 = 6\text{V}$$

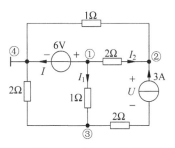

图 3-18 例 3-11 电路

对节点②和③列写的节点法方程为
$$\begin{cases} -\dfrac{1}{2}\times 6 + \left(\dfrac{1}{2}+1\right)U_2 = 3 \\ -1\times 6 + \left(\dfrac{1}{2}+1\right)U_3 = -3 \end{cases}$$

应注意，与电流源串联的 2Ω 电阻不应出现在节点法方程中。

解上述方程组，可得
$$U_2 = 4\text{V}, \quad U_3 = 2\text{V}$$
由此可求得各支路电流为
$$I_1 = \dfrac{U_1 - U_3}{1} = 6 - 2 = 4\text{A}$$
$$I_2 = \dfrac{U_1 - U_2}{2} = \dfrac{6-4}{2} = 1\text{A}$$
$$I = -I_1 - I_2 = -4 - 1 = -5\text{A}$$
电流源的端电压为
$$U = (U_2 - U_3) + 2\times 3 = (4-2) + 6 = 8\text{V}$$
于是求得两电源的功率为
$$P_{6\text{V}} = 6I = 6\times(-5) = -30\text{W}$$
$$P_{3\text{A}} = -3U = -3\times 8 = -24\text{W}$$

在例 3-11 中,两个未知的节点电位实际只需分别建立一个方程便可求出。由此可见,对含有无伴电压源支路的电路采用"电压源端点接地法"后可有效地简化计算工作。

3. 作封闭面法——围绕连接无伴电压源支路的两节点作封闭面而后建立该封闭面的 KCL 方程

前述的"电压源端点接地法"避免了对连接有无伴电压源支路的节点建立方程,在未选择某个无伴电压源的一个端点作为参考节点的情况下,可采用"作封闭面法"达到同样的目的。这一方法的步骤是先围绕连接着这一无伴电压源的两个节点作一封闭面,而后对该封闭面列写 KCL 方程。

例 3-12 求图 3-19 所示电路中各电阻支路的电流及两个电压源的功率。

解 给电路中各节点编号并指定各支路电流的参考方向如图所示。该电路中有两个无伴电压源支路,现选择 5V 电压源支路所接的节点⑤为参考节点,则节点④的电位为

$$U_4 = -5\text{V}$$

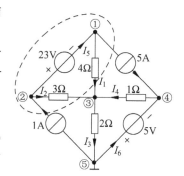

图 3-19 例 3-12 电路

另一电压为 23V 的无伴电压源支路连接在节点①和节点②之间,围绕这两个节点作一封闭面如图中所示,对此封闭面建立如下的 KCL 方程:

$$I_1 + I_2 + 5 - 1 = 0$$

将 I_1 和 I_2 用节点电位表示,则封闭面的 KCL 方程为

$$\frac{1}{4}(U_1 - U_3) + \frac{1}{3}(U_2 - U_3) = -4$$

整理后得

$$\frac{1}{4}U_1 + \frac{1}{3}U_2 - \frac{7}{12}U_3 = -4 \quad ①$$

由于 $U_2 - U_1 = 23$,因此方程①中的未知变量只有两个。再对节点③建立方程,并将 $U_4 = -5\text{V}$ 代入,有

$$-\frac{1}{4}U_1 - \frac{1}{3}U_2 + \left(\frac{1}{3} + \frac{1}{4} + \frac{1}{2} + 1\right)U_3 = -5 \quad ②$$

将方程①和②联立,并将 $U_2 - U_1 = 23$ 代入,可解得

$$U_1 = -26\text{V}, \quad U_2 = -3\text{V}, \quad U_3 = -6\text{V}$$

由此求得各电阻支路的电流为

$$I_1 = \frac{U_1 - U_3}{4} = \frac{-26 - (-6)}{4} = -5\text{A}$$

$$I_2 = \frac{U_2 - U_3}{3} = \frac{-3 - (-6)}{3} = 1\text{A}$$

$$I_3 = \frac{U_3}{2} = \frac{-6}{2} = -3\text{A}$$

$$I_4 = \frac{U_4 - U_3}{1} = \frac{-5 - (-6)}{1} = 1\text{A}$$

两个无伴电压源支路的电流为

$$I_5 = I_1 + 5 = -5 + 5 = 0 \text{A}$$
$$I_6 = I_3 - 1 = -3 - 1 = -4 \text{A}$$

于是求得两电压源的功率为

$$P_{23V} = 23 I_5 = 0 \text{W}, \quad P_{5V} = 5 I_6 = 5 \times (-4) = -20 \text{W}$$

由例 3-12 可见，若电路中有 m 个无伴电压源支路，在采用"作封闭面法"后，需列写的节点电位方程可减少 m 个。

此外，还可通过电源转移的方法，在消除无伴电压源支路后，再用通常的规则建立节点电位法方程。不过应注意，这种方法在一定的程度上改变了电路的结构。这对求解除无伴电压源支路之外的电路变量无关紧要，但若需求取该无伴电压源支路的电流或功率，则应在求得电压源转移后的电路中各节点电位后，再回到电源转移前的电路去求解。

五、节点分析法的相关说明

(1) 节点电位法以节点电位为求解对象，所建立的方程实质是独立节点的 KCL 方程。

(2) 若电路有 n 个节点，且电路不含无伴电压源（独立的或受控的）支路时，所建立的节点法方程有 $(n-1)$ 个，这比用支路法时建立的方程数目减少了 $(b-n+1)$ 个，所减少的是独立回路的 KVL 方程。

(3) 节点法既适用于平面电路，也适用于非平面电路，是分析计算电路时常用的一种方法，尤其适用于节点数较少（即节点数少于独立回路数）的电路。由于在电路中易于确认节点电位变量，所以节点法在计算机辅助电路分析中也是最常用的方法之一。

(4) 当用视察法对含有受控源的电路建立节点法方程时，可先将受控源视为独立电源，用规则化方法列写方程，再将受控源的控制量用节点电位表示后代入方程进行整理。

(5) 对含有无伴电压源的电路用视察法建立方程时，可采用"虚设变量法"、"电压源端点接地法"和"作封闭面法"。其中后面两种方法可减少列写的方程的数目，是实际应用中最常用的方法。当电路中有 $m(m \geq 2)$ 条无伴电压源支路时，通常联合采用"电压源端点接地法"和"作封闭面法"，可使所建立的方程数目减少 m 个。

练习题

3-3 试建立图 3-20 所示电路的节点电位法方程。

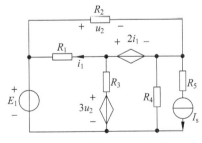

图 3-20 练习题 3-3 电路

3.6 回路分析法

在求解电路时,还可用所谓的"回路电流"为变量来建立电路方程,这一方法所列写的是独立回路的 KVL 方程,称为回路电流分析法或回路分析法,也简称为回路法,所对应的电路方程称为回路法方程。

一、回路电流的概念

回路电流是一种假想的电量,是设想的沿着一个回路的边沿或在回路内部流通的电流。图 3-21 所示电路有三个独立回路,假定每一回路都有一回路电流在其中流动,如图中所示的电流 i_{l1}、i_{l2} 和 i_{l3}。可以看出,电路中的每一支路都有一个或多个回路电流通过,于是每一支路电流就是这些回路电流的代数和。例如图 3-21 中各支路电流用回路电流表示如下:

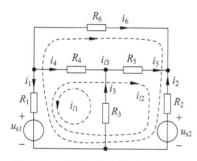

图 3-21 说明回路电流概念的电路

$$i_1 = i_{l1} - i_{l2} - i_{l3}$$
$$i_2 = -i_{l2} - i_{l3}$$
$$i_3 = i_{l1}$$
$$i_4 = -i_{l1} + i_{l2}$$
$$i_5 = i_{l2}$$
$$i_6 = i_{l3}$$

由此可见,只要求得了回路电流,就可以求出各支路电流,进而可由支路方程求得全部的支路电压。由图 3-21 电路还可以看出,有三条支路仅通过了一个回路电流,而正是这三条支路决定了这三个独立回路(由该支路决定的独立回路中不会出现另两条支路),或者说这三条支路中的电流就是回路电流,这也表明这三个独立回路的电流构成了一组独立变量。

二、回路法方程的导出

回路法的求解对象是回路电流,所建立的是独立回路的 KVL 方程。下面用图 3-22 所示电路导出其回路法方程,并进而得到用视察法建立回路法方程的规则。

在图 3-22 所示电路中,选取三个独立回路并给出三个回路电流的参考方向(绕行方向)。三个独立回路的 KVL 方程为

$$\begin{cases} u_1 + u_2 - u_3 - u_6 = 0 \\ u_3 + u_4 + u_6 = 0 \\ u_2 - u_3 + u_5 = 0 \end{cases} \quad (3-12)$$

写出各支路的特性方程并将各支路电流用回路电流表示,得

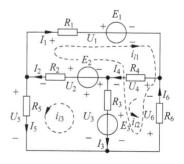

图 3-22 建立回路法方程的电路

$$\begin{cases} u_1 = R_1 I_1 + E_1 = R_1 i_{l1} + E_1 \\ u_2 = R_2 I_2 - E_2 = R_2(i_{l1} + i_{l5}) - E_2 \\ u_3 = R_3 I_3 + E_3 = R_3(-i_{l1} + i_{l4} - i_{l5}) + E_3 \\ u_4 = R_4 I_4 = R_4 i_{l4} \\ u_5 = R_5 I_5 = R_5 i_{l5} \\ u_6 = R_6 I_6 = R_6(-i_{l1} + i_{l4}) \end{cases} \quad (3\text{-}13)$$

将式(3-13)代入式(3-12)并进行整理,将含未知量的项置于方程左边,把已知量的项移至方程右边,得

$$\begin{cases} (R_1 + R_2 + R_3 + R_6)i_{l1} - (R_3 + R_6)i_{l4} + (R_2 + R_3)i_{l5} = -E_1 + E_2 + E_3 \\ -(R_3 + R_6)i_{l1} + (R_3 + R_4 + R_6)i_{l4} - R_3 i_{l5} = -E_3 \\ (R_2 + R_3)i_{l1} - R_3 i_{l4} + (R_2 + R_3 + R_5)i_{l5} = E_2 + E_3 \end{cases} \quad (3\text{-}14)$$

上式即是所需的回路法方程。容易看出,回路法方程是将用回路电流表示的支路电压代入独立回路的 KVL 方程后的结果,它是 $2b$ 法方程的又一种表现形式。

三、视察法建立回路法方程

回路法方程的实质是独立回路的 KVL 方程,显然回路法方程的数目与独立回路的数目相同,为 $b-n+1$ 个。每一个回路法方程都和一个独立回路对应。考察并分析式(3-14),可知与回路 k 对应的第 k 个方程的一般形式为

$$R_{kk} i_{lk} \pm \sum R_{kj} i_{lj} = E_{lk} \quad (3\text{-}15)$$

式中,R_{kk} 为回路 k 中所有支路的电阻之和,且恒取正值,也称为回路 k 的自电阻;R_{kj} 为回路 k 和回路 j 所有共有支路的电阻之和,也称为 k 回路和 j 回路的互电阻,当 k 回路电流和 j 回路电流的方向关于公共支路为一致时,R_{kj} 前取正号,否则取负号;E_{lk} 为回路 k 中所有电压源(含电流源等效的电压源)电压的代数和,当某个电压源电压的参考方向与回路 k 的电流方向为一致时,该项电压前取负号,否则取正号。

按照上述规则和方法,可通过对电路的观察直接写出回路法方程,称为视察法建立回路法方程。

用视察法建立回路法方程并求解电路的具体步骤归纳如下。

① 选取一组独立回路并给出各回路电流编号、指定参考方向。通常回路电流的参考方向与决定此独立回路的那一支路的电流方向为一致。

② 按上述视察法建立回路法方程的规则,逐一写出对应于各独立回路的电路方程。

③ 解第②步所建立的回路法方程(组),求得各回路电流。

④ 由回路电流求出各支路电流。

⑤ 再由支路方程求得各支路电压及功率等待求量。

例 3-13 试用回路法求图 3-23 所示电路中两个电压源及电阻 R 和 R_1 的功率。

解 选择三个独立回路并给出各回路电流的参考方向如图中所示。如此选择独立回路是因为这三个回路是由两

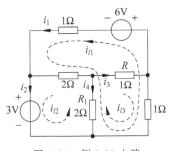

图 3-23 例 3-13 电路

个电压源支路及 R 支路所决定的,这三条支路的电流便是三个回路的电流。由列写回路法方程的规则,可写出各回路的方程为

l_1: $(1+2+2+1)i_{l1}-(2+2)i_{l2}-(2+1)i_{l3}=-6$

l_2: $-(2+2)i_{l1}+(2+2)i_{l2}+2i_{l3}=-3$

l_3: $-(1+2)i_{l1}+2i_{l2}+(1+2+1)i_{l3}=0$

将上述方程联立求解,求得

$$i_{l1}=-5.1\text{A} \quad i_{l2}=-5.25\text{A} \quad i_{l3}=-1.2\text{A}$$

于是所求各功率为

$$P_{6V}=6i_1=6i_{l1}=6\times(-5.1)=-30.6\text{W}$$

$$P_{3V}=3i_2=3i_{l2}=3\times(-5.25)=-15.75\text{W}$$

$$P_R=i_3^2R=i_{l3}^2R=(-1.2)^2\times 1=1.44\text{W}$$

$$P_{R_1}=i_4^2R_1=(-i_{l2}-i_{l3})^2\times 2=[-5.25-(-1.2)]^2\times 2=32.805\text{W}$$

四、电路中含受控源时的回路法方程

在用视察法建立含受控源电路的回路法方程时,可先将受控源视为独立电源用规则化方法列写方程,再将其控制量用回路电流表示,然后对方程加以整理,将含有未知回路电流的项均移至方程的左边。

例 3-14 求图 3-24 所示电路中独立电压源和受控电压源的功率。

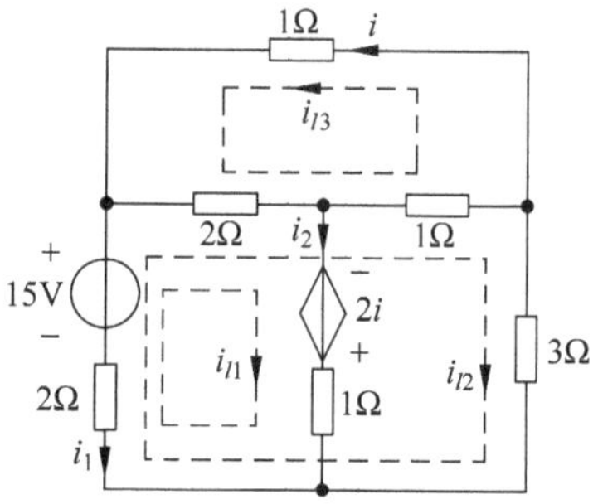

解 用回路法求解。选取三个独立回路及回路电流的参考方向如图 3-24 所示。用规则化方法列写回路法方程为

$$\begin{cases}(2+2+1)i_{l1}+(2+2)i_{l2}+2i_{l3}=15+2i\\(2+2)i_{l1}+(2+2+1+3)i_{l2}+(2+1)i_{l3}=15\\2i_{l1}+(2+1)i_{l2}+(2+1+1)i_{l3}=0\end{cases}$$

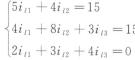

图 3-24 例 3-14 电路

将受控源的控制量 i 用回路电流表示,由电路图可见 $i=i_{l3}$,将该式代入回路法方程并对方程进行整理,可得

$$\begin{cases}5i_{l1}+4i_{l2}=15\\4i_{l1}+8i_{l2}+3i_{l3}=15\\2i_{l1}+3i_{l2}+4i_{l3}=0\end{cases}$$

解该方程组,可求出各回路电流为

$$i_{l1}=1.4\text{A}, \quad i_{l2}=2\text{A}, \quad i_{l3}=-2.2\text{A}$$

又由支路电流和回路电流的关系,求出两个电压源中的电流为

$$i_1=-i_{l1}-i_{l2}=-1.4-2=-3.4\text{A}$$

$$i_2=i_{l1}=1.4\text{A}$$

于是求得两个电压源的功率为

$$P_{15V}=15i_1=15\times(-3.4)=-51\text{W}$$

$$P_{2i}=-2i\cdot i_2=-2\times(-2.2)\times 1.4=6.16\text{W}$$

五、电路中含无伴电流源时的回路法方程

当电路中含无伴电流源支路时,因该支路的电压为未知量,且不能用其支路电流予以表示,因此在用前述方法列写回路法方程时会遇到困难。对此可有两种解决方法。

1. 虚设电压变量法——增设无伴电流源支路的电压变量

在建立方程时增设无伴电流源支路的端电压为新的电路变量并写入方程,同时增补一个用回路电流表示的无伴电流源电流的方程。

2. 选合适回路法——使无伴电流源支路只和一个回路相关联

这一方法和支路电流法中的做法是相似的,即在选择回路时,使每一无伴电流源支路只和一个回路关联,不让它成为两个及以上回路的公共支路。这样,无伴电流源所在回路的电流即是该电流源的电流,此由无伴电流源决定的回路的方程便无须列写,从而减少了方程的数目,使计算简化。

例 3-15 求图 3-25 所示电路中的电流 I。

解 该电路中有两个无伴电流源支路,选用回路法求解并采用选合适回路法。

选择电路的四个独立回路并指定各回路电流的参考方向如图中所示。由两个无伴电流源决定的两个独立回路的电流为已知电流源的电流,即 $i_{l1}=6A$,$i_{l2}=8A$,这两个回路的方程不必列写。粗看起来,还有 i_{l3} 和 i_{l4} 这两个回路电流是未知的,似乎需解一个二元一次方程组,但仔细观察可发现回路 l_3 和 l_4 之间并无公共电阻支路,它们之间的互电阻为零。这样 l_4 回路的方程中将不含有未知量 i_{l3},即该方程中只有待求量 $i_{l4}=I$。因此,求 I 只需解一个方程就可以了。写出 l_4 回路的方程为

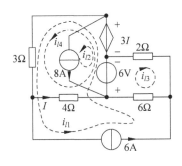

图 3-25 例 3-15 图

$$(3+4)I + 3\times 6 = 3I - 6$$

解之,得

$$I = -6A$$

练习题

3-4 试列写图 3-26 所示电路的回路法方程并求独立电流源的功率。

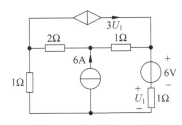

图 3-26 练习题 3-4 电路

六、网孔电流分析法

对一个平面电路,通常其所有内网孔可构成一组独立回路,此时在各网孔内部流通的假想电流称为网孔电流,可见网孔电流可视为回路电流的特例。以网孔电流为变量,建立方程求解电路的方法称为网孔电流分析法或网孔分析法,也简称为网孔法,所建立的方程亦是独立回路(网孔)的 KVL 方程,称为网孔法方程。

1. 网孔法方程

网孔法的求解对象是网孔电流,所对应的是电路中各网孔的 KVL 方程。在图 3-27 所示电路中,按惯例选顺时针方向为网孔的绕行方向,同时这也是网孔电流的参考方向。又选取各支路电流、电压的参考方向如图所示。电路中三个网孔的 KVL 方程为

$$\begin{cases} u_1 + u_3 + u_4 = 0 \\ u_2 - u_3 - u_5 = 0 \\ -u_4 + u_5 - u_6 = 0 \end{cases} \quad (3\text{-}16)$$

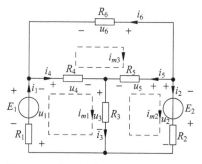

图 3-27 建立网孔法方程的一个电路

写出用支路电流表示的各支路电压的支路方程,再将各支路电流用网孔电流表示,可得

$$\begin{cases} u_1 = R_1 i_1 - E_1 = R_1 i_{m1} - E_1 \\ u_2 = R_2 i_2 - E_2 = R_2 i_{m2} - E_2 \\ u_3 = R_3 i_3 = R_2(i_{m1} - i_{m2}) \\ u_4 = R_4 i_4 = R_4(i_{m1} - i_{m3}) \\ u_5 = R_5 i_5 = R_5(-i_{m2} + i_{m3}) \\ u_6 = R_6 i_6 = R_6(-i_{m3}) \end{cases} \quad (3\text{-}17)$$

将式(3-17)代入式(3-16),并进行整理,将含未知量的项置于方程左边,将已知量的项移至方程右边,得

$$\begin{cases} (R_1 + R_3 + R_4) i_{m1} - R_3 i_{m2} - R_4 i_{m3} = E_1 \\ -R_3 i_{m1} + (R_2 + R_3 + R_5) i_{m2} - R_5 i_{m3} = E_2 \\ -R_4 i_{m1} - R_5 i_{m2} + (R_4 + R_5 + R_6) i_{m3} = 0 \end{cases} \quad (3\text{-}18)$$

这一方程组就是对应于图 3-27 所示电路的网孔法方程。

2. 视察法建立网孔法方程

一个平面网络的内网孔数目为 $b-n+1$ 个。网孔法方程中的每一个方程均与一个网孔对应。考察并分析式(3-18),可知与网孔 k 对应的第 k 个方程的一般形式为

$$R_{kk} i_{mk} - \sum R_{kj} i_{mj} = E_{mk} \quad (3\text{-}19)$$

式中,R_{kk} 为网孔 k 中所有支路的电阻之和,恒取正值,也称为网孔 k 的自电阻;R_{kj} 为网孔 k 和网孔 j 共有支路的电阻,恒取负值。这是因为已约定所有网孔电流的参考方向均为顺时针方向,因此对于 k、j 两网孔的公共支路来说,两个网孔电流的方向必定相反。这与前述回路法中的情况有所不同,在回路法中,对两个回路的共有支路而言,两回路电流的方向可能一致,也可能相反,这导致相应的电阻项前面可能取正号,也可能取负号。式(3-19)中

的 R_{kj} 称为网孔 k 和 j 的互电阻；E_{mk} 为网孔 k 中所有电压源(含电流源等效的电压源)的代数和,当某个电压源的方向与网孔 k 的电流方向为一致时,该项电压前取负号,否则取正号。

按照上述规则和方法,可通过对电路的观察直接写出网孔法方程,称为视察法建立网孔法方程。可以看出,网孔法是回路法的特例,用网孔法求解网络时步骤和做法与回路法完全相同,且网孔法建立电路方程较回路法更为简便,这是因为平面电路的网孔一目了然,无须费力去选取,且每一网孔法方程中的互电阻项前面恒取负号。

例 3-16 用网孔法求图 3-28 所示电路中两个独立电源和两个受控电源的功率。

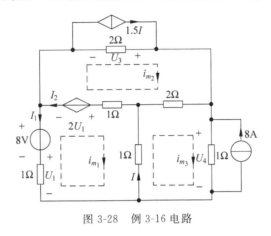

图 3-28 例 3-16 电路

解 用网孔法求解电路的步骤和方法与回路法相似。此电路中含有受控源,列写网孔法方程时,先将受控源视为独立电源写出初步的方程,再将受控源的控制量用网孔电流表示后代入后对方程进行整理。

(1) 给各网孔编号并选取顺时针方向为各网孔的绕行方向。

(2) 指定需计算的有关电压、电流的参考方向如图 3-28 所示。

(3) 将各受控源视为独立电源按视察法的规则列写网孔法方程。在建立方程的同时将诺顿支路转换为戴维宁支路。所建立的方程为

$$\begin{cases} (1+1+1)i_{m_1} - i_{m_2} - i_{m_3} = 8 + 2U_1 \\ -i_{m_1} + (1+2+2)i_{m_2} - 2i_{m_3} = -2U_1 + 3I \\ -i_{m_1} - 2i_{m_2} + (1+1+2)i_{m_3} = -8 \end{cases}$$

(4) 将两个受控源的控制量 U_1 和 I 用网孔电流表示,即

$$U_1 = 1 \times I_1 = -i_{m_1}, \quad I = i_{m_3} - i_{m_1}$$

(5) 将用网孔电流表示的受控源的控制量代入前面所列写的网孔法方程中,并对方程进行整理,可得下面的方程组：

$$\begin{cases} 5i_{m_1} - i_{m_2} - i_{m_3} = 8 \\ i_{m_2} - i_{m_3} = 0 \\ i_{m_1} + 2i_{m_2} + 4i_{m_3} = 8 \end{cases}$$

(6) 解上述方程组,求得各网孔电流为

$$i_{m_1}=2\text{A}, \quad i_{m_2}=1\text{A}, \quad i_{m_3}=1\text{A}$$

(7) 由网孔电流求出各有关电量为

$$U_1=-i_{m_1}=-2\text{V}, \quad I=i_{m_3}-i_{m_1}=1-2=-1\text{A}$$
$$I_2=i_{m_2}-i_{m_1}=1-2=-1\text{A}, \quad I_1=-i_{m_1}=-2\text{A}$$
$$U_3=2(1.5I-i_{m_2})=2[1.5\times(-1)-1]=-5\text{V}$$
$$U_4=1\times(8+i_{m_3})=8+1=9\text{V}$$

由此求得各电源的功率为

$$P_{8V}=8I_1=8\times(-2)=-16\text{W}$$
$$P_{8A}=-8U_4=-8\times 9=-72\text{W}$$
$$P_{2U_1}=2U_1I_2=2\times(-2)\times(-1)=4\text{W}$$
$$P_{1.5I}=-1.5IU_3=-1.5\times(-1)\times(-5)=-7.5\text{W}$$

例 3-17 试列写图 3-29 所示电路的网孔法方程。

解 该电路中有一无伴电流源,因其两端的电压未知,且不能用其支路电流予以表示,因此在按规则建立方程时会遇到困难。与回路法的做法相似,可有两种处理方法。

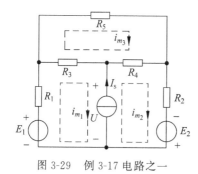

图 3-29 例 3-17 电路之一　　图 3-30 例 3-17 电路之二

方法一:"虚设变量法"

给电路中的各网孔编号,并选取顺时针方向为各网孔电流的参考方向。又设无伴电流源支路的端电压参考方向如图中所示。用规则化的方法写出各网孔的方程为

$$(R_1+R_3)i_{m_1}-R_3i_{m_3}=E_1-U$$
$$(R_2+R_4)i_{m_2}-R_4i_{m_3}=E_2+U$$
$$-R_3i_{m_1}-R_4i_{m_2}+(R_3+R_4+R_5)i_{m_3}=0$$

用网孔电流表示的无伴电流源电流的关系式为

$$-i_{m1}+i_{m2}=I_s$$

将上述方程中未知量的项移至方程的左边,则所建立的网孔法方程为

$$\begin{cases}(R_1+R_3)i_{m_1}-R_3i_{m_3}+U=E_1\\(R_2+R_4)i_{m_2}-R_4i_{m_3}-U=E_2\\-R_3i_{m_1}-R_4i_{m_2}+(R_2+R_4+R_5)i_{m_3}=0\\-i_{m_1}+i_{m_2}=I_s\end{cases}$$

方法二：使无伴电流源只和一个网孔关联

若无伴电流源支路只与一个网孔关联,则此网孔的电流即是无伴电流源的电流,因此该网孔的方程无须列写,这样可减少方程的数目。为此,将原电路改画如图 3-30 所示。于是 $i'_{m_1}=I_s$,另外两个网孔的方程为

$$-R_2 i'_{m_1}+(R_1+R_2+R_5)i'_{m_2}-R_5 i'_{m_3}=-E_1-E_2$$
$$-R_4 i'_{m_1}-R_5 i'_{m_2}+(R_3+R_4+R_5)i'_{m_3}=0$$

将 $i'_{m_1}=I_s$ 代入上面两个方程后,整理得到所需的网孔法方程为

$$\begin{cases}(R_1+R_2+R_5)i'_{m_2}-R_5 i'_{m_3}=R_2 I_s-E_1-E_2\\-R_5 i'_{m_2}+(R_3+R_4+R_5)i'_{m_3}=R_4 I_s\end{cases}$$

练习题

3-5 试列写图 3-31 所示电路的网孔法方程。

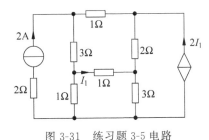

图 3-31 练习题 3-5 电路

习题

3-1 用支路电流法求题 3-1 图所示电路中的各支路电流及各电压源的功率。

3-2 用支路电流法求题 3-2 图所示电路中独立电压源和受控电流源的功率。

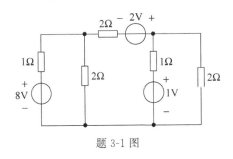

题 3-1 图

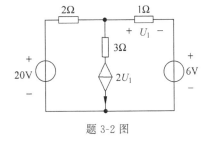

题 3-2 图

3-3 用支路电流法求题 3-3 图所示电路中各支路电流。

3-4 用节点分析法求题 3-4 图所示电路中各独立电源的功率。

3-5 电路如题 3-5 图所示,用节点分析法求各支路电流。

3-6 用节点法求题 3-6 图所示电路中的电流 I。

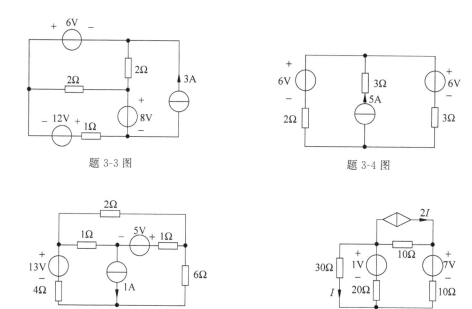

题 3-3 图 题 3-4 图 题 3-5 图 题 3-6 图

3-7 电路如题 3-7 图所示，用节点分析法求两个受控源的功率。

3-8 某网络的节点法方程为

$$\begin{bmatrix} 1.6 & -0.5 & -1 \\ -0.5 & 1.6 & -0.1 \\ -1 & -0.1 & 3.1 \end{bmatrix} \begin{bmatrix} \varphi_1 \\ \varphi_2 \\ \varphi_3 \end{bmatrix} = \begin{bmatrix} 1 \\ 2 \\ -1 \end{bmatrix}$$

试绘出电路图。

3-9 如题 3-9 图所示电路，网络 N 是具有 4 个节点的含受控源的线性时不变网络，其节点方程如下：

$$\begin{bmatrix} 4 & -2 & -1 \\ -2 & 6 & -4 \\ -1 & -2 & 3 \end{bmatrix} \begin{bmatrix} \varphi_1 \\ \varphi_2 \\ \varphi_3 \end{bmatrix} = \begin{bmatrix} 3 \\ 0 \\ 1 \end{bmatrix}$$

现在节点③与节点④之间接入一含受控源的支路，如图中所示，试求 $1.2\varphi_2$ 受控源的功率。

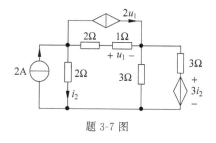 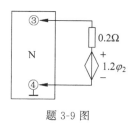

题 3-7 图 题 3-9 图

3-10 用节点法求题 3-10 图所示电路中受控电源的功率。

3-11 用回路法求题 3-11 图所示电路中的电压 U 和电流 I。

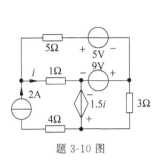

题 3-10 图

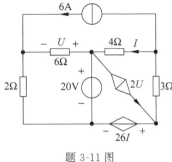

题 3-11 图

3-12 用回路法求如题 3-12 图所示电路中各电压源支路的电流 i_1、i_2、i_3 和 i_4。

3-13 电路如题 3-13 图所示，试用回路法求受控电压源的功率。

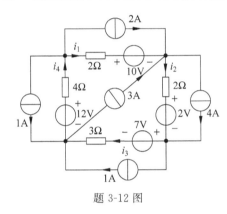

题 3-12 图

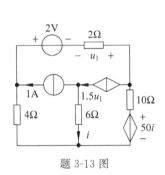

题 3-13 图

3-14 用网孔法求题 3-14 图所示电路中的各支路电流。

3-15 电路如题 3-15 图所示，用网孔法求各电源的功率。

3-16 试用网孔法求题 3-16 图所示电路中的 U 和 I。

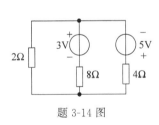

题 3-14 图

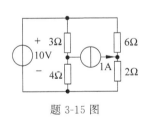

题 3-15 图

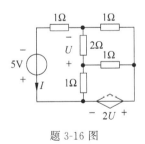

题 3-16 图

3-17 已知某电路的网孔法方程为

$$\begin{bmatrix} 1.7 & -0.5 & -0.2 \\ 1.5 & 2 & -8 \\ -2.2 & -1 & 3.4 \end{bmatrix} \begin{bmatrix} i_{m_1} \\ i_{m_2} \\ i_{m_3} \end{bmatrix} = \begin{bmatrix} 10 \\ 0 \\ 0 \end{bmatrix}$$

试构造与之对应的电路。

3-18 求题 3-18 图所示电路中的电流 i。

3-19 试求题 3-19 图所示电路中 2V 电压源及 2A 电流源的功率。

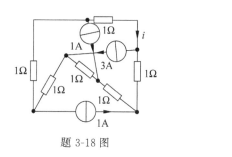

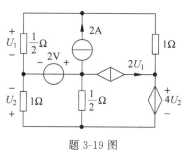

题 3-18 图　　　　　　　题 3-19 图

3-20 电路如题 3-20 图所示，求电流 I_1。

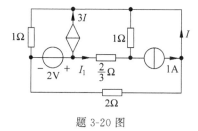

题 3-20 图

第 4 章

CHAPTER 4

电路分析方法之三——运用电路定理法

本章提要

电路定理也称为网络定理,它是电路理论的一个非常重要的内容。本章介绍几个重要的电路定理,包括叠加定理、替代定理、戴维南定理及诺顿定理、特勒根定理、互易定理、最大功率传输定理和中分定理。

电路定理是关于电路基本性质的一些结论,是网络特性的概括和总结。学习电路定理,不仅可加深对电路内在规律性的理解和认识,而且能把这些定理直接用于求解电路以及一些结论的证明。因此,和等效变换法、电路方程法一样,应用电路定理求解电路是又一类基本的电路分析方法。

对于电路定理的学习,一方面要把握定理的内容,深刻理解其内涵,另一方面要注意定理的适用条件和范围。许多电路问题的研究需要联合应用几个定理加以分析,因此要注意掌握综合运用网络定理解决问题的方法。

4.1 叠加定理

线性电路最基本的性质是叠加性,叠加定理就是这一性质的概括与体现。

一、线性电路叠加性的示例

图 4-1 所示是一个含有两个独立电源的电路,为求 R_2 支路的电流 I_2,列写电路的节点法方程为

$$\left(\frac{1}{R_1}+\frac{1}{R_2}+\frac{1}{R_3}\right)\varphi = \frac{E_s}{R_1}+I_s$$

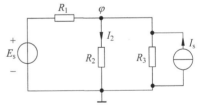

图 4-1 电路叠加性的示例用图

解之,得

$$\varphi = \frac{R_2 R_3}{R_1 R_2 + R_2 R_3 + R_3 R_1}E_s + \frac{R_1 R_2 R_3}{R_1 R_2 + R_2 R_3 + R_3 R_1}I_s$$

于是求得 I_2 为

$$I_2 = \frac{\varphi}{R_2} = \frac{R_3}{R_1 R_2 + R_2 R_3 + R_3 R_1}E_s + \frac{R_1 R_3}{R_1 R_2 + R_2 R_3 + R_3 R_1}I_s$$

由上述结果可见,I_2 由两个分量组成,一个分量与电压源 E_s 有关,另一个分量与电流源 I_s 有关。下面让每一个电源单独作用于电路,即一个电源作用于电路时,另一个电源被置零。电流源置零时,因电流为零,因此应代之以开路,于是电压源单独作用时的电路如图 4-2(a)

所示。电压源置零时,因电压为零,因此应代之以短路线,于是电流源单独作用时的电路如图 4-2(b)所示。

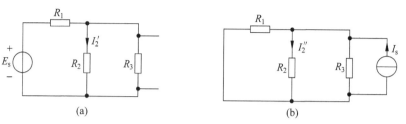

图 4-2 图 4-1 电路中各电源单独作用时的电路

由图 4-2(a)所示电路求得 R_2 支路的电流为

$$I'_2 = \frac{R_3}{R_1 R_2 + R_2 R_3 + R_3 R_1} E_s$$

由图 4-2(b)所示电路求得 R_2 支路的电流为

$$I''_2 = \frac{R_1 R_3}{R_1 R_2 + R_2 R_3 + R_3 R_1} I_s$$

将这两个电流相加,可得

$$I'_2 + I''_2 = \frac{R_3}{R_1 R_2 + R_2 R_3 + R_3 R_1} E_s + \frac{R_1 R_3}{R_1 R_2 + R_2 R_3 + R_3 R_1} I_s = I_2$$

由此可见,图 4-1 所示电路中 R_2 支路中的电流就是各电源分别单独作用于电路时在 R_2 支路产生的电流的叠加,这一现象和结果称为线性电路的叠加性。对电路中任一支路的电压和电流均有相同的结论。线性电路的这一性质可用叠加定理予以表述。

二、叠加定理的内容

叠加定理可陈述为:在任一具有唯一解的线性电路中,任一支路的电流或电压为每一独立电源单独作用于网络时(在该支路)所产生的电流或电压的叠加(代数和)。该定理的数学表达式为

$$y = K_1 x_1 + K_2 x_2 + \cdots + K_n x_n$$

式中,y 为电路响应,x_i 为电路激励。这表明电路响应为各激励的加权和。

三、叠加定理的证明

对于有 n 个独立节点的任一线性电路,其节点电压方程为

$$\begin{cases} G_{11} U_1 + G_{12} U_2 + \cdots + G_{1k} U_k + \cdots + G_{1n} U_n = I_{s1} \\ G_{21} U_1 + G_{22} U_2 + \cdots + G_{2k} U_k + \cdots + G_{2n} U_n = I_{s2} \\ \quad \vdots \\ G_{k1} U_1 + G_{k2} U_2 + \cdots + G_{kk} U_k + \cdots + G_{kn} U_n = I_{sk} \\ \quad \vdots \\ G_{n1} U_1 + G_{n2} U_2 + \cdots + G_{nk} U_k + \cdots + G_{nn} U_n = I_{sn} \end{cases}$$

应用克莱姆法则,可解出节点 k 的电压为

$$U_k = \frac{\Delta_{1k}}{\Delta} I_{s1} + \frac{\Delta_{2k}}{\Delta} I_{s2} + \cdots + \frac{\Delta_{kk}}{\Delta} I_{sk} + \cdots + \frac{\Delta_{nk}}{\Delta} I_{sn}$$

对于线性电路,上式中的 Δ 及 Δ_{kk} 都是常数。

$$k=1,2,\cdots,n$$

由于支路电压是有关节点电压的代数和,因而任一支路 l 的支路电压 U_l 都可写成如下形式:

$$U_l = \gamma_{1l} I_{s1} + \gamma_{2l} I_{s2} + \cdots + \gamma_{nl} I_{sn}$$

又由于任一节点的等值电流源是该节点上各支路电流源(包括由电压源经等效变换而得到的电流源)的代数和,因而可将上式中各节点电流源写成各支路电流源的组合,并按各支路电流源分项整理合并,最后得出在网络中所有 q 个电流源 $i_{sj}(j=1,2,\cdots,q)$ 共同作用下任一支路电压 U_l 的解为

$$U_l = \gamma'_{1l} i_{s1} + \gamma'_{2l} i_{s2} + \cdots + \gamma'_{ql} i_{sq} \tag{4-1}$$

该式清楚地表明了线性电路的叠加性,即电路的响应是电路各激励的"加权和"。当电路中仅有 i_{s1} 作用时(除 i_{s1} 外其余的电源均等于零,式(4-1)成为 $U_{l1}=\gamma'_{1l} i_{s1}$,仅有 i_{s2} 作用时,有 $U_{l2}=\gamma'_{2l} i_{s2}$,…因此,当 i_{s1},i_{s2},…,i_{sq} 共同作用时,由式(4-1)可得

$$U_l = U_{l1} + U_{l2} + \cdots + U_{lq}$$

这就是叠加定理的数学表达式。对于支路电流可得到类似的结果。

四、关于叠加定理的说明

(1) 叠加定理只适用于线性电路,对非线性电路,叠加定理不成立。

(2) 可将叠加定理直接用于电路的求解,在求解时是将多电源的电路转化为单电源的电路进行计算,而单电源电路常常是较简单的电路,这就使分析工作得以简化。

(3) 应用叠加定理解题时,需将某个或某几个电源置零。将电源置零的方法是:若置电压源为零,则用短路代替;若置电流源为零,则用开路代替。

(4) 运用叠加定理时,在单一电源作用的电路中,非电源支路应全部予以保留,且元件参数不变。受控电源既可视为独立电源,让其单独作用于电路(见例 4-3),也可视为非电源元件,在每一独立电源单独作用时均保留于电路之中。通常采用后一种处理方法。

(5) 运用叠加定理时,功率的计算与电压、电流的计算有所不同,即计算单一元件(包括电阻元件和电源元件)的功率时不可采用叠加的办法。例如,电阻元件的电流为 $I_R = I_{R1} + I_{R2}$,其消耗的功率为

$$P_R = I_R^2 R = (I_{R1} + I_{R2})^2 R$$

显然有

$$P_R \neq I_{R1}^2 R + I_{R2}^2 R$$

这表明电阻元件的功率不等于各电流分量或电压分量所产生功率的叠加。

(6) 叠加定理体现的是线性电路的齐次性和可加性。所谓齐次性是指单一电源作用的电路中的响应随电源函数的增加而成比例增加;而可加性是指多电源作用的电路的响应为各电源单独作用时的响应之和。

五、运用叠加定理求解电路的步骤

(1) 在电路中标明待求支路电流和电压的参考方向。

(2) 作出单一电源作用的电路,在这一电路中也应标明待求支路电流和电压的参考方向。为避免出错,每一支路电流、电压的正向最好与原电路中相应支路电流、电压的正向保

持一致。

若电路中有多个（两个以上）电源，可根据电路特点将这些电源分成若干组，再令各组电源单独作用于电路。

(3) 计算各单一电源作用的电路。

(4) 将各单一电源作用的电路算出的各电流、电压分量进行叠加，求出原电路中待求的电流和电压。

六、运用叠加定理求解电路示例

1. 不含受控源的网络

例 4-1 试用叠加定理求图 4-3(a)所示电路中的各支路电流及两电源的功率。

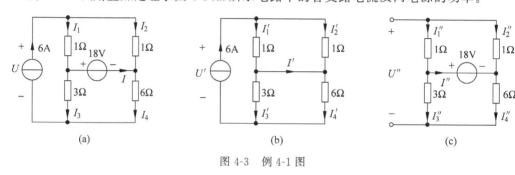

图 4-3 例 4-1 图

解 (1) 标出各支路电流及电流源端电压的参考方向如图 4-3(a)所示。

(2) 令电流源单独作用于电路，此时将电压源置零，用短路代替，所得电路如图 4-3(b)所示。根据电阻的串并联规则，可求得

$$I_1' = 6 \times \frac{1}{1+1} = 3\text{A}, \quad I_2' = 3\text{A}, \quad I_3' = 6 \times \frac{6}{3+6} = 4\text{A},$$

$$I_4' = 2\text{A}, \quad I' = I_1' - I_3' = -1\text{A}, \quad U' = I_1' + 3I_3' = 3 + 12 = 15\text{V}$$

(3) 令电压源单独作用于电路，此时将电流源置零，用开路代替，所得电路如图 4-3(c)所示，可求出

$$I_1'' = \frac{-18}{1+1} = -9\text{A}, \quad I_2'' = -I_1'' = 9\text{A}$$

$$I_3'' = \frac{18}{3+6} = 2\text{A}, \quad I_4'' = -I_3'' = -2\text{A}$$

$$I'' = I_1'' - I_3'' = -11\text{A}$$

$$U'' = I_1'' + 3I_3'' = -9 + 6 = -3\text{V}$$

(4) 将各分量进行叠加，求出原电路中各电流、电压为

$$I_1 = I_1' + I_1'' = 3 - 9 = -6\text{A}$$

$$I_2 = I_2' + I_2'' = 3 + 9 = 12\text{A}$$

$$I_3 = I_3' + I_3'' = 4 + 2 = 6\text{A}$$

$$I_4 = I_4' + I_4'' = 2 - 2 = 0\text{A}$$

$$I = I' + I'' = -1 - 11 = -12\text{A}$$

$$U = U' + U'' = 15 - 3 = 12\text{V}$$

两电源的功率为

电流源功率：$P_I = -6U = -6 \times 12 = -72\text{W}$

电压源功率：$P_E = 18I = 18 \times (-12) = -216\text{W}$

2. 含受控源的网络

运用叠加定理求解含受控源的电路时,对受控源有两种处理方法。

(1) 把受控源和电阻元件同样看待,在每一独立电源单独作用于电路时,受控源均予以保留。这是常用的处理方法。

例 4-2 用叠加定理求图 4-4(a)所示电路中的各支路电流。

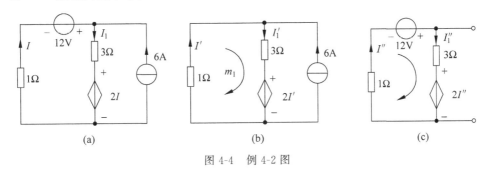

图 4-4 例 4-2 图

解 在每一独立电源单独作用时,受控源均应保留在电路中。

① 电流源单独作用的电路如图 4-4(b)所示。注意对受控源控制量的处理方法,由于此时受控电压源控制支路中的电流是 I',故受控源的控制量亦相应为 I',且正向应和原电路保持一致。

对网孔 m_1 列 KVL 方程为
$$I' + 3I'_1 + 2I' = 0$$

又列 KCL 方程为
$$I'_1 = 6 + I'$$

联立上面两式,解得
$$I' = -3\text{A}, \quad I'_1 = 3\text{A}$$

② 电压源单独作用的电路如图 4-4(c)所示,注意此时受控源的控制量为 I''。不难求得
$$I''_1 = I'' = 2\text{A}$$

③ 将各电流分量叠加,求出原电路中各支路电流为
$$I = I' + I'' = -3 + 2 = -1\text{A}$$
$$I_1 = I'_1 + I''_1 = 3 + 2 = 5\text{A}$$

(2) 在叠加时把受控源也当作独立电源(即将控制量视为已知量),让其单独作用于电路参与叠加。

例 4-3 采用将受控源视为独立电源的做法,运用叠加定理重解例 4-2。

解 ① 电流源单独作用时的电路如图 4-5(a)所示,求得
$$I_1^{(1)} = 6 \times \frac{1}{3+1} = 1.5\text{A}, \quad I^{(1)} = -6 \times \frac{3}{4} = -4.5\text{A}$$

② 独立电压源单独作用时的电路如图 4-5(b)所示,求得
$$I_2^{(2)} = I_1^{(2)} = \frac{12}{1+3} = 3\text{A}$$

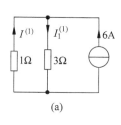 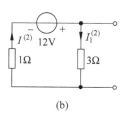 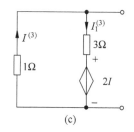

图 4-5　例 4-3 图

③ 受控源单独作用时的电路如图 4-5(c)所示。需指出的是应"完全"把受控源看作独立电源,将它的输出当作已知的,因此 $I^{(3)}$ 并不是它的控制量,这种处理方法和例 4-2 中的做法是不同的,请加以比较。可求得

$$I^{(3)} = I_1^{(3)} = \frac{-2I}{1+3} = -0.5I$$

④ 将各分量进行叠加得

$$I = I^{(1)} + I^{(2)} + I^{(3)} = -4.5 + 3 - 0.5I = -1.5 - 0.5I$$

则

$$I = -1\text{A}$$

$$I_1 = I_1^{(1)} + I_1^{(2)} + I_1^{(3)} = 1.5 + 3 - 0.5I = 5\text{A}$$

所得结果与上例完全一样。

由解题过程可见,尽管受控源单独作用时不能求出各支路电流的具体数值,但这并不妨碍最后结果的求得。

例 4-4　电路如图 4-6 所示,N 为线性含源网络。已知 $U_s = 6\text{V}$ 时,电阻 R 的端电压 $U = 4\text{V}$；当 $U_s = 10\text{V}$ 时,$U = -8\text{V}$。求当 $U_s = 2\text{V}$ 时,电压 U 的值。

解　由线性电路的齐次性和可加性,有下式成立:

$$U = KU_s + U_N$$

式中 K 为常数,KU_s 为电压源 U_s 单独作用时所产生的电压分量,U_N 为 N 中的独立电源作用时(U_s 置零)所产生的电压分量。根据题意可得

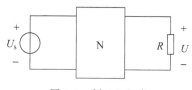

图 4-6　例 4-4 电路

$$\begin{cases} 4 = K \times 6 + U_N \\ -8 = K \times 10 + U_N \end{cases}$$

解之,得

$$K = -3, \quad U_N = 22\text{V}$$

于是求得 $U_s = 2\text{V}$ 时 U 的值为

$$U = -3 \times 2 + 22 = 16\text{V}$$

七、线性电路中的线性关系

根据叠加定理,当电路中有 p 个独立电压源和 q 个独立电流源时,k 支路电压的表达式可写为

$$u_k = a_1 u_{s1} + a_2 u_{s2} + \cdots + a_p u_{sk} + b_1 i_{s1} + b_2 i_{s2} + \cdots + b_q i_{sq} \tag{4-2}$$

若电路中仅有一个电压源 u_{sj} 发生变动时,则在上式中除 $a_j u_{sj}$ 这一项外,其他各项均不会变化,于是可将其合记为一项 A_k,这样式(4-2)可表示为

$$u_k = A_k + a_j u_{sj} \tag{4-3}$$

同样地,对电路中的 l 支路,可得

$$u_l = A_l + a_l u_{sj} \tag{4-4}$$

由上式解出 u_{sj},有

$$u_{sj} = \frac{u_l - A_l}{a_l}$$

将上式代入式(4-3),得

$$u_k = A_k + a_j \frac{u_l - A_l}{a_l} = c_k + d_k u_l \tag{4-5}$$

式中 c_k 和 d_k 均为常数,其中

$$c_k = A_k - \frac{a_j A_l}{a_l}, \quad d_k = \frac{a_j}{a_l}$$

式(4-5)清楚地表明,当线性电路中某个独立电压源发生变化时,任意两支路的电压变化满足线性关系。类似地可以容易地证明当电路中的某个电压源变化时,任意两条支路的电流间存在线性关系,以及一条支路的电压和另一条支路的电流间亦是线性关系,可用式子表示为

$$i_k = K_1 + K_2 i_l \tag{4-6}$$

和

$$u_k = K_3 + K_4 i_l \tag{4-7}$$

式中 K_1、K_2 和 K_3、K_4 均为常数。

综上所述,可以得出结论:当电路中的某个电源(电压源或电流源)发生变化时,任意两条支路的电量(电压或电流)间满足线性关系,即有下式成立:

$$y = m + nx \tag{4-8}$$

其中 y 为某支路的电压或电流,x 为另一支路的电压或电流;m 和 n 为与电路的结构、元件参数和激励有关的常数。这一结论称为线性电路中的线性关系。

例 4-5 在图 4-7 所示电路中,N 为线性含源直流网络,其中 u_s 为输出可调的直流电压源。已知当 $u_s = U_{s1}$ 时,$u_1 = 2\text{V}$,$i_2 = 3\text{A}$;当 $u_s = U_{s2}$ 时,$u_1 = 6\text{V}$,$i_2 = 5\text{A}$。若调节 u_s 使得 $u_1 = 3\text{V}$,求 i_2 为多少。

解 由电路中的线性关系,有

$$i_2 = m + n u_1$$

由题给条件,可得下述方程组:

$$\begin{cases} 3 = m + n \times 2 \\ 5 = m + n \times 6 \end{cases}$$

求得两个系数为

$$m = 2, \quad n = 0.5$$

于是当 $u_1 = 3\text{V}$ 时,电流 i_2 为

$$i_2 = 2 + 0.5 \times 3 = 3.5\text{A}$$

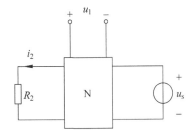

图 4-7 例 4-5 电路

练习题

4-1 用叠加定理求图 4-8 所示电路中的电压 U 和电流 I。

4-2 用叠加定理求图 4-9 所示电路中的电流 I 及电流源的功率。

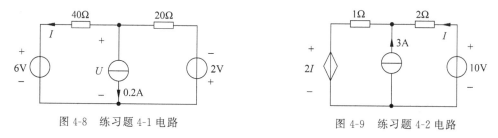

图 4-8 练习题 4-1 电路 　　　　　图 4-9 练习题 4-2 电路

4.2 替代定理

一、替代定理的内容

替代定理可陈述为：在任意一个电路中，若某支路 k 的电压为 u_k，电流为 i_k，且该支路与其他支路之间不存在耦合，则该支路

（1）可用一个电压为 u_k 的独立电压源替代。

（2）也可用一个电流为 i_k 的独立电流源替代。

只要原电路及替代后的电路均有唯一解，则两者的解相同。

二、替代定理的证明

定理中的第一条可证明如下：

图 4-10(a)所示电路的 AB 支路的端电压为 u_k，在该支路中串入两个电压均为 u_k、但极性相反的独立电压源，如图 4-10(b)所示。显然这两个电压源的接入并不影响整个电路的工作状态，即 A、B 间的电压仍为 u_k，k 元件的端电压也仍为 u_k。在图 4-10(c)中，A、C 两点间的电压为零，因此可用一根短路线把这两点连接起来。这样，图 4-10(d)网络和图 4-10(c)网络是等效的，此时，原电路中 AB 支路的 k 元件已被替换为一个独立电压源。于是定理的第一条得以证明，定理的第二条亦可用类似的方法予以证明，读者可自行分析。

下面通过一实例验证替代定理的正确性。

在图 4-11(a)所示电路中，若把虚线框内的部分视为一条支路，可求出该支路的电压、电流为

$$I_2 = \frac{E_1 - E_2}{R_1 + R_2} = \frac{-12}{6} = -2\text{A}$$

$$U_2 = R_2 I_2 + E_2 = -8 + 16 = 8\text{V}$$

R_1 的端电压及电流为

$$U_1 = R_1 I_1 = -4\text{V}, \quad I_1 = I_2 = -2\text{A}$$

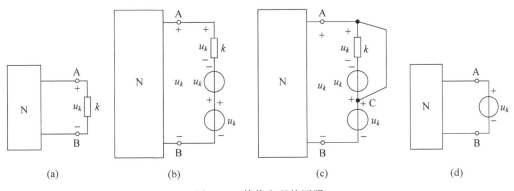

图 4-10 替代定理的证明

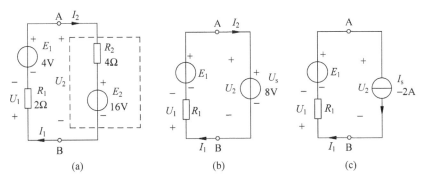

图 4-11 验证替代定理用图

(1) 将虚线框内的部分用电压为 $U_s=8\text{V}$ 的电压源替代,如图 4-11(b)所示,求得

$$I_1 = \frac{E_1 - U_1}{R_1} = \frac{4-8}{2} = -2\text{A}$$

$$U_1 = R_1 I_1 = -4\text{V}, \quad U_2 = U_s = 8\text{V}$$

和替代前的结果完全相同。

(2) 将虚线框内的部分用 $I_s=-2\text{A}$ 的电流源替代,如图 4-11(c)所示,求得

$$I_1 = -2\text{A}, \quad U_1 = R_1 I_1 = -4\text{V}$$

$$U_2 = E_1 - U_1 = 4-(-4) = 8\text{V}$$

和替代前的结果亦完全相同。

三、关于替代定理的说明

(1) 在替代定理的证明中并未涉及电路元件的特性,因此替代定理对线性、非线性、时变和时不变电路都是适用的。

(2) 替代定理的应用必须满足两个前提条件:

① 原电路及替代后的电路均应有唯一解,即电路每一支路中的电压、电流均有唯一确定的数值,否则不能应用替代定理。如图 4-12(a)所示的电路,它显然有唯一解,将 1Ω 电阻用 1V 的电压源替代后的电路如图 4-12(b)所示,这一电路也有唯一解,故这种替代是正确的。但若将 1Ω 电阻用 1A 的电流源替代,如图 4-12(c)所示,则替代后的电路中 U 是不确

定的值,即这一电路没有唯一解,因此这种替代是不正确的。

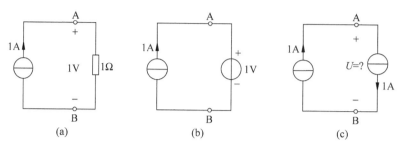

图 4-12 替代前、后的电路必须有唯一解的说明用图

② 被替代的支路与电路的其他部分应无耦合关系。

例 4-6 电路如图 4-13 所示,其中 N 为含源电阻性网络,R 为可调电阻。已知当 $R=R_1$ 时,$I_1=4\text{A}$,$I_2=1\text{A}$;当 $R=R_2$ 时,$I_1=-2\text{A}$,$I_2=3\text{A}$。求当调节 R 使得 $I_2=-1\text{A}$ 时 I_1 的值。

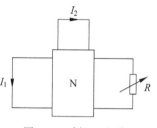

图 4-13 例 4-6 电路

解 此题所讨论的是电路中某条支路的元件参数发生变化时,电路中任意两条支路上电量之间的关系。根据替代定理,任一电阻支路可用电压源或电流源替代。于是电阻参数的变化就等价于电源输出的变化,因此当某电阻元件的参数变化时,任意两条支路上电量之间亦应满足线性关系,即有

$$I_1 = K_1 + K_2 I_2$$

这样,由题给条件,可得到下述关系式

$$\begin{cases} 4 = K_1 + K_2 \times 1 \\ -2 = K_1 + K_2 \times 3 \end{cases}$$

解之,可得

$$K_1 = 7, \quad K_2 = -3$$

于是,当 $I_2 = -1\text{A}$ 时,有

$$I_1 = K_1 + K_2 I_2 = 7 + (-3) \times (-1) = 10\text{A}$$

4.3 戴维南定理和诺顿定理

戴维南定理和诺顿定理又称为等效电源定理。在电路分析中,它是电路等效变换的一个非常重要的定理。它的重要性在于应用这一定理能简化一个复杂的线性含源二端网络。

一、等效电源定理的内容

1. 戴维南定理

戴维南定理可陈述为:一个线性含源二端网络 N,如图 4-14(a)所示,就其对负载电路的作用而言,可以用一个电压源和对应的无源网络相串联的电路与之等效,如图 4-14(b)所示,这一等效电路称为戴维南等效电路(也简称为戴维南电路)。等效电路中电压源的电压

等于网络 N 的端口开路电压 u_{oc}，无源网络 N_0 为将网络 N 中所有独立电源(包括储能元件的初始储能所对应的电压源和电流源)置零后所得到的网络(这种网络又称为松弛网络)。在 N 为线性含源电阻网络的情况下，N_0 可简化为一个等效电阻 R_0，R_0 也称为戴维南等效电阻。此时戴维南等效电路为一个电压源与电阻的串联电路，如图 4-14(c)所示。

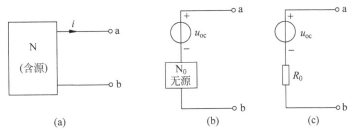

图 4-14 戴维南等效电路

2. 诺顿定理

诺顿定理可陈述为：一个线性含源二端网络 N，如图 4-15(a)所示，就其对负载电路的作用而言，可以用一个电流源与对应的无源网络相并联的电路等效，如图 4-15(b)所示，这一等效电路称为诺顿等效电路(也简称为诺顿电路)。电流源的电流等于网络 N 端口短路电流 i_{sc}，无源网络 N_0 与戴维南等效电路中 N_0 的含义相同。在 N 为线性含源电阻网络的情况下，诺顿等效电路如图 4-15(c)所示。

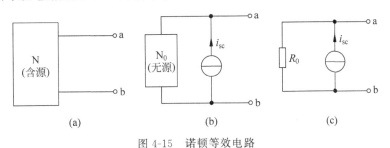

图 4-15 诺顿等效电路

二、戴维南定理的证明

设线性含源网络 N 与任意外部网络 N′相接，如图 4-16(a)所示，整个网络应有唯一解。设端口电流为 i，根据替代定理，N′可用一个电流为 i 的电流源替代，如图 4-16(b)所示。又按叠加定理，图 4-16(b)网络可视为图 4-16(c)中两个网络的叠加。其中一个是 N 中所有独立电源单独作用的网络，这一网络的 ab 端口显然处于开路的状态下，此时 ab 端口的开路电压为 u_{oc}。另一网络为电流源 i 单独作用的网络，其中 N_0 为 N 中所有独立电源置零后得到的松弛网络。

根据图 4-16(b)、(c)，可知图 4-16(b)中 ab 端口的电压为

$$u = u_{oc} + u'$$

按上式，图 4-16(b)网络与图 4-16(d)所示网络等效。将电流源 i 重新还原为外部网络 N′，如图 4-16(e)所示，与原网络图 4-16(a)比较，可知虚线框内的部分便是 N 的等效电路，于是戴维南定理得证。

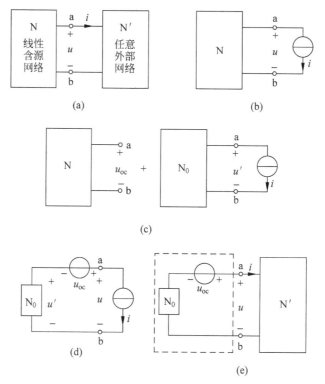

图 4-16 戴维南定理的证明

诺顿定理的证明与戴维南定理的证明相仿,读者可自行证明。

三、关于等效电源定理的说明

(1) 在戴维南定理(以及诺顿定理)的证明中,在运用替代定理后用到了叠加定理。因此,等效电源定理要求被变换的二端网络必须是线性的。但对图 4-16(a)中的外部网络 N′则无此限制,它可以是线性的,也可以是非线性的。因此,可将非线性电路中的线性部分用戴维南电路或诺顿电路等效,从而简化分析工作。

(2) 在应用等效电源定理时,必须注意线性含源网络 N 和外部网络 N′之间不可存在耦合关系,譬如 N 中受控源的控制支路不可在 N′中,同样 N′中受控源的控制支路也不可在 N 中。否则,必须按第 2 章中介绍的方法先进行控制量的转移,而后才可用等效电源定理。

(3) 戴维南电路中的开路电压 u_{oc} 是指将含源网络 N 和外部网络 N′断开后,N 的端口电压,如图 4-17(a)所示;诺顿电路中的短路电流 i_{sc} 是指将 N 和 N′断开,N 的端口被短路后,在短路线中通过的电流,如图 4-17(b)所示。

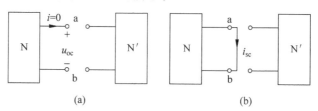

图 4-17 等效电源电路中的开路电压和短路电流

（4）必须注意戴维南电路中电压源的极性以及诺顿电路中电流源的正向与端钮的对应关系，如图 4-18 所示，不能搞错。

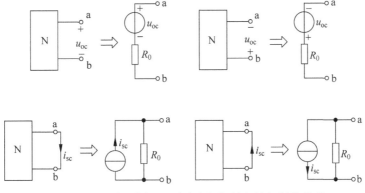

图 4-18　戴维南（诺顿）电路中电源极性与端钮间的关系

（5）在电路分析中，等效电源定理是应用极为广泛的一个定理，也特别便于求电路中某条支路或一部分电路中的电量。

四、戴维南电路和诺顿电路的互换

一个线性含源电路既有戴维南等效电路，也有诺顿等效电路。因此同一电路的两种等效电路必然也是相互等效的。根据电源的等效变换，可以从戴维南电路导出诺顿电路，反之亦然，如图 4-19 所示。

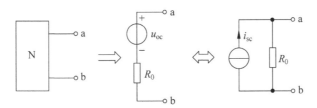

图 4-19　戴维南电路和诺顿电路的等效互换

不难得出同一电路的两种等效电路参数间的关系为

$$R_0 = \frac{u_{oc}}{i_{sc}} \tag{4-9}$$

由此可见，只要知道了三个参数中的任意两个，便可导出另一个参数。譬如求一个网络的戴维南电路时，若短路电流 i_{sc} 比开路电压 u_{oc} 更易求出，则可先求得 i_{sc} 后，再根据 $u_{oc} = R_0 i_{sc}$ 求得开路电压。

五、求戴维南电路和诺顿电路的方法

1. 不含受控源的网络

例 4-7　求图 4-20(a)所示电路的戴维南电路和诺顿电路。

解　（1）求戴维南电路

① 求开路电压 U_{oc}。求开路电压时，可采用求解电路的各种分析方法。本例电路用等

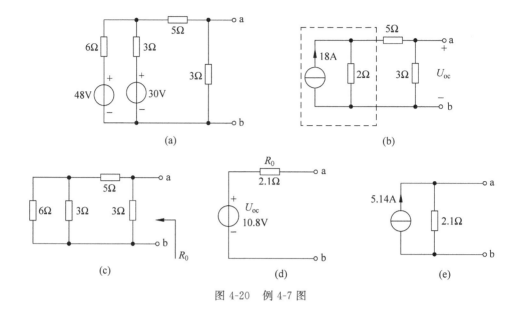

图 4-20 例 4-7 图

效变换的方法解。将图 4-20(a)所示电路中的两条并联的电压源支路用图 4-20(b)中虚线框内的电流源支路等效。显然开路电压是 3Ω 电阻两端的电压,注意 3Ω 电阻和 5Ω 电阻是串联,于是可得

$$U_{oc} = 3I = 3 \times \left(18 \times \frac{2}{2+8}\right) = 10.8\text{V}$$

② 求等效电阻 R_0。R_0 是将网络中所有的独立电源置零后的无源网络从端口看进去的等效电阻,如图 4-20(c)所示。可得到

$$R_0 = (3 \mathbin{/\mkern-6mu/} 6 + 5) \mathbin{/\mkern-6mu/} 3 = 2.1\Omega$$

③ 构成戴维南等效电路。做出戴维南电路如图 4-20(d)所示。

(2) 做出诺顿等效电路

因已求得戴维南电路,可由此导出诺顿电路,而不必再由原电路求短路电流。由式(4-9),有

$$I_{sc} = \frac{U_{oc}}{R_0} = \frac{10.8}{2.1} = 5.14\text{A}$$

做出诺顿电路如图 4-20(e)所示。

在实际中,求戴维南(或诺顿)电路时,可以采用电源等效变换法来进行。比如将例 4-7 的电路作电源的等效变换,最后得到的等效电路与戴维南电路完全相同,如图 4-21 所示。但这种方法与用戴维南定理求等效电路是两种不同的方法,且有一定的局限性,读者可予以比较。

2. 含受控源的网络

无论电路是否含有受控源,求取开路电压或短路电流的方法是没有什么区别的,但两种电路的等效电阻 R_0 的求法却不相同。求含受控源电路的 R_0 时,不可简单地采用将独立电源置零的做法,而应采取下面两种方法:

(1) 求出开路电压 u_{oc} 和短路电流 i_{sc} 后,再用公式 $R_0 = u_{oc}/i_{sc}$ 求得 R_0。

(2) 将电路内的全部独立电源置零,但受控源均予保留,在端口施加一独立电压源 E

第4章 电路分析方法之三——运用电路定理法

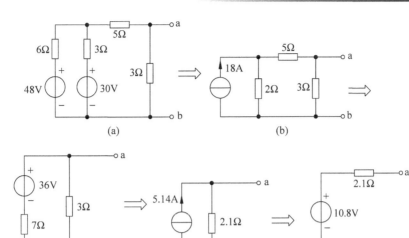

图 4-21 例 4-7 电路的等效变换

(给出或不给出 E 的具体数值均可)求出端口电流 I,如图 4-22 所示,则

$$R_0 = E/I$$

应注意上式是与图 4-22 中 E 和 I 的参考方向对应的。若 I 的参考方向与图中相反,则 $R_0 = -E/I$,即公式前面应冠一负号。

例 4-8 如图 4-23(a)所示电路,试求其戴维南等效电路。

解 (1)求开路电压 U_{oc}。对图 4-23(a)中所示的回路列 KVL 方程

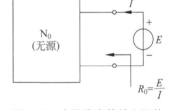

图 4-22 求戴维南等效电阻的一种方法

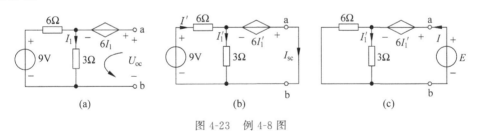

图 4-23 例 4-8 图

$$U_{oc} = 6I_1 + 3I_1 = 9I_1$$

电路中 3Ω 和 6Ω 的电阻为串联,可得

$$I_1 = \frac{9}{3+6} = 1\text{A}$$

则

$$U_{oc} = 9I_1 = 9\text{V}$$

(2)求等效电阻 R_0。用两种方法求 R_0。

① 用公式 $R_0 = \dfrac{U_{oc}}{I_{sc}}$。将 ab 端口短路,所得电路如图 4-23(b)所示。对图示中含受控源的网孔列 KVL 方程

$$6I'_1 + 3I'_1 = 0$$
$$I'_1 = 0$$

则
$$I_{sc} = I' = \frac{9}{6} = 1.5\text{A}$$

于是等效电阻 R_0 为
$$R_0 = \frac{U_{oc}}{I_{sc}} = \frac{9}{1.5} = 6\Omega$$

② 将原电路中的独立电源置零,受控源予以保留,在端口加电压源 E,所得电路如图 4-23(c)所示,不难求得
$$I = E/6$$
$$R_0 = E/I = 6\Omega$$

六、用等效电源定理求解电路的方法和步骤

(1) 将需求解的支路视为外部电路。
(2) 将待求支路与原电路分离;求除待求支路之外电路的戴维南电路或诺顿电路。
(3) 将待求支路与戴维南(或诺顿)电路相连,求出待求量。

例 4-9 试用戴维南定理求图 4-24(a)所示电路中的电压 U。

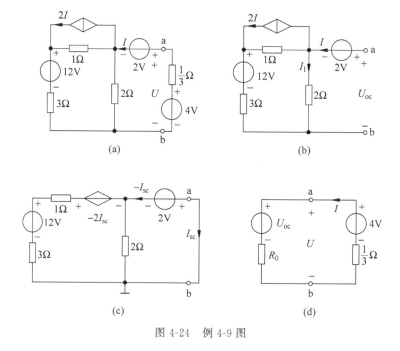

图 4-24 例 4-9 图

解 (1) 将待求支路(4V 电源与 $\frac{1}{3}\Omega$ 电阻的串联支路)与电路分离。

(2) 由图 4-24(b)所示电路求开路电压 U_{oc},不难得到
$$U_{oc} = 2 + 2I_1$$

注意此时 $I=0$，故受控源输出为零。

$$U_{oc} = 2 + 2 \times \frac{12}{3+1+2} = 6\text{V}$$

由图 4-24(c)所示电路求短路电流 I_{sc}。列出节点方程为

$$\left(\frac{1}{4} + \frac{1}{2}\right) \times (-2) = \frac{12 + 2I_{sc}}{4} - I_{sc}$$

解之，得

$$I_{sc} = 9\text{A}$$

则戴维南等效电阻为

$$R_0 = \frac{U_{oc}}{I_{sc}} = \frac{6}{9} = \frac{2}{3}\Omega$$

(3) 将戴维南等效电路与待求支路相连，如图 4-24(d)所示，则所求为

$$U = 4 - \frac{1}{3}I = 4 - \frac{1}{3} \times \frac{4-6}{1/3 + 2/3} = \frac{14}{3}\text{V}$$

例 4-10 在图 4-25(a)所示电路中，N 为含源电阻网络。开关 S 断开时测得 $U_{ab} = 13\text{V}$，S 闭合时测得电流 $I_{ab} = 3.9\text{A}$。求网络 N 的最简等效电路。

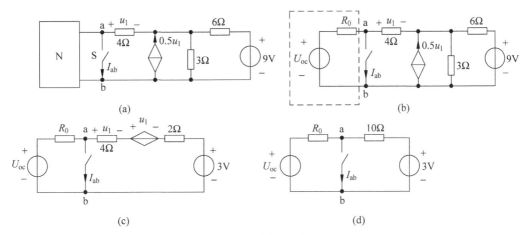

图 4-25　例 4-10 电路

解 由戴维南定理，含源电阻网络 N 可等效为一个戴维南电路，如图 4-25(b)中虚线框内的部分。为求得电压源电压 U_{oc} 和电阻 R_0，将图 4-25(b)所示电路中 a、b 端口右侧的部分进行等效变换，得图 4-25(c)所示电路。图 4-25(c)电路中受控电压源的输出电压为 u_1，与它串联的 4Ω 电阻的端电压也为 u_1，因此该受控源可等效为一个 4Ω 的电阻，于是可得图 4-25(d)所示电路。依题意得到下列方程组：

$$\begin{cases} \dfrac{3 - U_{oc}}{10 + R_0} R_0 + U_{oc} = U_{ab} = 13 \\ \dfrac{U_{oc}}{R_0} + \dfrac{3}{10} = I_{ab} = 3.9 \end{cases}$$

解之可得

$$U_{oc} = 18\text{V}, \quad R_0 = 5\Omega$$

七、关于含受控源电路的戴维南(或诺顿)等效电路的非唯一性

(1) 对于含有受控源的有源网络 N,在一定的情况下,其可能有多个不同的戴维南(诺顿)等效电路。当线性含源电路 N 与外部电路间不存在耦合,且电路有唯一解时,N 的戴维南(或诺顿)等效电路是唯一的。

(2) 若线性含源网络 N 与外部网络间存在耦合关系时,欲求 N 的戴维南电路,必须先消除 N 和外电路间的耦合。对含受控源的电路而言,去耦应通过控制量的转移来完成。当受控源的输出支路在外电路、控制支路在电路 N 中时,控制量转移后,N 的戴维南(或诺顿)电路仍是唯一的。但当受控源的输出支路在网络 N 中、而控制支路在外电路中时,由于可用不同的关系式转移,使得 N 的戴维南(或诺顿)电路不唯一。请看例 4-11。

例 4-11 试求图 4-26(a)所示电路中 N 的戴维南等效电路。

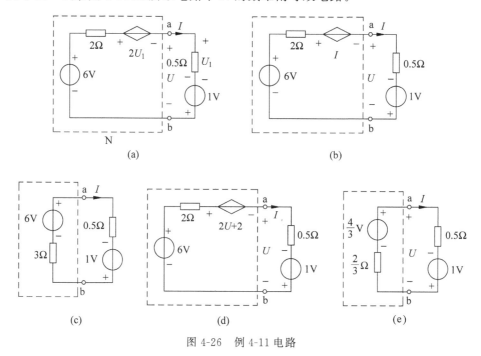

图 4-26 例 4-11 电路

解 N 中受控源的控制支路在外电路,必须进行去耦,即把位于外电路的控制量转移到 N 中,通常转移为端口电压或端口电流便可。

(1) 将控制量转移为端口电流 I。由于 $U_1 = \frac{1}{2}I$,故受控源输出为

$$2U_1 = 2 \times \frac{1}{2}I = I$$

控制量转移后的电路如图 4-26(b)所示。由此求得 N 的戴维南电路如图 4-26(c)所示。可求出电流 $I=2A$。

(2) 将控制量转移为端口电压 U。由于 $U=U_1-1$,有 $U_1=U+1$,故受控源的输出为

$$2U_1 = 2(U+1) = 2U+2$$

控制量转移后的电路如图 4-26(d)所示,由此求得 N 的戴维南电路如图 4-26(e)所示。亦可

求出 $I=2A$。

可见由两种不同的戴维南电路求出的 I 完全相同。

练习题

4-3 求图 4-27(a)、(b)所示两电路从 ab 端口看进去的戴维南等效电路。

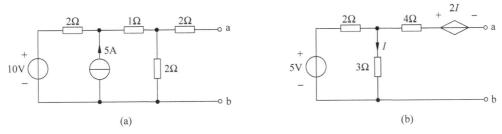

图 4-27 练习题 4-3 电路

4-4 用戴维南定理求图 4-28 所示电路中的电流 I。

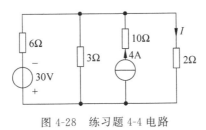

图 4-28 练习题 4-4 电路

4.4 特勒根定理

特勒根定理是基尔霍夫定律的直接结果。该定理体现为两种形式。

一、特勒根定理的内容

1. 特勒根定理的形式一

设网络 N 有 n 个节点，b 条支路，且每条支路的电压、电流为关联参考方向，则有

$$\sum_{j=1}^{b} u_j i_j = 0 \tag{4-10}$$

式(4-10)的矩阵形式为

$$\boldsymbol{U}_b^T \boldsymbol{I}_b = \boldsymbol{0} \tag{4-11}$$

或

$$\boldsymbol{I}_b^T \boldsymbol{U}_b = \boldsymbol{0} \tag{4-12}$$

式(4-10)～式(4-12)中，u_j、i_j 为电路中支路 j 的电压和电流；$\boldsymbol{U}_b$ 为支路电压列向量；$\boldsymbol{I}_b$ 为支路电流列向量。

于是，特勒根定理的第一种形式可陈述为：任一网络 N 中各条支路电压和电流乘积的代数和为零。式(4-10)～式(4-12)均是它的数学表达式。

2. 特勒根定理的形式二

设有两个网络 N 和 N̂，它们均有 b 条支路，n 个节点，每一支路中电压、电流为关联参考方向，且两者具有相同的拓扑结构（两个网络中相应支路与节点的连接关系相同，对应支路的编号顺序及参考方向完全一样），则特勒根定理指出：

$$\sum_{j=1}^{b} u_j \hat{i}_j = 0 \tag{4-13}$$

和

$$\sum_{j=1}^{b} \hat{u}_j i_j = 0 \tag{4-14}$$

上面两式的矩阵形式为

$$\boldsymbol{U}_b^\mathrm{T} \hat{\boldsymbol{I}}_b = \boldsymbol{0} \tag{4-15}$$

和

$$\hat{\boldsymbol{U}}_b^\mathrm{T} \boldsymbol{I}_b = \boldsymbol{0} \tag{4-16}$$

式中，u_j、i_j 为 N 中支路 j 的电压、电流，$\boldsymbol{U}_b$、$\boldsymbol{I}_b$ 为 N 的支路电压、支路电流列向量；$\hat{u}_j$、$\hat{i}_j$ 为 N̂ 中支路 j 的电压、电流，$\hat{\boldsymbol{U}}_b$、$\hat{\boldsymbol{I}}_b$ 为 N̂ 的支路电压、支路电流列向量。

于是，特勒根定理的第二种形式可叙述为：对两个具有相同拓扑结构的不同电路来说，一个电路中每一支路的电流与另一电路中对应支路的电压乘积之代数和为零。式(4-13)、式(4-14)或式(4-15)、式(4-16)为特勒根定理形式二的数学表达式。应特别注意，这些式子都是和每一支路的电压、电流为关联参考方向相对应的。

下面通过一实例说明特勒根定理形式二的正确性。

例 4-12 试根据图 4-29 中的两电路验证特勒根定理形式二的正确性。

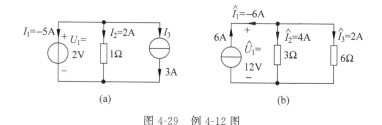

图 4-29 例 4-12 图

解 图 4-29(a)和(b)所示为两个不同的电路，但它们具有相同的拓扑结构，根据特勒根定理，有

$$\sum_{j=1}^{3} U_j \hat{I}_j = U_1 \hat{I}_1 + U_2 \hat{I}_2 + U_3 \hat{I}_3 = 2 \times (-6) + 2 \times 4 + 2 \times 2$$

$$= -12 + 8 + 4 = 0$$

$$\sum_{j=1}^{3} \hat{U}_j I_j = \hat{U}_1 I_1 + \hat{U}_2 I_2 + \hat{U}_3 I_3 = 12 \times (-5) + 12 \times 2 + 12 \times 3$$

$$= -60 + 24 + 36 = 0$$

于是便验证了特勒根定理形式二的正确性。

二、关于特勒根定理的说明

(1) 该定理与基尔霍夫定律一样,只决定于电路的拓扑结构,与电路元件的特性无关。因此这一定理对线性、非线性、时变和时不变电路都是适用的,是一条普遍适用的定理。

(2) 在式(4-10)中,乘积 $u_j i_j$ 是网络中支路 j 的功率,这表明特勒根定理的形式一体现了电路的功率守恒。

(3) 在式(4-13)和式(4-14)中,$u_j \hat{i}_j$ 和 $\hat{u}_j i_j$ 虽都是电压与电流的乘积,但每一乘积中的电压和电流却不是同一电路中的,因此这些乘积并不代表功率,无实际的意义,我们将它们称为"似功率"。特勒根定理的形式二也称为"似功率守恒定理"。

(4) 特勒根定理的形式二将电气上没有丝毫联系的两个电路中的电路变量联系起来了,不仅有趣,而且有着重要的实用价值。

例 4-13 图 4-30(a)、(b)两电路中的 N 是完全相同的仅含电阻的网络。已知图 4-30(a)中 $I_1=1\text{A}, I_2=2\text{A}$;图 4-20(b)中 $\hat{U}_1=4\text{V}$,求 $\hat{I}_2$ 的值。

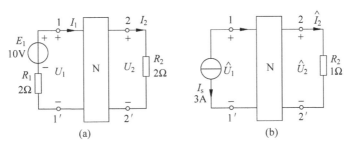

图 4-30 例 4-13 图

解 仅根据图 4-30(b)所示电路是无法求出 $\hat{I}_2$ 的。虽然图 4-30(a)、(b)是两个不同的电路,但显然两者的拓扑图相同,因此可利用似功率守恒定理求解。

对图 4-30(a)电路,将 E_1 和 R_1 的串联视为一条支路,求出其端电压为
$$U_1 = E_1 - R_1 I_1 = 10 - 2 \times 1 = 8\text{V}$$
根据似功率守恒定理,可写出下面的两个式子:

$$U_1 \hat{I}_s + U_2 \hat{I}_2 + \sum_N U_k \hat{I}_k = 0 \qquad (1)$$

$$-\hat{U}_1 I_1 + \hat{U}_2 I_2 + \sum_N \hat{U}_k I_k = 0 \qquad (2)$$

(2)式中第一项前冠一负号是因为图 4-30(a)中 I_1 和 $\hat{U}_1$ 为非关联参考方向。

因 N 是电阻网络,在图 4-30(a)电路中,N 中第 k 条支路上的电压为
$$U_k = R_k I_k$$
在图 4-30(b)电路中,N 中第 k 条支路上的电压为
$$\hat{U}_k = R_k \hat{I}_k$$
应注意 $U_k \neq \hat{U}_k$。因此有
$$\sum_N U_k \hat{I}_k = \sum_N R_k I_k \hat{I}_k$$

这表明
$$\sum_{N} \hat{U}_k I_k = \sum_{N} R_k \hat{I}_k I_k$$

$$\sum_{N} U_k \hat{I}_k = \sum_{N} \hat{U}_k I_k \quad (3)$$

根据(1)、(2)、(3)三式,有

$$U_1 I_s + R_2 I_2 \hat{I}_2 = -\hat{U}_1 I_1 + \hat{R}_2 I_2 \hat{I}_2$$

于是有

$$\hat{I}_2 = \frac{U_1 I_s + \hat{U}_1 I_1}{\hat{R}_2 I_2 - R_2 I_2} = \frac{8 \times 3 + 4 \times 1}{1 \times 2 - 2 \times 2} = -14\text{A}$$

在此例中,N 为电阻性电路是重要的前提条件,若非如此,式(3)不成立,就无法得出结果。

练习题

4-5 图 4-31(a)(b)所示两电路具有相同的拓扑图,对两个电路进行计算,求出各支路电压、电流后,再验证特勒根定理形式一和形式二。

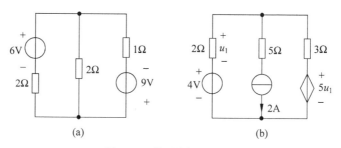

图 4-31 练习题 4-5 电路

4.5 互易定理

一、互易电路

图 4-32 所示电路的四个端钮构成两个端口与外部电路相连,称为双口电路或双口网络。

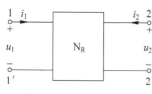

图 4-32 互易双口网络

满足下列条件的双口网络 N_R 称为互易网络:

(1) N_R 由线性时不变元件构成,不含有非线性和时变元件;当 N_R 仅含线性电阻元件时,元件也可以是时变的。

(2) N_R 中不含独立电源和受控电源。

(3) 储能元件的初始储能为零(储能元件将在第 6 章介绍)。

我们将连接于互易网络某一端口的独立电源称为互易网络的激励,将激励引起的另一端口的电压或电流称为互易网络的响应。在下面的讨论中,互易网络的响应特指端口开路电压或端口短路电流。

二、互易定理的内容

互易定理体现为三种电路情况,即互易网络的激励和响应互换位置前后,有

(1) 情况一:激励电压和响应电流的比值不变。对图 4-33 所示的两电路而言,有下式成立:

$$\frac{e_{s1}}{i_1} = \frac{e_{s2}}{i_2} \tag{4-17}$$

当 $e_{s1} = e_{s2}$ 时,便有 $i_1 = i_2$,这一特殊情况可形象地表述为:在互易网络中,电压源和电流表的位置互换后,电流表的读数保持不变。

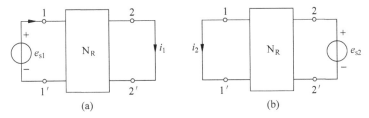

图 4-33 互易定理情况一的说明用图

(2) 情况二:激励电流和响应电压的比值不变。对图 4-34 所示的两电路而言,有下式成立:

$$\frac{i_{s1}}{u_1} = \frac{i_{s2}}{u_2} \tag{4-18}$$

当 $i_{s1} = i_{s2}$ 时,便有 $u_1 = u_2$。这一特殊情况可形象地表述为:在互易网络中,电流源和电压表的位置互换后,电压表的读数不变。

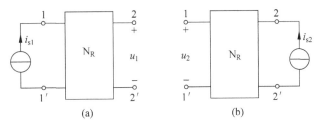

图 4-34 互易定理情况二的说明用图

(3) 情况三:激励电流与响应电流的比值等于激励电压与响应电压的比值。对图 4-35 所示的两电路而言,有下式成立:

$$\frac{i_{s1}}{i_1} = \frac{e_{s2}}{u_2} \tag{4-19}$$

当电压源 e_{s2} 与电流源 i_{s2} 的波形相同时,便有 i_1 与 u_2 的波形相同。这一特殊情况也可形象地表述为:在互易网络中,若把电流源换为电压表,电流表换为电压源(与电流源有相同波形),则两种电表的读数相同。

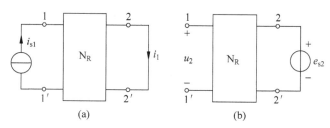

图 4-35 互易定理情况三的说明用图

三、互易定理的证明

下面只对互易定理的第一种情况加以证明,并且仅考虑 N_R 为电阻网络的情况。

对图 4-33,根据特勒根定理,有下面两式:

$$\begin{cases} e_{s1}i_2 + u_1(-i_{s2}) + \sum_{N_R} \hat{u}_k i_k = 0 \\ u_2(-i_{s1}) + e_{s2}i_1 + \sum_{N_R} u_k \hat{i}_k = 0 \end{cases}$$

因 $u_1 = u_2 = 0$,故有

$$\begin{cases} e_{s1}i_2 + \sum_{N_R} \hat{u}_k i_k = 0 \\ e_{s2}i_1 + \sum_{N_R} u_k \hat{i}_k = 0 \end{cases}$$

式中,u_k、i_k 为图 4-33(a) N_R 中第 k 条支路的电压、电流,$\hat{u}_k$、$\hat{i}_k$ 为图 4-33(b) N_R 中第 k 条支路的电压和电流。根据例 4-13 可知

$$\sum_{N_R} u_k \hat{i}_k = \sum_{N_R} \hat{u}_k i_k$$

于是有

$$e_{s1}i_s = e_{s2}i_1$$

即

$$\frac{e_{s1}}{i_1} = \frac{e_{s2}}{i_2}$$

式(4-17)得证。按类似方法可证明式(4-18)及式(4-19),读者可自行分析。

四、关于互易定理的说明

(1) 必须注意互易定理的适用范围。根据互易定理的三种情况,可得出结论:能直接应用互易定理的电路中只能有一个独立电源,且除了这一独立电源之外,电路的其余部分必须是互易网络。

(2) 互易定理三种电路情况的数学表达式(4-17)~式(4-19)跟激励与响应特定的参考方向相对应。因此在运用互易定理时,必须对确定响应电流或电压的参考方向予以注意,避免出错。

(3) 在线性电路的分析中,互易定理是一个十分有用的定理,它既能使某些具体电路的

计算得到简化,也能用于一些结论的证明。譬如应用互易定理,有时可把一个非串并联电路的计算转化为串并联电路的计算。

五、运用互易定理求解电路示例

例 4-14 求图 4-36(a)所示电路中的电压 U。

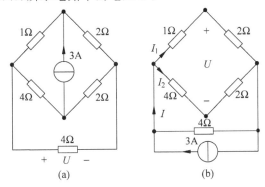

图 4-36 例 4-14 图

解 这是一非串并联电路,且除了唯一的独立电流源之外,电路的其余部分为互易网络。根据互易定理的情况二,图 4-36(a)所示电路中的 U 即是图 4-36(b)所示电路中的 U。而图 4-36(b)为一串并联电路,于是求出

$$I = 3 \times \frac{4}{4+(3\times 6)/(3+6)} = 3 \times \frac{4}{6} = 2\text{A}$$

$$I_1 = \frac{6}{3+6}I = \frac{4}{3}\text{A}, \quad I_2 = \frac{6}{3+6}I = \frac{2}{3}\text{A}$$

$$U = 4I_2 - I_1 = 4 \times \frac{2}{3} - \frac{4}{3} = \frac{4}{3}\text{V}$$

需特别注意图 4-36(b)中电压 U 和电流源正向的正确确定,确定的方法是先任意指定图 4-36(b)中 U 的参考方向,将此方向与图 4-36(a)中电流源的方向对比;若两者为非关联参考方向,则图 4-36(b)中电流源的方向与图 4-36(a)中 U 的方向两者间也应为非关联参考方向,反之亦然,于是容易确定图 4-36(b)中电流源的方向。互易定理另外两种情况中各响应和激励的正向也按类似的方法予以确定。

例 4-15 在图 4-37(a)所示电路中,N_R 为互易电阻网络。若将该电路中的电压源用短路线代替,R_2 和一电压源 E_1 相串联,如图 4-37(b)所示,求图 4-37(b)电路中的电压 U。

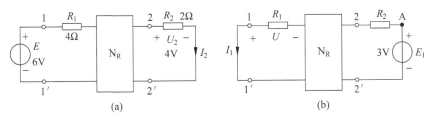

图 4-37 例 4-15 图

解 由图 4-37(a)电路变为图 4-37(b)电路，就 1-1′，A-2′而言，正好和互易定理的第一种情况相符。因此下式成立：

$$\frac{E_1}{I_1} = \frac{E}{I_2}$$

故

$$I_1 = \frac{E_1}{E} I_2$$

由图 4-37(a)电路，有

$$I_2 = \frac{U_2}{R_2} = 2\text{A}, \quad I_1 = \frac{E_1}{E} I_2 = 1\text{A}$$

则所求为

$$U = -I_1 R_1 = -4\text{V}$$

练习题

4-6 用互易定理求图 4-38 所示电路中的电压 U。

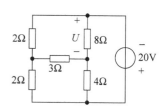

图 4-38 练习题 4-6 电路

4.6 最大功率传输定理

一、最大功率传输定理的内容

最大功率传输定理可陈述为：当负载 R_L 与一个线性有源网络 N 相连时，若 R_L 与 N 的戴维南等效电阻 R_0 相等，则 R_L 可从 N 中获取最大功率 $P_{L\max}$，且

$$P_{L\max} = \frac{U_{oc}^2}{4R_0} \tag{4-20}$$

式中，U_{oc} 为网络 N 的端口开路电压。

二、最大功率传输定理的证明

在图 4-39(a)中，N 为线性含源网络。将 N 用戴维南等效电路代替后，得图 4-39(b)所示电路，则通过负载 R_L 的电流为

$$I = \frac{U_{oc}}{R_0 + R_L}$$

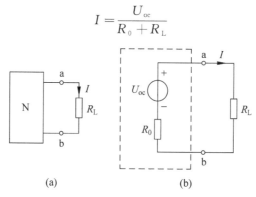

图 4-39 最大功率传输定理的证明

吸收的功率为

$$P_L = R_L I^2 = \left(\frac{U_{oc}}{R_0 + R_L}\right)^2 R_L \tag{4-21}$$

现要确定 R_L 为何值时，才能从 N 获取最大功率。为此，求式(4-22)对 R_L 的偏导数，有

$$\frac{\partial P_L}{\partial R_L} = U_{oc}^2 \frac{(R_0 + R_L)^2 - 2R_L(R_0 + R_L)}{(R_0 + R_L)^4}$$

令 $\frac{\partial P_L}{\partial R_L} = 0$，有

$$R_L = R_0 \tag{4-22}$$

这表明当负载电阻与 N 的戴维南等效电阻相等时，负载获取的功率为最大。由式(4-22)求得这一最大功率为

$$P_{Lamx} = \left(\frac{U_{oc}}{R_0 + R_0}\right)^2 R_0 = \frac{U_{oc}^2}{4R_0}$$

定理得证。

三、关于最大功率传输定理的说明

(1) 最大功率传输定理只适用于线性电路。对正弦稳态情况下的含储能元件的电路，最大功率传递定理的内容比本节的叙述有所扩展，将在第 7 章中予以介绍。

(2) 在电子技术中，负载获取最大功率是一个十分重要的问题。通常是追求的目标。负载获取最大功率也称为"负载匹配"，或简称为"匹配"。

(3) 电路中负载的功率 P_L 与电源的功率 P_s 之比称为传输效率，用 η 表示，即 $\eta = \left|\frac{P_L}{P_s}\right|$。由图 4-39(b)可见，在匹配的情况下，由于 $R_L = R_0$，故负载的功率是电源功率的一半，这表明传输效率为 50%。在电子技术中，传输效率通常是无关紧要的问题，但在电力系统中却要求有很高的传输效率，因此在匹配情况下 50% 的传输效率是不许可的。

(4) 在图 4-39(b)中，传输效率是 50%，但这并不意味着图 4-39(a)中的传输效率也是 50%。因为从图 4-39(a)变为图 4-39(b)，N 的结构、参数均发生了变化，U_{oc} 的功率并非 N 中独立电源产生的功率。同样 R_0 的功率也不等于 N 中所有电阻消耗的总功率。

四、运用最大功率传输定理求解电路的步骤

用该定理计算电路的具体步骤如下：

(1) 将待求支路的电阻视为负载 R_L。

(2) 求除 R_L 之外的电路的戴维南等效电路。

(3) 根据最大功率传输定理，由戴维南电路得出 R_L 获得最大功率的条件 $R_L = R_0$ 及 R_L 获取的最大功率 $P_{Lmax} = \frac{U_{oc}^2}{4R_0}$。

例 4-16 如图 4-40(a)所示电路，已知 $E = 3V, R_1 = 3\Omega, R_2 = 6\Omega$。(1)电阻 R 在什么条件下可获得最大功率 P_{Lmax}，P_{Lmax} 为多少？(2)求图 4-40(a)所示电路在匹配情况下的传输

效率 η,并求电阻 R_1 和 R_2 两者消耗的功率是否等于 P_{Lmax}?

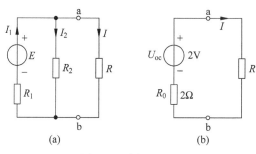

图 4-40　例 4-16 图

解　(1) 此时 R 为负载,将 R 以外的电路用戴维南电路代替,如图 4-40(b)所示。根据最大功率传输定理,不难得到 R 获取最大功率的条件为

$$R = R_0 = 2\Omega$$

获取的最大功率为

$$P_{Lmax} = \frac{U_{oc}^2}{4R_0} = \frac{2^2}{4 \times 2} = \frac{1}{2} W$$

(2) 在匹配的情况下,可求出图 4-40(a)电路中的各支路电流为

$$I_1 = \frac{2}{3} A, \quad I_2 = \frac{1}{6} A, \quad I = \frac{1}{2} A$$

电源 E 的功率为

$$P_s = -EI_1 = -3 \times \frac{2}{3} = -2 W$$

传输效率为

$$\eta' = \left| \frac{P_{Lmax}}{P_s} \right| = \frac{1}{4} = 25\%$$

在图 4-40(b)中,传输效率 $\eta = 50\%$。R_1 和 R_2 消耗的功率为

$$P_{R12} = P_{R1} + P_{R2} = R_1 I_1^2 + R_2 I_2^2 = \frac{3}{2} W$$

显然

$$P_{R12} \neq P_{Lmax}$$

由上面的计算可知,尽管图 4-40(a)和图 4-40(b)两电路中的 R 均获得相同的最大功率,但两电路的传输效率是不同的。

例 4-17　电路如图 4-41(a)所示,求负载电阻 R_L 为何值时其获得最大功率,这一最大功率是多少?

解　将负载电阻从电路中移去后求 ab 端口的戴维南等效电路。

(1) 求开路电压 U_{oc}。

求 U_{oc} 的电路如图 4-41(b)所示,用节点分析法求解。节点①的节点方程为

$$\left(\frac{1}{5} + \frac{1}{2+6} \right) \varphi_1 = 3 + 4I$$

受控源控制量为

$$I = -\frac{\varphi_1}{5}$$

解之,得

$$\varphi_1 = \frac{8}{3}\text{V}$$

则开路电压为

$$U_{oc} = \frac{6}{2+6}\varphi_1 = \frac{6}{8} \times \frac{8}{3} = 2\text{V}$$

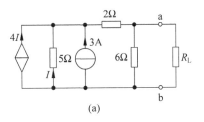

(2) 求短路电流 I_{sc}。

求 I_{sc} 的电路如图 4-41(c)所示。仍用节点分析法。节点②的节点方程为

$$\left(\frac{1}{5} + \frac{1}{2}\right)\varphi_2 = 3 + 4I$$

$$I = -\frac{\varphi_2}{5}$$

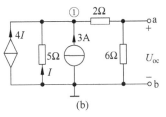

由此求得

$$\varphi_2 = 2\text{V}$$

则短路电流为

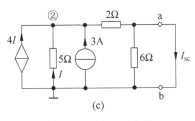

$$I_{sc} = \frac{\varphi_2}{2} = 1\text{A}$$

图 4-41 例 4-17 电路

(3) 求戴维南等效电阻 R_0。

$$R_0 = \frac{U_{oc}}{I_{sc}} = \frac{2}{1} = 2\Omega$$

根据最大功率传输定理,当 $R_L = R_0 = 2\Omega$ 时,R_2 可获得最大功率 P_{Lmax},且

$$P_{Lmax} = \frac{U_{oc}^2}{4R_0} = \frac{2^2}{4 \times 2} = \frac{1}{2}\text{W}$$

练习题

4-7 电路如图 4-42 所示,求电阻 R 可获得的最大功率。

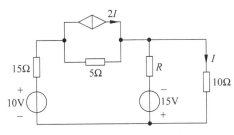

图 4-42 练习题 4-7 电路

4.7 中分定理

一、两种对称电路

1. 对称激励的对称电路

这种电路由两个多端电路连接而成,两个多端电路具有下述特点:
(1) 结构完全相同。
(2) 对应支路的特性也完全相同。

直观地看,将这种对称电路沿中分线对折,则两个多端电路完全重合。图 4-43 所示电路便是一个对称激励的对称电路。

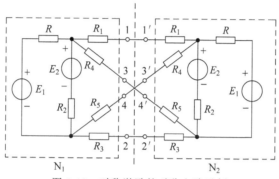

图 4-43 对称激励的对称电路示例

2. 反对称激励的对称电路

这种电路也由两个多端电路连接而成。两个多端电路具有下述特点:
(1) 结构完全相同;除电源支路外,各对应支路的元件具有双向对称特性。
(2) 对应电源支路的参数相差一负号。

直观地看,将某一侧电路的所有电源的参数冠一负号,再将整个电路沿中分线对折,两个多端电路将完全重合。图 4-44 所示电路便是一个反对称激励的对称电路。

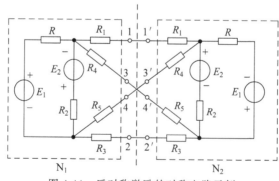

图 4-44 反对称激励的对称电路示例

二、对称电路的端钮连接形式

对称电路中两个多端电路的端钮连接有对接和交叉连接(简称叉接)两种方式。

1. 对接

所谓对接是指两个多端电路对应的端钮连接在一起,如图 4-45(a)所示。在图 4-43 所示电路中。端钮 i 和 i',j 和 j' 便是对接。

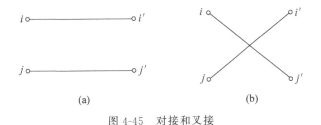

图 4-45 对接和叉接

2. 叉接

所谓叉接是指两个多端电路非对应的端钮连接在一起,如图 4-45(b)所示。可见叉接端钮总是成对出现的。在图 4-43 所示电路中,端钮 i 和 j',j 和 i' 便是叉接。

三、对称电路的特性

1. 对称激励的对称电路的特性

(1) 对接端钮连线中的电流为零。

由于中分线两侧的电路对称,则两侧对应支路上的电压和电流是完全相同的。这表明从电路两侧对接端钮上分别流出相同的电流,因此对接连线上的电流为两个大小相等、方向相反的电流之和。故对接连线中的电流为零。

(2) 每侧叉接端钮间的电压为零。

一对叉接端钮的情况示于图 4-46 中。因两侧的电路对称,则必有

$$u_{ij} = u_{i'j'}$$

按 KVL,又有

$$u_{ij} + u_{i'j'} = 0$$

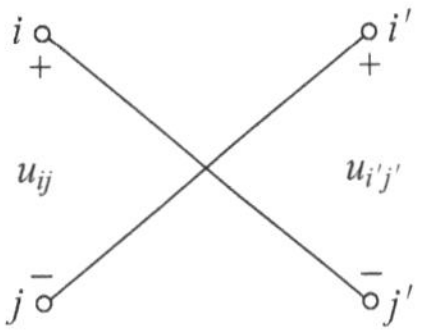

图 4-46 电路中的一对叉接端钮

欲使 u_{ij} 和 $u_{i'j'}$ 同时满足上述两式,只有

$$u_{ij} = u_{i'j'} = 0$$

这表明在对称激励的对称电路中,中分线每侧叉接端钮间的电压为零。

2. 反对称激励的对称电路的特性

(1) 对接端钮间的电压均为零。

(2) 叉接端钮连线中的电流可能为零,亦可能不为零。

例如除电源外,中分线两侧的电路对称,且每侧电路的上、下部分亦对称时,叉接连线中的电流为零,否则便不为零。在图 4-47(a)所示的反对称激励的对称电路中,叉接连线中的电流为零;在图 4-47(b)所示的反对称激励的对称电路中,叉接连线中的电流却不为零。请读者将两电路加以对比。

反对称激励的对称电路的上述两个特性的证明读者可自行分析。

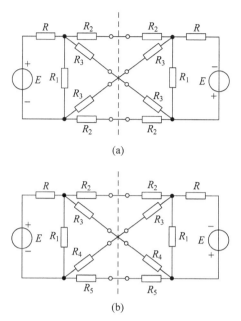

图 4-47 两个反对称激励的对称电路

四、中分定理的内容

(1) 对称激励的对称电路的对接端钮连线中的电流为零,因此可将对接连线断开;叉接端钮间的电压为零,因此可将叉接端钮短接。这样图 4-48(a)所示的对称网络可分为两个完全相同的独立部分,如图 4-48(b)所示。

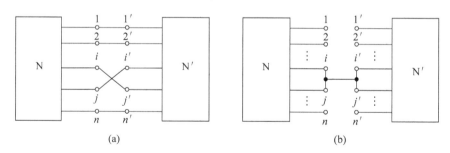

图 4-48 对称激励的对称电路及其等效电路

(2) 反对称激励的对称电路的任意两个对接端钮间的电压为零,因此可沿中分线将所有的对接端钮短接起来;若存在某种扭转使电路转换成对称激励的对称电路(这种扭转是指将某侧电路定点旋转 180°),则叉接连线中的电流为零,因此可将叉接连线断开。这样原对称网络也可分成两个独立部分,如图 4-49(b)所示。若叉接连线中的电流不为零,则叉接连线不能断开,此时对接端钮间必须保留一根(也只需保留一根联线),如图 4-49(c)所示。

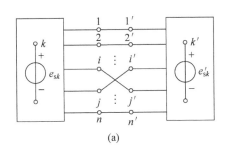

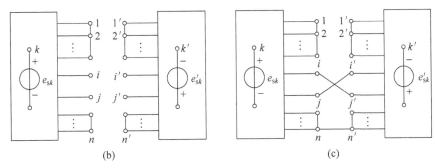

图 4-49 反对称激励的对称电路及其等效电路

五、关于中分定理的说明

（1）中分定理适用于由任意特性的元件构成的电路，即该定理对线性、非线性（或加上双向对称特性的约束）、时变和非时变的电路都是成立的。

（2）应用中分定理可将一个复杂对称激励的或一些反对称激励的对称电路的计算转化为一个较简单电路的计算，这是该定理最主要的应用。

（3）在电路为线性的情况下，若除电源支路外，电路沿中分线对称时，为应用中分定理，可根据叠加定理，将电路分成对称激励的对称电路和反对称激励的对称电路之和。

例 4-18 试求图 4-50(a)所示电路中的电流 I_1。

解 从结构上看，图 4-50(a)所示电路沿中分线对称，但两电源的参数不同，不能直接应用中分定理。可采用叠加定理，将图 4-50(a)所示电路视为图 4-50(b)和(c)所示两电路的叠加。显然图 4-50(b)为对称激励的对称电路，图 4-50(c)为反对称激励的对称电路。现决定电压源 E_3 和 E_4 的参数，有

$$\begin{cases} E_3 + E_4 = E_1 \\ E_3 - E_4 = E_2 \end{cases}$$

解之，得

$$E_3 = 6\text{V}, \quad E_4 = 4\text{V}$$

对图 4-50(b)所示电路应用中分定理，可得图 4-50(d)所示电路，求得

$$I = \frac{6}{2 + 3 /\!/ 6} = \frac{3}{2}\text{A}, \quad I'_1 = \frac{6}{3+6}I = \frac{2}{3} \times \frac{3}{2} = 1\text{A}$$

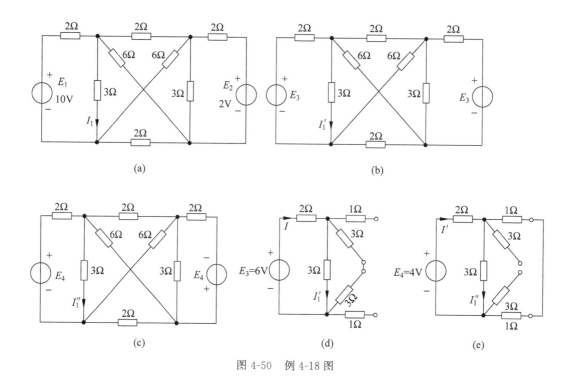

图 4-50 例 4-18 图

对图 4-50(c)所示电路应用中分定理,可得图 4-50(e)所示电路,求得

$$I' = \frac{4}{2+2 \mathbin{/\mkern-6mu/} 3} = 5\text{A}, \quad I_1'' = \frac{2}{3+2}I' = \frac{2}{5} \times \frac{5}{4} = \frac{1}{2}\text{A}$$

则所求为

$$I_1 = I_1' + I_1'' = 1 + \frac{1}{2} = \frac{3}{2}\text{A}$$

此题若不用中分定理求解,则计算要复杂许多。

练习题

4-8 试用中分定理求图 4-51 所示电路的入端电阻 R_{ab}。

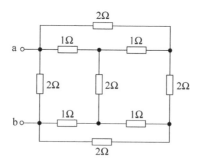

图 4-51 练习题 4-8 电路

4.8 对偶原理和对偶电路

一、电路中的对偶现象

电路中存在着许多成对出现的类比关系或对应关系,例如图 4-52(a)所示的两电阻元件的串联电路,其等效电阻为

$$R_{eq} = R_1 + R_2$$

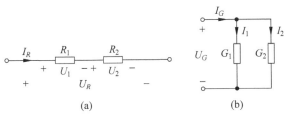

图 4-52 对偶电路示例

将上式中的 R 用 G 代替,可得

$$G_{eq} = G_1 + G_2$$

而上式正好是图 4-52(b)所示两电导并联电路的等效电导的计算式,在串联电路中

$$U_1 = \frac{R_1}{R_1 + R_2} U_R$$

将该式中的 U 用 I 代替,R 用 G 代替,便可得到

$$I_1 = \frac{G_1}{G_1 + G_2} I_G$$

而上式正好是并联电路中 G_1 支路上电流的计算式。上述对应关系称为对偶关系,又称为电路的对偶性。将 R 和 G 称为对偶参数;U 和 I 称为对偶变量;等效电阻 R_{eq} 和等效电导 G_{eq} 的算式以及串联分压公式和并联分流公式称为对偶关系式;串联和并联称为对偶结构。电路中的一些对偶关系见表 4-1。

表 4-1 电路中的若干对偶关系

电路中的对偶关系式	
基尔霍夫电流定律 $\sum i_k(t) = 0$	基尔霍夫电压定律 $\sum u_k(t) = 0$
欧姆定律 $u = Ri$	欧姆定律 $i = Gu$
串联等效电阻 $R_{eq} = \sum R_k$	并联等效电导 $G_{eq} = \sum G_k$
串联分压公式 $u_k = \dfrac{R_k}{R_{eq}}$	并联分流公式 $i_k = \dfrac{G_k}{G_{eq}}$
网孔法方程	节点法方程
电路中的对偶元件	
电阻	电导
电压源	电流源
电容	电感

续表

电路的对偶参数	
电阻 R	电导 G
电感 L	电容 C
网孔自电阻	节点自电导
网孔电阻矩阵	节点电导矩阵
回路电阻矩阵	割集电导矩阵
网孔互电阻	节点互电导
电路的对偶变量	
电压 u	电流 i
磁链 Ψ	电荷 q
网孔电流	节点电压
连支电流	树支电压
电路的对偶变量	
u_L	i_C
i_L	u_C
电路的对偶结构	
网孔	节点
回路	割集
外网孔	参考点
连支	树支
基本回路	基本割集
串联	并联
电路的对偶状态	
开路	短路

二、对偶原理

具有对偶性的两个电路称为对偶电路。如图 4-52 中的串联电阻电路和并联电导电路便互为对偶电路。

对偶原理揭示了对偶电路间的内在联系。这一原理可叙述为：若 N 和 $\hat{N}$ 互为对偶电路，则在 N 中成立的一切定理、方程和公式，在用对偶量替代之后，在对偶电路 $\hat{N}$ 中必然成立，反之亦然。

根据对偶原理，在已知一电路的方程式后，可立即写出其对偶电路的方程式并做出对偶电路；当两个对偶电路的对偶参数的值相等时，两个电路对偶响应的表达式也必定相同。这表明，根据电路的对偶性，全部电路问题只需研究一半就行了。例如，由电阻串联电路的相关关系式或算式，根据对偶性，就可写出与之对偶的电阻并联电路的对应关系式或算式。

三、对偶电路的做法

可采用图解法(也称"打点法")做出一个平面电路 N 的对偶电路 $\hat{N}$，方法如下。

(1) 在 N 中的每一网孔内打点，即得对偶电路 $\hat{N}$ 的节点；在 N 的外网孔中打点得 $\hat{N}$ 的参考节点。

(2) 用虚线把属于 $\hat{N}$ 的节点连接起来，每条虚线必须穿过一个且只能穿过一个 N 中两网孔间公共支路上的元件。

（3）将上述每条虚线换成一个被它穿过的元件的对偶元件并决定参数。

（4）将 N 中电压源电压降的方向逆时针旋转 90°得 N̂ 中对偶电流源电流的方向，将 N 中电流源电流的方向逆时针旋转 90°得 N̂ 中电压源电压降的方向。

（5）将所得对偶电路 N̂ 加以整理。

例 4-19　试做出图 4-53(a)所示电路 N 的对偶电路 N̂。

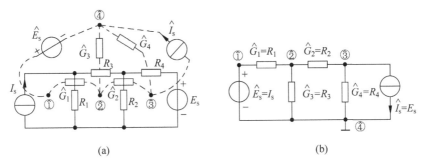

图 4-53　例 4-19 图

解　（1）在 N 的每一网孔(包括外网孔)中打点,得 N̂ 中的四个节点①、②、③和④。

（2）用通过 N 中每一元件的虚线把 N̂ 中的节点连接起来。

（3）将每一虚线换成它通过的 N 中元件的对偶元件。如连接节点②和④的虚线穿过的是 N 中的电阻元件,故此虚线应换为电导；连接①和④的虚线穿过的是电流源,则该虚线应换为电压源等。N̂ 中每一元件的参数应和 N 中对偶元件的参数数值上相等。

（4）决定电源的方向。设想每一虚线垂直于它所穿过的支路,则 N 中电流源电流的方向逆时针旋转 90°后得 N̂ 中电压源电压降的方向,这一方向显然是由节点①指向④；将 N 中电压源电压降的方向逆时针旋转 90°后便得 N̂ 中电流源电流的方向,这一方向是由节点③指向④。

（5）将所得对偶电路加以整理,按习惯翻转 180°后画为图 4-53(b)。

4.9　例题分析

例 4-20　图 4-54 中,N 为线性含源电路,已知当 E_s、I_s 均为零时,$U=-10\text{V}$；当 $E_s=6\text{V}$,$I_s=2\text{A}$ 时,$U=15\text{V}$；当 $E_s=8\text{V}$,$I_s=1\text{A}$ 时,$U=20\text{V}$。求当 $E_s=10\text{V}$,$I_s=10\text{A}$ 时,U 为多少？

解　根据叠加定理,U 可视为由三个电压分量叠加而成,即

$$U=U_1+U_2+U_3$$

其中 U_1 由 N 中电源单独作用时所产生,U_2、U_3 分别由 E_s、I_s 单独作用时所产生。显然 $U_1=-10\text{V}$。设 E_s 为单位电压源且单独作用时在 ab 端口产生的电压为

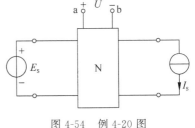

图 4-54　例 4-20 图

U_E；又设 I_s 为单位电流源且单独作用时在 ab 端口产生的电压为 U_I，根据题意，可列出下面的方程组：

$$\begin{cases} 6U_E + 2U_I + (-10) = 15 \\ 8U_E + U_I + (-10) = 20 \end{cases}$$

解之，得

$$U_E = 3.5\text{V}, \quad U_I = 2\text{V}$$

于是，当 $E_s = 10\text{V}, I_s = 10\text{A}$ 时，所求电压为

$$\begin{aligned} U &= 10U_E + 10U_I + U_I \\ &= 10 \times 3.5 + 10 \times 2 + (-10) = 45\text{V} \end{aligned}$$

例 4-21 在图 4-55(a)所示电路中，欲使 $I_X = \dfrac{1}{8}I$，求 R_X 的值。

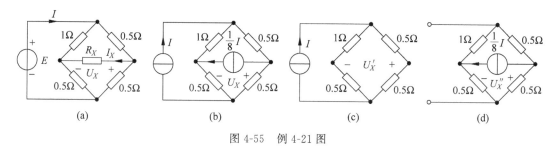

图 4-55 例 4-21 图

解 若能求出 U_X，便可由欧姆定律求得 R_X 之值。

根据替代定理，将电压源 E 支路用一个电流为 I 的电流源替代；R_X 支路用一个电流为 $\dfrac{1}{8}I$ 的电流源替代，如图 4-55(b)所示，又根据叠加定理，该电路可视为图 4-55(c)、(d)所示两电路的叠加，于是

$$U_X = U'_X + U''_X$$

由图 4-55(c)所示电路可解出

$$U'_X = \frac{1.5 \times 0.5}{1 + 1.5}I - \frac{1 \times 0.5}{1 + 0.5}I = \frac{1}{10}I$$

由图 4-55(d)所示电路可解出

$$U''_X = [(1 + 0.5) // (0.5 + 0.5)] \times \left(-\frac{1}{8}\right)I = -\frac{3}{40}I$$

所以

$$U_X = U'_X + U''_X = \frac{1}{10}I - \frac{3}{40}I = \frac{1}{40}I$$

则所求为

$$R_X = \frac{U_X}{I_X} = \frac{1}{40}I \bigg/ \frac{1}{8}I = \frac{1}{5}\Omega$$

例 4-22 求图 4-56(a)所示电路中的电流 I。

解 此题曾在例 3-36 中用网孔法和节点法求解。现用叠加定理和戴维南定理求解。

(1) 用叠加定理求解。原电路为图 4-56(b)、(c)所示两电路的叠加。由图 4-56(b)电路可求得

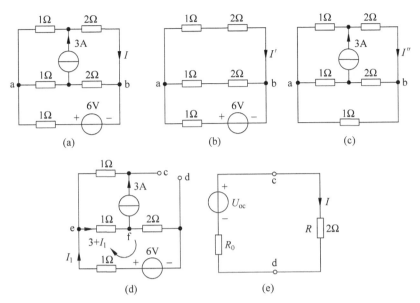

图 4-56 例 4-22 图

$$I' = \frac{6}{1 + 3 /\!/ 3} \times \frac{1}{2} = 1.2\text{A}$$

图 4-56(c)电路为一平衡电桥,a、b 两点为等位点,可得

$$I'' = \frac{2}{2+4} \times 3 = 1\text{A}$$

则所求为

$$I = I' + I'' = 1.2 + 1 = 2.2\text{A}$$

(2) 用戴维南定理求解。

① 求开路电压 U_{oc}。将待求支路断开,所得电路如图 4-56(d)所示,求出开路电压为

$$U_{oc} = U_{cd} = U_{ce} + U_{ef} + U_{fd} = 3 \times 1 + (3 + I_1) \times 1 + 2I_1$$

为求 I_1,对图示回路写出 KVL 方程,有

$$(2+1)I_1 + 1 \times (I_1 + 3) = 6$$

即

$$I_1 = \frac{3}{4}\text{A}$$

$$U_{oc} = 6 + 3I_1 = 6 + 3 \times \frac{3}{4} = 8.25\text{V}$$

② 求戴维南等效电阻。将图 4-56(d)中的全部电源置零后,从 cd 端口看进去的等效电阻为

$$R_0 = R_{cd} = 1 + (1+2) /\!/ 1 = 1.75\Omega$$

③ 做出戴维南电路后求 I_0。由图 4-56(e)所示电路,可求得

$$I = \frac{U_{oc}}{R_0 + R} = \frac{8.25}{2 + 1.75} = 2.2\text{A}$$

本题电路已用四种方法予以求解。比较起来,似叠加定理的解题过程更为简单一些。

一般地说,一个电路的求解既可用等效变换法,或用电路方程法,也可运用电路定理。若能熟练地掌握各种解题方法,就可根据电路的实际情况选择相对简便的方法求解。

例 4-23 如图 4-57(a)所示电路,试用戴维南定理求 U_{ab}。

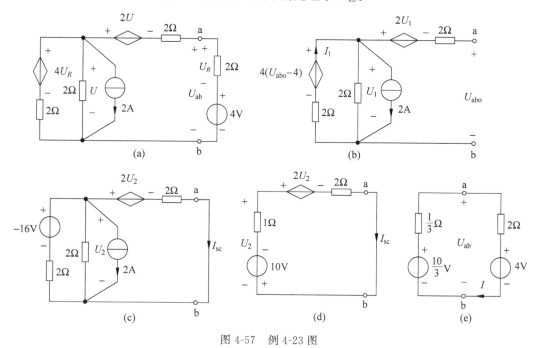

图 4-57　例 4-23 图

解 本题电路中含有两个受控源,解题时应注意对受控源的处理。若将 ab 端口右边支路作为外部电路,由于一受控源的控制量 U_R 在外部电路,需先作控制量的转移。将该控制量转化为端口电压 U_{ab}。由于

$$U_{ab}=U_R+4$$

故

$$U_R=U_{ab}-4$$

(1) 求开路电压 U_{oc},将 ab 端口开路,电路如图 4-57(b)所示。有

$$U_{oc}=U_{abo}=-2U_1+U_1=-U_1 \tag{1}$$

又由 KVL,有

$$2I_1+U_1=4(U_{abo}-4)$$

即

$$2\left(\frac{U_1}{2}+2\right)+U_1=4(U_{abo}-4)$$

则

$$U_1=2U_{abo}-10=2U_{oc}-10 \tag{2}$$

将式(2)代入式(1),有

$$U_{oc}=-(2U_{oc}-10)$$

$$U_{oc}=\frac{10}{3}\text{V}$$

(2) 为求等效电阻 R_0,先求短路电流 I_{sc}。将 ab 端口短路,所得电路如图 4-57(c)所示。

由于 $U_{ab}=0$,故控制量中含 U_{ab} 的受控源变为 -16V 的独立电源。对该电路再作等效变换，所得电路如图 4-57(d)所示。有

$$2U_2+3I_{sc}=-10$$

但

$$U_2=-10-I_{sc}$$

于是求出

$$I_{sc}=10\text{A},\quad R_0=\frac{U_{oc}}{I_{sc}}=\frac{\dfrac{10}{3}}{10}=\frac{1}{3}\Omega$$

（3）求电压 U_{ab}。由图 4-57(e)所示的等效电路，求得

$$I=\frac{\dfrac{10}{3}-4}{2+\dfrac{1}{3}}=-\frac{2}{7}\text{A},\quad U_{ab}=2I+4=\frac{24}{7}\text{V}$$

例 4-24 求图 4-58(a)所示电路中的电压 U 及 10V 电压源的功率。

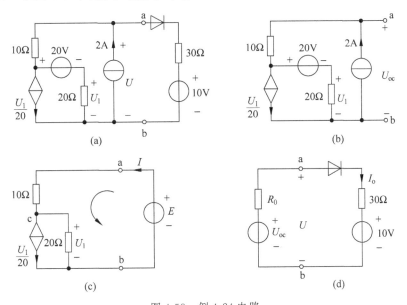

图 4-58　例 4-24 电路

解　对含有理想二极管的电路，需首先判断二极管是否导通。当电路中只含一个二极管时，可运用戴维南定理求解。

（1）求 ab 端口的开路电压 U_{oc}。将含理想二极管的支路从电路中断开后，电路如图 4-58(b)所示。由 KVL 可得

$$U_{oc}=2\times10+20+U_1=40+U_1$$

但

$$U_1=\left(2-\frac{U_1}{20}\right)\times20=40-U_1$$

则

$$U_1=20\text{V}$$

于是求得
$$U_{oc} = 40 + U_1 = 60\text{V}$$

（2）求戴维南等效电阻 R_0。为求等效电阻 R_0，在 ab 端口加一电压源 E，电路如图 4-58(c) 所示。列写图示回路的 KVL 方程为
$$10I + U_1 = E$$
节点 c 的 KCL 方程为
$$I = \frac{U_1}{20} + \frac{U_1}{20} = \frac{1}{10}U_1$$
可得 $U_1 = 10I$，将其代入 KVL 方程，有
$$E = 20I$$
则所求等效电阻为
$$R_0 = \frac{E}{I} = 20\Omega$$

（3）由戴维南等效电路求响应。由计算结果构成等效电路如图 4-58(d)所示。
由这一简单的串联电路可容易地判断理想二极管为导通状态。于是可求得
$$I_o = \frac{U_{oc} - 10}{R_0 + 30} = \frac{60 - 10}{20 + 30} = 1\text{A}$$
$$U = 10I_o + 10 = 20\text{V}, \quad P_{10\text{V}} = 10I_o = 10\text{W}$$

例 4-25 图 4-59(a)所示电路中 N_R 为一互易电路。已知当 $e_1(t) = 30t\text{V}$，$e_2(t) = 0$ 时，$i_1(t) = 5t\text{A}$，$i_2(t) = 2t\text{A}$。试求当 $e_1(t) = (30t+60)\text{V}$ 及 $e_2(t) = (60t+15)\text{V}$ 时，$i_1(t)$ 为多少。

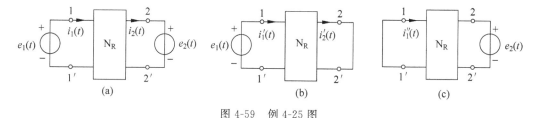

图 4-59 例 4-25 图

解 此题用叠加定理和互易定理求解。根据叠加定理，该电路可视为图 4-59(b)、(c)所示两电路的叠加，于是有
$$i_1(t) = i_1'(t) + i_1''(t)$$
由线性电路的均匀性，当 $e_1(t) = (30t+60)\text{V}$ 单独作用时，有
$$i_1'(t) = \frac{5t}{30t} \times (30t + 60) = (5t + 10)\text{A}$$
又由互易定理及线性电路的均匀性，当 $e_2(t) = (60t+15)\text{V}$ 单独作用时，注意到 $i_1''(t)$ 的参考方向，有
$$i_1''(t) = -\frac{2t}{30t} \times (60t + 15) = (-4t - 1)\text{A}$$
于是，当 $e_1(t) = (30t+60)\text{V}$ 及 $e_2(t) = (60t+15)\text{V}$ 共同作用时，有
$$i_1(t) = i_1'(t) + i_1''(t) = 5t + 10 - 4t - 1 = (t + 9)\text{A}$$

例 4-26 在图 4-60(a)所示电路中，N 为线性有源电阻电路。已知 $R_2=\infty$ 时，$i_a=I_0$；$R_2=0$ 时，$i_a=I_s$，且端口 b-b' 左侧电路的入端电阻为 R_0。试证明当 R_2 为任意值时，$i_a=I_0+(I_s-I_0)\dfrac{R_0}{R_0+R_2}$。

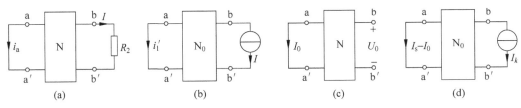

图 4-60 例 4-26 图

解 此题综合运用替代定理、叠加定理和等效电源定理求解。设流经 R_2 的电流为 I，其正向由 b 指向 b'，则 R_2 支路可用电流为 I 的电流源替代。又根据叠加定理，原电路可视为图 4-60(b)、(c)两电路的叠加，应注意 N_0 为 N 中所有独立电源置零后所得的无源电路。于是有

$$i_a=i_1'+i_1''$$

显然，$i_1''=I_0$，则

$$i_a=i_1'+I_0$$

但若 $R_2=0$，$I=I_k$，这时 $i_a=I_s$ 为图 4-60(c)、(d)两电路的叠加。根据线性电路的均匀性，得

$$i_1'=(I_s-I_0)\dfrac{I}{I_k}$$

又根据等效电源定理，有

$$I=U_0/(R_2+R_0)$$
$$I_k=U_0/R_0$$

注意 I_k 为端口 b-b' 的短路电流。于是有

$$\dfrac{I}{I_k}=\dfrac{R_0}{R_2+R_0}$$

故

$$i_a=I_0+(I_s-I_0)\dfrac{R_0}{R_2+R_0}$$

例 4-27 在图 4-61(a)所示电路中，N_0 为无源线性电阻电路，当 1-1' 端口施加电压 $E=16V$ 时，电流 $I_1=4A$，2-2' 端口短路电流 $I_2=3A$。若将电压源移至 2-2' 端口，且在 1-1' 端口跨接电阻 $R=2\Omega$，如图 4-61(b)所示，试求此时电阻 R 上的电压。

解 用两种方法解。

(1) 用诺顿定理和互易定理求解。由图 4-61(a)所示电路，得 1-1' 端口的入端电阻为

$$R_0=\dfrac{E}{I_1}=\dfrac{16}{4}=4\Omega$$

可以看出，R_0 也是图 4-61(b)所示电路中 1-1' 端口右侧虚线框内电路的诺顿等效电阻。根据互易定理，图 4-61(b)所示电路 1-1' 端口的短路电流（正向由 1 流向 1'）为

$$I_{sc}=I_2=3A$$

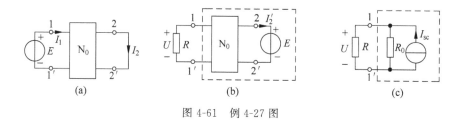

图 4-61 例 4-27 图

于是图 4-61(b)中虚线框内电路的诺顿等效电路如图 4-61(c)所示,求得

$$U = \frac{RR_0}{R+R_0}I_{sc} = \frac{4\times 2}{4+2}\times 3 = 4\text{V}$$

(2) 用特勒根定理求解。根据特勒根定理,并注意到各电压、电流的参考方向,列出下面的等式:

$$\begin{cases} E\dfrac{U}{R} + 0\times I'_2 + \sum_{N}U_k\hat{I}_k = 0 \\ -UI_1 + EI_2 + \sum_{N}\hat{U}_kI_k = 0 \end{cases}$$

式中,U_k、I_k 为图 4-61(a)中 N_0 内第 k 条支路的电压、电流,$\hat{U}$、$\hat{I}_k$ 为图 4-61(b)中 N_0 内第 k 条支路的电压、电流。由于

$$\sum_{N_0}U_k\hat{I}_k = \sum_{N_0}R_kI_k\hat{I}_k = \sum_{N_0}I_k\hat{U}_k$$

故有

$$E\frac{U}{R} = -UI_1 + EI_2$$

$$U = \frac{EI_2}{\dfrac{E}{R}+I_1} = \frac{16\times 3}{\dfrac{16}{2}+4} = 4\text{V}$$

例 4-28 图 4-62(a)所示电路中 R 为可变电阻,R_2 为未知电阻,当 $R=2\Omega$ 时,$I=\dfrac{1}{4}\text{A}$。求当 $R=10\Omega$ 时 I 的值。

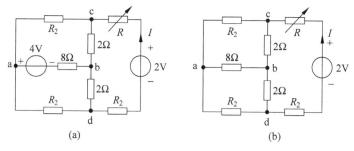

图 4-62 例 4-28 图

解 需先求出 R_2 的值,用叠加定理求解。不难看出,当 4V 的电压源单独作用时,电路为一平衡电桥,c、d 两点为等位点,R 支路的电流为零。因此,图 4-62(a)所示电路中 R 支路

的电流便是 2V 的电压源单独作用时所产生的电流。2V 电压源单独作用时的电路如图 4-62(b)所示。这又是一个平衡电桥，a、b 两点为等位点。将 8Ω 电阻支路断开后，有

$$I = \frac{2}{R + R_2 + \frac{2R_2 \times 4}{2R_2 + 4}}$$

当 $R = 2\Omega$ 时，$I = \frac{1}{4}$A 即

$$\frac{2}{2 + R_2 + \frac{4R_2}{2 + R_2}} = \frac{1}{4}$$

解之，得

$$R_2 = \pm\sqrt{12} = \pm 2\sqrt{3}\ \Omega$$

取 $R_2 = 2\sqrt{3}\,\Omega$，则当 $R = 10\Omega$ 时，有

$$I = \frac{2}{R + R_2 + \frac{4R_2}{2 + R_2}} = \frac{2}{10 + 2\sqrt{3} + \frac{4 \times 2\sqrt{3}}{2 + 2\sqrt{3}}} = \frac{1 + \sqrt{3}}{8 + 8\sqrt{3}} = \frac{1}{8}\text{A}$$

例 4-29 在图 4-63(a)所示电路中，N 为线性含源电阻网络。已知当 $I_s = 1$A 时，$U_1 = 16$V，$U_2 = 6$V；当 $I_s = 0.6$A 时，$U_1 = 11.2$V，$U_2 = 2$V。求图 4-63(b)所示电路中的可调电阻 R_L 为何值时其获得最大功率 $P_{L\max}$，且 $P_{L\max}$ 为多少？

解 此题用戴维南定理、叠加定理(线性关系)和互易定理求解。需求得图 4-63(b)所示电路中端口 1-1' 右侧的戴维南等效电路，如图 4-63(c)所示。

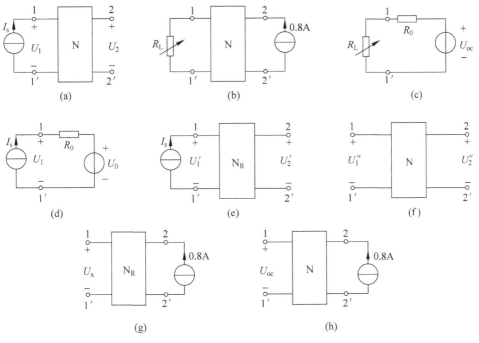

图 4-63 例 4-29 电路

(1) 求戴维南等效电阻 R_0。

图 4-63(b)所示电路 1-1′端口右侧电路的戴维南等效电阻与图 4-63(a)所示电路 1-1′端口右侧的戴维南等效电阻相同。可得图 4-63(a)电路的等效电路如图 4-63(d)所示。由题给条件,有

$$\begin{cases} 16 = R_0 + U_0 \\ 11.2 = 0.6R_0 + U_0 \end{cases}$$

解之,得

$$R_0 = 12\Omega, \quad U_0 = 4\text{V}$$

(2) 求开路电压 U_{oc}。

根据叠加定理,图 4-63(b)所示电路 1-1′端口的开路电压 U_{oc} 为 0.8A 的电流源置零后由 N 中的独立电源所产生电压 U_1'' 和仅 0.8A 的电流源单独作用时产生的电压 U_x 的叠加,所对应的电路分别是图 4-63(f)和图 4-63(g)。为求 U_1'',可将图 4-63(a)电路视为图 4-63(e)和图 4-63(f)两电路的叠加。图 4-63(e)电路中的 N_R 是 N 中所有独立电源置零后的无源网络。设图 4-63(e)电路中,当 $I_s = 1\text{A}$ 时,两个端口的电压分别为 U_1' 和 U_2',由题给条件,有下述两组关系式成立:

$$\begin{cases} U_1' + U_1'' = 16 \\ 0.6U_1' + U_1'' = 11.2 \end{cases}$$

和

$$\begin{cases} U_2' + U_2'' = 6 \\ 0.6U_2' + U_2'' = 2 \end{cases}$$

解之,得

$$U_1' = 12\text{V}, \quad U_1'' = 4\text{V}, \quad U_2' = 10\text{V}, \quad U_2'' = -4\text{V}$$

又根据互易定理,由图 4-63(e)和图 4-63(g)电路,有

$$\frac{U_x}{0.8} = \frac{U_2'}{1}$$

则

$$U_x = 0.8 U_2' = 0.8 \times 10 = 8\text{V}$$

于是求得图 4-63(h)电路中的开路电压为

$$U_{oc} = U_1'' + U_x = 4 + 8 = 12\text{V}$$

(3) 求 R_L 的值和其最大功率 P_{Lmax}。

由最大功率传输定理,可知当 $R_L = R_0 = 12\Omega$ 时,其可获得最大功率 P_{Lmax},且

$$P_{Lmax} = \frac{U_{oc}^2}{4R_0} = \frac{12^2}{4 \times 12} = 3\text{W}$$

例 4-30 在图 4-64(a)所示电路中,N 为无源线性电阻电路。扳断任一支路 R_k,设 u_{k0} 为 R_k 支路的开路电压,R_0 为开断两点 a、b 间向 N 看进去的等效电阻(此时 e_m 短路)。现扳断 R_k 支路,如图 4-64(b)所示。若要保持电压源 e_m 支路的电流不变(即仍等于未扳断 R_k 时的电流 i_m),试求在 e_m 两端要并联多大的电阻 R_x。

解 用戴维南定理和特勒根定理求解。先求出图 4-64(a)所示电路中 R_k 支路的电流

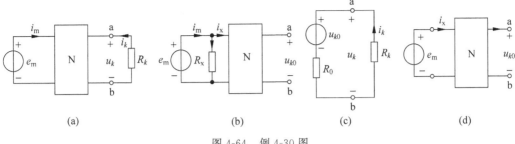

图 4-64 例 4-30 图

i_k。根据题意,可得出图 4-64(c)所示的等效电路,可求得

$$i_k = -\frac{u_{k0}}{R_0 + R_k} \tag{1}$$

$$u_k = \frac{u_{k0} R_k}{R_0 + R_k} \tag{2}$$

注意,在图 4-64(b)所示电路中,由于 R_x 与 e_m 并联,故 a、b 间的开路电压仍是 u_{k0},而电流 i_x 为

$$i_x = i_m - \frac{e_m}{R_x} \tag{3}$$

则图 4-64(b)所示电路可用图 4-64(d)所示电路等效。由图 4-64(a)和图 4-64(d),根据特勒根定理,有

$$e_m i_x + u_k \times 0 = e_m i_m + u_{k0} i_k \tag{4}$$

将式(1)、式(2)、式(3)代入式(4),有

$$e_m \left(i_m - \frac{e_m}{R_x} \right) = e_m i_m - \frac{u_{k0}^2}{R_0 + R_k}$$

解之,得

$$R_x = \left(\frac{e_m}{u_{k0}} \right)^2 (R_0 + R_k)$$

例 4-31 试用戴维南定理计算图 4-65(a)中的电压 U_1。

解 若以 ab 为端口,则受控源的控制量 U_1 在含源电路外部。此题用两种方法求解。

方法一:用通常解法求解,即在断开外部支路前,先进行控制量的转移,将其转移为端口电流 I,则有 $U_1 = 2I$,于是原电路化为图 4-65(b)。断开 ab 支路后,应用戴维南定理求得开路电压为

$$U_{oc} = 4\text{V}$$

求出短路电流为

$$I_{sc} = 1\text{A}$$

则等效电阻为

$$R_0 = U_{oc}/I_{sc} = 4\Omega$$

做出等效电路如图 4-65(c)所示,于是所求为

$$U_1 = (4-1) \times \frac{2}{6} = 1\text{V}$$

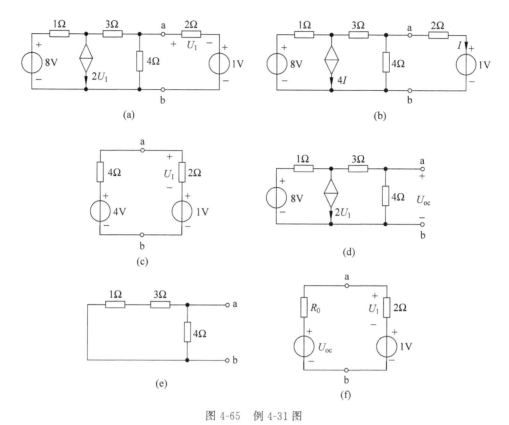

图 4-65 例 4-31 图

方法二：在应用戴维南定理时，不进行控制量的转移。求开路电压时，将受控源视作独立电源，则开路电压是控制量 U_1 的函数。求开路电压的电路如图 4-65(d)所示。求得开路电压为

$$U_{oc} = 4 - U_1$$

求等效电阻时，也将受控源视作独立电源予以置零，可得图 4-65(e)所示电路，则等效电阻为

$$R_0 = (1+3) \;/\!/\; 4 = 2\Omega$$

将戴维南等效电路与外电路连接后得图 4-65(f)所示等效电路，可得

$$U_1 = \frac{2}{2+R_0}(4 - U_1 - 1) = \frac{1}{2}(3 - U_1)$$

解之，得 $U_1 = 1\text{V}$。

所得结果与方法一一致。

方法二的要点是在求有源电路的开路电压、短路电流及等效电阻时，将控制量在外部电路中的受控源视作独立电源处理。因此求得的开路电压(短路电流)是受控源的函数，但这并不妨碍最后结果的求出。在求等效电阻时，可将控制量在外部电路的受控源置零，由此求出的等效电阻是一常数，而非控制量的函数。由于这种解法不需进行相关受控源控制量的转移，特别是在求等效电阻时，可将控制量在外部电路的受控源直接置零，因此可简化计算求解过程，这是该解法的一大优点。

习题

4-1 用叠加定理求题 4-1(a)图所示电路中的电流 I 及题 4-1(b)图所示电路中各电源的功率。

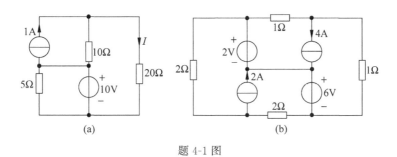

题 4-1 图

4-2 用叠加定理求题 4-2 图所示电路中各支路电流。

4-3 用叠加定理求题 4-3 图所示电路中两受控源的功率。

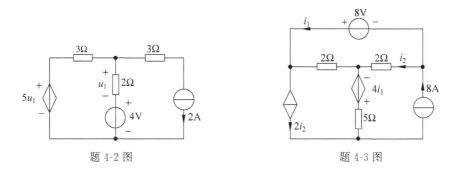

题 4-2 图　　　　　　　　　题 4-3 图

4-4 用叠加定理求题 4-4 图所示电路中的电压 U 和电流 I。

4-5 电路如题 4-5 图所示,试用叠加定理求当功率比 $\dfrac{P_{R1}}{P_{R2}}=2$ 时电压源 U_S 的取值。

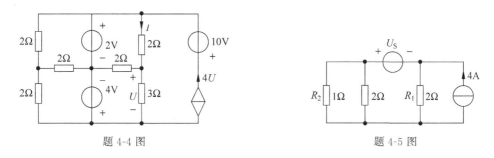

题 4-4 图　　　　　　　　　题 4-5 图

4-6 在题 4-6 图所示电路中,N 为线性含源网络。当 $u_{s1}=u_{s2}=2V$ 时,$i=3A$;当 $u_{s1}=u_{s2}=-2V$ 时,$i=-5A$;当 $u_{s1}=1V,u_{s2}=2V$ 时,$i=-2A$。求当 $u_{s1}=u_{s2}=5V$ 时电流 i 的值。

4-7 题 4-7 图所示电路中 N_1 和 N_2 均为无源电阻网络,且电路结构除电源支路外以虚线为轴线对称,即 N_1 和 N_2 对轴线形成镜像。已知电流 $i_1=I_1$ 和 $i_2=I_2$。现沿虚线将电路切断,试问切断后的电流 i_1 和 i_2 各为多少?

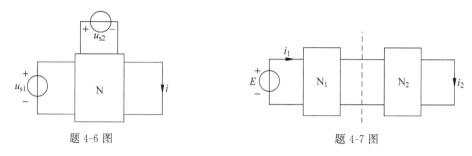

题 4-6 图　　　　　　　　题 4-7 图

4-8 在题 4-8 图所示电路中,N 为含与 $u_s(t)$ 同频率正弦电源的线性电阻网络,$R=2\Omega$。已知 $u_s(t)=2\sin t$ V 时 R 消耗的功率为 8W,$u_s(t)=3\sin t$ V 时 R 消耗的功率为 50W。求 $u_s(t)=4\sin t$ V 时 R 消耗的功率。

4-9 在题 4-9 图所示电路中,已知电流 $i=-5$A,试用替代定理求电阻 R 的值。

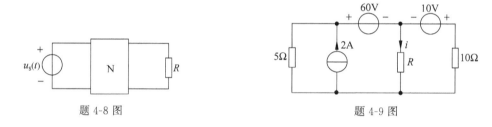

题 4-8 图　　　　　　　　题 4-9 图

4-10 欲使题 4-10 图所示电路中通过 3Ω 电阻的电流 $I_X=1$A,则电压源 U_X 应为多少伏?试分别用叠加定理和替代定理求解。

4-11 如题 4-11 图所示电路,N 为有源线性电路。当调节 $R_3=8\Omega$ 时,电流表读数 $A_1=11$A,$A_2=4$A,$A_3=20$A;当 $R_3=2\Omega$ 时,电流表读数 $A_1'=5$A,$A_2'=10$A,$A_3'=50$A。今欲使 $A_1=0$,问 R_3 应调为何值?此时 A_2 的读数是多少?

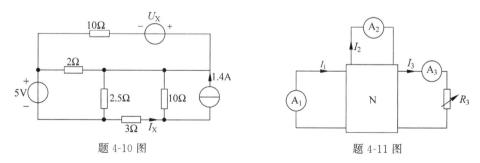

题 4-10 图　　　　　　　　题 4-11 图

4-12 在题 4-12 图所示电路中,欲使负载电阻 R_L 的电流为含源网络 N 的端口电流 I 的 $\frac{1}{3}$,求 R_L 的值。

4-13 求题 4-13 图所示二端电路的戴维南等效电路。

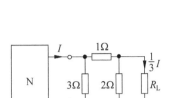
题 4-12 图

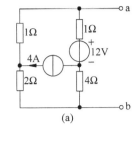
(a)

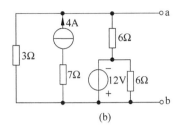
(b)

题 4-13 图

4-14 求题 4-14 图所示二端电路的戴维南等效电路。

4-15 电路如题 4-15 图所示,求戴维南等效电路和诺顿等效电路。

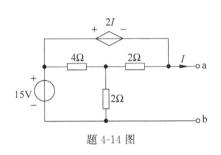
题 4-14 图

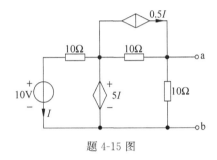
题 4-15 图

4-16 用戴维南定理求题 4-16 图所示电路中的电流 I。

4-17 用戴维南定理求题 4-17 图所示电路中的电压 U。

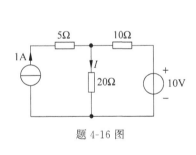
题 4-16 图

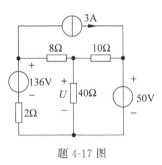
题 4-17 图

4-18 用诺顿定理求题 4-18 图所示电路中的电阻 R 的功率。

4-19 电路如题 4-19 图所示,用戴维南定理求电阻 R 的功率。

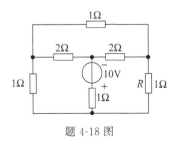
题 4-18 图

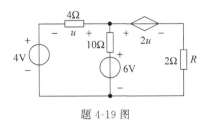
题 4-19 图

4-20 用戴维南定理求题 4-20 图所示电路中 4V 电压源的功率。

4-21 用诺顿定理求题 4-21 图所示电路中的电流 I。

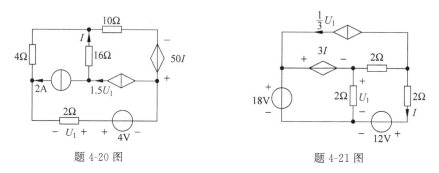

题 4-20 图　　　　题 4-21 图

4-22 在题 4-22 图所示电路中，若要求电压 U 不受电源 E_s 的影响，问 α 应为何值。

4-23 直流电路如题 4-23 所示，其中 R_L 任意可调，已知当 $R_L=3\Omega$ 时，$I_L=3A$。求当 $R_L=13\Omega$ 时 I_L 的值。

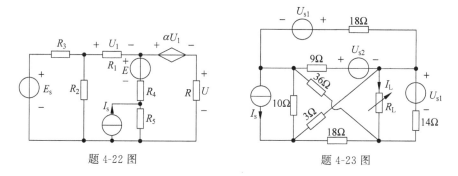

题 4-22 图　　　　题 4-23 图

4-24 求题 4-24 图所示电路 ab 端口左侧部分的戴维南等效电路，并求 I_L。

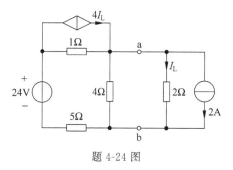

题 4-24 图

4-25 题 4-25(a)图和(b)图中的电路 N 完全相同，且 N 为无源线性电阻电路。若 $E_s=12V$，$I_s=1A$，$R_a=1\Omega$，$R_b=2\Omega$，$I_1=2A$，$U_2=5V$，$\hat{U}_1=3V$，试确定 $\hat{U}_2$。

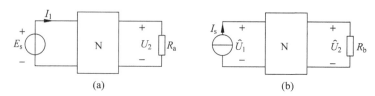

题 4-25 图

4-26 题 4-26(a)图为互易网络,已知 $U_s=100\text{V}, U_2=20\text{V}, R_1=10\Omega, R_2=5\Omega$,现将电压源置零,并在 R_2 两端并联一个电流源 I_s,如题 4-26(b)图所示,求电流 I_1。

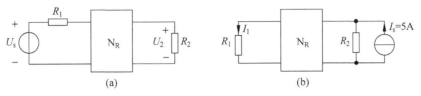

题 4-26 图

4-27 题 4-27 图所示电路中的 N_R 为线性电阻电路,当 a-a′端口的电流源 I_{s1} 单独作用时,电路消耗的功率为 28W,此时 b-b′端口的开路电压为 8V。又当 b-b′端口的电流源 I_{s2} 单独作用时,电路消耗的功率为 54W。试计算 I_{s1} 和 I_{s2} 同时作用时,两电流源各自产生的功率是多少。

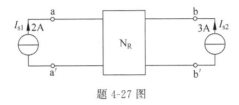

题 4-27 图

4-28 如图 4-28(a)图所示电路,N 为有源线性电阻电路。已知 $I_s=0$ 时,$U_1=2\text{V}$,$I_2=1\text{A}$;$I_s=4\text{A}$ 时,$I_2=3\text{A}$。现将电流源 I_s 与 R_2 并联,如题 4-28(b)图所示,且 $I_s=2\text{A}$,求此时 U_1 为多少。

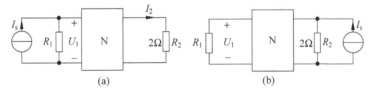

题 4-28 图

4-29 在题 4-29 图所示电路中,N_0 为无源电阻网络。在题 4-29(a)图电路中,已知 $U_1=15\text{V}, U_2=5\text{V}$。求题 4-29(b)图电路中的电流 I_1。

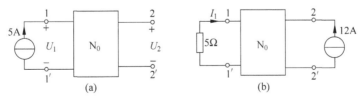

题 4-29 图

4-30 在题 4-30(a)图所示电路中,N_0 为无源线性电阻网络,已知 $I_1=6\text{A}, I_2=4\text{A}$。试求题 4-30(b)图所示电路中的电流 I。

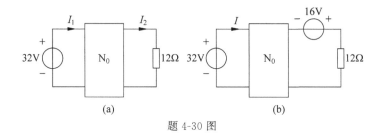

题 4-30 图

4-31 题 4-31 图所示电路中 N 为含源线性电阻网络。(a)图中,R 支路的电流为 2A；(b)图中,R 支路的电流为 3A；在(c)图中,R_L 获得最大功率。试求(c)图中的电流 I。

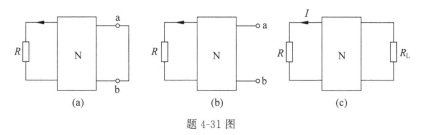

题 4-31 图

4-32 在题 4-32 图所示电路中,R_L 为可变电阻。求当 R_L 为何值时其获得最大功率,最大功率是多少？

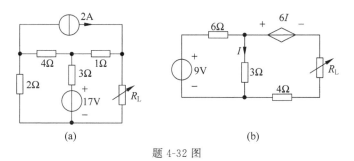

题 4-32 图

4-33 在题 4-33 图所示电路中,已知当 $R_L=8\Omega$ 时,$I_L=20A, I=-11A$；当 $R_L=2\Omega$ 时,$I_L=50A, I=-5A$。求 R_L 为何值时,它消耗的功率最大,并求此功率及此时的电流 I。

4-34 如题 4-34 图所示电路,N_0 为无源线性电阻网络,$R=5\Omega$。已知当 $U_s=0$ 时,$U_1=10V$,当 $U_s=60V$ 时,$U_1=40V$。求当 $U_s=30V$,R 为多少时,它可从电路中获取最大功率,最大功率是多少？

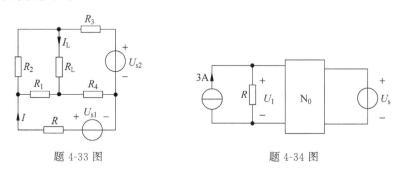

题 4-33 图   题 4-34 图

4-35 在题 4-35 图所示电路中，N 为线性含源电阻网络。当开关 S 断开时，$I_1=1\text{A}$，$I_2=5\text{A}$，$U=10\text{V}$；当 $R=6\Omega$ 且开关 S 合上时，$I_1=2\text{A}$，$I_2=4\text{A}$；当调节 $R=4\Omega$ 时其获得最大功率。试求当调节电阻 R 为何值时，可使两个电流表的读数相等，且这一读数为多少？

4-36 电路如题 4-36 图所示，N_1 和 N_2 是两个不同的线性无源网络。当 $U_s=9\text{V}$，$R=3\Omega$ 时，$I_1=3\text{A}$，$I_2=1\text{A}$；当 $U_s=10\text{V}$，$R=0$ 时，$I_1=4\text{A}$，$I_2=2\text{A}$。求当 $U_s=13\text{V}$，$R=6\Omega$ 时，I_1 和 I_2 等于多少？

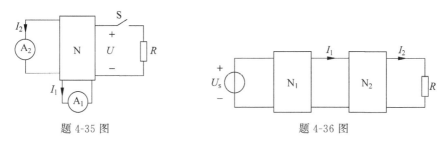

题 4-35 图　　　　　　　　题 4-36 图

4-37 电路如题 4-37 图所示，求电压 U。

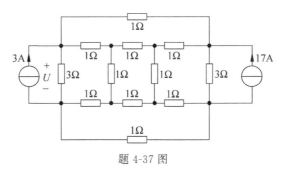

题 4-37 图

4-38 在题 4-38 图所示电路中，R 和 E 均为已知，求 I_{AB} 和 U_{CD}。

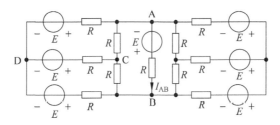

题 4-38 图

第 5 章 含运算放大器的电阻电路

CHAPTER 5

本章提要

运算放大器是一种多端电子器件,在工程中获得了非常广泛的应用。在电路理论中,运算放大器被视为一种基本的多端电路元件。本章介绍运算放大器的特性以及含有理想运算放大器的线性电阻电路的分析方法。

5.1 运算放大器及其特性

运算放大器是一种具有较复杂结构的多端集成电路,它通常由数十个晶体管和许多电阻构成,其本质是一种具有高放大倍数的直接耦合的放大器。由于早期主要将它用于模拟量的加法、减法、微分、积分、对数等运算,因此称为运算放大器,简称为"运放"。现在运算放大器的应用已远远超出了模拟量运算的范围,在各种不同功能的电路、装置中都能看到它的应用,例如广泛地使用于控制、通信、测量等领域中。人们已将运算放大器视为一种常用电路元件。

一、实际运算放大器及其特性

实际运算放大器有多个外部端钮,其中包括为保证其正常工作所需连接的外部直流电源的端钮以及为改善其性能而在外部采取一定措施的端钮。而在电路分析中人们关心的是它的外部特性,而将它看作为一种具有四个端钮的元件,其电路符号如图 5-1 所示。图中的三角形符号表示它为放大器。它的四个端钮是反相输入端 1,同相输入端 2,输出端 3 以及接地端 4。图中的 u_1 和 u_2 分别为反相输入端和同相输入端的对地电压;i_1 和 i_2 分别为自反相输入端和同相输入端流入运算放大器的电流;u_o 为输出端

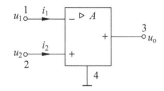

图 5-1 运算放大器的电路符号

对地电压。A 称为运算放大器的开环放大倍数。当运算放大器工作在放大区时,其输出电压与两个输入端的电压间的关系式为

$$u_o = A(u_2 - u_1) = A u_d \tag{5-1}$$

式中 $u_d = u_2 - u_1$,u_d 称为差动电压,为同相输入端电压与反相输入端电压之差,即两个输入端子间的电压。

输出电压 u_o 与差动电压 u_d 的关系曲线称为运放的转移特性(输入-输出特性)。运算放大器典型的转移特性如图 5-2 所示。图中 E_o 称为运放的输出饱和电压。显而易见,实际运算放大器是一种非线性器件。

实际运算放大器有如下特性:

(1) 其开环放大倍数 A 很高,一般可达 $10^5 \sim 10^8$。

(2) 由转移特性可见,当 $-e < u_d < e$ 时,输出电压随输入差动电压的增加而增长,这一区域称为运放的放大区。e 一般很小,为 mV 级。

(3) 当 $u_d < -e$ 及 $u_d > e$ 时,输出电压 $|u_o| \approx |E_o|$,即输出电压几乎保持不变,一般比运放外加直流电源的电压小 2V 左右。这一区域称为运放的饱和区。

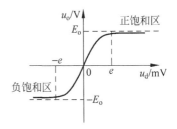

图 5-2 运算放大器典型的转移特性

(4) 流入实际运算放大器的电流 i_1 和 i_2 很小,近似为零。

(5) 由运放的输入-输出关系式(5-1),当 $u_1 = 0$ 时,$u_o = Au_2$,即输出电压 u_o 与输入电压 u_2 具有相同的符号,因此把端钮 2 称为同相输入端,并在运放的电路符号中用"+"标识。当 $u_2 = 0$ 时,$u_o = -Au_1$,即输出电压 u_o 与输入电压 u_1 的符号相反,因此把端钮 1 称为反相输入端,并在运放的电路符号中用"−"标识。

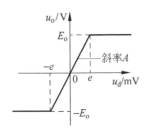

图 5-3 运放的分段线性化的转移特性

(6) 无论是由运放的两个输入端观察,还是由各输入端与接地端观察,电阻 R_{in}(称输入电阻)均很大,一般为 $10^6 \sim 10^{13} \Omega$。而从运放的输出端与接地端观察的电阻 R_o(称输出电阻)很小,通常在 100Ω 以下。

实际运算放大器有一种常用的近似处理方法,即将运放的转移特性分段线性化,如图 5-3 所示。图中,当 $-e \leqslant u_d \leqslant e$ 时,运放的转移特性用一条过原点的斜率为 A 的直线段表示,这一区域称为线性放大区。在直流和低频的情况下,实际运算放大器的有限增益电路模型如图 5-4 所示,这一电路可用于含运算放大器电路的定量分析计算。该电路的简化模型如图 5-5 所示。

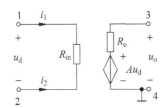

图 5-4 运放的有限增益电路模型

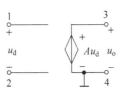

图 5-5 运算放大器的简化电路模型

二、理想运算放大器及其特性

1. 理想运放的条件

在电路理论中作为电路元件的运算放大器是实际运算放大器的理想化模型,理想化的条件为:

(1) 它具有理想化的转移特性,如图 5-6 所示。由图可见,其线性区域中的转移特性位于纵轴上,该直线的斜率为无穷大,这也表明理想运放的开环放大倍数 $A=\infty$。

(2) 其具有无穷大的输入电阻,即 $R_{\text{in}}=\infty$。

(3) 其输出电阻为零,即 $R_{\text{o}}=0$。

2. 理想运放的特性

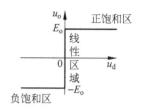

图 5-6 理想运算放大器的转移特性

由理想运放的条件,可导出该元件的如下重要特性:

(1) 因输入电阻 $R_{\text{in}}=\infty$,则从理想运放两输入端观察相当于断路,因此有 $i_1=0$ 和 $i_2=0$,即流入两输入端钮的电流均为零。这一特性称为"虚断路"。

(2) 输出电压 $u_{\text{o}}=Au_{\text{d}}$,但 $A=\infty$,而 u_{o} 总为有限值,因此必有 $u_{\text{d}}=0$,这表明理想运放的两输入端之间的电压为零,或两输入端的对地电位相等,或两输入端之间等同于短路。这一特性称为"虚短路"。

(3) 理想运算放大器是有源元件,它能向外电路提供能量。在如图 5-7 所示电路中,运算放大器吸收的功率为

$$p = u_1 i_1 + u_2 i_2 - u_{\text{o}} i_{\text{o}}$$

因 $i_1=0$, $i_2=0$,且 $u_{\text{o}}=R_L i_{\text{o}}$,则

$$p = -u_{\text{o}} i_{\text{o}} = -R_L i_{\text{o}}^2 < 0$$

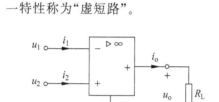

图 5-7 运算放大器是有源元件的说明图

上述结果表明运算放大器向外接电阻输出功率。

需说明的是,分析计算含理想运放的电路时,并不使用理想运放的输入-输出关系式即式(5-1),这是因为式中 $A=\infty$, $u_{\text{d}}=0$,显然用该式不能求得输出电压。实际计算时,需根据连接于运放的外部电路,利用运放的基本特性即"虚断路""虚短路"特性并结合 KCL 和 KVL 进行求解。

在后面的讨论中,若不特别说明,所涉及的均是理想运算放大器,其电路符号中的开环放大倍数用∞表示。

5.2 含运算放大器的电阻电路分析

对含理想运算放大器的电路进行分析时,依据的是其"虚短路"和"虚断路"这两个基本特性。"虚短路"是指它的两个输入端子间的电压为零,或两个输入端子的电位相等;"虚断路"是指流入它的两个端子的电流为零。

需特别说明的是,运算放大器在实际应用中需引入"负反馈"以构成闭环电路(系统),如图 5-8 所示。图中反馈电路应接于运算放大器的输出端和反相输入端之间。

1. 反相放大器

例 5-1 求如图 5-9(a)所示电路中的输出电压 u_{o}。

解 电路中运放的同相输入端直接接地,按运放的"虚短路"特性,a 点也相当于接地,即 $u_{\text{a}}=0$。于是流过电阻 R 的电流为

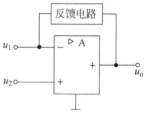

图 5-8 引入负反馈的运放电路

$$i = \frac{u_s - u_a}{R} = \frac{u_s}{R}$$

电阻 R_f 接在反相输入端和输出端之间,称为反馈电阻。由于 $i_1 = 0$,有 $i_f = i$。又由 KVL,得

$$u_o = -R_f i_f = -\frac{R_f}{R} u_s = \beta u_s$$

这表明该电路的输出电压与输入电压成正比。显然这一电路与一电压控制电压源相当,如图 5-9(b)所示。该电路的输出电压 u_o 与输入电压 u_s 极性相反,故称为反相放大器。

在图 5-9(a)所示电路中,若 $R = 1\text{k}\Omega$, $R_f = 12\text{k}\Omega$, $u_s(t) = 50\sin\omega t \text{ mV}$,则输出电压为

$$u_o(t) = -\frac{R_f}{R} u_s(t) = -12 u_s(t) = -600\sin\omega t \text{ mV}$$

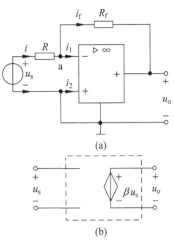

图 5-9 例 5-1 电路

为保证运算放大器工作在线性放大区,应将输入电压 u_s 的幅值限制在一定的范围内。若该运放的饱和电压 $E_o = 12\text{V}$,则输入 u_s 的幅值应满足下式

$$|u_s| < \frac{R}{R_f} E_o = \frac{1}{12} \times 12 = 1\text{V}$$

2. 同相放大器

例 5-2 电路如图 5-10 所示,求输出电压 u_o。

解 由运放的"虚短路"特性,有

$$u_a = u_s$$

又有

$$i = \frac{u_a}{R_1} = \frac{u_s}{R_1}$$

根据"虚断路"特性,得到 $i_f = i$,于是由 KVL,有

$$u_o = R_f i_f + u_s = \left(1 + \frac{R_f}{R_1}\right) u_s$$

由此可以看出,这一电路的输出电压幅度大于输入电压幅度,且两者极性相同,因此称为同相放大器。

3. 电压跟随器

例 5-3 图 5-11 所示电路称为"电压跟随器",求其输出电压 u_o。

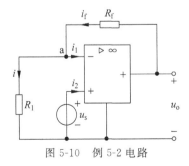

图 5-10 例 5-2 电路

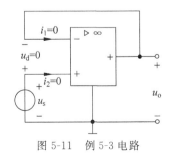

图 5-11 例 5-3 电路

解 根据运放的"虚断路""虚短路"特性,有

$$i_1 = 0, \quad i_2 = 0, \quad u_d = 0$$

又由 KVL,有

$$u_o = u_s - u_d$$

于是可得

$$u_o = u_s$$

可见该电路的输出电压 u_o 与输入电压 u_s 的变化规律完全相同,即输出跟随输入变化,因此称之为"电压跟随器"。此电路的输入电阻为无限大,而输出电阻为零,输出电压 u_o 与外接负载无关,即使电源 u_s 含有内阻时也是如此,即它的输出具有理想电压源的特性。这表明该电路能实现信号源与负载的"隔离"作用,因此又称它为"缓冲器"。

在图 5-12(a)所示分压电路中,输出电压 u_o 将随负载 R_L 的变化而变化。当在电阻 R_o 与负载电阻 R_L 之间接入电压跟随器之后,如图 5-12(b)所示,则负载电阻 R_L 上得到不变的电压 u_o,且

$$u_o = \frac{R_o}{R_s + R_o} u_s$$

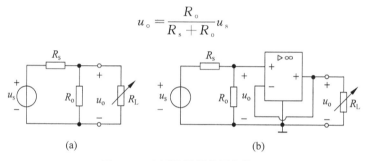

图 5-12 电压跟随器的隔离作用

4. 加法器

例 5-4 求图 5-13 所示电路的输出电压 u_o 和各输入电压间的关系。

解 因运放的同相输入端直接接地,由"虚短路"特性,知

$$u_a = 0$$

又由"虚断路"特性及 KCL,有

$$i_1 + i_2 + i_3 = i_f \quad (1)$$

又有

$$i_1 = \frac{E_1}{R_1}, i_2 = \frac{E_2}{R_2}, i_3 = \frac{E_3}{R_3}, i_f = -\frac{u_o}{R_f}$$

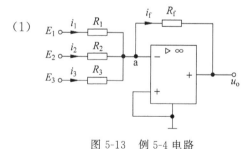

图 5-13 例 5-4 电路

将各电流代入式(1),得

$$-\frac{u_o}{R_f} = \frac{E_1}{R_1} + \frac{E_2}{R_2} + \frac{E_3}{R_3}$$

$$u_o = -\left(\frac{R_f}{R_1}E_1 + \frac{R_f}{R_2}E_2 + \frac{R_f}{R_3}E_3\right)$$

若有 $R_1 = R_2 = R_3 = R$,则

$$u_o = -\frac{R_f}{R}(E_1 + E_2 + E_3)$$

可见该电路能实现各输入电压的求和运算,故称为加法器。

5. 减法器

例 5-5 电路如图 5-14 所示,求输出电压 u_o 和两个输入电压 u_{s1} 和 u_{s2} 间的关系。

解 由"虚断路",有

$$i_2 = i_3 = \frac{u_{s2}}{R_1 + R_f}, \quad u_b = R_f i_3 = \frac{R_f}{R_1 + R_f} u_{s2}$$

由"虚短路",知 $u_a = u_b$。又由"虚断路",得

$$i_f = i_1 = \frac{u_{s1} - u_a}{R_1}$$

根据 KVL,有

$$u_o = -R_f i_f + u_a$$

将 u_a 及 i_f 的表达式代入上式后解得

$$u_o = \frac{R_f}{R_1}(u_{s2} - u_{s1})$$

由此可见,该电路的输出正比于两输入之差,故称为"减法器"。

6. 负阻变换器

例 5-6 求图 5-15 所示电路的输入电阻 R_{ab}。

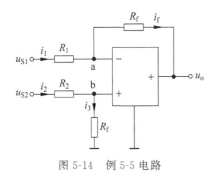

图 5-14 例 5-5 电路 　　　图 5-15 例 5-6 电路

解 设在 ab 端口加电压 u,由运放的"虚短路"和"虚断路"特性,可得

$$u = u_c = \frac{R_2}{R_1 + R_2} u_o$$

于是有

$$u_o = \frac{R_1 + R_2}{R_2} u$$

又由 KVL,有

$$u = R_f i + u_o = R_f i + \frac{R_1 + R_2}{R_2} u$$

由此解出

$$R_{ab} = \frac{u}{i} = -\frac{R_2 R_f}{R_1}$$

这一结果表明,从 ab 端口看进去,该电路为一负电阻。例如当 $R_1 = R_2 = 2\text{k}\Omega$, $R_f = 20\text{k}\Omega$ 时,则 $R_{ab} = -20\text{k}\Omega$。这一电路称为"负阻变换器"。

7. 回转器

回转器是现代网络理论中使用的一种双口电路器件，它可由运算放大器予以实现。回转器的电路符号如图 5-16 所示，其端口伏安关系式为

$$\begin{cases} i_1 = g u_2 \\ i_2 = -g u_1 \end{cases}$$

或

$$\begin{cases} u_1 = -r i_2 \\ u_2 = r i_1 \end{cases}$$

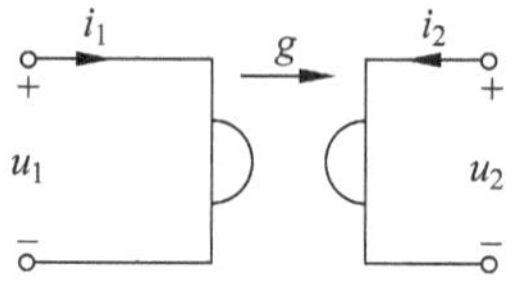

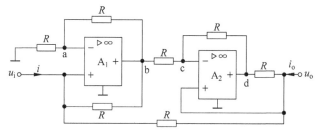

图 5-16　回转器电路符号

式中的 g 为回转电导，$r=1/g$ 为回转电阻。由上述关系式可见，回转器具有转换端口电压、电流的特性，即能将一个端口的电压转换为另一端口的电流，或将一个端口的电流转换为另一端口的电压。

在工程应用中，可利用回转器的特性，将电容元件"回转"为电感元件。当在回转器的输出端口接一电容元件后，从回转器的输入端口看则相当于接一电感元件。这一结果可用于在集成电路制造中实现不易集成的电感元件。

例 5-7　图 5-17 所示电路可用于实现回转器。试求该电路的输入、输出端口电压、电流间的关系式。

图 5-17　例 5-7 电路——实现回转器的电路

解　对运算放大器 A_1，有

$$u_a = u_i = \frac{R}{R+R} u_b = \frac{1}{2} u_b$$

于是可得

$$i = \frac{u_a - u_b}{R} + \frac{u_a - u_o}{R} = \frac{u_i - 2u_i}{R} + \frac{u_i - u_o}{R}$$
$$= -\frac{u_o}{R}$$

对运算放大器 A_2，有

$$u_d = \frac{u_c - u_b}{R} R + u_c = u_o - 2u_i + u_o = 2u_o - 2u_i$$

又得到

$$i_o = \frac{u_o - u_d}{R} + \frac{u_o - u_i}{R} = \frac{2u_i - u_o}{R} + \frac{u_o - u_i}{R} = \frac{u_i}{R}$$

若令 $u_o = u_1, i_o = i_1, u_i = u_2, i = i_2, g = 1/R$，则可得到 $i_1 = g u_2, i_2 = -g u_1$，可见该电

路为一回转器。

练习题

5-1 在图 5-18 所示的电路中,运放的开环放大倍数 A 为有限值,求该电路的电压增益 $K = \dfrac{u_o}{u_i}$。

5-2 求图 5-19 所示理想运放电路的输出电压 u_o。

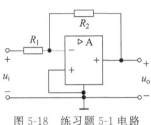

图 5-18 练习题 5-1 电路

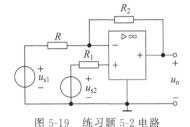

图 5-19 练习题 5-2 电路

5-3 证明回转器是无源元件。

5.3 例题分析

例 5-8 求图 5-20 所示含理想运算放大器电路中的电压 u_o 和电流 i_o,已知 $u_s = 2\text{V}$,$R_o = 3\text{k}\Omega$。

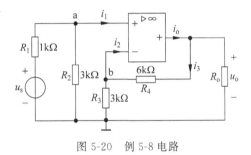

图 5-20 例 5-8 电路

解 由理想运放的"虚断路"特性,可求得

$$u_a = \frac{R_2}{R_1 + R_2} \times u_s = \frac{3}{1+3} \times 2 = 1.5\text{V}$$

又由"虚短路",知 $u_b = u_a = 1.5\text{V}$,于是

$$i_3 = \frac{u_b}{R_3} = \frac{1.5}{3 \times 10^3} = \frac{1}{2} \times 10^{-3}\text{A} = 0.5\text{mA}$$

$$u_o = R_4 i_3 + u_b = 6 \times 10^3 \times 0.5 \times 10^{-3} + 1.5 = 4.5\text{V}$$

进一步求出

$$i_o = i_3 + \frac{u_o}{R_o} = 0.5 + \frac{4.5}{3} = 2\text{mA}$$

例 5-9 电路如图 5-21 所示。(1)当两个开关接在 a 和 a′ 位置时,分别求 $R_1 = R_2 = 1\text{k}\Omega$ 和 $R_1 = R_2 = 2\text{k}\Omega$ 时的电路输出电压和输入电压之比(转移电压比)u_o/u_i;(2)当两个开关接在 b 和 b′ 位置时,再求上述两种参数条件下的转移电压比 u_o/u_i。

解 (1)当开关 S_1、S_2 接在 a、a′ 位置时,若 $R_1 = R_2 = 1\text{k}\Omega$,有 $u_o = u_2/2$,又求出

$$u_2 = u_1 = \frac{1}{2+1} u_i = \frac{1}{3} u_i$$

于是转移电压比为

$$\frac{u_o}{i_i} = \frac{1}{3} \times \frac{1}{2} = \frac{1}{6}$$

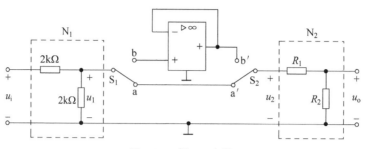

图 5-21 例 5-9 电路

若 $R_1 = R_2 = 2\text{k}\Omega$，仍有 $u_o = u_i/2$，且

$$u_2 = u_1 = \frac{4/3}{2 + 4/3} u_i = \frac{2}{5} u_i$$

于是转移电压比为

$$\frac{u_o}{u_i} = \frac{2}{5} \times \frac{1}{2} = \frac{1}{5}$$

由上述分析计算可知，N_1 的转移电压比受 N_2 的影响，从而电路的整体转移电压比（或输出电压）将随 N_2 的变化而变化。

(2) 当开关 S_1、S_2 接在 b、b' 位置时，是在 N_1 和 N_2 之间插入电压跟随器。由于跟随器的输入电阻为无限大，因此 N_2 的接入不会对 N_1 的转移电压比和输出 u_1 产生影响。这表明电压跟随器起到了隔离 N_1 和 N_2 的作用，避免了两者的相互影响。于是电路的总体转移电压比是两个电路 N_1 和 N_2 转移电压比的乘积。对 N_1 其转移电压比为

$$\frac{u_1}{u_i} = \frac{2}{2+2} = \frac{1}{2}$$

对 N_2，在两组 R_1、R_2 参数时，均有转移电压比为

$$\frac{u_o}{u_2} = \frac{u_o}{u_1} = \frac{1}{2}$$

于是在 R_1、R_2 两组参数下的电路总体转移电压比为

$$\frac{u_o}{u_i} = \frac{u_1}{u_i} \cdot \frac{u_o}{u_2} = \frac{1}{2} \times \frac{1}{2} = \frac{1}{4}$$

由此可见，在插入了电压跟随器后，可使电路的分析、设计得到简化。

例 5-10 求图 5-22 所示电路输出电流 i_2 和输入电流 i_1 的关系式。

解 因 $u_1 = 0$，由 KVL，有

$$R_1 i_1 = R_2 i_3$$

又由 KCL，有

$$i_2 = i_1 + i_3$$

于是求得

$$i_2 = \left(1 + \frac{R_1}{R_2}\right) i_1$$

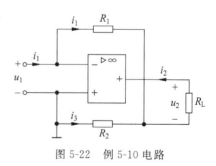

图 5-22 例 5-10 电路

例 5-11 电路如图 5-23 所示，求输出电压 U_o。

解 先求电路左边运放的输出 U_a。由"虚断路"及"虚短路"特性，知 $U_b = 5\text{V}$，由此可得

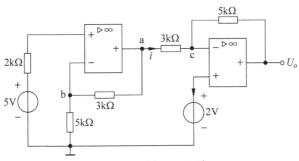

图 5-23 例 5-11 电路

$$U_a = U_b + \frac{U_b}{5} \times 3 = 5 + 1 \times 3 = 8\text{V}$$

又知 $U_c = 2\text{V}$,且有

$$i = \frac{U_a - U_c}{3 \times 10^3} = \frac{8 - 2}{3 \times 10^3} = 2\text{mA}$$

于是求出

$$U_o = -5 \times 10^3 i + U_c = -10 + 2 = -8\text{V}$$

习题

5-1 求题 5-1 图所示含理想运放电路中的输出电压 u_o。

5-2 电路如题 5-2 图所示,求输出电压 u_o。

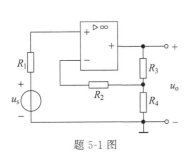

题 5-1 图

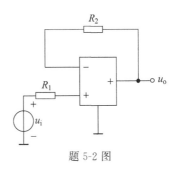

题 5-2 图

5-3 求题 5-3 图所示电路的电压 u_o。

5-4 电路如题 5-4 图所示,求输出电压与输入电压之比 u_o/u_i。

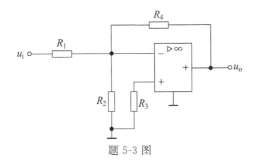

题 5-3 图

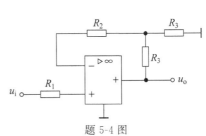

题 5-4 图

5-5 求题 5-5 图所示电路中 a、b 两点间的戴维南等效电路。

5-6 求题 5-6 图所示电路中的输出电压 u_o。

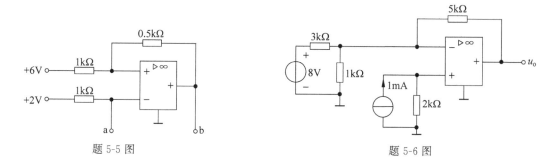

题 5-5 图　　　　　　题 5-6 图

5-7 求题 5-7 图所示电路中的输出电压 u_o 和电流 i。

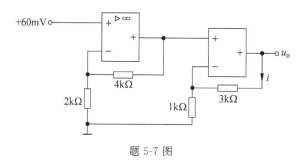

题 5-7 图

5-8 电路如题 5-8 图所示，试求其入端电阻 R_{in}。

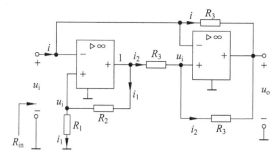

题 5-8 图

5-9 求题 5-9 图所示电路的输出电压 u_o。

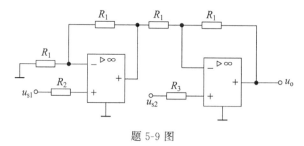

题 5-9 图

5-10 电路如题 5-10 图所示，试求输出电压 u_o。

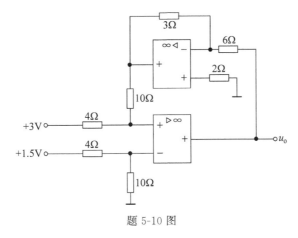

题 5-10 图

第6章 动态元件

CHAPTER 6

本章提要

电容和电感元件是电路中常见的两种基本元件,也称为动态元件,含有这两种元件的电路称为动态电路。本章主要内容有:奇异函数以及用奇异函数表示波形的方法;电容、电感元件的定义及其伏安特性;电容、电感元件的串、并联电路分析。

6.1 奇异函数

电路中的各种电物理量(简称为电量)如电压、电流、电荷、磁链、功率、能量等都是随时间变化的量。对这些电量的描述可以采用两种形式,一种是函数表达式,另一种是波形表示。前者便于进行各种数学运算,后者观察起来更为直观。

时间函数分为普通函数和奇异函数两类。常量、正弦量和指数函数等是大家所熟悉的普通函数。奇异函数是一类特殊的函数,又称为广义函数。那些波形有间断点,或者导数具有间断点,或者某些点处的幅值趋于无穷大的函数,都可归属于奇异函数。近代电路理论和信号分析都引入了奇异函数,例如在电路的动态分析中用奇异函数表示激励和响应。下面介绍几种典型而重要的奇异函数。

一、阶跃函数

1. 单位阶跃函数 $\varepsilon(t)$

单位阶跃函数 $\varepsilon(t)$ 的定义式为

$$\varepsilon(t) = \begin{cases} 1, & t > 0 \\ 0, & t < 0 \end{cases} \tag{6-1}$$

其波形如图 6-1 所示。

$\varepsilon(t)$ 为不连续函数,其波形由两段构成,当 $t<0$ 时,其值为零;$t>0$ 时,其值为 1。$t=0$ 为间断点 $[\varepsilon(0_-)=0,\varepsilon(0_+)=1]$,函数 $\varepsilon(t)$ 在该点数值不定,导数奇异,故单位阶跃函数 $\varepsilon(t)$ 为奇异函数,"单位"的含义是指其不为零的值为 1。

2. 延迟单位阶跃函数 $\varepsilon(t-t_0)$

延迟单位阶跃函数的定义为

$$\varepsilon(t-t_0) = \begin{cases} 1, & t > t_0 \\ 0, & t < t_0 \end{cases} \qquad (6\text{-}2)$$

其波形如图 6-2 所示。

图 6-1 单位阶跃函数的波形

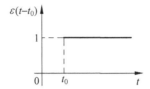

图 6-2 延迟单位阶跃函数的波形

$\varepsilon(t-t_0)$ 和 $\varepsilon(t)$ 的区别在于前者的跳变点在 $t=t_0$ 处,而后者的跳变点在 $t=0$ 处,即前者的跳变点比后者延时 t_0。单位阶跃函数可视为延迟单位阶跃函数的特例($t_0=0$)。

3. 一般阶跃函数 $A\varepsilon(t+t_0)$

凡波形可分为两段,且一段位于横轴(t 轴)上,另一段为平行于 t 轴的直线的函数,被称为一般阶跃函数,简称为阶跃函数。图 6-3 所示波形 f_1、f_2 就是两个阶跃函数的例子。

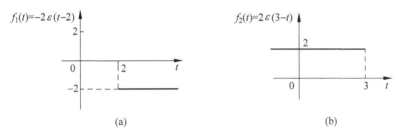

图 6-3 两例阶跃函数的波形

欲画出给定的阶跃函数的波形,关键在于确定跳变点和波形走向(非零值波形的延伸方向)。设阶跃函数的一般表达式为

$$f(t) = A\varepsilon(kt+t_0) = A\varepsilon(\xi)$$

式中,A 为任意常数,$\xi = kt+t_0$ 称为函数的宗量。$\varepsilon(\xi)$ 是单位阶跃函数,当 $\xi > 0$ 时,$f(t) = A$;当 $\xi < 0$ 时,$f(t) = 0$。因此,通过解不等式 $\xi > 0$ 或 $\xi < 0$ 便不难确定阶跃函数 $f(t)$ 的跳变点及波形走向,从而画出 $f(t)$ 的波形。

例 6-1 试画出阶跃函数 $f(t) = -2\varepsilon(-t+1)$ 的波形。

解 函数的宗量为 $\xi = -t+1$,当 $\xi > 0$ 即 $t < 1$ 时,$f(t) = -2$;当 $\xi < 0$ 即 $t > 1$ 时,$f(t) = 0$。于是做出 $f(t)$ 的波形如图 6-4 所示。

4. 阶跃函数在电路分析中的作用

(1) 可描述开关的作用。

图 6-5(a)所示电路表示 $t=t_0$ 时,一个电压源与外电路相接。引入阶跃函数后,该电路可表示为图 6-5(b),因此阶跃函数在电路图中可代替开关的作用并表示开关的开闭时间。

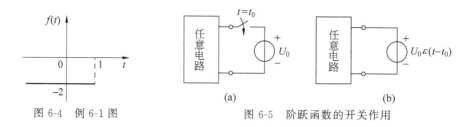

图 6-4 例 6-1 图 图 6-5 阶跃函数的开关作用

(2) 表示不连续波形。

用阶跃函数构成的"闸门函数"可截取任意波形上的一段。利用这一特性,可方便地将分段连续的波形用一个完整的数学式表达,本章的 6.2 节将讨论这一问题。

(3) 表示时间定义域。

设一函数为

$$f(t) = \begin{cases} e^{-t}, & t > t_0 \\ 0, & t < t_0 \end{cases}$$

则该函数可表示为

$$f(t) = e^{-t}\varepsilon(t-t_0)$$

这里阶跃函数 $\varepsilon(t-t_0)$ 起到了表示时间定义域的作用。应注意此例中 $t<t_0$ 时 $f(t)=0$,是将 $f(t)$ 对应于定义域 $t>t_0$ 中的表达式 e^{-t} 与 $\varepsilon(t-t_0)$ 相乘的充分条件。

二、单位脉冲函数 $P_\Delta(t)$

单位脉冲函数 $P_\Delta(t)$ 的定义式为

$$P_\Delta(t) = \begin{cases} 0, & t < 0 \\ \dfrac{1}{\Delta}, & 0 < t < \Delta \\ 0, & t > \Delta \end{cases} \tag{6-3}$$

其波形如图 6-6 所示,它由三段构成。矩形波的宽度为 Δ,高度为 $\dfrac{1}{\Delta}$,其面积 $S_P = \Delta \cdot \dfrac{1}{\Delta} = 1$。"单位"是指波形的面积为 1。

$AP_\Delta(t-t_0)$ 称为脉冲函数。

例 6-2 试做出函数 $2P_{\frac{1}{2}}(t-1)$ 的波形。

解 要画出脉冲函数的波形,必须确定脉冲波的宽度、高度及跳变点。此例中,脉冲宽度为 $\Delta = \dfrac{1}{2}$,高度为 $A \cdot \dfrac{1}{\Delta} = 2 \times 2 = 4$,两个跳变点分别为 $t_1 = 1$ 和 $t_2 = t_1 + \Delta = 1 + \dfrac{1}{2} = \dfrac{3}{2}$。做出波形如图 6-7 所示。应注意脉冲波的高度并非为 A。

图 6-6 单位脉冲函数的波形 图 6-7 例 6-2 图

三、冲激函数

1. 单位冲激函数 $\delta(t)$

单位冲激函数 $\delta(t)$ 的定义为

$$\delta(t) = \begin{cases} 奇异, & t = 0 \\ 0, & t \neq 0 \end{cases} \quad (6\text{-}4)$$

且

$$\int_{-\infty}^{\infty} \delta(t) dt = 1 \quad (6\text{-}5)$$

其波形如图 6-8 所示。应注意单位冲激函数的定义式由式(6-4)和式(6-5)两式组成,缺一不可。式中的"奇异"表示在 $t=0$ 时,波形的幅度趋于无穷大,但其奇异性又需满足式(6-5)。式(6-5)表明 $\delta(t)$ 波形下所围的面积为 1,这便是"单位"的含义。

$\delta(t)$ 的面积又称为脉冲"强度"。单位冲激函数是用强度而不是用幅度来表征的。在其波形的箭头旁应标明其强度。

图 6-8 单位冲激函数的波形

式(6-5)又可写为

$$\int_{-\infty}^{\infty} \delta(t) dt = \int_{0_-}^{0_+} \delta(t) dt = 1 \quad (6\text{-}6)$$

单位冲激函数显然不是普通函数,它也称作狄拉克函数。$\delta(t)$ 可看作某些函数在一定条件下的极限情况,例如可把它视为单位脉冲函数 $P_\Delta(t)$ 在脉宽 $\Delta \to 0$ 时的极限:

$$单位脉冲函数的幅度 = \lim_{\Delta \to 0} \frac{1}{\Delta} = \infty$$

$$单位脉冲函数的面积 = \lim_{\Delta \to 0} \int_{-\infty}^{\infty} P_\Delta(t) dt = \lim_{\Delta \to 0} \frac{1}{\Delta} \cdot \Delta = 1$$

2. 冲激函数 $A\delta(t-t_0)$

$f(t) = A\delta(t-t_0)$ 称为冲激函数,其定义为

$$f(t) = \begin{cases} 奇异, & t = t_0 \\ 0, & t \neq t_0 \end{cases} \quad (6\text{-}7)$$

且

$$\int_{-\infty}^{\infty} A\delta(t-t_0) dt = \int_{t_{0-}}^{t_{0+}} A\delta(t-t_0) dt = A \quad (6\text{-}8)$$

式中,A 为任意常数,称为冲激函数的强度;t_0 亦为常数,且 A 和 t_0 均可正可负。图 6-9 给出了 $A>0$,$t>0$ 时 $A\delta(t-t_0)$ 和 $A\delta(t+t_0)$ 的波形。

单位冲激函数 $\delta(t)$ 是冲激函数 $A=1$ 和 $t_0=0$ 的特例。

冲激函数在近代电路分析和信号理论中有着重要的地位和应用。极短时间内产生的极大电流和电压可近似看作为冲激函数。

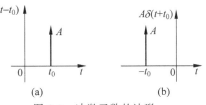

图 6-9 冲激函数的波形

3. 冲激函数的一些性质

下面给出冲激函数的一些重要性质,有些性质予以简略的证明。

性质 1　冲激函数是阶跃函数的导数,阶跃函数是冲激函数的积分,即

$$\delta(t) = \frac{d\varepsilon(t)}{dt} \tag{6-9}$$

或

$$\varepsilon(t) = \int_{-\infty}^{t} \delta(t') dt' \tag{6-10}$$

证明　(1) 式(6-9)的证明。

脉冲函数 $P_\Delta(t)$ 可用阶跃函数表示为

$$P_\Delta(t) = \frac{1}{\Delta}[\varepsilon(t) - \varepsilon(t-\Delta)]$$

前已指出,$\delta(t)$ 可看作 $P_\Delta(t)$ 的一种极限情况,即

$$\delta(t) = \lim_{\Delta \to 0} P_\Delta(t) = \lim_{\Delta \to 0} \frac{1}{\Delta}[\varepsilon(t) - \varepsilon(t-\Delta)]$$

而上式右边的表示式正是函数 $\varepsilon(t)$ 的导数定义式,于是

$$\delta(t) = \frac{d\varepsilon(t)}{dt}$$

(2) 式(6-10)的证明。

由式(6-5)可知

$$\int_{-\infty}^{t} \delta(t') dt' = 1 \quad (t > 0)$$

及

$$\int_{-\infty}^{t} \delta(t') dt' = 0 \quad (t < 0)$$

结合单位阶跃函数的定义式(6-1),可得

$$\varepsilon(t) = \int_{-\infty}^{t} \delta(t') dt'$$

性质 1 也可用下列两式表述:

$$\delta(t-t_0) = \frac{d\varepsilon(t-t_0)}{dt} \tag{6-11}$$

$$\varepsilon(t-t_0) = \int_{-\infty}^{t} \delta(t'-t_0) dt' \tag{6-12}$$

性质 2　相乘特性和筛分性。相乘特性的表达式为

$$f(t)\delta(t) = f(0)\delta(t) \tag{6-13}$$

式中 $f(t)$ 为任意连续函数。相乘特性可直观地予以说明。由 $\delta(t)$ 的波形可知该函数在 $t \neq 0$ 时为零,仅在 $t = 0$ 时取值,因此有

$$f(t)\delta(t) = f(t)|_{t=0}\delta(t) = f(0)\delta(t)$$

相乘特性也可表示为

$$f(t)\delta(t-t_0) = f(t_0)\delta(t-t_0) \tag{6-14}$$

上式表明,连续函数 $f(t)$ 与冲激函数 $\delta(t-t_0)$ 的乘积等同于一个在 t_0 时刻出现且强度为

$f(t_0)$ 的冲激函数。

设 $f(t)$ 为任意连续函数,则冲激函数的筛分性可用下式表示:

$$\int_{-\infty}^{\infty} f(t)\delta(t)\mathrm{d}t = f(0) \tag{6-15}$$

式(6-15)表明,该式左边的积分之值是一个常数,且等于函数 $f(t)$ 在 $t=0$ 时的值,也即是该积分运算能将冲激函数出现时刻($t=0$)对应的函数 $f(t)$ 的值 $f(0)$ 筛分出来。

证明 冲激函数筛分性的证明。

因 $f(t)$ 为任意连续函数,由前述相乘特性式(6-13),有

$$\int_{-\infty}^{\infty} f(t)\delta(t)\mathrm{d}t = \int_{-\infty}^{\infty} f(0)\delta(t)\mathrm{d}t = f(0)\int_{-\infty}^{\infty}\delta(t)\mathrm{d}t$$
$$= f(0)\int_{0_-}^{0_+}\delta(t)\mathrm{d}t = f(0)$$

冲激函数的筛分性也可用下式表示:

$$\int_{-\infty}^{\infty} f(t)\delta(t-t_0)\mathrm{d}t = \int_{-\infty}^{\infty} f(t_0)\delta(t-t_0)\mathrm{d}t \tag{6-16}$$
$$= f(t_0)\int_{t_{0_-}}^{t_{0_+}}\delta(t-t_0)\mathrm{d}t = f(t_0)$$

例 6-3 试计算下列积分的值。

(1) $\int_{-\infty}^{\infty} \mathrm{e}^{2(t+1)}\delta(t)\mathrm{d}t$

(2) $\int_{-\infty}^{\infty} \mathrm{e}^{-3t}\delta(t+1)\mathrm{d}t$

(3) $\int_{-\infty}^{\infty} 6\sin(3t+30°)\delta(t)\mathrm{d}t$

解 根据冲激函数的筛分性质进行计算。

(1) $\int_{-\infty}^{\infty} \mathrm{e}^{2(t+1)}\delta(t)\mathrm{d}t = \int_{-\infty}^{\infty} \mathrm{e}^2\delta(t)\mathrm{d}t = \mathrm{e}^2$

(2) $\int_{-\infty}^{\infty} \mathrm{e}^{-3t}\delta(t+1)\mathrm{d}t = \int_{-\infty}^{\infty} \mathrm{e}^3\delta(t+1)\mathrm{d}t = \mathrm{e}^3$

(3) $\int_{-\infty}^{\infty} 6\sin(3t+30°)\delta(t)\mathrm{d}t = \int_{-\infty}^{\infty} 6\sin30°\delta(t)\mathrm{d}t = 3$

性质 3 冲激函数是偶函数。该性质的表达式为

$$\delta(t) = \delta(-t) \tag{6-17}$$

或

$$\delta(t-t_0) = \delta(t_0-t) \tag{6-18}$$

例 6-4 试做出 $f(t) = -2\delta(3-t)$ 的波形。

解 $f(t) = -2\delta(3-t) = -2\delta[-(t-3)]$

由性质 3 便得

$$f(t) = -2\delta(t-3)$$

于是做出波形如图 6-10 所示。

性质 4 微分特性。单位冲激函数的一阶导数用 $\delta'(t)$ 表示,即

$$\delta'(t) = \frac{\mathrm{d}\delta(t)}{\mathrm{d}t}$$

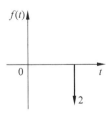

图 6-10 例 6-4 图

$\delta'(t)$ 称为单位对偶冲激函数或单位对偶脉冲,其波形如图 6-11 所示。

单位对偶冲激函数的定义式为

$$\delta'(t) = \begin{cases} 奇异, & t = 0 \\ 0, & t \neq 0 \end{cases} \quad (6\text{-}19)$$

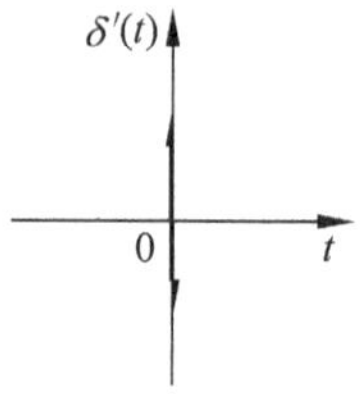

及

$$\begin{cases} \int_{-\infty}^{t} \delta'(t)\mathrm{d}t = \delta(t) \\ \int_{0_-}^{0_+} \delta'(t)\mathrm{d}t = 0 \end{cases} \quad (6\text{-}20)$$

图 6-11 单位对偶冲激函数

由冲激函数的相乘特性,有 $f(t)\delta(t) = f(0)\delta(t)$,对该式两边求导,得

$$f'(t)\delta(t) + f(t)\delta'(t) = f(0)\delta'(t)$$

于是有

$$f(t)\delta'(t) = f(0)\delta'(t) - f'(0)\delta(t)$$

6.2 波形的奇异函数表示法

这里所讨论的波形主要是指分段连续的波形,这类波形通常用分段连续函数表示。如图 6-12 所示的波形,描述它的分段函数式为

$$f(t) = \begin{cases} 0, & t < 0 \\ 1, & 0 < t \leqslant 1 \\ t, & 1 \leqslant t \leqslant 2 \\ 2, & 2 \leqslant t < 3 \\ 0, & t > 3 \end{cases}$$

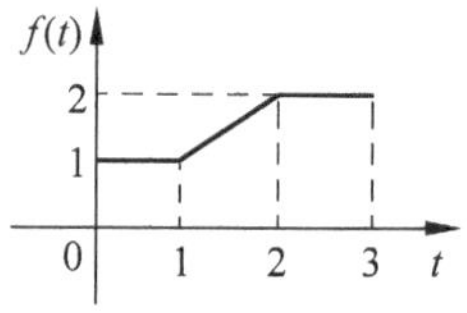

图 6-12 分段连续函数的波形示例

这种分段表示法的特点是直观、简单,但用其表达式对波形进行各种数学运算时却不太方便,有时容易出现错误。对波形的表示还可引用奇异函数,这种方法的优点是能将分段连续的波形用一个完整的数学式表示,且便于进行各种数学运算。

一、闸门函数及其表达式

用奇异函数表示分段函数需借助于所谓的"闸门函数"。

闸门函数 $G(t)$ 的波形如图 6-13 所示,其功能是能截取任一连续函数 $f(t)$ 的某段波形,即 $f(t)$ 和它相乘后,在 $t_1 < t < t_2$ 区间内为原函数 $f(t)$,而在 $t < t_1$ 及 $t > t_2$ 的区间内均恒等于零。这样 $G(t)$ 相当于一个让 $f(t)$ 通过的门限,可以筛选出位于门限之中的函数,故称 $G(t)$ 为闸门函数。

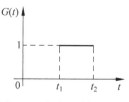

图 6-13 闸门函数的波形

闸门函数有三种基本表示法。

(1) 闸门函数表示为两阶跃函数之差。

如图 6-14(a)所示,$G(t)$ 可表示为两阶跃函数之差,即

$$G(t) = \varepsilon(t - t_1) - \varepsilon(t - t_2) \quad (6\text{-}21)$$

（2）闸门函数表示为两阶跃函数的乘积。

$G(t)$ 可视为图 6-14(b)所示两阶跃函数的乘积，即

$$G(t)=\varepsilon(t-t_1)\varepsilon(t_2-t) \tag{6-22}$$

式中，$\varepsilon(t_2-t)$ 是跳变点在 t_2 处且波形向 t 轴的负方向延伸的阶跃函数。

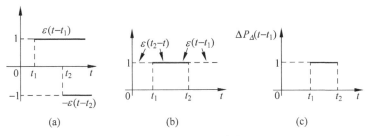

图 6-14 闸门函数的三种表示法

（3）闸门函数用脉冲函数表示。

闸门函数的波形与脉冲函数的波形相同，如图 6-14(c)所示。闸门函数可用脉冲函数表示为

$$G(t)=\Delta P_\Delta(t-t_1) \tag{6-23}$$

式中，Δ 为闸门函数的宽度，即 $\Delta=t_2-t_1$。

二、用闸门函数表示分段连续的波形

用闸门函数表示分段连续波形 $f(t)$ 的方法是将 $f(t)$ 中不为零的每一段的定义式与相应的闸门函数相乘后再予以叠加。此法也称为分段叠加法。

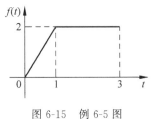

图 6-15 例 6-5 图

例 6-5 试写出如图 6-15 所示波形的数学表达式。

解 根据 $G(t)$ 函数的三种表示法，该波形可有三种表达形式：

(1) $f(t)=2t[\varepsilon(t)-\varepsilon(t-1)]+2[\varepsilon(t-1)-\varepsilon(t-3)]$

(2) $f(t)=2t[\varepsilon(t)\varepsilon(1-t)]+2[\varepsilon(t-1)\varepsilon(3-t)]$

(3) $f(t)=2t\Delta_1 P_{\Delta_1}(t)+2\Delta_2 P_{\Delta_2}(t-1)$
$=2tP_1(t)+4P_2(t-1)$

引用闸门函数表示分段连续的波形，可使表达式紧凑、清晰。而用第一种闸门函数形式表示波形十分便于对波形进行求导和积分运算。

例 6-6 设函数 $f(t)$ 的波形如图 6-16(a)所示，试做出 $\dfrac{\mathrm{d}f}{\mathrm{d}t}$ 的波形。

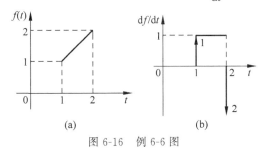

图 6-16 例 6-6 图

解 该波形的表达式为

$$f(t) = t[\varepsilon(t-1) - \varepsilon(t-2)] = t\varepsilon(t-1) - t\varepsilon(t-2)$$

$$\frac{df}{dt} = [t\varepsilon(t-1)]' - [t\varepsilon(t-2)]'$$

$$= [\varepsilon(t-1) + t\delta(t-1)] - [\varepsilon(t-2) - t\delta(t-2)]$$

$$= \varepsilon(t-1) - \varepsilon(t-2) + \delta(t-1) + 2\delta(t-2)$$

在运算中,利用了关系式

$$\frac{d\varepsilon(t-t_0)}{dt} = \delta(t-t_0)$$

及

$$f(t)\delta(t-t_0) = f(t_0)\delta(t-t_0)$$

做出 df/dt 的波形如图 6-16(b)所示。

用奇异函数表示波形时也可采用"直接叠加法"。这种方法是在函数波形的变化规律发生改变时,在原函数上叠加一个新的函数,使之能符合波形新的变化规律。

例 6-7 设函数 $f(t)$ 的波形如图 6-17(a)所示。

(1) 用闸门函数写出 $f(t)$ 的表达式;
(2) 用直接叠加法写出 $f(t)$ 的表达式;
(3) 画出对 $f(t)$ 求微分和积分的波形。

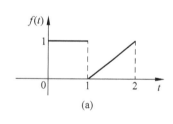
(a)
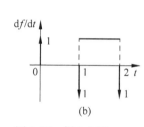
(b)
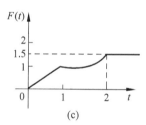
(c)

图 6-17 例 6-7 图

解 (1) 用闸门函数写出的表达式为

$$f(t) = [\varepsilon(t) - \varepsilon(t-1)] + (t-1)[\varepsilon(t-1) - \varepsilon(t-2)]$$

(2) 用"直接叠加法"时,是在波形的变化规律发生改变之处叠加一个新的函数。该波形分别在 $t=0,1,2$ 处发生改变。因此

在 $t=0$ 处,叠加 $f_1(t) = \varepsilon(t)$

在 $t=1$ 处,叠加 $f_2(t) = (t-2)\varepsilon(t-1)$

在 $t=2$ 处,叠加 $f_3(t) = (1-t)\varepsilon(t-2)$

于是所求为

$$f(t) = f_1(t) + f_2(t) + f_3(t) = \varepsilon(t) + (t-2)\varepsilon(t-1) + (1-t)\varepsilon(t-2)$$

(3) 由直接叠加法的结果,可得

$$\frac{df(t)}{dt} = \delta(t) + \varepsilon(t-1) + (t-2)\delta(t-1) - \varepsilon(t-2) + (1-t)\delta(t-2)$$

$$= \delta(t) + [\varepsilon(t-1) - \varepsilon(t-2)] - \delta(t-1) - \delta(t-2)$$

做出 $\dfrac{\mathrm{d}f(t)}{\mathrm{d}t}$ 的波形如图 6-17(b)所示。

对 $f(t)$ 求积分可用两种方法。第一种方法是分段积分法。设 $F(t)=\int_{-\infty}^{t}f(t')\mathrm{d}t'$，

当 $0\leqslant t\leqslant 1$ 时，$F(t)=\int_{0_{-}}^{t}f(t')\mathrm{d}t'=\int_{0_{-}}^{t}1\cdot\mathrm{d}t'=t$

当 $t=1$ 时，$F(1)=t\mid_{t=1}=1$

当 $1\leqslant t\leqslant 2$ 时，$F(t)=F(1)+\int_{1}^{t}f(t')\mathrm{d}t'=1+\int_{1}^{t}(t'-1)\mathrm{d}t'=1+\dfrac{1}{2}(t-1)^2$

当 $t=2$ 时，$F(2)=\left[1+\dfrac{1}{2}(t-1)^2\right]_{t=2}=\dfrac{3}{2}$

当 $t\geqslant 2$ 时，$F(t)=F(2)+\int_{2}^{t}0\cdot\mathrm{d}t'=F(2)=\dfrac{3}{2}$

于是做出 $F(t)=\int_{-\infty}^{t}f(t')\mathrm{d}t'$ 的波形如图 6-17(c)所示。

对 $f(t)$ 求积分的第二种方法是对用奇异函数描述波形的表达式进行积分运算。前面用直接叠加法获得的 $f(t)$ 的表达式为

$$f(t)=\varepsilon(t)+(t-2)\varepsilon(t-1)+(1-t)\varepsilon(t-2)$$

对该式求积分得

$$\begin{aligned}F(t)&=\int_{-\infty}^{t}f(t')\mathrm{d}t'=\int_{0_{-}}^{t}\varepsilon(t')\mathrm{d}t'+\int_{0_{-}}^{t}(t'-2)\varepsilon(t'-1)\mathrm{d}t'+\int_{0_{-}}^{t}(1-t')\varepsilon(t'-2)\mathrm{d}t'\\&=\varepsilon(t)\int_{0_{-}}^{t}1\cdot\mathrm{d}t'+\varepsilon(t-1)\int_{1}^{t}(t'-2)\mathrm{d}t'-\varepsilon(t-2)\int_{2}^{t}(t'-1)\mathrm{d}t'\\&=t\varepsilon(t)+\dfrac{1}{2}[(t-1)(t-3)]\varepsilon(t-1)-\dfrac{1}{2}t(t-2)\varepsilon(t-2)\end{aligned}$$

在上述积分过程中，应用了下面的关系式：

$$\int_{T}^{t}f(t')\varepsilon(t'-t_1)\mathrm{d}t'=\varepsilon(t-t_1)\int_{t_1}^{t}f(t')\mathrm{d}t'$$

上式表明，将积分下限 T 改为 t_1 后，可将阶跃函数 $\varepsilon(t-t_1)$ 提到积分号外，从而把广义函数的积分转化为普通函数的积分。需特别指出的是，只有当 $T\leqslant t_1$ 时，上述计算法则才成立。若 $T>t_1$，则不能按上述法则计算，绝对不能将阶跃函数提到积分符的外面来。其具体的计算法则，可以运用广义函数的性质进行推导。

刚才所得到的积分结果即 $F(t)$ 的表达式含有奇异函数，且对直接画出积分曲线的波形不够直观。为此，可采用分段整理的方法来得到便于画出波形的分段函数表达式。由 $F(t)$ 的表达式得

当 $0\leqslant t\leqslant 1$ 时，$F(t)=t$

当 $1\leqslant t\leqslant 2$ 时，$F(t)=t+\dfrac{1}{2}(t-1)(t-3)=1+\dfrac{1}{2}(t-1)^2$

当 $t\geqslant 2$ 时，$F(t)=t+\dfrac{1}{2}(t-1)(t-3)-\dfrac{1}{2}t(t-2)=\dfrac{3}{2}$

上述结果和第一种方法即分段积分法的结果完全相同。

练习题

6-1 计算下列积分。

(1) $\int_{-\infty}^{\infty} 3e^{-2t}\delta(t+3)dt$

(2) $\int_{-\infty}^{\infty} e^{-t}\sin(2t+60°)\delta(t)dt$

(3) $\int_{2}^{\infty} e^{-t}\delta(t-1)dt$

(4) $\int_{0}^{\infty} 220\sqrt{2}\cos(t-45°)\delta\left(\frac{\pi}{2}-t\right)dt$

6-2 做出下列函数的波形。

(1) $\varepsilon(-t-1)$

(2) $3P_2(t+1)$

(3) $e^{-t}\varepsilon(t+1)$

(4) $\delta(t)3\sqrt{2}\cos(t+30°)$

6.3 电容元件

电容器也是常见的电路基本器件之一。电容元件是一种理想化模型,用来模拟实际电容器和其他实际器件的电容特性,即电场储能特性。

一、电容元件的定义及线性时不变电容元件

1. 电容元件的定义及分类

电容元件的基本特征是当其极板上聚集有电荷时,其极板间便有电压。电容元件的定义可表述为:一个二端元件,在任意时刻 t,若其储存的电荷 q 与其两端的电压 u 之间的关系可用确切的代数关系式表示或可用 q-u 平面上的曲线予以描述,则称该二端元件为电容元件。该曲线便是电容元件的定义曲线,也称为电容元件的特性曲线。电容元件通常简称为电容。

和电阻元件类似,也按特性曲线在定义平面上的性状对电容元件进行分类。这样,电容元件有线性的或非线性的,时不变的或时变的等类型。本书主要讨论线性时不变电容元件。

2. 线性时不变电容元件

当电容元件的特性曲线是一条经过原点的直线且该直线在坐标平面上的位置是固定的而不随时间变化,则称为线性时不变电容元件。

线性时不变电容元件的电路符号及特性曲线如图 6-18 所示,图中电容元件的正极板上的电荷量为 q。线性时不变电容元件的定义式为

$$q(t) = Cu(t) \quad (6-24)$$

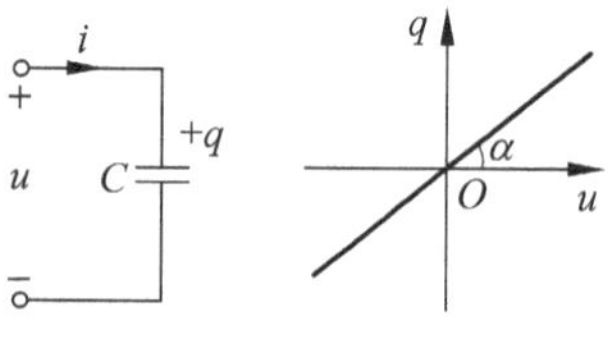

图 6-18 线性电容元件的符号及其特性曲线

式中 C 为比例常数,是特性曲线的斜率,即 $C=\tan\alpha$。C 称为电容元件的电容(值)。在国际单位制中,电荷的单位为库仑,简称库(符号为 C);电压的单位为伏特;电容的单位为法拉,简称法(符号为 F)。在实用中,法拉这个单位太大,常用微法(符号为 μF)和皮法(符号为 pF)作为电容的单位。这些单位间的关系为

$$1F = 10^6 \mu F = 10^{12} pF$$

由电容元件的定义式(6-24)可见,当电容元件两端的电压升高时,其电荷量也随之增

加,这一现象称为电容元件的充电过程。反之,当电容元件两端的电压减小时,其电荷量也随之减少,称为电容元件的放电过程。

二、线性时不变电容元件的伏安关系

1. 电容元件的伏安关系式

在电路分析中,人们通常关心的是电容元件的电压和电流间的关系。设电容元件的电压和电流为关联的参考方向,如图 6-18 所示,由电流的定义及式(6-24),可得

$$i(t) = \frac{dq(t)}{dt} = C\frac{du(t)}{dt} \tag{6-25}$$

若将电容电压用电容电流表示,便有

$$u(t) = \frac{1}{C}\int_{-\infty}^{t} i(t')dt' \tag{6-26}$$

式(6-25)和式(6-26)是线性时不变电容元件伏安关系式的两种形式。应注意,上述关系式对应于电压、电流为关联参考方向,若电压、电流是非关联参考方向,则电容元件的伏安关系式中应有一负号,即

$$i(t) = -C\frac{du(t)}{dt} \tag{6-27}$$

和

$$u(t) = -\frac{1}{C}\int_{-\infty}^{t} i(t')dt' \tag{6-28}$$

2. 电容元件伏安关系式的相关说明

(1) 电容元件的电压和电流间并非为代数关系,而是微分或积分的关系。

(2) 电容电流的大小正比于电容电压的变化率,这表明仅当电压变动时才会有电流,故电容元件被称为动态元件。这一特性说明,电容电流的瞬时值大小与电容电压的瞬时值大小没有直接的关系,这与电阻元件是截然不同的。

(3) 因直流电压的变化率为零,故在直流的情况下电容电流为零。这也表明在直流电路中电容元件相当于断路,这一特性称为电容元件的"隔直"作用。

(4) 由式(6-26)可知,当前时刻 t 的电容电压不仅和该时刻的电流有关,而且与 t 以前所有时刻的电流均有关,这说明电容元件能记住从 $-\infty$ 到 t 之间的电流对电容电压的全部贡献,因此又称电容元件为"记忆元件"。

三、电容电压的连续性原理

1. 关于时间起始时刻的说明

考察问题时,通常需选定一个时间起始时刻。譬如研究电路发生突然短路的情况,就把发生短路的这一瞬间定为研究问题的时间起始时刻。在电路分析中,时间起始时刻通常用 $t=0$ 表示,并称为初始时刻。在许多情况下,还需对初始时刻 $t=0$ 的前一瞬间 $t=0_-$ 和后一瞬间 $t=0_+$ 加以区分。从数学的角度看,这种区分是为了便于对不连续函数的描述,以便问题的讨论更加清晰。如图 6-19 所示为一不连续函数的波

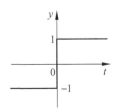

图 6-19 不连续函数的波形

形,$t=0$ 为间断点,$y(0)$ 为不定值,但 $y(0_-)=-1$,$y(0_+)=1$。在电路分析中,应特别注意对 $t=0_-$、0、0_+ 三个时刻加以区分。当然,在波形连续的情况下,这种区分是无关紧要的。

为方便起见,把 $y(0_-)$ 称为原始值,$y(0_+)$ 称为初始值。若 $y(t)$ 在 $t=0$ 处连续,便有 $y(0)=y(0_-)=y(0_+)$,则 $y(0)$ 亦称为初始值。使用 $y(0)$ 时意味着 $y(t)$ 在 $t=0$ 处是连续的。

也可把 $t=t_0$ 作为时间起始时刻,这时需加以区分的是 $t=t_0$、t_{0_-} 和 t_{0_+} 三个时刻。

当给定电容电压的原始值时,电容的伏安关系式可表示为

$$u_C(t)=\frac{1}{C}\int_{-\infty}^{t}i_C(\tau)\mathrm{d}\tau=\frac{1}{C}\int_{-\infty}^{0_-}i_C(\tau)\mathrm{d}\tau+\frac{1}{C}\int_{0_-}^{t}i_C(\tau)\mathrm{d}\tau$$

$$=u_C(0_-)+\frac{1}{C}\int_{0_-}^{t}i_C(\tau)\mathrm{d}\tau \tag{6-29}$$

式中

$$u_C(0_-)=\frac{1}{C}\int_{-\infty}^{0_-}i_C(\tau)\mathrm{d}\tau$$

为电容电压的原始值,它体现了电容电流在 $-\infty$ 到 0_- 这段时间内作用的结果。

2. 电容电压的连续性原理

重要结论:当通过电容的电流为有界函数时,电容电压不能跃变(突变),只能连续变化,这一结论的数学表达式为

$$u_C(0_+)=u_C(0_-) \tag{6-30}$$

该结论称为电容电压的连续性。

证明 电容元件的伏安关系式为

$$u_C(t)=\frac{1}{C}\int_{-\infty}^{t}i_C(\tau)\mathrm{d}\tau$$

设 t 增加为 $t+\mathrm{d}t$,$\mathrm{d}t$ 为一微小的时间增量,有

$$u_C(t+\mathrm{d}t)=\frac{1}{C}\int_{-\infty}^{t+\mathrm{d}t}i_C(\tau)\mathrm{d}\tau=\frac{1}{C}\int_{-\infty}^{t}i_C(\tau)\mathrm{d}\tau+\frac{1}{C}\int_{t}^{t+\mathrm{d}t}i_C(\tau)\mathrm{d}\tau$$

$$=u_C(t)+\frac{1}{C}\int_{t}^{t+\mathrm{d}t}i_C(\tau)\mathrm{d}\tau$$

或

$$u_C(t+\mathrm{d}t)-u_C(t)=\frac{1}{C}\int_{t}^{t+\mathrm{d}t}i_C(\tau)\mathrm{d}\tau \tag{6-31}$$

若 $i_C(t)$ 为有界函数,即 $|i_C|<M$,M 为一足够大的正数,则 $\frac{1}{C}\int_{t}^{t+\mathrm{d}t}i_C(\tau)\mathrm{d}\tau=0$,这表明电容电压 $u_C(t)$ 为连续函数;若 $i_C(t)$ 为无界函数,$\frac{1}{C}\int_{t}^{t+\mathrm{d}t}i_C(\tau)\mathrm{d}\tau\neq 0$,则 $u_C(t)$ 不连续。

令 $t=0_-$ 则 $t+\mathrm{d}t=0_+$,由式(6-31),有

$$u_C(0_+)-u_C(0_-)=\frac{1}{C}\int_{0_-}^{0_+}i_C(\tau)\mathrm{d}\tau$$

在 $i_C(t)$ 为有界或 $u_C(t)$ 连续的情况下,上式的右边积分为零,便有

$$u_C(0_+)=u_C(0_-)$$

这样就证明了上述结论。该结论也可表示为

$$u_C(t_{0_+}) = u_C(t_{0_-})$$

例 6-8 如图 6-20(a)所示的电容元件,已知 $u_C(0_-)=2\text{V}$,现有一冲激电流 $-\delta(t)$ 流过该电容元件,求电压 $u_C(t), t>0$ 并画出 $u_C(t)$ 在整个时间域中的波形。

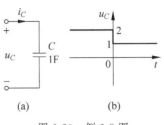

图 6-20 例 6-8 图

解 $u_C = u_C(0_-) + \dfrac{1}{C}\displaystyle\int_{0_-}^{t} i_C(\tau)\mathrm{d}\tau$

$= 2 + \dfrac{1}{1}\displaystyle\int_{0_-}^{0_+}[-\delta(\tau)]\mathrm{d}\tau$

$= (2-1)\text{V} = 1\text{V}, \quad t>0(\text{或 } t \geqslant 0_+)$

应注意,u_C 的时间定义域既可表示为 $t>0$,也可表示为 $t \geqslant 0_+$,但不可用 $t \geqslant 0$,这是因为在 $t=0$ 处,u_C 不连续。做出 u_C 在整个时间域中的波形如图 6-20(b)所示。

例 6-9 给定线性电容元件 C 的电压、电流的参考方向如图 6-21(a)所示。

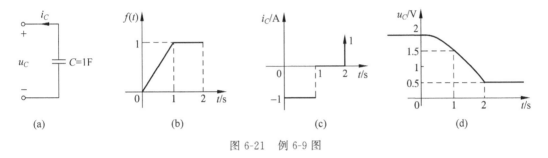

图 6-21 例 6-9 图

(1) 若电压 u_C 的波形如图 6-21(b)所示,求电流 $i_C, t>0$,并做出 i_C 的波形;

(2) 若图 6-21(b)为电流 i_C 的波形,且 $u_C(0_-)=2\text{V}$,求 $u_C, t \geqslant 0$,并做出 u_C 在整个时间域中的波形。

解 (1) 应注意电容上电压和电流为非关联方向,则电容的伏安关系式为

$$i_C = -C\dfrac{\mathrm{d}u_C}{\mathrm{d}t}$$

u_C 的表达式为

$$u_C = t[\varepsilon(t)-\varepsilon(t-1)] + [\varepsilon(t-1)-\varepsilon(t-2)]$$

$$i_C = -C\dfrac{\mathrm{d}u_C}{\mathrm{d}t} = -[\varepsilon(t)-\varepsilon(t-1)] + \delta(t-2)$$

做出 i_C 的波形如图 6-21(c)所示。该波形中出现的冲激函数与 u_C 波形中出现的跳变现象对应。

(2) 因 u_C、i_C 为非关联正向,故电容的伏安关系式为

$$u_C = u_C(0_-) - \dfrac{1}{C}\displaystyle\int_{0_-}^{t} i_C(\tau)\mathrm{d}\tau$$

i_C 为分段连续的函数,下面用分段积分法求 u_C:

$$0 \leqslant t \leqslant 1, \quad u_C(t) = u_C(0_-) - \dfrac{1}{C}\displaystyle\int_{0_-}^{t}\tau\mathrm{d}\tau = 2 - \dfrac{1}{2}t^2$$

$$u_C(1) = \left(2 - \dfrac{1}{2} \times 1^2\right)\text{V} = \dfrac{3}{2}\text{V}$$

$$1 \leqslant t \leqslant 2, \quad u_C = u_C(1) - \frac{1}{C}\int_1^t 1 \mathrm{d}\tau = \frac{5}{2} - t$$

$$u_C(2) = \left(\frac{5}{2} - 2\right)\mathrm{V} = \frac{1}{2}\mathrm{V}$$

$$t \geqslant 2, \quad u_C = u_C(2) - \frac{1}{C}\int_2^t 0 \mathrm{d}\tau = \frac{1}{2}\mathrm{V}$$

做出 u_C 的波形如图 6-21(d)所示，可见 u_C 在整个时间域中都是连续的，这与 i_C 波形中未出现冲激函数这一情况相对应。

在计算每一时间段 (t_0, t) 的积分时，应先求得初始值 $y(t_0)$，而这一初始值是根据上段积分的结果算出的。

四、电容元件的能量

1. 电容能量的计算公式

当电容的极板上集聚有电荷时，电容中便建立起电场，储存了电场能量。

设 u_C、i_C 为关联方向，则电容元件的功率为

$$p_C = u_C i_C = C u_C \frac{\mathrm{d}u_C}{\mathrm{d}t} \tag{6-32}$$

由上式可见，由于 u_C 与 $\frac{\mathrm{d}u_C}{\mathrm{d}t}$ 可能不同符号，则 p_C 可正可负。这表明电容元件有时自外电路吸收功率(能量)，有时则向外电路输出功率(能量)。这种现象称为"能量交换"，这与电阻元件始终从外电路吸收功率是大不相同的。

电容中的电场能量为

$$\begin{aligned} W_C(t) &= \int_{-\infty}^t p_C(\tau) \mathrm{d}\tau = \int_{-\infty}^t C u_C \frac{\mathrm{d}u_C}{\mathrm{d}\tau} \mathrm{d}\tau = \int_{u_C(-\infty)}^{u_C(t)} C u_C \mathrm{d}u_C \\ &= \frac{1}{2} C u_C^2 - \frac{1}{2} C u_C^2(-\infty) = \frac{1}{2} C u_C^2 = \frac{1}{2}\frac{q^2}{C} \end{aligned} \tag{6-33}$$

注意，$u_C(-\infty)$ 为电容未充电时的电压值，故 $u_C(-\infty) = 0$。

2. 关于电容能量的说明

分析式(6-33)，可有如下的结论：

(1) 任一时刻 t 的电容能量只决定于该时刻的电容电压值，而与电压建立的过程无关。

(2) 恒有 $W_C \geqslant 0$，这表明具有正电容值的电容的能量均是自外电路吸取的，电容并不能产生能量向外电路输出，因而它是一无源元件。

(3) 尽管电容元件的功率有时为正，有时为负，但因为它不是有源元件，故它在功率为负时输出的能量必定是以前吸收的能量，即它能将吸收的能量储存起来，在一定的时候又释放出去，故电容又称为储能元件。显然，电容也是非耗能元件。

(4) 电容的储能与电容的瞬时电流无关。在电容的瞬时电流为零时，只要电压不为零，能量就不为零。

(5) 当电容电流有界时，电容电压不能跃变意味着能量不能跃变；而电容电压连续时，电容能量必定连续，反之亦然。

(6) 在时间间隔 $[t_0, t]$ 内，电容元件吸收的能量为

$$W(t_0,t) = \int_{t_0}^{t} p_C(\tau) d\tau = \int_{u_C(t_0)}^{u_C(t)} C u_C du_C = \frac{1}{2} C[u_C^2(t) - u_C^2(t_0)]$$

例 6-10 某电容元件如图 6-22(a)所示，已知 $u_C(0_-)=2V$，通过电容的电流波形示于图 6-22(b)。

(1) 求 $t=1,1.5,2s$ 时电容储存的能量；

(2) 求电容在时间区间[1s,3s]内吸收的能量。

解 (1) 先求出指定时间点的电容电压。当 $0 \leq t \leq 1$ 时，有

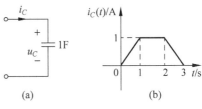

图 6-22 例 6-10 图

$$u_C(t) = u_C(0_-) + \frac{1}{C}\int_{0_-}^{t} i_C(t')dt'$$
$$= 2 + \int_0^t t' dt' = 2 + \frac{1}{2}t^2$$

于是得

$$u_C(1) = 2 + \frac{1}{2} \times 1^2 = 2.5V$$

当 $1 \leq t \leq 2$ 时，有

$$u_C(t) = u_C(1) + \frac{1}{C}\int_1^t i_C(t')dt' = 2.5 + \int_1^t 1 \cdot dt' = t + 1.5$$

于是

$$u_C(1.5) = 1.5 + 1.5 = 3V$$
$$u_C(2) = 2 + 1.5 = 3.5V$$

当 $2 \leq t \leq 3$ 时，有

$$u_C(t) = u_C(2) + \frac{1}{C}\int_2^t i_C(t')dt' = 3.5 + \int_2^t (3-t')dt' = 4 - \frac{1}{2}(3-t)^2$$

于是

$$u_C(3) = 4V$$

求得各时间点的电容的储能为

$$W_C(1) = \frac{1}{2}Cu_C^2(1) = \frac{1}{2} \times 1 \times 2.5^2 = 3.125J$$

$$W_C(1.5) = \frac{1}{2}Cu_C^2(1.5) = \frac{1}{2} \times 1 \times 3^2 = 4.5J$$

$$W_C(2) = \frac{1}{2}Cu_C^2(2) = \frac{1}{2} \times 1 \times 3.5^2 = 6.125J$$

(2) 在 $t=1 \sim 3s$ 期间电容吸收的能量为

$$W_C(1,3) = \frac{1}{2}C[u_C^2(3) - u_C^2(1)] = \frac{1}{2} \times 1 \times (4^2 - 2.5^2) = 4.875J$$

练习题

6-3 计算一个原已充电至 10V 的 $10\mu F$ 的电容被充电至 60V 时电容极板上电荷量及在此期间电容所吸收的能量。

6-4　一个 $1\mu F$ 的电容原储存的能量为 10J，在一个冲激电流的作用下，该电容的能量突变为零，求该冲激电流的大小。

6.4　电感元件

电感器是常见的电路基本器件之一。实际电感器一般用导线绕制而成，也称为电感线圈。电感元件是一种理想化的电路模型，用它来模拟实际电感器和其他实际器件的电感特性，即磁场储能特性。

一、电感线圈的磁链和感应电压

当电感线圈通以电流时，便在其周围建立起磁场。电流 i 和磁通 Φ 的方向符合右手螺旋定则，如图 6-23 所示。设线圈有 N 匝，每一匝线圈穿过的磁通为 $\Phi_1, \Phi_2, \cdots, \Phi_N$，则全部磁通之和称为线圈所交链的磁通链，简称为磁链，用 Ψ 表示，即

$$\Psi = \Phi_1 + \Phi_2 + \cdots + \Phi_N = \sum_{j=1}^{N} \Phi_j$$

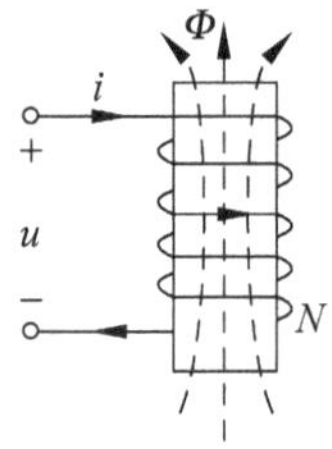

根据法拉第电磁感应定律，当穿过一个线圈的磁链随时间发生变化时，将在线圈中产生一个感应电压，这个感应电压的大小就等于磁链变化率的绝对值。若线圈形成了电流的通路，则感应电压将在线圈中引起感应电流。

又根据楞次定律，感应电压总是企图利用引起的感应电流所产生的磁通去阻止原有磁通的变化，据此便可确定感应电压的方向，在图 6-23 中，感应电压 u 的参考方向与磁通 Φ 的参考方向间也应符合右螺旋定则，于是可确定感应电压 u 的参考方向如图中所示，且感应电压的表达式为

$$u(t) = \frac{d\Psi}{dt} \tag{6-34}$$

图 6-23　电感线圈中的电流磁通及感应电压

由图 6-23 可见，上式在感应电压与产生磁通的电流两者的参考方向对线圈而言为关联的参考方向时成立。若 u、i 为非关联的参考方向，则有

$$u(t) = -\frac{d\Psi}{dt} \tag{6-35}$$

二、电感元件的定义及线性时不变电感元件

1. 电感元件的定义及分类

电感元件的基本特征是当其通以电流时便会建立起磁场，且磁链的数值与电流有关。电感元件的定义可表述为：一个二端元件，在任意时刻 t，其通过的电流 i 与电流产生的磁链 Ψ 之间的关系可用确切的代数关系式表示或可用 Ψ-i 平面上的曲线予以描述，则称该二端元件为电感元件。该曲线便是电感元件的定义曲线，也称为电感元件的特性曲线。电感元件通常也简称为电感。

按照特性曲线在定义平面上的性状，电感元件也分为线性的、非线性的、时不变的、时变的等类型。本书主要讨论线性时不变电感元件。

2. 线性时不变电感元件

若电感元件的特性曲线是一条通过原点的直线、且该直线在平面上的位置不随时间变化,则称为线性时不变电感元件。

线性时不变电感元件的电路符号和特性曲线如图 6-24 所示,图中的磁链 Ψ 和电流 i 的参考方向符合右手螺旋定则。

由特性曲线可得线性时不变电感元件的定义式为

$$\Psi(t) = Li(t) \tag{6-36}$$

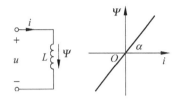

图 6-24 线性时不变电感元件的电路符号和特性曲线

式中 L 为比例常数,是特性曲线的斜率,即 $L=\tan\alpha$。L 称为电感元件的电感(值),也称作自感。在国际单位制中,磁链的单位为韦伯,简称韦(符号为 Wb);电流的单位为安培,电感的单位为亨利,简称亨(符号为 H)。实际应用中,电感的单位还有毫亨(符号为 mH),微亨(符号为 μH)等。这些单位间的关系为

$$1\text{H} = 10^3 \text{mH} = 10^6 \mu\text{H}$$

三、线性时不变电感元件的伏安关系

1. 电感元件的伏安关系式

电磁感应定律的表达式为

$$u(t) = \frac{\mathrm{d}\Psi}{\mathrm{d}t}$$

前已指出,上式在电压与电流为关联参考方向时成立,将电感元件的特性方程式(6-36)代入上式,便有

$$u(t) = \frac{\mathrm{d}\Psi}{\mathrm{d}t} = L\frac{\mathrm{d}i(t)}{\mathrm{d}t} \tag{6-37}$$

或

$$i(t) = \frac{1}{L}\int_{-\infty}^{t} u(t')\mathrm{d}t' \tag{6-38}$$

上述两式是线性时不变电感元件伏安关系式的两种形式。若电感元件的电压、电流取非关联参考方向,则其伏安关系式为

$$u(t) = -L\frac{\mathrm{d}i(t)}{\mathrm{d}t} \tag{6-39}$$

或

$$i(t) = -\frac{1}{L}\int_{-\infty}^{t} u(t')\mathrm{d}t' \tag{6-40}$$

2. 电感元件伏安关系式的相关说明

(1) 电感元件的电压和电流间并非为代数关系,而是微分或积分的关系。

(2) 电感电压比例于电感电流的变化率,这表明仅当电流变动时才会有电压,因此电感元件也是一种动态元件。

(3) 由于直流电流的变化率为零,故在直流的情况下电感电压为零。这表明在直流电

路中电感元件相当于短路。

(4) 由 $i_L = \frac{1}{L}\int_{-\infty}^{t} u_L(\tau)d\tau$ 可知,当前时刻 t 的电感电流不仅和该时刻的电压有关,而且与从 $-\infty$ 到 t 所有时刻的电压均有关,这说明电感元件的电流具有记忆电压作用的本领。因此电感元件是一种记忆元件。

四、电感电流的连续性原理

重要结论:当加于电感两端的电压是有界函数时,电感电流不能跃变(突变),只能连续变化。这一结论的数学表达式为

$$i_L(0_+) = i_L(0_-) \tag{6-41}$$

此结论称为电感电流的连续性。结论的证明和电容电压连续性的证明相仿,这里不再赘述。

五、电感元件的能量

电感元件的电压、电流取关联参考方向时,其功率为

$$p_L = u_L i_L = L i_L \frac{di_L}{dt} \tag{6-42}$$

电感元件储存的磁场能量为

$$W_L(t) = \int_{-\infty}^{t} p_L(\tau)d\tau = \int_{-\infty}^{t} L i_L(\tau)\frac{di_L(\tau)}{d\tau}d\tau$$

$$= \int_{i_L(-\infty)}^{i_L} L i_L(\tau)di_L(\tau) = \frac{1}{2}L i_L^2 = \frac{1}{2}\frac{\Psi^2}{L} \tag{6-43}$$

上式表明,在任一时刻 t,电感的储能只取决于该时刻的电流 $i_L(t)$。

分析电感功率和能量的表达式,可得出电感元件既是无源元件,也是记忆元件,又是储能元件和非耗能元件以及在电感中存在着能量交换现象的结论。可看出,电感元件和电容元件的特性是十分相似的,它们都属于非耗能元件,且是记忆元件,既是动态元件,又是储能元件。

例 6-11 已知图 6-25(a)所示的电感元件上电压的波形如图 6-25(b)所示。

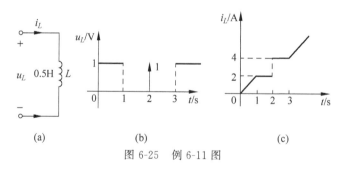

图 6-25 例 6-11 图

(1) 若 $i_L(0_-) = 0$,求电感电流的波形;
(2) 求 $t = 1s$ 和 $t = 2s$ 时电感的储能。

解 (1) 用分段积分的方法求 i_L 的波形。

$$0 \leqslant t \leqslant 1, \quad i_L = i_L(0_-) + \frac{1}{L}\int_{0_-}^{t} \mathrm{d}\tau = 2t, \quad i_L(1) = 2 \times 1 \mathrm{A} = 2\mathrm{A}$$

$$1 \leqslant t < 2, \quad i_L = i_L(1) + \frac{1}{L}\int_{1}^{t} 0 \mathrm{d}\tau = i(1)\mathrm{A} = 2\mathrm{A}, \quad i_L(2_-) = 2\mathrm{A}$$

$$2 < t \leqslant 3, \quad i_L = i_L(2_-) + \frac{1}{L}\int_{2_-}^{t} \delta(\tau-2)\mathrm{d}\tau = 2 + 2\int_{2_-}^{2_+} \delta(\tau-2)\mathrm{d}\tau = 4\mathrm{A}$$

$$i_L(2_+) = 4\mathrm{A}, \quad i_L(3) = 4\mathrm{A}$$

$$t \geqslant 3, \quad i_L = i_L(3) + \frac{1}{L}\int_{3}^{t} \mathrm{d}\tau = 2t - 2$$

在计算中,应特别注意各段时间区间的表示方法,涉及出现冲激函数的时刻只能用不等式,而不能用等式。做出 i_L 的波形如图 6-25(c)所示。

(2) $t=1\mathrm{s}$ 时的电感磁场能量为

$$W_L(1) = \frac{1}{2}Li_L^2(1) = \frac{1}{2} \times \frac{1}{2} \times 2^2 \mathrm{J} = 1\mathrm{J}$$

由 i_L 波形可见,$t=2$ 为间断点,故该点的能量不可表示为 $W_L(2)$,而应分别计算 $W_L(2_-)$ 和 $W_L(2_+)$:

$$W_L(2_-) = \frac{1}{2}Li_L^2(2_-) = \frac{1}{2} \times \frac{1}{2} \times 2^2 \mathrm{J} = 1\mathrm{J}$$

$$W_L(2_+) = \frac{1}{2}Li_L^2(2_+) = \frac{1}{2} \times \frac{1}{2} \times 4^2 \mathrm{J} = 4\mathrm{J}$$

这一结果表明在 $t=2$ 这一瞬间电感能量发生了跃变。这种能量跃变现象和电感电流的跃变现象是对应的。

练习题

6-5 一个 $L=0.5\mathrm{H}$,$i_L(0_-)=1\mathrm{A}$ 的电感元件两端的电压 $u_L(t)=\delta(t)\mathrm{V}$,试画出电感电流 $i_L(t)$ 在整个时间域上的波形。设 $u_L(t)$ 和 $i_L(t)$ 为非关联参考方向。

6-6 若一个 $2\mathrm{H}$ 的电感元件两端的电压 $u_L(t)=5\mathrm{e}^{-20t}\mathrm{V}$,当 $i_L(0)=0$ 且 u_L 和 i_L 为关联的参考方向时,求电感电流 $i_L(t)$ 及 $t=0.1\mathrm{s}$ 时的磁链值及储存的能量。

6.5 动态元件的串联和并联

一、电容元件的串联和并联

1. 电容元件的串联

图 6-26(a)所示为 n 个电容元件串联。由 KVL,有

$$u_C = \sum_{k=1}^{n} u_{Ck} = u_{C1}(0) + \frac{1}{C_1}\int_{0}^{t} i_C(\tau)\mathrm{d}\tau + u_{C2}(0) + \frac{1}{C_2}\int_{0}^{t} i_C(\tau)\mathrm{d}\tau + \cdots + \frac{1}{C_n}\int_{0}^{t} i_C(\tau)\mathrm{d}\tau$$

$$= [u_{C1}(0) + u_{C2}(0) + \cdots + u_{Cn}(0)] + \left(\frac{1}{C_1} + \frac{1}{C_2} + \cdots + \frac{1}{C_n}\right)\int_{0}^{t} i_C(\tau)\mathrm{d}\tau$$

$$= \sum_{k=1}^{n} u_{Ck}(0) + \sum_{k=1}^{n} \frac{1}{C_k}\int_{0}^{t} i_C(\tau)\mathrm{d}\tau \tag{6-44}$$

令

$$u_C(0) = \sum_{k=1}^{n} u_{Ck}(0) \tag{6-45}$$

$$\frac{1}{C} = \sum_{k=1}^{n} \frac{1}{C_k} \tag{6-46}$$

则式(6-44)可写为

$$u_C = u_C(0) + \frac{1}{C}\int_0^t i_C(\tau)\mathrm{d}t \tag{6-47}$$

该式和单一电容元件伏安关系式的形式完全相同。因此有下面结论：n 个电容元件的串联与一个电容元件等效，等效电容的初始电压等于 n 个电容的初始电压之和；等效电容的电容量(简称为等值电容)之倒数等于 n 个电容量的倒数之和。等效电路如图 6-26(b)、(c) 所示。

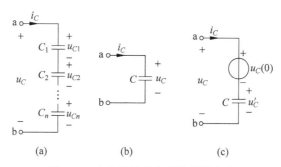

图 6-26 电容元件的串联及等效电路

设图 6-26(a)中所有电容元件上的初始电压为零,则端口电压为

$$u_C = \sum_{k=1}^{n} \frac{1}{C_k}\int_0^t i_C(\tau)\mathrm{d}\tau = \frac{1}{C}\int_0^t i_C(\tau)\mathrm{d}\tau$$

第 k 个电容上的电压为

$$u_{Ck} = \frac{1}{C_k}\int_0^t i_C(\tau)\mathrm{d}\tau$$

故有

$$u_{Ck} = \frac{C}{C_k} u_C(t) \tag{6-48}$$

上式称为串联电容的分压公式,式中 C 为等值电容。式(6-48)表明电容量愈小的电容分配到的电压愈高。

当两电容串联时,由式(6-46),有

$$\frac{1}{C} = \frac{1}{C_1} + \frac{1}{C_2}$$

则等效电容为

$$C = \frac{C_1 C_2}{C_1 + C_2}$$

又由式(6-48),两电容元件上的电压分别为

$$u_{C1}(t)=\frac{C_2}{C_1+C_2}u_C(t), \quad u_{C2}(t)=\frac{C_1}{C_1+C_2}u_C(t)$$

以上的分析表明,电容串联时等效电容的算式及分压公式与电阻元件并联时等效电阻的算式及分流公式分别相似。

例 6-12 在图 6-27(a)所示电路中,已知 $C_1=1\text{F}, u_{C1}(0)=2\text{V}$; $C_2=2\text{F}, u_{C2}(0)=4\text{V}$, $E_s=18\text{V}$,在 $t=0$ 时,开关 S 闭合。求当电路达到稳定状态后,两电容上的电压各是多少?

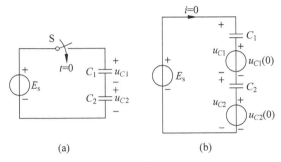

图 6-27 例 6-12 图

解 在 S 闭合瞬时,电路中的电流并不为零。在电路达到稳定状态后,因为是直流电路,故 $i(t)=0$。可利用分压公式(6-48)计算各电容上的电压。但应注意,分压公式只能用于初始电压为零的电容,为此,将两初始电压不为零的电容用等效电路代替,如图 6-27(b)所示。要注意,在图 6-27(b)中,两初始电压为零的串联电容承受的电压为

$$u'_C=E_s-u_{C1}(0)-u_{C2}(0)=18-2-4=12\text{V}$$

各初始电压为零的电容上的电压为

$$u'_{C1}=\frac{C_2}{C_1+C_2}u'_C=8\text{V}$$

$$u'_{C2}=\frac{C_1}{C_1+C_2}u'_C=4\text{V}$$

于是初始电压不为零的两电容的稳态电压为

$$u_{C1}=u_{C1}(0)+u'_{C1}=8+2=10\text{V}$$

$$u_{C2}=u_{C2}(0)+u'_{C2}=4+4=8\text{V}$$

2. 电容元件的并联

(1) 各电容初始电压相等时的并联。

图 6-28(a)所示为 n 个初始电压相同的电容元件相并联。设 $u_{Ck}(0)=u_C(0)$,由 KCL,有

$$i_C=i_{C1}+i_{C2}+\cdots+i_{Cn}=\sum_{k=1}^{n}i_{Ck}=\sum_{k=1}^{n}C_k\frac{\mathrm{d}u_{Ck}}{\mathrm{d}t}=\sum_{k=1}^{n}C_k\frac{\mathrm{d}u_C}{\mathrm{d}t} \quad (6-49)$$

令

$$C=\sum_{k=1}^{n}C_k \quad (6-50)$$

则式(6-49)可写为

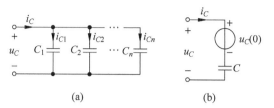

图 6-28 电容元件并联及其等效电路

$$i_C = C\frac{\mathrm{d}u_C}{\mathrm{d}t}$$

或

$$u_C = u_C(0) + \frac{1}{C}\int_0^t i_C(\tau)\mathrm{d}\tau$$

因此有如下的结论：n 个初始电压相同的电容元件相并联可等效为一个电容元件，如图 6-28(b)所示，等效电容的初始电压等于每个电容元件的初始电压，等效电容为 n 个电容的电容值之和。

在图 6-28(a)中，第 k 个电容中的电流为

$$i_{Ck} = C_k\frac{\mathrm{d}u_C}{\mathrm{d}t}$$

将 $\dfrac{\mathrm{d}u_C}{\mathrm{d}t} = \dfrac{1}{C}i_C$ 代入上式，有

$$i_{Ck} = \frac{C_k}{C}i_C \tag{6-51}$$

式(6-51)称为并联电容的分流公式，其中 C 为等效电容的电容量。分流公式表明电容量愈大的电容通过的电流愈大。

(2) 各电容初始电压不相等时的并联。

仍设有 n 个电容并联，各电容的原始电压不相等且为 $u_{Ck}(0_-)(k=1,2,\cdots,n)$。这 n 个电容并联后的等效电路仍是一个具有初始电压的电容元件，如图 6-29 所示。图中的 C 为等效电容，其值仍用式(6-50)计算，但图中电压源的电压应改为初始电压 $u_C(0_+)$。$u_C(0_+)$ 应如何计算呢？

根据 KVL，n 个电容并联时各电容电压应相等，因此在并联时各电容初始电压将发生跳变，与此对应，各电容极板上的电荷将重新分配。又根据电荷守恒，在并联前后，与某节点关联的所有电容极板上的电荷总量保持不变，即

$$\sum_{k=1}^{n} q_{Ck}(0_-) = \sum_{k=1}^{n} q_{Ck}(0_+) \tag{6-52}$$

式(6-52)称为节点电荷守恒原则，可根据这一原则计算并联之后的电容电压跳变量 $u_{Ck}(0_+)$。

n 个电容并联前的电荷总量为

$$q_C(0_-) = \sum_{k=1}^{n} q_{Ck}(0_-) = \sum_{k=1}^{n} C_k u_{Ck}(0_-)$$

n 个电容并联后的电荷总量为

$$q_C(0_+) = \sum_{k=1}^{n} q_{Ck}(0_+) = \sum_{k=1}^{n} C_k u_{Ck}(0_+) = \Big(\sum_{k=1}^{n} C_k\Big) u_C(0_+)$$

根据式(6-52)，有

$$\sum_{k=1}^{n} C_k u_{Ck}(0_-) = \Big(\sum_{k=1}^{n} C_k\Big) u_C(0_+)$$

于是电容电压的跳变值为

$$u_C(0_+) = \frac{\sum_{k=1}^{n} C_k u_{Ck}(0_-)}{\sum_{k=1}^{n} C_k} \tag{6-53}$$

例 6-13 在图 6-29(a)所示电路中，已知 $u_{C1}(0_-) = u_{C2}(0_-) = 6\text{V}$，$u_{C3}(0_-) = 10\text{V}$；$C_1 = 1\text{F}$，$C_2 = C_3 = 2\text{F}$。开关 S 在 $t = 0$ 时合上，求 S 合上后的等效电路。

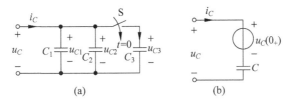

图 6-29　例 6-13 图

解　S 合上后，三个电容为并联，则等效电容为

$$C = C_1 + C_2 + C_3 = 5\text{F}$$

并联后，电容电压初始值发生跳变。由电荷守恒原则，有

$$C_1 u_{C1}(0_-) + C_2 u_{C2}(0_-) + C_3 u_{C3}(0_-) = (C_1 + C_2 + C_3) u_C(0_+)$$

于是求得

$$u_C(0_+) = \frac{C_1 u_{C1}(0_-) + C_2 u_{C2}(0_-) + C_3 u_{C3}(0_-)}{C_1 + C_2 + C_3} = 9.6\text{V}$$

等效电路如图 2-29(b)所示。

3. 含电容元件的戴维南电路与诺顿电路之间的等效变换

图 6-30 所示为含电容元件的戴维南电路和诺顿电路，其中电容元件的初始电压为零。这两种电路之间可以进行等效互换，下面推导两者等效的条件。

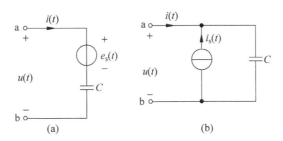

图 6-30　含电容元件的戴维南电路和诺顿电路

图 6-30(a)所示戴维南电路的端口伏安关系式为

$$u(t)=e_s(t)+\frac{1}{C}\int_0^t i(t')\mathrm{d}t' \tag{6-54}$$

图 6-30(b)所示诺顿电路的端口伏安关系式为

$$\begin{aligned}u(t)&=\frac{1}{C}\int_{0_-}^t [i_s(t')+i(t)']\mathrm{d}t'\\&=\frac{1}{C}\int_{0_-}^t i_s(t')\mathrm{d}t+\frac{1}{C}\int_{0_-}^t i(t')\mathrm{d}t'\end{aligned} \tag{6-55}$$

若两个电路互为等效,则应有它们的端口伏安关系完全相同。比较式(6-54)和式(6-55),当下述关系式成立时,两个电路是等效的:

$$e_s(t)=\frac{1}{C}\int_{0_-}^t i_s(t')\mathrm{d}t' \tag{6-56}$$

或

$$i_s(t)=C\frac{\mathrm{d}e_s(t)}{\mathrm{d}t} \tag{6-57}$$

二、电感元件的串联和并联

1. 电感元件的串联

(1) 各电感元件初始电流相同时的串联。

图 6-31(a)所示为 n 个初始电流相同的电感元件的串联。设 $i_{Lk}(0)=i_L(0)$,由 KVL,有

$$u_L=\sum_{k=1}^n u_{Lk}=\sum_{k=1}^n L_k\frac{\mathrm{d}i_{Lk}}{\mathrm{d}t}=\sum_{k=1}^n L_k\left(\frac{\mathrm{d}i_L}{\mathrm{d}t}\right) \tag{6-58}$$

令

$$L=\sum_{k=1}^n L_k \tag{6-59}$$

则式(6-58)可写为 $u_L=L\frac{\mathrm{d}i_L}{\mathrm{d}t}$ 或 $i_L=i_L(0)+\frac{1}{L}\int_0^i u_L(\tau)\mathrm{d}\tau$。因此,有下面的结论:$n$ 个初始电流相同的电感元件的串联可等效为一个电感元件,其等效电路如图 6-31(b)和(c)所示,等效电感的初始电流等于每个电感中的初始电流,等值电感为 n 个电感量之和。

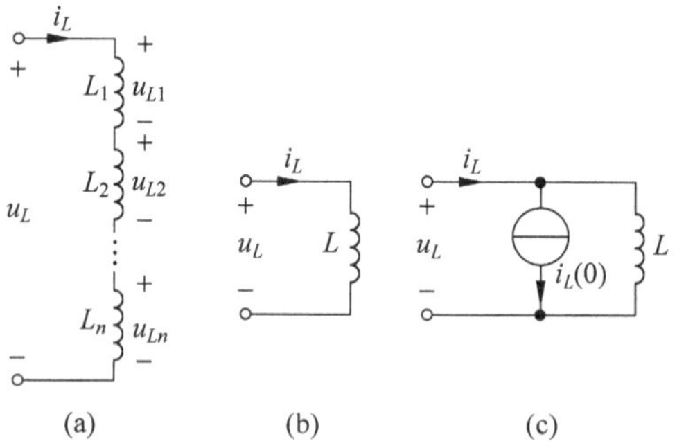

图 6-31 串联电感及其等效电路

图 6-31(c)所示的电路表明,单一电感元件的等效电路由一初始电流为零的电感元件和一理想电流源并联而成,理想电流源的输出电流为电感的初始电流。

图 6-31(a)所示电路中第 k 个电感上的电压为

$$u_{Lk}=L_k\frac{\mathrm{d}i_L}{\mathrm{d}t}$$

将 $\dfrac{\mathrm{d}i_L}{\mathrm{d}t}=\dfrac{1}{L}u_L$ 代入上式，有

$$u_{Lk}=\frac{L_k}{L}u_L \tag{6-60}$$

式(6-60)称为串联电感的分压公式，式中 L 为串联电感的等值电感。分压公式表明电感量愈大的电感分配到的电压愈高。

不难看出，电感元件串联时等值电感的计算公式及分压公式分别与电阻串联时等值电阻的计算公式及分压公式形式相似。

(2) 各电感元件初始电流不相等时的串联。

设有 n 个电感串联，各电感的原始电流不相等且为 $i_{Lk}(0_-)(k=1,2,\cdots,n)$。这 n 个电感串联后的等效电路仍是一个具有初始电流的电感元件，如图 6-31(c)所示。图中的 L 为等效电感，其值仍用式(6-59)计算，但图中电流源的电流应改作初始电流 $i_L(0_+)$。如何计算 $i_L(0_+)$ 呢？

按照 KCL，n 个电感串联时各电感电流应相等，因此在串联时各电感初始电流将发生跳变。根据磁链守恒，在串联前后，回路中的各电感磁链总和维持不变，即

$$\sum_{k=1}^{n}\Psi_{Lk}(0_-)=\sum_{k=1}^{n}\Psi_{Lk}(0_+) \tag{6-61}$$

式(6-61)称为回路磁链守恒原则，可据此计算串联后电感电流的跳变值 $i_L(0_+)$。

n 个电感串联前的总磁链为

$$\Psi_L(0_-)=\sum_{k=1}^{n}\Psi_{Lk}(0_-)=\sum_{k=1}^{n}L_k i_{Lk}(0_-)$$

n 个电感串联后的总磁链为

$$\Psi_L(0_+)=\sum_{k=1}^{n}\Psi_{Lk}(0_+)=\sum_{k=1}^{n}L_k i_{Lk}(0_+)=\left(\sum_{k=1}^{n}L_k\right)i_L(0_+)$$

根据式(6-61)，有

$$\sum_{k=1}^{n}L_k i_{Lk}(0_-)=\left(\sum_{k=1}^{n}L_k\right)i_L(0_+)$$

于是电感电流的跳变值为

$$i_L(0_+)=\frac{\sum\limits_{k=1}^{n}L_k i_{Lk}(0_-)}{\sum\limits_{k=1}^{n}L_k} \tag{6-62}$$

例 6-14 在图 6-32 所示电路中，$L_1=0.5\text{H},L_2=1\text{H},L_3=0.5\text{H}$；$i_{L1}(0_-)=i_{L2}(0_-)=2\text{A},i_{L3}(0_-)=1\text{A}$。开关 S 在 $t=0$ 时合上，求 S 合上后各电感的电流。

解 在开关 S 合上后，根据 KCL，有

$$i_{L1}(0_+)=i_{L2}(0_+)=-i_{L3}(0_+)$$

选取如图 6-32 所示的回路绕行正向，按回路磁链守恒原则列写出下面的方程

$$L_1 i_{L1}(0_-)+L_2 i_{L2}(0_-)-L_3 i_{L3}(0_-)$$
$$=L_1 i_{L1}(0_+)+L_2 i_{L2}(0_+)-L_3 i_{L3}(0_+)$$

可求得

$$i_{L1}(0_+) = i_{L2}(0_+) = -i_{L3}(0_+) = \frac{L_1 i_L(0_-) + L_2 i_{L2}(0_-) - L_3 i_{L3}(0_-)}{L_1 + L_2 + L_3}$$

$$= \frac{0.5 \times 2 + 1 \times 2 - 0.5 \times 1}{0.5 + 1 + 0.5} = 1.25\text{A}$$

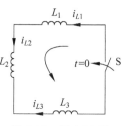

图 6-32　例 6-14 图

2. 电感元件的并联

图 6-33(a)所示为 n 个电感元件的并联，其中第 k 个电感上的初始电流为 $i_{Lk}(0)$。由 KCL，有

$$i_L = \sum_{k=1}^{n} i_{Lk} = \sum_{k=1}^{n} \left[i_{Lk}(0) + \frac{1}{L_k} \int_0^t u_L(\tau)\mathrm{d}\tau \right]$$

$$= \sum_{k=1}^{n} i_{Lk}(0) + \left(\sum_{k=1}^{n} \frac{1}{L_k} \right) \int_0^t u_L(\tau)\mathrm{d}\tau \quad (6-63)$$

令

$$i_L(0) = \sum_{k=1}^{n} i_{Lk}(0) \tag{6-64}$$

$$\frac{1}{L} = \sum_{k=1}^{n} \frac{1}{L_k} \tag{6-65}$$

则式(6-63)可写为

$$i_L = i_L(0) + \frac{1}{L} \int_0^t u_L(\tau)\mathrm{d}\tau$$

因此有下面的结论：n 个电感元件的并联可与一个电感元件等效，等效电感的初始电流等于 n 个电感的初始电流之和，等值电感的倒数等于 n 个电感值的倒数之和，其等效电路如图 6-33(b)所示。

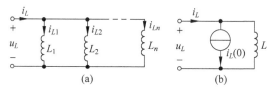

图 6-33　电感元件的并联及其等效电路

设图 6-33(a)所示电路中 n 个电感元件的初始电流均为零，则端口电流为

$$i_L = \frac{1}{L} \int_0^t u_L(\tau)\mathrm{d}\tau$$

于是

$$\int_0^t u_L(\tau)\mathrm{d}\tau = L i_L \tag{6-66}$$

第 k 个电感中的电流为

$$i_{Lk} = \frac{1}{L_k} \int_0^t u_L(\tau)\mathrm{d}\tau$$

将式(6-66)代入上式，有

$$i_{Lk} = \frac{L}{L_k} i_L \tag{6-67}$$

式(6-67)称为并联电感的分流公式,式中 L 为并联电感的等值电感。分流公式表明,电感量越小的电感元件通过的电流越大。

可以看出,电感元件并联时,等值电感的计算公式及分流公式分别与电阻并联时等值电阻的计算公式及分流公式形式相似。

当两电感并联时,由式(6-65),等效电感为

$$L = \frac{L_1 L_2}{L_1 + L_2}$$

又由式(6-67),两电感中的电流分别为

$$i_{L1} = \frac{L_2}{L_1 + L_2} i_L, \quad i_{L2} = \frac{L_1}{L_1 + L_2} i_L$$

例 6-15 在图 6-34(a)所示电路中,已知 $L_1 = 2\text{H}, i_{L1}(0) = 2\text{A}$;$L_2 = 3\text{H}, i_{L2}(0) = 0$;$i_s = 12\text{A}$,在 $t = 0$ 时,电流源与电路相连。求 $t > 0$ 时各电感的电流。

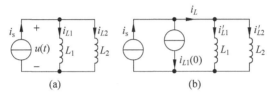

图 6-34 例 6-15 图

解 利用并联电感的分流公式计算。应注意分流公式只适用于初始电流为零时电感电流的计算。为此,将各电感元件用等效电路代替,所得电路如图 6-34(b)所示,图 6-34(b)中两初始电流为零的电感的总电流为

$$i_L = i_s - i_{L1}(0) = 12 - 2 = 10\text{A}$$

于是由并联电感的分流公式,有

$$i'_{L1} = \frac{L_2}{L_1 + L_2} i_L = \frac{3}{2+3} \times 10 = 6\text{A}$$

$$i'_{L2} = \frac{L_1}{L_1 + L_2} i_L = \frac{2}{2+3} \times 10 = 4\text{A}$$

则图 6-34(a)所示电路在稳态时通过两电感的电流为

$$i_{L1} = i_{L1}(0) + i'_{L1} = 6 + 2 = 8\text{A}$$

$$i_{L2} = i_{L2}(0) + i'_{L2} = 0 + 4 = 4\text{A}$$

3. 含电感元件的戴维南电路与诺顿电路之间的等效变换

图 6-35 所示为含电感元件的戴维南电路和诺顿电路,其中电感元件的初始电流为零。这两种电路之间可以进行等效互换。

图 6-35(a)所示戴维南电路的端口伏安关系式为

$$u(t) = e_s(t) + L \frac{\mathrm{d}i(t)}{\mathrm{d}t} \tag{6-68}$$

图 6-35(b)所示诺顿电路的端口伏安关系式为

$$u(t) = L \frac{\mathrm{d}}{\mathrm{d}t}[i_s(t) + i(t)] = L \frac{\mathrm{d}i_s(t)}{\mathrm{d}t} + L \frac{\mathrm{d}i(t)}{\mathrm{d}t} \tag{6-69}$$

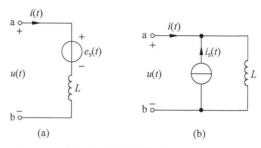

图 6-35 含电感元件的戴维南电路和诺顿电路

若两个电路互为等效电路,则它们的端口伏安关系应相同。比较式(6-68)和式(6-69),可得到下述关系式:

$$e_s(t) = L \frac{di_s(t)}{dt} \tag{6-70}$$

或

$$i_s(t) = \frac{1}{L}\int_0^t e_s(t)' dt' \tag{6-71}$$

这两式就是图 6-35 所示两个电路等效变换的条件。

练习题

6-7 推导图 6-36 所示电路中两电容电流 i_{C1} 和 i_{C2} 与端口电流 i 之间的关系。

6-8 电路如图 6-37 所示。已知 $u_{C1}(0_-)=3V, u_{C2}(0_-)=1V$。求开关 S 闭合后,$t>0$ 时两电容上的电压。

6-9 求图 6-38 所示电路的戴维南等效电路。已知 $i_s(t)=e^{-3t}A, L=0.5H$。

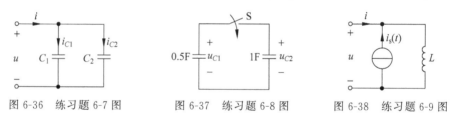

图 6-36 练习题 6-7 图   图 6-37 练习题 6-8 图   图 6-38 练习题 6-9 图

6.6 例题分析

例 6-16 试用奇异函数写出图 6-39 所示波形的表达式。

解 对分段连续的波形可用奇异函数构成的闸门函数表示。
闸门函数有三种表示方法,因此有

$$f(t) = 3(1-t)[\varepsilon(t) - \varepsilon(t-2)] + 3(t-2)[\varepsilon(t-2) - \varepsilon(t-3)]$$
$$f(t) = 3(1-t)[\varepsilon(t)\varepsilon(2-t)] + 3(t-2)[\varepsilon(t-2)\varepsilon(3-t)]$$
$$f(t) = 3(1-t) \times 2P_2(t) + 3(t-2)P_1(t-2)$$
$$= 6(1-t)P_2(t) + 3(t-2)P_1(t-2)$$

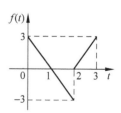

图 6-39 例 6-16 电路

例 6-17 一电容元件如图 6-40(a)所示。(1)若该电容两端电压 $u_C(t)$ 的波形如图 6-40(b)所示(电压单位为 V),试求其电流 $i_C(t)$ 并做出波形图;(2)若通过该电容的电流 $i_C(t)$ 的波形仍如图 6-40(b)所示,试求其电压 $u_C(t)$ 并做出波形图。

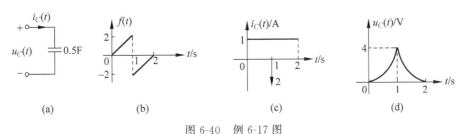

(a)   (b)   (c)   (d)

图 6-40 例 6-17 图

解 (1) 写出电容电压 $u_C(t)$ 的表达式为
$$u_C(t) = 2t[\varepsilon(t) - \varepsilon(t-1)] + 2(t-2)[\varepsilon(t-1) - \varepsilon(t-2)]$$
则求得电流 $i_C(t)$ 为
$$i_C(t) = C\frac{du_C(t)}{dt} = [\varepsilon(t) - \varepsilon(t-1)] + t[\delta(t) - \delta(t-1)]$$
$$+ [\varepsilon(t-1) - \varepsilon(t-2)] + (t-2)[\delta(t-1) - \delta(t-2)]$$
$$= [\varepsilon(t) - \varepsilon(t-2)] - 2\delta(t-1)$$

做出 $i_C(t)$ 的波形如图 6-40(c)所示。

(2) 用分段积分法求出电压 $u_C(t)$。

$0 \leqslant t \leqslant 1$ $u_C(t) = u_C(0) + \dfrac{1}{C}\int_0^t 2\xi d\xi = 4t^2 \text{V}$

$u_C(1) = 4\text{V}$

$1 \leqslant t \leqslant 2$ $u_C(t) = u_C(1) + \dfrac{1}{C}\int_1^t 2(\xi-2) d\xi = 4(t-2)^2 \text{V}$

$t \geqslant 2$ $u_C(t) = u_C(2) = 0$

做出 $u_C(t)$ 的波形如图 6-40(d)所示。

例 6-18 图 6-41 所示电路已处于稳定状态。求开关 S 突然打开的一瞬间电压表的端电压是多少。已知电压表的内阻 $R = 10^4 \Omega$。

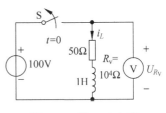

图 6-41 例 6-18 电路

解 因是直流电路,根据电感元件的特性,在 $t = 0_-$(S 打开前的一瞬间)时,电感元件相当于短路。流过电感的电流为

$$i_L(0_-) = \frac{100}{50} = 2\text{A}$$

在 S 打开后的一瞬间,电感元件支路和电压表支路构成一串联闭合回路。由于电感两端不出现冲激电压,从而电感电流连续,在 S 断开后的一瞬间,电感电流不可能突变,仍维持断开前的数值,即

$$i_L(0_+) = i_L(0_-) = 2\text{A}$$

这表明此时电压表流过的电流也是 2A,故电压表的端电压为

$$U_{R_V}(0_+) = -R_V i_L(0_+) = -10000 \times 2 = -20000\text{V}$$

此例告诉我们,当电路中含有电感元件时,在切断电源之前若电压表未与电路脱离,瞬间高

压有可能损坏电表。

例 6-19 一电容器 C 的原始电压值为 $u_C(0_-)=U_0$,在 $t=0$ 时,将该电容器与一电压为 E(设 $E>U_0$)的电压源并联,如图 6-42(a)所示,求电压 $u_C(0_+)$ 和 i_C。

解 在开关合上的一瞬间,由于电压源与电容并联,按 KVL,有

$$u_C(0_+)=E$$

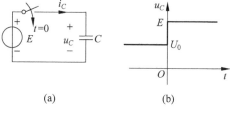

图 6-42 例 6-19 图

这表明电容电压不连续,在开关闭合一瞬间,电容中通过了冲激电流。为求出这一冲激电流的大小,做出电容电压在整个时间域上的波形如图 6-42(b)所示,写出该波形的表达式为

$$u_C=U_0\varepsilon(-t)+E\varepsilon(t)$$

由电容元件的伏安关系式,有

$$i_C=C\frac{du_C}{dt}=C\frac{d}{dt}[U_0\varepsilon(-t)+E\varepsilon(t)]$$

$$=-CU_0\delta(-t)+CE\delta(t)=C(E-U_0)\delta(t)$$

在上述运算中,用到了下述关系式:

$$\frac{d\varepsilon(-t)}{dt}=-\delta(-t)$$

及

$$\delta(-t)=\delta(t) \quad (\text{冲激函数为偶函数})$$

例 6-20 电路如图 6-43(a)所示,已知 $u_C(0_-)=12\text{V}$,$u_{C1}(0_-)=u_{C2}(0_-)=u_{C3}(0_-)=0$,求开关闭合后各电容的电荷。

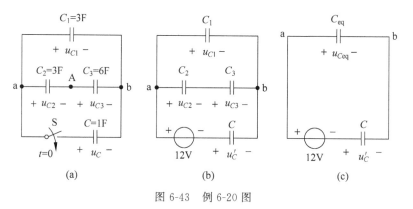

图 6-43 例 6-20 图

解 解法一:在开关闭合的一瞬间各电容的电荷立即重新分布且维持不变,这样各电容电荷可根据开关闭合瞬间的等效电路求出。

由于电容 C 在开关闭合前的电压不为零,故其等效电路是一电压为 $u_C(0)$ 的电压源与一原始电压为零的电容 C 的串联。做出开关闭合瞬间的等效电路如图 6-43(b)所示。又将 C_1、C_2 和 C_3 构成的电路用等效电容代替,如图 6-43(c)所示,其中

$$C_{eq}=C_1+\frac{C_2C_3}{C_2+C_3}=3+\frac{3\times6}{3+6}=5\text{F}$$

于是可求得
$$u'_C(0_+) = -\frac{C_{eq}}{C+C_{eq}} \times 12 = -\frac{5}{1+5} \times 12 = -10\text{V}$$
$$u_{C\,eq}(0_+) = 12 + u'_C(0_+) = 2\text{V}$$

回到图 6-43(b)所示电路，求出
$$u_{C_1}(0_+) = u_{C\,eq}(0_+) = 2\text{V}$$
$$u_{C_2}(0_+) = \frac{C_3}{C_2+C_3} u_{C\,eq}(0_+) = \frac{6}{3+6} \times 2 = \frac{4}{3}\text{V}$$
$$u_{C_3}(0_+) = \frac{C_2}{C_2+C_3} = \frac{3}{6+3} \times 3 = \frac{2}{3}\text{V}$$

特别注意，开关闭合后电容 C 的电压并非是 u'_C，而应是 $u_C(0)$ 与 u'_C 的代数和，即
$$u_C(0_+) = u_C(0_+) + u'_C(0_+) = 12 - 10 = 2\text{V}$$

于是求出各电容的电荷量为
$$q_C(0_+) = Cu_C(0_+) = 1 \times 2 = 1\text{C}, q_{C1}(0_+) = C_1 u_{C1}(0_+) = 3 \times 2 = 6\text{C}$$
$$q_{C2}(0_+) = C_1 u_{C2}(0_+) = 3 \times \frac{4}{3} = 4\text{C}, \quad q_{C3}(0_+) = C_3 u_{C3}(0_+) = 6 \times \frac{2}{3} = 4\text{C}$$

解法二：用节点电荷守恒原则求解，对图 6-43(a)的电路列写节点 b 和 A 的电荷守恒方程。对节点 b，方程为
$$-C_1 u_{C1}(0_-) - C_3 u_{C3}(0_-) - C u_C(0_-) = -C_1 u_{C1}(0_+) - C_3 u_{C3}(0_+) - C u_C(0_+)$$
对节点 A，方程为
$$C_3 u_{C3}(0_-) - C_2 u_{C2}(0_-) = C_3 u_{C3}(0_+) - C_2 u_{C2}(0_+)$$
又有 KVL 方程
$$u_C(0_+) = u_{C2}(0_+) + u_{C3}(0_+)$$
$$u_C(0_+) = u_{C1}(0_+)$$
将电路参数代入上述方程，整理得方程组
$$\begin{cases} 4u_C(0_+) + 3u_{C2}(0_+) = 12 \\ u_{C2}(0_+) = 2u_{C3}(0_+) \\ u_C(0_+) = u_{C2}(0_+) + u_{C3}(0_+) \end{cases}$$
解之，得
$$u_C(0_+) = 2\text{V}, \quad u_{C1}(0_+) = u_C(0_+) = 2\text{V}$$
$$u_{C2}(0_+) = \frac{4}{3}\text{V}, \quad u_{C3}(0_+) = \frac{2}{3}\text{V}$$

所得结果与解法一的相同。

例 6-21 电路如图 6-44 所示。开关 S 原是闭合的，$t=0$ 时 S 打开。求 S 打开后各电感的电流 $i_{L1}(0_+)$、$i_{L2}(0_+)$ 和 $i_{L3}(0_+)$。

解 开关 S 打开前，因是直流电阻电路，则 $i_{L3}(0_-) = 0$。由并联分流公式，得
$$i_{L1}(0_-) = i_{L2}(0_-) = \frac{1}{2} \times 4 = 2\text{A}$$

当 S 打开后的瞬间，根据 KCL 可知三个电感电流均发生跳变。显然有

$$i_{L1}(0_+) = i_s = 4\text{A}$$

由回路磁链守恒原则,列写图示回路的磁链守恒方程,有

$$-L_2 i_{L2}(0_-) + L_3 i_{L3}(0_-) = -L_2 i_{L2}(0_+) + L_3 i_{L3}(0_+)$$

因 $i_{L3}(0_+) = -i_{L2}(0_+)$,于是得

$$i_{L2}(0_+) = \frac{-L_2 i_{L2}(0_-) + L_3 i_{L3}(0_-)}{L_2 + L_3} = \frac{-2 \times 2 + 3 \times 0}{2+3} = -\frac{4}{5}\text{A}$$

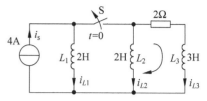

图 6-44 例 6-21 图

$$i_{L3}(0_+) = -i_{L2}(0_+) = \frac{4}{5}\text{A}$$

因有 2Ω 的电阻存在,在 $t>0$ 后,i_{L2} 和 i_{L3} 将随时间变化,并逐步减小为零。

例 6-22 试分析图 6-45 所示两电路中输入电压和输出电压间的关系。

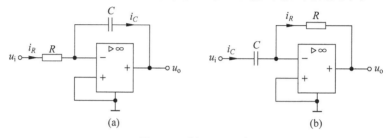

图 6-45 例 6-22 电路

解 (1) 在图 6-45(a)所示电路中,输出电压 u_o 实际上是电容两端的电压。因

$$i_C = i_R = u_i/R$$

故

$$u_o = -\frac{1}{C}\int_{-\infty}^{t} i_C \text{d}t' = -\frac{1}{RC}\int_{-\infty}^{t} u_i(t)\text{d}t'$$

这表明输出电压比例于输入电压的积分,故该电路称为"积分器"。

(2) 图 6-45(b)所示电路与图 6-34(a)所示电路的区别仅在于 R、C 元件的位置互换。可得下述关系式:

$$i_R = i_C = C\frac{\text{d}u_i}{\text{d}t}$$

$$u_o = -Ri_R = -RC\frac{\text{d}u_i}{\text{d}t}$$

这表明该电路的输出电压比例于输入电压的微分,因此这一电路被称为"微分器"。

习题

6-1 用奇异函数写出题 6-1 图所示各波形的表达式。

6-2 做出下列函数的波形。

(1) $f(t) = 3\varepsilon(t) + 2\varepsilon(t-1) - 2\varepsilon(t-3)$

(2) $f(t) = 3P_{\frac{1}{2}}(t-2) + 2\delta(t-3)$

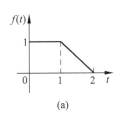 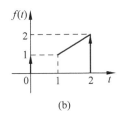 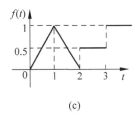

题 6-1 图

(3) $f(t)=\delta(t)-2\delta(t-1)+3t\varepsilon(t-2)$

(4) $f(t)=2\cos t\varepsilon(t)$

(5) $f(t)=e^{-t}\sin(t+30°)\varepsilon(t)$

(6) $f(t)=\sin(t+60°)[\varepsilon(t)-\varepsilon(t-1)]$

6-3　一个 $C=0.2$F 电容的电压 u 和电流 i 为关联参考方向，若 $u(0)=2$V，$i(t)=10\sin 10t$ A，试分别求出 $t=\dfrac{\pi}{60}$s 及 $t=\dfrac{\pi}{30}$s 时电容电压 u 的值。

6-4　一个 $C=0.5$F 电容的电压、电流为非关联的参考方向，若其电压 u_C 的波形如题 6-4 图所示，求电容电流 i_C 并做出波形图。

6-5　一电容元件及通过它的电流如题 6-5 图所示，且 $u_C(0_-)=1$V。

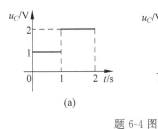 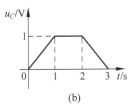 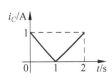

题 6-4 图　　　　　　　　　　　　　题 6-5 图

(1) 求电容两端的电压 u_C 并做出波形图；

(2) 求 $t=1$s，$t=2$s 及 $t=3$s 时电容储能。

6-6　一电感元件通过的电流为 $i_L(t)=2\sin 100\pi t$ A，若 $t=0.0025$s 时的电感电压为 0.8V，则 $t=0.001$s 时的电感电压应为多少？

6-7　电感元件及通过它的电流 i_L 的波形如题 6-7 图所示。

(1) 求电感电压 u_L 并做出波形；

(2) 做出电感瞬时功率 P_L 的波形。

 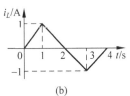

题 6-7 图

6-8　电感元件与上题相同，其两端电压 u_L 的波形与题 6-7(b)图也相同，设电压的单位为伏，$i_L(0_-)=0$。

(1) 试求电感电流 i_L 并做出其波形；

(2) 求 $t=1$s，$t=2$s 和 $t=3$s 时的电感储能。

6-9　已知某支路的电压波形如题 6-9 图所示。设支路电压与电流为关联参考方向，电压的单位为伏。(1)当支路元件为一个 2Ω 的电阻时,做出支路电流 $i_R(t)$ 的波形;(2)当支路元件为一个 2F 的电容时,做出支路电流 $i_C(t)$ 的波形。(3)当支路元件为一个 2H 的电感时,做出支路电流 $i_L(t)$ 的波形,设 $i_L(0)=0$。

6-10　电路如题 6-10 图所示。
(1) 求各元件的电压 u 或电流 i;
(2) 求各元件的功率 $p(t)$。

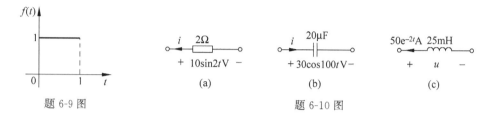

题 6-9 图　　　　　　　　　　　题 6-10 图

6-11　在题 6-11(a)图所示电路中,已知 $i_L(0_-)=0$, $u_C(0_-)=0$。若电阻电流 i_R 的波形如题 6-11(b)图所示,试做出电流源 i_s 的波形。

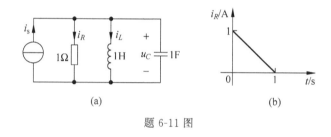

题 6-11 图

6-12　题 6-12(a)图所示的电路可用作脉冲计数器。题 6-12(b)图所示为需计数的脉冲波。试计算当电容电压从 0 上升到 19.8V 时共出现了多少个脉冲波,并做出电容电压 u_C 的波形图。

6-13　电路如题 6-13 图所示。
(1) 求端口的等效电容 C;
(2) 若端口电压 $u=10\text{V}$,求各电容的电压;
(3) 若端口电流 $i=8\text{e}^{-3t}\text{A}$,求电流 i_1 和 i_2。

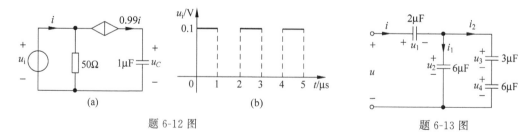

题 6-12 图　　　　　　　　　　　题 6-13 图

6-14　在题 6-14 图所示电路中,$C_1=C_2=1\text{F}$, $C_3=C_4=2\text{F}$, $u_{C1}(0_-)=3\text{V}$, $u_{C2}(0_-)=2\text{V}$, $u_{C3}(0_-)=1\text{V}$, $u_{C4}(0_-)=1\text{V}$。两个开关 S_1 和 S_2 在 $t=0$ 时同时闭合,求开关闭合后的各电容电压。

6-15 求题 6-15 图所示电路的诺顿等效电路。已知 $C=0.4\mathrm{F}, u_C(0)=3\mathrm{V}, e_s(t)=2\mathrm{e}^{-6t}\varepsilon(t)\mathrm{A}$。

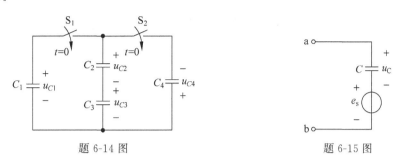

题 6-14 图　　　　题 6-15 图

6-16 电路如题 6-16 图所示，设各电感的初始电流为零。
(1) 求端口的等效电感；
(2) 若端口电压 $u(t)=8\mathrm{e}^{-2t}\varepsilon(t)\mathrm{V}$，求各电感电流及电压 u_2 和 u_3。

6-17 在题 6-17 图所示电路中，开关 S 原是闭合的。在 $t=0$ 时 S 打开，求 $t=0_+$ 时各电感的电流及 $t\geqslant 0_+$ 时电压 $u_1(t)$。

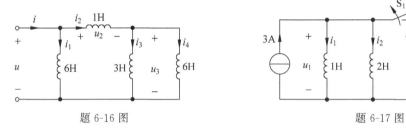

题 6-16 图　　　　题 6-17 图

6-18 求题 6-18 图所示电路的等效电路(戴维南电路)。

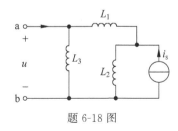

题 6-18 图

第 7 章 正弦稳态电路分析

CHAPTER 7

本章提要

正弦稳态电路是最常见的实际电路之一。研究分析电路在正弦稳态情况下各部分的电流、电压、功率等情况,称为正弦稳态分析。相量法是分析正弦稳态电路的基本方法。

本章的主要内容包括相量的概念;基尔霍夫定律以及元件伏安关系式的相量形式;复阻抗和复导纳的概念;正弦稳态电路的基本计算方法;相量图及位形图分析法;正弦稳态电路中有功功率、无功功率、视在功率、复功率的概念及其计算;功率因数提高的意义与方法。

需指出的是,在采用了相量法后,对正弦稳态电路的分析就可以应用直流稳态电路的各种分析方法,同时相量图分析法是一种有效的辅助分析手段。

7.1 正弦交流电的基本概念

电路可按激励源的变化规律加以分类。当电路中的激励都是直流电源时,称为直流电路。前面几章所涉及的基本上都是直流电路。

本章讨论的激励都是同频率按正弦规律变化的电源的电路,称为正弦电路。无论是直流电路还是正弦电路,都可能有两种状态,即"稳态"和"瞬态"。所谓"稳态"即是稳定状态。在稳态的情况下,直流电路中各支路的电压、电流均为直流量;正弦电路中各支路的电压、电流均为正弦量。"瞬态"又称为"暂态",它是指电路在两种稳定状态之间的过渡过程。在瞬态的情况下,电路中各支路电压、电流的变化规律一般不等同于电源的变化规律。

学习正弦稳态电路有着十分重要的实际意义和理论意义。一方面大量的实际电路都是正弦稳态电路,如电力系统中的大多数电路都是正弦稳态电路,通信工程及电视广播中采用的高频载波均是正弦波形;另一方面非正弦线性电路中的非正弦激励可经过傅里叶分解变成多个不同频率的正弦量的叠加,因此非正弦稳态电路的分析可归结为多个不同频率的正弦稳态电路的分析。

一、正弦交流电

按正弦规律变化的电压、电流、电势等电量通常称为正弦交流电,简称交流电,用 AC 或 ac 表示。正弦稳态电路亦称为正弦交流电路,简称交流电路。

二、正弦量的三要素

1. 正弦量的表达式及其波形

正弦规律既可用正弦函数表示，也可用余弦函数表示。

正弦电流的一般表达式为

$$i = I_m \sin(\omega t + \varphi) \tag{7-1}$$

根据这一表达式可求出正弦电流在任一瞬间 t 的值，因此式(7-1)又称为瞬时值表达式。

正弦电流的波形如图 7-1 所示，图中横坐标是时间 t。需指出的是，正弦波的横坐标也可是角度 α。

2. 正弦量的三要素

正弦电流表达式(7-1)中的 I_m（振幅）、ω（角频率）和 φ（初相位）三者被称为正弦量的三要素。

（1）振幅。

振幅是正弦量的最大值。振幅通常带有下标 m，如电流振幅为 I_m，电压振幅为 U_m 等，振幅恒为正值。

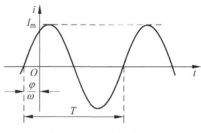

图 7-1 正弦电流的波形

（2）角频率。

一个正弦波的横坐标可以是时间 t，也可以是角度 α（单位为弧度或度）。t 和 α 之间用比例系数 ω 相连系，即 $\alpha = \omega t$。若 t 的单位为 s，则 ω 的单位为 rad/s。称 ω 为角频率。

正弦量完成一个循环变化的时间称为该正弦量的周期，用 T 表示，T 的单位为 s。正弦量在单位时间内循环变化的次数称为频率，用 f 表示，因此有 $f = 1/T$，即频率和周期互为倒数，f 的单位为 Hz(赫兹)。

不难导出角频率 ω 和频率 f 之间的关系。正弦波变化一个周期所对应的角度是 2π 弧度，则有

$$\omega T = 2\pi$$

即

$$\omega = 2\pi/T = 2\pi f$$

因此式(7-1)又可写为

$$i = I_m \sin(2\pi f t + \varphi)$$

我国工农业生产用电（动力用电）和生活用电的频率为 50Hz，这一频率被称为"工频"。工频所对应的周期为

$$T = \frac{1}{f} = \frac{1}{50}\text{s} = 0.02\text{s}$$

对应的角频率为

$$\omega = 2\pi f = 314 \text{rad/s}$$

（3）初相位。

在振幅确定的情况下，正弦量的瞬时值由幅角 $\omega t + \varphi$ 决定，即 $\omega t + \varphi$ 决定着正弦量变化的进程，称为相位角，简称相位。$\omega t + \varphi$ 中的 φ 是 $t = 0$ 时的相位角，称为初相角，简称初相。φ 本应与 ωt 的单位相同取弧度，但实际应用中习惯以°(度)为单位，要注意将 ωt 与 φ

换算为相同的单位。

φ 角的范围规定为 $-\pi \leqslant \varphi \leqslant \pi$。将最靠近原点、波形由负变正时与横坐标的交点称为波形的起点。φ 角即是波形起点与坐标原点间的"夹角"。由 φ 角的正负可判断起点的位置。当 $\varphi > 0$ 时,起点在负横轴上(原点左边);当 $\varphi < 0$ 时,起点在正横轴上(原点右边)。

振幅、角频率(频率)和初相位这三要素可唯一确定一个正弦量。

3. 由函数表达式做出正弦波形的方法

根据给定的数学表达式,可用两种方法做出正弦波形。一种方法是以时间 t 为横轴做出波形;另一种方法是以角度 ωt(或 α)做出波形。

例 7-1 试分别以 t 和 ωt 为横坐标绘出 $u = 4\sin\left(2t + \dfrac{\pi}{6}\right)$ V 的波形。

解 (1)以 t 为横轴做出波形。此时,$U_m = 4$V,$\omega = 2$rad/s,$\varphi = \dfrac{\pi}{6}$rad。现必须确定波形的周期以及初相位所对应的时间。周期由角频率 ω 决定,可得

$$T = \frac{2\pi}{\omega} = \frac{2\pi}{2} = \pi \approx 3.14\text{s}$$

初相位 φ 所对应的时间由公式 $\alpha = \omega t$ 决定,由于 $\alpha = \varphi = \pi/6$,则

$$t = \frac{\alpha}{\omega} = \frac{\dfrac{\pi}{6}}{2} = \frac{\pi}{12} \approx 0.262\text{s}$$

另外,还必须确定波形起点的位置。因 $\varphi = \pi/6 > 0$,故波形的起点位于坐标原点的左边,起点与原点间的距离为 $t = 0.262$s,据此可做出波形如图 7-2(a)所示。

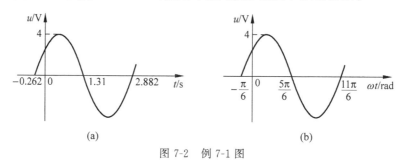

图 7-2 例 7-1 图

(2)以 ωt 为横轴做出波形。要注意,此时横轴的单位是角度的单位 rad 或 °。显然一个周期所对应的角度是 2πrad;由于表达式已直接给出了初相角,因此可做出波形如图 7-2(b)所示。

不难看出,无论正弦量的频率是多少,一个周期所对应的角度总是 2πrad。对比上面两种正弦波形的做法,可见以 ωt(或 α)为横轴的做法较为容易,且波形的初相位角度一目了然,故通常都采用这种做法。但这种方法有一个缺点,就是不能直接由波形看出正弦波周期(或频率)的大小。

三、同频率正弦量的相位差

1. 相位差

在正弦稳态电路中,为比较两个正弦电量之间的相位角,引入了相位差的概念。所谓相

位差是指同频率的两个正弦量的相位之差。设有两个正弦电压为

$$u_1 = U_{1m}\sin(\omega t + \varphi_1)$$
$$u_2 = U_{2m}\sin(\omega t + \varphi_2)$$

则 u_1 和 u_2 的相位差为

$$\theta = (\omega t + \varphi_1) - (\omega t + \varphi_2) = \varphi_1 - \varphi_2$$

由此可见,相位差即是初相之差。相位差 θ 为一常数。

若 $\theta = \varphi_1 - \varphi_2 = 0$,称 u_1 和 u_2 同相;若 $\theta = \varphi_1 - \varphi_2 = \pm\pi$,称 u_1 和 u_2 反相;若 $\theta = \varphi_1 - \varphi_2 = \pm\pi/2$,称 u_1 和 u_2 正交。

规定相位差 θ 角的范围为

$$-\pi \leqslant \theta \leqslant \pi$$

或

$$-180° \leqslant \theta \leqslant 180°$$

要注意的是,仅对频率相同的两正弦量而言,才有相位差的概念。对频率不同的两正弦波来说,相位差的概念是没有意义的。因为在频率不同的情况下,两正弦波的相位之差在不同的时刻有不同的数值,并不是一个常数。

2. 超前和滞后的概念

"超前"和"滞后"也是正弦稳态电路中的两个重要概念。引入这两个术语的目的是为了反映两个同频率的正弦量在进程上的差异。

设有两个正弦量 y_1 和 y_2,若 y_1 到达正最大值的时间早于 y_2 到达正最大值的时间,则称 y_1 超前于 y_2 一个角度 δ,或称 y_2 滞后于 y_1 一个角度 δ。显然超前和滞后是两个相对的概念。

规定超前或滞后角度的范围为 $-\pi \leqslant \delta \leqslant \pi$。这一规定显然是必要的。

可根据给定的波形或函数表达式来判断两正弦量超前、滞后的关系及其角度。在图 7-3 中,由于 y_2 到达正最大值的时间要早于 y_1,因此 y_2 超前于 y_1,且超前的角度是 $60° - 25° = 35°$;也可以说 y_1 滞后于 y_2 35°。

如果给定的是正弦量的函数表达式,则可根据相位差的正负及大小来决定超前、滞后的关系及角度。可写出图 7-3 所示的两正弦波的表达式为

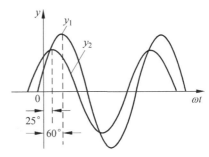

图 7-3 "超前""滞后"概念的说明用图

$$y_1 = Y_{1m}\sin(\omega t + 25°)$$
$$y_2 = Y_{2m}\sin(\omega t + 60°)$$

则相位差

$$\theta = \varphi_1 - \varphi_2 = 25° - 60° = -35°$$

将此相位差角与直接根据波形得出的超前或滞后的关系及其角度相对比,不难得出以下两点结论:

(1) 可由相位差角的正负来判断超前、滞后的关系。当 $\theta = \varphi_1 - \varphi_2 < 0$ 时,则 y_1 滞后于 y_2;反之,当 $\theta = \varphi_1 - \varphi_2 > 0$ 时,则 y_1 超前于 y_2。

（2）相位差角即是超前或滞后的角度。

例 7-2 电压 $u=20\sin(314t+120°)$ V，电流 $i=3\sin(314t+145°)$ A。试问哪个超前，且超前的角度是多少。

解 u 和 i 的相位差为
$$\theta=\varphi_u-\varphi_i=120°-145°=-25°<0$$
i 超前于 u，且超前的角度为 $25°$。

应注意，在根据相位差角来决定超前或滞后的关系及其角度时，上述的两点结论是与相位差角的规定
$$-\pi\leqslant\theta\leqslant\pi$$
相对应的。如果 θ 不在这一范围内，则上述结论必须加以修正。具体做法见例 7-3。

例 7-3 若 $u=U_m\sin(\omega t+160°)$ V，$i=I_m\sin(\omega t-45°)$ A，问哪一波形超前，超前的角度为多少？

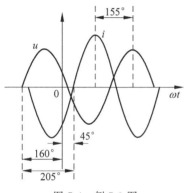

图 7-4 例 7-3 图

解 相位差角为
$$\theta=\varphi_u-\varphi_i=160°-(-45°)=205°$$
因 $\theta>180°$，不符合对 θ 角范围的规定，因此，这一 θ 角不是真正的相位差角。从波形图上看，并不是 u 超前于 i 205°，而是 i 超前于 u 155°，因此，在 θ 角超出规定范围的情况下，可按下面的方法决定 y_1 和 y_2 超前或滞后的关系及其角度：

（1）求 $\theta=\varphi_1-\varphi_2$；
（2）相位差角为 $\theta'=2\pi-\theta$ 或 $\theta'=-2\pi+\theta$；
（3）若 $\theta'>0$，则 y_1 滞后于 y_2；若 $\theta'<0$，则 y_1 超前于 y_2。

用上述方法求解该例，可得相位差角 $\theta'=2\pi-\theta=360°-205°=155°$，因 $\theta'>0$，则 u 滞后于 i 155°。这一结果与根据图 7-4 所示波形图所得结果相同。

四、周期性电量的有效值

1. 有效值的概念

有效值是用来表征周期性电量（如电流、电压、电势等）大小的一个重要物理量。周期性电量的有效值被定义为在一个周期的时间内，与该周期电量的做功能力等效的直流电的数值。譬如说，某周期电压的有效值是 10V，则表明该周期电压在一个周期的时间内与 10V 的直流电压的做功能力相当。

2. 有效值的数学定义式

下面导出周期性电量有效值的数学定义式。

设在电阻 R 中通以一周期为 T 的周期性电流 i，则在一个周期内该电流所做的功为
$$W_i=\int_0^T i^2R\,dt=R\int_0^T i^2\,dt$$
在同一周期内直流电流 I 通过该电阻所做的功为
$$W_I=I^2RT$$

按有效值的定义，若 I 是 i 的有效值，则两者在一周期内所做的功相等，于是下式成立：
$$W_I = W_i$$
即
$$I^2 RT = R\int_0^T i^2 \mathrm{d}t$$
得
$$I = \sqrt{\frac{1}{T}\int_0^T i^2 \mathrm{d}t} \tag{7-2}$$

该式便是周期电流有效值的定义式。按同样方法，可导出周期性电压有效值的定义式为
$$U = \sqrt{\frac{1}{T}\int_0^T u^2 \mathrm{d}t} \tag{7-3}$$

上述结果可表述为：周期性电量的有效值是它的"方均根"值。必须注意，周期性电量的有效值恒大于或等于零。

3. 正弦交流电有效值的大小

设一正弦电流为
$$i = I_\mathrm{m}\sin(\omega t + \varphi)$$
根据式(7-2)，其有效值为
$$I = \sqrt{\frac{1}{T}\int_0^T i^2 \mathrm{d}t} = \sqrt{\frac{1}{T}\int_0^T I_\mathrm{m}^2 \sin^2(\omega t + \varphi)\mathrm{d}t}$$
$$= \sqrt{\frac{I_\mathrm{m}^2}{2T}\int_0^T [1 - \cos 2(\omega t + \varphi)]\mathrm{d}t} = \frac{1}{\sqrt{2}}I_\mathrm{m} \tag{7-4}$$

这表明正弦电流的有效值是其最大值（振幅）的 $1/\sqrt{2}$ 倍。同样，可得出正弦电压的有效值为
$$U = \frac{1}{\sqrt{2}}U_\mathrm{m} \tag{7-5}$$

应注意，在电工技术中，凡提到正弦交流电的数值而不加以说明时，总是指有效值。例如我们熟知的日常生活所用交流电压的大小是 220V，该数值便是有效值。于是，这一交流电压的振幅为 $U_\mathrm{m} = \sqrt{2}$ V = 311V。

练习题

7-1 一正弦电压为 $u(t) = 220\sin\left(314t + \dfrac{\pi}{3}\right)$V。

(1) 分别求 $t = \dfrac{1}{100}$s 和 $t = \dfrac{1}{1000}$s 时的电压值；

(2) 分别以 t 和 ωt 为横坐标画出该电压的波形。

7-2 判断下面两组正弦电量超前、滞后的关系，并求出超前或滞后的角度。

(1) $u(t) = 20\sin(2t + 60°)$V，$i(t) = 8\sin(2t - 150°)$A

(2) $i_1(t) = 3\sin\left(10t + \dfrac{\pi}{4}\right)$A，$i_2(t) = 5\cos\left(10t + \dfrac{\pi}{3}\right)$A

7-3 求下列正弦电压或电流的有效值。

(1) $i(t) = 300\cos\left(100t - \dfrac{\pi}{6}\right)$ mA (2) $u(t) = 10\sin\omega t + 10\cos\left(\omega t - \dfrac{\pi}{3}\right)$ V

7.2 正弦量的相量表示

一、复数和复数的四则运算

我们将要看到,一个正弦量可以用一个复数表示,且复数的运算是正弦稳态分析的基本运算。因此先复习有关复数的概念。

1. 复数的几种表示形式

(1) 代数式

复数的代数形式为

$$A = a + jb \tag{7-6}$$

式中,$j = \sqrt{-1}$ 是虚数单位。称 a 为复数的实部,b 为复数的虚部。

横轴是实轴,纵轴是虚轴的直角坐标系称为复平面。

任一复数可用复平面中的一个点或一个矢量表示,因此复数的代数式也称为直角坐标式。复数 $A = a + jb$ 可表示为图 7-5 所示复平面中的点 $A(a, b)$ 或矢量 **OA**。矢量 **OA** 的长度称为复数 A 的模,用 $|A|$ 表示,**OA** 与正实轴间的夹角 φ 称为 A 的幅角。

显然有

$$\begin{cases} |A| = \sqrt{a^2 + b^2} \\ \varphi = \arctan \dfrac{b}{a} \end{cases} \tag{7-7}$$

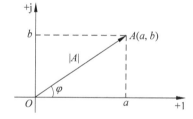

图 7-5 复数 $A = a + jb$ 的图形表示

这两个关系式以后经常用到,必须熟记。

(2) 极坐标式

复数的极坐标式是用模和幅角来表示的,其形式为

$$A = |A| \underline{/\varphi} \tag{7-8}$$

根据图 7-5 不难将复数的极坐标式转化为代数式,有

$$A = |A| \underline{/\varphi} = |A|\cos\varphi + j|A|\sin\varphi \tag{7-9}$$

$$\begin{cases} a = |A|\cos\varphi \\ b = |A|\sin\varphi \end{cases} \tag{7-10}$$

式(7-10)经常被用到,亦必须熟记。

(3) 指数式

由式(7-9)可得

$$A = |A|\cos\varphi + j|A|\sin\varphi = |A|(\cos\varphi + j\sin\varphi)$$

由欧拉公式,有

$$\cos\varphi + j\sin\varphi = e^{j\varphi}$$

$$A = |A|e^{j\varphi} \tag{7-11}$$

这便是复数的指数式。

指数式转化为代数式根据式(7-10)进行。

2. 复数的实、虚部表示法

单独取一个复数的实部或虚部称为复数的取实部或取虚部运算。

对复数 $A=a+\mathrm{j}b$，取实部运算可表示为

$$\mathrm{Re}(A)=a \tag{7-12}$$

取虚部运算可表示为

$$\mathrm{Im}(A)=b \tag{7-13}$$

Re 称为取实部算子，Im 称为取虚部算子。要注意，不论是取实部还是取虚部运算，所得结果都是实数。特别不要误认为 $\mathrm{Im}(A)=\mathrm{j}b$。

例如，若 $A=3+\mathrm{j}4$，则 $\mathrm{Re}(A)=3$，$\mathrm{Im}(A)=4$。

3. 共轭复数

若一复数为 $A=a+\mathrm{j}b$，则把复数 $\overset{*}{A}=a-\mathrm{j}b$ 称作 A 的共轭复数。共轭复数是以字母上加一 * 号来表示的。

共轭复数以成对的形式出现。若 $\overset{*}{A}$ 是 A 的共轭复数，则 A 也是 $\overset{*}{A}$ 的共轭复数。A 和 $\overset{*}{A}$ 的区别仅在于两者虚部的符号相反，而实部是完全相同的。

如一复数为 $-3-\mathrm{j}4$，则它的共轭复数是 $-3+\mathrm{j}4$。

4. 复数的四则运算

(1) 复数的加减法运算

复数的加减法用代数式进行。运算规则是：实部和实部相加、减，虚部和虚部相加、减。若

$$A=a_1+\mathrm{j}b,\quad B=a_2+\mathrm{j}b_2$$

则

$$A\pm B=(a_1+\mathrm{j}b_1)\pm(a_2+\mathrm{j}b_2)=(a_1\pm a_2)+\mathrm{j}(b_1\pm b_2)$$

例 7-4 设 $A_1=3+\mathrm{j}5$，$A_2=-1-\mathrm{j}2$，求 $A=A_1+A_2$。

解 $A=A_1+A_2=(3+\mathrm{j}5)+(-1-\mathrm{j}2)=2+\mathrm{j}3$

(2) 复数的乘法运算

复数的乘法运算用极坐标式或指数式较方便。其运算规则是：模相乘、幅角相加。若 $A=|A|\underline{/\varphi_A}$，$B=|B|\underline{/\varphi_B}$，则

$$A\cdot B=|A|\underline{/\varphi_A}\cdot|B|\underline{/\varphi_B}=|A||B|\underline{/\varphi_A+\varphi_B}$$

或

$$A\cdot B=|A|\mathrm{e}^{\mathrm{j}\varphi_A}|B|\mathrm{e}^{\mathrm{j}\varphi_B}=|A||B|\mathrm{e}^{\mathrm{j}(\varphi_A+\varphi_B)}$$

例 7-5 设 $A_1=3+\mathrm{j}4$，$A_2=4+\mathrm{j}3$。求 $A=A_1\cdot A_2$

解 先将代数形式的两复数化为极坐标式：

$$A_1=3+\mathrm{j}4=5\underline{/53.1°}$$

$$A_2=4+\mathrm{j}3=5\underline{/36.9°}$$

$$A=A_1\cdot A_2=5\underline{/53.1°}\times 5\underline{/36.9°}=25\underline{/53.1°+36.9°}=25\underline{/90°}$$

(3) 复数的除法运算

复数的除法运算用极坐标式或指数式较方便。其运算规则是：模相除，幅角相减。若 $A=|A|\underline{/\varphi_A}, B=|B|\underline{/\varphi_B}$，则

$$\frac{A}{B}=\frac{|A|\underline{/\varphi_A}}{|B|\underline{/\varphi_B}}=\frac{|A|}{|B|}\underline{/\varphi_A-\varphi_B}$$

或

$$\frac{A}{B}=\frac{|A|e^{j\varphi_A}}{|B|e^{j\varphi_B}}=\frac{|A|}{|B|}e^{j(\varphi_A-\varphi_B)}$$

例 7-6 设 $A_1=20\underline{/45°}, A_2=4\underline{/80°}$，求 $A=\dfrac{A_1}{A_2}$。

解 $A=\dfrac{A_1}{A_2}=\dfrac{20\underline{/45°}}{4\underline{/80°}}=5\underline{/45°-80°}=5\underline{/-35°}$

二、用相量表示正弦量

1. 相量和相量图

在交流电路中，各支路的电压或电流均是同频率的正弦量。通常电源频率是已知的，因此分析求解正弦稳态电路中的电压或电流，实质上是求电压、电流的有效值（振幅）和初相位。对正弦量直接进行运算无疑是十分烦琐的，因此，必须寻找简化计算的途径。数学变换的方法为我们提供了实现这一设想的可能。这就是把正弦量用相量这一特殊形式的复数表示，从而将正弦量的计算转化为复数的计算。下面说明什么是相量以及将正弦量表示为相量的方法。

设一正弦电压为

$$u=U_m\sin(\omega t+\varphi) \tag{7-14}$$

根据欧拉公式

$$e^{j\theta}=\cos\theta+j\sin\theta$$

若令 $\omega t+\varphi=\theta$，则有

$$U_m e^{j(\omega t+\varphi)}=U_m\cos(\omega t+\varphi)+jU_m\sin(\omega t+\varphi) \tag{7-15}$$

显然式(7-14)是式(7-15)的虚部，于是有

$$u=U_m\sin(\omega t+\varphi)=\text{Im}[U_m e^{j(\omega t+\varphi)}]=\text{Im}[U_m e^{j\varphi}e^{j\omega t}] \tag{7-16}$$

式中，$U_m e^{j\varphi}$ 是一复数，其模是正弦量的振幅，幅角是正弦量的初相，即该复数包含了一个正弦量的两个要素，这一复数称为相量，用上面带点的大写字母表示，即

$$\dot{U}_m=U_m e^{j\varphi}=U_m\underline{/\varphi}$$

相量 $\dot{U}_m$ 中的模是正弦量的振幅，称为振幅相量。相量的模也可用正弦电压（电流）的有效值，这种相量称为有效值相量。例如电压有效值相量为

$$\dot{U}=U e^{j\varphi}=U\underline{/\varphi}$$

显然振幅相量是有效值相量的 $\sqrt{2}$ 倍，即

$$\dot{U}_m=\sqrt{2}\dot{U}$$

应注意，振幅相量是用带下标 m 的字母表示的。由于相量是复数，因此它可用复平面

上的矢量来表示,这种矢量图被称为"相量图"。

根据正弦量可方便地写出相量;反之,知道了相量亦可容易地写出它对应的正弦量。

式(7-16)中的 $e^{j\omega t}$ 也是一复数,其模为 1,幅角是 t 的函数,随时间而不断变化。$e^{j\omega t}$ 在复平面上的轨迹是一半径为 1 的圆,因此它被称作旋转因子。不难看出,相量和旋转因子的乘积 $U_m e^{j\varphi} e^{j\omega t}$ 仍是一复数,它在复平面上的轨迹是一个半径为 U_m 的圆,其在任一时刻 t_0 的幅角为 $\omega t_0+\varphi$,如图 7-6 所示,把复数 $U_m e^{j\varphi} e^{j\omega t}$ 称作旋转相量。显然,正弦函数是旋转相量在虚轴上的投影。

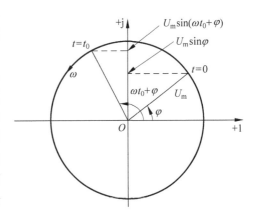

图 7-6 旋转相量的轨迹是一个圆

例 7-7 试写出正弦量 $u=380\sin(\omega t+60°)$V 和 $i=20\cos(\omega t+20°)$A 对应的振幅相量和有效值相量,并做出有效值相量图。

解 u 的振幅相量和有效值相量分别为

$$\dot{U}_m = 380\underline{/60°}\text{V}$$

$$\dot{U} = \frac{380}{\sqrt{2}}\underline{/60°}\text{V} = 268.7\underline{/60°}\text{V}$$

要注意,i 是用余弦函数表示的正弦量,必须把它转化为正弦函数后才能表示为相量。

$$i = 20\cos(\omega t+20°) = 20\sin(\omega t+20°+90°)$$
$$= 20\sin(\omega t+110°)$$

$$\dot{I}_m = 20\underline{/110°}\text{A}$$

$$\dot{I} = \frac{20}{\sqrt{2}}\underline{/110°}\text{A} = 14.14\underline{/110°}\text{A}$$

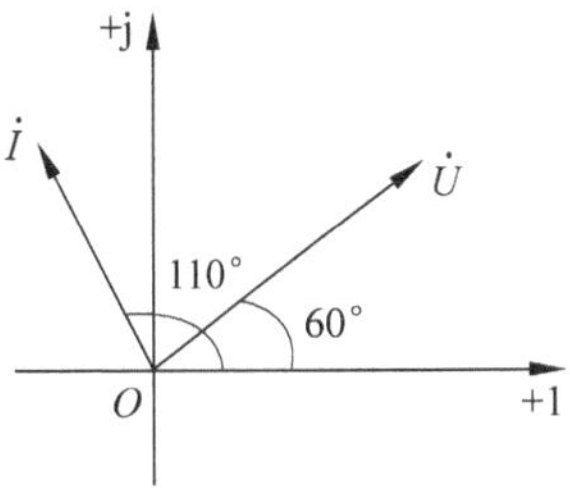

有效值相量图如图 7-7 所示。

图 7-7 例 7-7 图

2. 关于相量的说明

(1) 复数可用来表示正弦电压或电流,这一复数称为相量。

(2) 必须注意,相量是用大写字母表示的,且字母上必须打点。若不打点,则不被认为是相量。例如 $\dot{U}_1 = 2\underline{/30°}$ 是相量,但 $Z_1 = 2\underline{/30°}$ 不是相量而是一普通的复数。

(3) 相量和正弦量之间只是一种对应关系,它们有着本质的区别。因此,不允许出现类似于下面的错误:

$$u = 380\sin(\omega t+30°) = 380\underline{/30°}$$

即正弦量和相量之间不能画等号,因为显而易见相量不是时间函数,也不是实数。

(4) 一个正弦电量既可用振幅相量表示,也可用有效值相量表示,在电路分析中,用得最多的是有效值相量。我们约定,若不加以说明,相量指的是有效值相量。

3. 关于取虚部运算算子的几个定理

取虚部运算的算子 Im 对旋转相量的运算可依据几个定理来进行。下面介绍有关的几个定理,这些定理可根据复数运算规则及欧拉公式推导而出,这里证明从略。

设 K_1 和 K_2 为常数,$\dot{U}_1$、$\dot{U}_2$ 和 $\dot{U}$ 为相量,有下面几条定理成立。

(1) 线性定理。该定理说明 Im 算子是线性算子,即

$$\mathrm{Im}[K_1\dot{U}_1\mathrm{e}^{\mathrm{j}\omega t}] \pm \mathrm{Im}[K_2\dot{U}_2\mathrm{e}^{\mathrm{j}\omega t}] = \mathrm{Im}[K_1\dot{U}_1\mathrm{e}^{\mathrm{j}\omega t} \pm K_2\dot{U}_2\mathrm{e}^{\mathrm{j}\omega t}]$$
$$= \mathrm{Im}[(K_1\dot{U}_1 \pm K_2\dot{U}_2)\mathrm{e}^{\mathrm{j}\omega t}] \tag{7-17}$$

上式表明两个或多个旋转相量虚部的加减运算等于这些旋转相量加减运算后的虚部。

(2) 微分定理。该定理指出下式成立:

$$\frac{\mathrm{d}}{\mathrm{d}t}\mathrm{Im}[\dot{U}\mathrm{e}^{\mathrm{j}\omega t}] = \mathrm{Im}\left[\frac{\mathrm{d}}{\mathrm{d}t}(\dot{U}\mathrm{e}^{\mathrm{j}\omega t})\right] = \mathrm{Im}[\mathrm{j}\omega\dot{U}\mathrm{e}^{\mathrm{j}\omega t}] \tag{7-18}$$

上式表明取虚部运算算子与微分算子的位置可以互换。式(7-18)还表明,若对旋转相量求微分,其结果是该旋转相量与 $\mathrm{j}\omega$ 相乘。这一结论推广后有

$$\frac{\mathrm{d}^n}{\mathrm{d}t^n}(\dot{U}\mathrm{e}^{\mathrm{j}\omega t}) = (\mathrm{j}\omega)^n\dot{U}\mathrm{e}^{\mathrm{j}\omega t} \tag{7-19}$$

(3) 积分定理。该定理指出下式成立:

$$\int\mathrm{Im}[\dot{U}\mathrm{e}^{\mathrm{j}\omega t}]\mathrm{d}t = \mathrm{Im}\left[\int\dot{U}\mathrm{e}^{\mathrm{j}\omega t}\mathrm{d}t\right] = \mathrm{Im}\left[\frac{1}{\mathrm{j}\omega}\dot{U}\mathrm{e}^{\mathrm{j}\omega t}\right] \tag{7-20}$$

上式表明取虚部运算算子与积分算子的位置可互换,同时还表明,若对旋转相量求积分,其结果是该旋转相量与 $\frac{1}{\mathrm{j}\omega}$ 相乘。这一结论推广后有

$$\underbrace{\iint\cdots\int\dot{U}\mathrm{e}^{\mathrm{j}\omega t}\mathrm{d}t\cdot\mathrm{d}t\cdots\mathrm{d}t}_{n\text{次积分}} = \frac{1}{(\mathrm{j}\omega)^n}\dot{U}\mathrm{e}^{\mathrm{j}\omega t} \tag{7-21}$$

(4) 相等定理。该定理指出若在任一时刻均有

$$\mathrm{Im}[K_1\dot{U}_1\mathrm{e}^{\mathrm{j}\omega t}] = \mathrm{Im}[K_2\dot{U}_2\mathrm{e}^{\mathrm{j}\omega t}]$$

则必有下式成立:

$$K_1\dot{U}_1 = K_2\dot{U}_2 \tag{7-22}$$

上式表明,若两个旋转相量取虚部运算的结果相等,则两个旋转相量中的相量亦相等。

4. 把正弦量的运算转化为相量的运算——相量法

在一个正弦稳态电路中,各支路的电压、电流均为同频率的正弦量。在电路频率为已知的情况下,一个正弦电量所需决定的仅是它的有效值(或振幅)和初相,而相量便包含了这两种信息。换言之,确定一个正弦电量的相量与直接确定该正弦电量是等价的,现在的问题是如何将正弦量的运算转化为相量(复数)的运算。根据上述定理不难将正弦量的加减法运算转化为复数的加减法运算,即先将正弦量用相应的复数表示,再做复数运算,而后取复数运算的虚部。具体做法见例 7-8 和例 7-9。

例 7-8 设 $i_1 = 5\sin(\omega t + 60°)$,$i_2 = 8\sin(\omega t + 30°)$,$i_3 = 12\sin(\omega t - 70°)$,求 $i_1 - i_2 - i_3$。

解 三个正弦量可用复数表示为

$$i_1 = \mathrm{Im}(5\mathrm{e}^{\mathrm{j}60°}\mathrm{e}^{\mathrm{j}\omega t}), \quad i_2 = \mathrm{Im}(8\mathrm{e}^{\mathrm{j}30°}\mathrm{e}^{\mathrm{j}\omega t}), \quad i_3 = \mathrm{Im}(12\mathrm{e}^{-\mathrm{j}70°}\mathrm{e}^{\mathrm{j}\omega t})$$

根据式(7-17),有

$$i_1 - i_2 - i_3 = \mathrm{Im}(5\mathrm{e}^{\mathrm{j}60°}\mathrm{e}^{\mathrm{j}\omega t}) - \mathrm{Im}(8\mathrm{e}^{\mathrm{j}30°}\mathrm{e}^{\mathrm{j}\omega t}) - \mathrm{Im}(12\mathrm{e}^{-\mathrm{j}70°}\mathrm{e}^{\mathrm{j}\omega t})$$

$$= \text{Im}(5e^{j60°}e^{j\omega t} - 8e^{j30°}e^{j\omega t} - 12e^{-j70°}e^{j\omega t})$$
$$= \text{Im}[(5e^{j60°} - 8e^{j30°} - 12e^{-j70°})e^{j\omega t}]$$
$$= \text{Im}[(2.5 + j4.33 - 6.93 - j4 - 4.1 + j11.28)e^{j\omega t}]$$
$$= \text{Im}[(-8.53 + j11.61)e^{j\omega t}] = \text{Im}(14.41e^{j126.3°}e^{j\omega t})$$
$$= 14.41\sin(\omega t + 126.3°)$$

从例 7-8 运算过程可看出,将正弦量的运算转化为复数的运算,比直接进行正弦量的运算要简单得多。读者可对例 7-8 直接做正弦函数的计算,予以对比。

从例 7-8 还可看出旋转因子 $e^{j\omega t}$ 并未参与复数的运算过程,因此这一复数运算实际上是相量运算。这种把正弦量运算转化为相量运算的方法称为相量法。

实际中,将正弦函数的运算转化为相量的运算是按下列步骤进行的:

(1) 将正弦量表示为相量;
(2) 对相量进行运算;
(3) 由相量运算的结果得出所需的正弦量。

例 7-9 已知两正弦电压为 $u_1 = 2\sqrt{2}\sin(2t + 45°)\text{V}, u_2 = 3\sqrt{2}\sin(2t - 60°)\text{V}$,求 $u_1 + u_2$。

解 两正弦电压对应的相量为

$$\dot{U}_1 = 2\underline{/45°}\text{V} = (1.414 + j1.414)\text{V}$$
$$\dot{U}_2 = 3\underline{/-60°}\text{V} = (1.5 - j2.598)\text{V}$$
$$\dot{U} = \dot{U}_1 + \dot{U}_2 = (1.414 + j1.414) + (1.5 - j2.598)$$
$$= (2.914 - j1.184) = 3.145\underline{/-22.1°}\text{V}$$

故
$$u_1 + u_2 = 3.145\sqrt{2}\sin(2t - 22.1°)\text{V}$$

需要说明的是,这种把正弦量运算转化为复数运算的方法适用于加减法,不适用于乘除法,即正弦量的乘、除法不能采用相量相乘、除的方法。

由于相量和正弦量之间有着简单的对应关系,为简便起见,在正弦稳态电路的分析计算中,一般就用相量代表正弦量,例如常用相量作为最后的计算结果,而不必再把相量转换为相应的正弦量。

练习题

7-4 设 $A_1 = 6 + j8, A_2 = 4 - j3$。求

(1) $A = A_1 + A_2$ (2) $B = A_1 \cdot A_2$ (3) $C = \dfrac{A_1}{A_2}$

要求计算结果均写成极坐标式。

7-5 设正弦电压为 $u(t) = 180\sin(314t + 60°)\text{V}$,正弦电流 $i(t) = 3\cos(314t - 60°)\text{A}$,试写出这两个正弦电量的振幅相量和有效值相量,并在同一坐标系中画出相应的相量图。

7-6 若 $u_1(t) = 7.07\sin(8t - 30°)\text{V}, u_2(t) = 3\sqrt{2}\cos(8t + 45°)\text{V}, u_3(t) = 5\sqrt{2}\sin(2t - 120°)\text{V}$,试分别用相量法和作相量图的方法计算 $u = u_1 + u_2 + u_3$。

7.3 基尔霍夫定律的相量形式

一、KCL 的相量形式

按 KCL(基尔霍夫定律),正弦稳态电路中任一节点上各支路电流瞬时值的代数和等于零,即

$$\sum_{k=1}^{b} i_k = 0$$

若将正弦电流用相量表示,即令 $i_k(t) = \sqrt{2} I_k \sin(\omega t + \varphi_{ik})$,则 $\dot{I}_k = I_k \underline{/\varphi_{ik}}$,根据式(7-17)和式(7-22),可得

$$\sum_{k=1}^{b} \dot{I}_k = 0 \tag{7-23}$$

这就是 KCL 的相量形式,它可表述为:在正弦稳态电路中,任一节点上各支路电流相量的代数和等于零。

显然,相量形式的 KCL 和瞬时值形式的 KCL 具有相同的形式。这表明列写相量形式的 KCL 方程的方法与列写瞬时值形式的 KCL 方程的方法是相似的,其差别仅在于将瞬时值电流换以相应的电流相量。

例 7-10 图 7-8(a)所示为正弦稳态电路中的一个节点 j,已知 $i_1 = 3\sin\omega t\ \text{A}, i_2 = 5\sin(\omega t - 60°)\ \text{A}$,求 i_3。

解 将 i_1 和 i_2 用相量表示,即

$$\dot{I}_1 = \frac{3}{\sqrt{2}} \underline{/0°}\ \text{A} = 2.12\underline{/0°}\ \text{A},$$

$$\dot{I}_2 = \frac{5}{\sqrt{2}} \underline{/-60°}\ \text{A} = 3.54\underline{/-60°}\ \text{A}$$

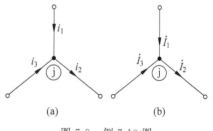

图 7-8 例 7-10 图

由相量形式的 KCL,有

$$\dot{I}_1 - \dot{I}_2 + \dot{I}_3 = 0$$

$$\dot{I}_3 = \dot{I}_2 - \dot{I}_1 = (3.54\underline{/-60°} - 2.12\underline{/0°}) = (-0.35 - \text{j}3.07) = 3.09\underline{/-96.5°}\ \text{A}$$

则所求为

$$i_3 = 3.09\sqrt{2} \sin(\omega t - 96.5°) = 4.37\sin(\omega t - 96.5°)\ \text{A}$$

当然此题也可用振幅相量解。这里之所以用有效值相量计算,是因为希望读者记住本书的约定:若不加以说明,相量总是指有效值相量。

二、KVL 的相量形式

按 KVL,正弦稳态电路中任一回路中各支路电压瞬时值的代数和等于零,即 $\sum_{k=1}^{b} u_k = 0$。将电压用相量表示后,由式(7-17)和式(7-22)不难导出下式:

$$\sum_{k=1}^{b} \dot{U}_k = 0 \tag{7-24}$$

这就是 KVL 的相量形式。它可表述为：在正弦稳态电路中，任一回路中各支路电压相量的代数和等于零。

显然，相量形式的 KVL 和瞬时值形式的 KVL 具有相同的形式。

7.4 RLC 元件伏安关系式的相量形式

一、正弦稳态电路中的电阻元件

1. R 元件伏安关系式的相量形式

在正弦稳态电路中，设通过电阻元件的电流为

$$i_R = \sqrt{2} I_R \sin(\omega t + \varphi_i)$$

在图 7-9(a)所示的参考方向下

$$u_R = Ri_R = \sqrt{2} I_R R \sin(\omega t + \varphi_i)$$

将 i_R 和 u_R 均表示为相量，有

$$\dot{I}_R = I_R \underline{/\varphi_i} \tag{7-25}$$

$$\dot{U}_R = RI_R \underline{/\varphi_i} \tag{7-26}$$

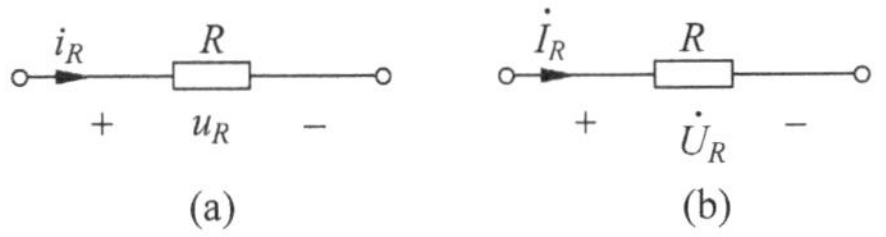

将式(7-25)代入式(7-26)，得

$$\dot{U}_R = RI_R \underline{/\varphi_i} = R\dot{I}_R \tag{7-27}$$

图 7-9 正弦稳态电路中的 R 元件

式(7-27)即为电阻元件伏安关系式的相量形式，电阻元件对应于相量的电路模型如图 7-9(b)所示。分析式(7-27)可得如下几点结论：

(1) 将瞬时值形式的欧姆定律中的电压、电流换以相应的相量后，即得式(7-27)，这表明电阻的电压相量、电流相量满足欧姆定律。

(2) 电阻电压的有效值等于电阻电流的有效值与电阻的乘积，这表明电压、电流的有效值也满足欧姆定律，即

$$U_R = RI_R \tag{7-28}$$

(3) 电阻电压的相位等于电阻电流的相位，即

$$\varphi_u = \varphi_i$$

这表明 u_R 和 i_R 的相位差为零，两者同相位。u_R 和 i_R 的波形图如图 7-10(a)所示，相量图如图 7-10(b)所示。

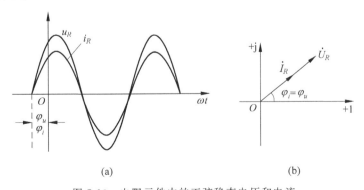

图 7-10 电阻元件中的正弦稳态电压和电流

2. 电阻元件的功率

(1) 瞬时功率

在正弦稳态情况下，电阻元件的瞬时功率为

$$\begin{aligned} p_R &= u_R i_R = \sqrt{2}U_R\sin(\omega t+\varphi)\times\sqrt{2}I_R\sin(\omega t+\varphi) \\ &= UI[1-\cos 2(\omega t+\varphi)] \end{aligned} \tag{7-29}$$

由于 $\cos 2(\omega t+\varphi)\leqslant 1$，则必有

$$p_R \geqslant 0$$

这表明在正弦稳态电路中电阻元件总是吸收能量的，它是一纯耗能元件。不难得知，p_R 曲线位于一、二象限，即处于横轴(t 轴)的上方。读者可自行做出 p_R 曲线。

(2) 平均功率

将周期性电量的瞬时功率在一个周期里的平均值定义为平均功率，也称为有功功率，并用大写字母 P 表示。

电阻元件的平均功率为

$$\begin{aligned} P &= \frac{1}{T}\int_0^T p_R\,\mathrm{d}t = \frac{1}{T}\int_0^T UI[1-\cos 2(\omega t+\varphi)]\mathrm{d}t \\ &= \frac{1}{T}\int_0^T UI\,\mathrm{d}t - \frac{1}{T}\int_0^T \cos 2(\omega t+\varphi)\mathrm{d}t = UI \end{aligned} \tag{7-30}$$

根据电压、电流有效值之间的关系，不难得出下述公式

$$P = UI = \frac{U^2}{R} = I^2R \tag{7-31}$$

这表明，在正弦稳态的情况下，采用有效值后，电阻元件的平均功率的计算公式与在直流情况下采用的公式完全一样。

需注意的是，瞬时功率应用小写字母表示，而平均功率(有功功率)则用大写字母表示。

例 7-11 电阻元件如图 7-11 所示，若 $u_R=20\sqrt{2}\sin(\omega t+60^\circ)\mathrm{V}$，求电流 i_R 及该电阻消耗的平均功率。

解 电压相量为 $\dot{U}_R=20\underline{/60^\circ}\mathrm{V}$，由相量形式的欧姆定律，有

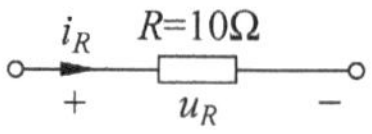

图 7-11 例 7-11 图

$$\dot{I}_R = \frac{\dot{U}_R}{R} = \frac{20\underline{/60^\circ}}{10} = 2\underline{/60^\circ}\mathrm{A}$$

则

$$i_R = 2\sqrt{2}\sin(\omega t+60^\circ)\mathrm{A}$$

该电阻消耗的平均功率为

$$P = U_R I_R = 20\times 2 = 40\mathrm{W}$$

由于电阻电压、电流的相位相同，此题在已知电阻中某一电量初相位的情况下可只进行有效值的计算。

更简单地，可直接用瞬时值计算，因为电阻元件电压、电流的瞬时值也是满足欧姆定律的。

二、正弦稳态电路中的电感元件

1. 电感元件伏安关系式的相量形式

在正弦稳态的情况下,设通过电感元件的电流为

$$i_L = \sqrt{2} I_L \sin(\omega t + \varphi_i)$$

则在图 7-12(a) 所示的参考方向下,电感的端电压为

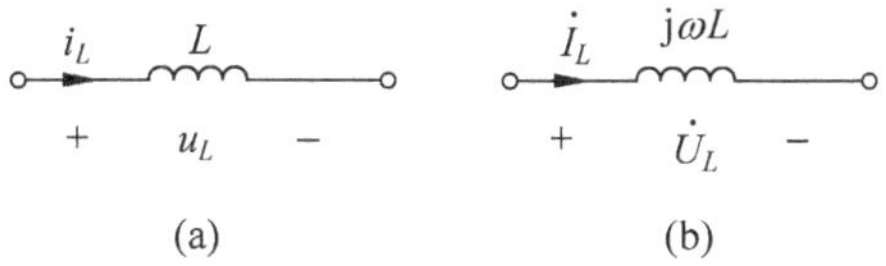

$$u_L = L \frac{\mathrm{d}i_L}{\mathrm{d}t} = \sqrt{2} \omega L I_L \cos(\omega t + \varphi_i)$$

$$= \sqrt{2} \omega L I_L \sin(\omega t + \varphi_i + 90°)$$

图 7-12 正弦电路中的电感元件

将 i_L 和 u_L 分别表示为相量,有

$$\dot{I}_L = I_L \underline{/\varphi_i}, \quad \dot{U}_L = \omega L I_L \underline{/\varphi_i + 90°}$$

因 $\underline{/90°} = \mathrm{j}$,故

$$\dot{U}_L = \mathrm{j}\omega L I_L \underline{/\varphi_i} = \mathrm{j}\omega L \dot{I}_L \tag{7-32}$$

令 $X_L = \omega L$,并称之为感抗,其单位为 Ω,则式(7-32)又可写为

$$\dot{U}_L = \mathrm{j} X_L \dot{I}_L \tag{7-33}$$

式(7-33)即为 L 元件伏安关系式的相量形式。电感元件对应于相量的电路模型如图 7-12(b)所示。要注意,图中对应电感元件的参数是 $\mathrm{j}\omega L$。

分析式(7-33)可得出如下几点结论:

(1) 若认为 $X_L = \omega L$ 与 R 相当,则

$$U_L = X_L I_L \tag{7-34}$$

此表明有效值 U_L 和 I_L 满足欧姆定律。要注意 $X_L \neq u_L / i_L$,因为瞬时值 u_L、i_L 间是微积分关系,两者不满足欧姆定律。

(2) 和电阻元件不一样,电感电压和电流的相位并不相同,两者初相间的关系为

$$\varphi_u = \varphi_i + 90°$$

即电感电压超前于电感电流 90°。u_L 和 i_L 的波形及相量图如图 7-13 所示。

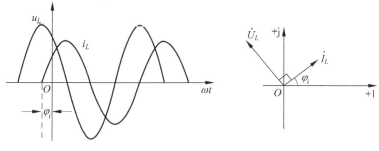

(a) 电压电流波形图　　(b) 电压电流相量图

图 7-13 正弦稳态电路中电感元件的电压和电流

(3) 虽然感抗 X_L 和电阻相当,两者的单位均为欧姆,但它们有着本质的区别。R 是一常数与电路频率无关。$X_L = \omega L$ 是电路频率的函数,对于同一电感元件,当频率不同时,有

不同的感抗值。当 $\omega \to \infty$ 时，$X_L \to \infty$，即在频率非常高的情况下，电感元件相当于开路；当 $\omega = 0$ 时 $X_L = 0$，即在频率为零（直流）的情况下，电感元件相当于短路。感抗的倒数 $B_L = 1/X_L = 1/\omega L$ 称为感纳，其单位为 $1/\Omega$ 或 S（西）。引入感纳后，式(7-33)又可写为

$$\dot{I}_L = -\mathrm{j} B_L \dot{U}_L \tag{7-35}$$

2. 电感元件的功率

（1）瞬时功率

在正弦稳态的情况下，L 元件的瞬时功率为

$$\begin{aligned} p_L &= i_L u_L = \sqrt{2} I_L \sin(\omega t + \varphi_i) \times \sqrt{2} U_L \sin(\omega t + \varphi_i + 90°) \\ &= U_L I_L \sin 2(\omega t + \varphi_i) \end{aligned} \tag{7-36}$$

可见，p_L 按正弦规律变化，其频率是电流、电压频率的两倍。在电流一个周期的时间内，包含有 p_L 的两个正半周和两个负半周，且正半周的面积和负半周的面积相等。当 $p_L > 0$ 时，L 元件从电源吸收能量；当 $p_L < 0$ 时，L 元件向电源送出能量。由于 L 元件为无源元件，其送出的能量并非由本身产生，而是先前从电源吸取的。这表明 L 元件一段时间内从电源方吸取能量并储存起来，在另一段时间内又把储存的能量全部返送至电源。这种现象称为能量交换。

（2）有功功率

电感元件的有功功率为

$$P_L = \frac{1}{T}\int_0^T p\,\mathrm{d}t = \frac{1}{T}\int_0^T U_L I_L \sin 2(\omega t + \varphi_i)\,\mathrm{d}t = 0 \tag{7-37}$$

这表明电感元件不消耗能量，没有功率损耗。正如上面所分析的，在瞬时功率 $p > 0$ 时，L 元件把吸取的能量全部储存起来，而后又送还至电源，它既是一非耗能元件又是储能元件。

（3）无功功率

这里引入一新的术语——无功功率，它用大写字母 Q 表示。无功功率被定义为储能元件瞬时功率的最大值，它反映的是能量交换的最大速率。对电感元件而言，其无功功率为

$$Q_L = U_L I_L \tag{7-38}$$

若 U_L 的单位为 V（伏），I_L 的单位为 A（安），则 Q_L 的单位为 var（乏）。不难导出下列公式

$$Q_L = U_L I_L = I_L^2 X_L = U_L^2 / X_L \tag{7-39}$$

需要说明的是，无功功率并非是"无用之功"，"无功"二字是相对于"有功"而言的。它是许多电器正常工作所必需的，如电机运行必须在其绕组建立磁场，因而需要无功功率。无功功率常简称为"无功"。

例 7-12 一电感元件如图 7-14(a)所示，若 $i_L = 4\sqrt{2}\sin(4t + 30°)\mathrm{A}$，求 u_L 及无功功率 Q_L。

解 电路的角频率 $\omega = 4\mathrm{rad/s}$，则感抗为

$$X_L = \omega L = 4 \times 0.5 = 2\Omega$$

可做出该电感元件的相量模型如图 7-14(b)所示。

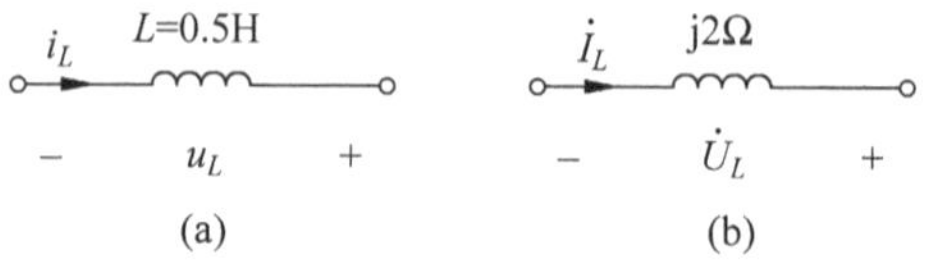

因 $\dot{U}_L$ 和 $\dot{I}_L$ 为非关联参考方向，有

$$\dot{U}_L = -\mathrm{j}X_L \dot{I}_L = -\mathrm{j}2 \times 4\underline{/30°} = 8\underline{/30° - 90°} = 8\underline{/-60°}\mathrm{V}$$

图 7-14 例 7-12 图

$$u_L = 8\sqrt{2}\sin(4t - 60°)\text{V}$$
$$Q_L = U_L I_L = 8 \times 4 = 32\text{var}$$

或

$$Q_L = I_L^2 X_L = 4^2 \times 2 = 32\text{var}$$

三、正弦稳态电路中的电容元件

1. 电容元件伏安关系式的相量形式

在正弦稳态的情况下,若设 $u_C = \sqrt{2}U_C\sin(\omega t + \varphi_u)$,在图 7-15(a)所示的参考方向下,电容电流为

$$i_C = C\frac{\mathrm{d}u_C}{\mathrm{d}t} = \sqrt{2}\omega C U_C\cos(\omega t + \varphi_u)$$
$$= \sqrt{2}\omega C U_C\sin(\omega t + \varphi_u + 90°)$$
$$= \sqrt{2}I_C\sin(\omega t + \varphi_i)$$

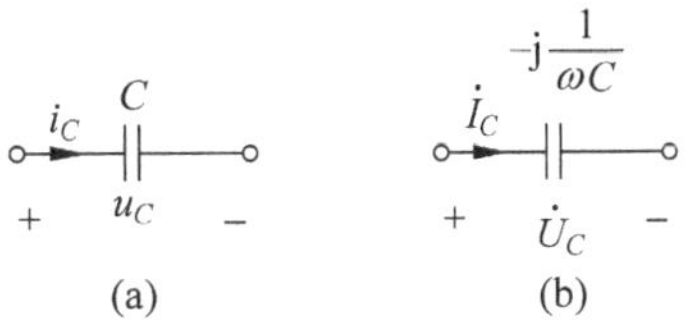

图 7-15 正弦稳态电路中的电容元件

将 u_C 和 i_C 均用相量表示,有

$$\dot{U}_C = U_C\underline{/\varphi_u}$$
$$\dot{I}_C = I_C\underline{/\varphi_i} = \omega C U_C\underline{/\varphi_u + 90°}$$
$$= \mathrm{j}\omega C U_C\underline{/\varphi_u} = \mathrm{j}\omega C \dot{U}_C \tag{7-40}$$

或

$$\dot{U}_C = -\mathrm{j}\frac{1}{\omega C}\dot{I}_C \tag{7-41}$$

令 $X_C = \dfrac{1}{\omega C}$,称为容抗,其单位为 Ω,则式(7-41)又可写为

$$\dot{U}_C = -\mathrm{j}X_C\dot{I}_C \tag{7-42}$$

式(7-42)即为 C 元件伏安关系式的相量形式,和相量对应的电容元件的电路模型如图 7-15(b)所示。要注意图中对应电容元件的参数是 $-\mathrm{j}\dfrac{1}{\omega C}$。

分析式(7-42)可得出如下几点结论:

(1) 若认为 $-\mathrm{j}X_C$ 与 R 相当,则式(7-42)具有欧姆定律的形式,或说相量 $\dot{U}_C$ 和 $\dot{I}_C$ 满足欧姆定律。有效值 U_C 和 I_C 间的关系式为

$$U_C = X_C I_C \tag{7-43}$$

这表明有效值也满足欧姆定律。但要注意,$X_C \neq u_C/i_C$,即瞬时值之间不满足欧姆定律,因为 u_C 和 i_C 间是微积分关系。

(2) u_C 和 i_C 初相位之间的关系为

$$\varphi_i = \varphi_u + 90°$$

这表明电容电流超前于电容电压 90°。这和电感电流滞后于电感电压 90°恰好是相反的。u_C 和 i_C 的波形及相量图示于图 7-16(a)和(b)中。

(3) 容抗 $X_C = \dfrac{1}{\omega C}$ 是频率的函数,且和频率成反比。同一电容元件,频率不同时,有不

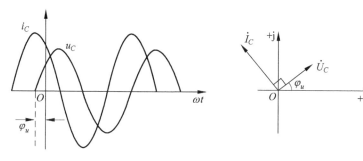

(a) 电压电流波形图　　　　　(b) 电压电流相量图

图 7-16　正弦稳态电路中电容元件的电压和电流

同的容抗值。当 $\omega\to\infty$ 时，$X_C=0$，表明在频率极高的情况下，电容元件相当于短路；当 $\omega=0$ 时，$X_C\to\infty$，即在频率为零(直流)的情况下，电容元件相当于开路。

容抗的倒数 $B_C=1/X_C=\omega C$ 称为容纳，其单位为 S(西)。引入容纳后，式(7-42)可写为

$$\dot{I}_C=\mathrm{j}B_C\dot{U}_C \tag{7-44}$$

2. 电容元件的功率

(1) 瞬时功率

在正弦稳态的情况下，电容元件的瞬时功率为

$$\begin{aligned}p_C&=i_Cu_C=\sqrt{2}I_C\sin(\omega t+\varphi_u+90°)\sqrt{2}U_C\sin(\omega t+\varphi_u)\\&=U_CI_C\sin 2(\omega t+\varphi_u)\end{aligned} \tag{7-45}$$

和电感元件的瞬时功率一样，p_C 亦按正弦规律变化，其频率是电源频率的两倍。当 $p_C>0$ 时，电容元件从电源吸取能量并予储存；当 $p_C<0$ 时，电容元件将储存的能量返送到电源。在电流或电压一个周期的时间内，电容与电源间的能量交换现象将出现两次。

(2) 平均功率

电容元件的平均功率为

$$P_C=\frac{1}{T}\int_0^T p_C\mathrm{d}t=0 \tag{7-46}$$

即电容元件的平均功率为零，这表明它是一非耗能元件。

(3) 无功功率

电容元件的无功功率定义为瞬时功率最大值的负值，即

$$Q_C=-U_CI_C \tag{7-47}$$

Q_C 反映了电容元件进行能量交换的最大速率。不难导出下式

$$Q_C=-U_CI_C=-I_C^2X_C=-U_C^2/X_C \tag{7-48}$$

无功功率是电容中建立电场所必需的。

还需说明的是，习惯上认为电感元件是吸收无功功率的，因此规定电感的无功功率恒大于或等于零；又认为电容元件是发出无功功率的，因此规定其无功功率恒小于或等于零。这两种元件无功功率的性质相反。

例 7-13　如图 7-17 所示线性电容元件，已知 $C=10\mu\mathrm{F}$，$u(t)=-200\sqrt{2}\cos(1000t+30°)\mathrm{V}$，试写出电流 $i(t)$ 的表达式并求电容元件的无功功率。

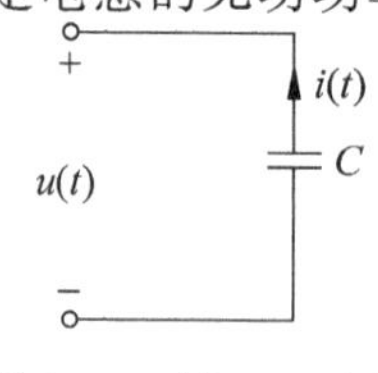

图 7-17　例 7-13 电路

解 将电压 $u(t)$ 用正弦函数表示为

$$u(t) = -200\sqrt{2}\cos(1000t + 30°)$$
$$= 200\sqrt{2}\sin(1000t + 30° - 180° + 90°)$$
$$= 200\sqrt{2}\sin(1000t - 60°)\text{V}$$

则 $u(t)$ 对应的相量为 $\dot{U} = 200\underline{/-60°}\text{V}$。

因 $\omega = 1000\text{rad/s}$,求得容抗为

$$X_C = \frac{1}{\omega C} = \frac{1}{1000 \times 10 \times 10^{-6}} = 100\Omega$$

又因电压、电流为非关联参考方向,于是有

$$\dot{I} = -\text{j}\omega C\dot{U} = -\text{j}\frac{1}{X_C}\dot{U} = -\text{j}\frac{1}{100} \times 200\underline{/-60°} = 2\underline{/-150°}\text{A}$$

因此写出电流的表达式为

$$i(t) = 2\sqrt{2}\sin(1000t - 150°)\text{A}$$

求得电容的无功功率为

$$Q_C = -UI = -200 \times 2 = -400\text{var}$$

四、RLC 元件在正弦稳态下的特性小结

RLC 三个基本元件在正弦稳态下的特性是正弦稳态分析的基本依据,必须熟记。现将这些特性小结如下。

1. 瞬时值关系

R 元件: $u_R = Ri_R$

L 元件: $u_L = L\dfrac{\text{d}i_L}{\text{d}t}$

C 元件: $i_C = C\dfrac{\text{d}u_C}{\text{d}t}$

仅电阻元件的瞬时值满足欧姆定律。

2. 相量关系

R 元件: $\dot{U}_R = R\dot{I}_R$

L 元件: $\dot{U}_L = \text{j}X_L\dot{I}_L = \text{j}\omega L\dot{I}_L$

C 元件: $\dot{U}_C = -\text{j}X_C\dot{I}_C = -\text{j}\dfrac{1}{\omega C}\dot{I}_C$

三个元件的相量伏安关系式均具有欧姆定律的形式。

3. 有效值关系

R 元件: $U_R = RI_R$

L 元件: $U_L = X_L I_L = \omega L I_L$

C 元件: $U_C = X_C I_C = \dfrac{1}{\omega C}I_C$

三个元件的有效值关系式均具有欧姆定律的形式。

4. 相位关系

R 元件： $\varphi_u = \varphi_i$

L 元件： $\varphi_u = \varphi_i + 90°$

C 元件： $\varphi_u = \varphi_i - 90°$

动态元件电压与电流的相位差均为 $90°$；L 元件和 C 元件中电压、电流超前滞后的关系正好相反。

5. 有功功率（平均功率）

R 元件： $P_R = U_R I_R$

L 元件： $P_L = 0$

C 元件： $P_C = 0$

6. 无功功率

R 元件： $Q_R = 0$

L 元件： $Q_L = U_L I_L = I_L^2 X_L = U_L^2 / X_L$

C 元件： $Q_C = -U_C I_C = -I_C^2 X_C = -U_C^2 / X_C$

由于 L、C 互为对偶元件，因此在记忆动态元件的正弦稳态特性时，可利用对偶原理。

练习题

7-7 一电阻的电阻值为 200Ω，若 u、i 为关联参考方向，且 u 是有效值为 200V、初相为 $30°$、频率为 50Hz 的正弦电压，试写出 $i(t)$ 的表达式并求该电阻元件消耗的功率。

7-8 一个 $L = 100\text{mH}$ 的电感，其通过的正弦电流 $i_L(t)$ 的有效值为 0.25A，初相为 $110°$，频率为 2000Hz，若 u_L、i_L 为非关联参考方向，试写出该电感两端电压 $u_L(t)$ 的表达式并求其无功功率。

7-9 电容元件如图 7-18 所示，若电压 $u_C(t) = 100\sqrt{2} \times \sin(\omega t + 30°)\text{V}$，试分别求电压频率为下述两种情况下的电流 $i_C(t)$ 的有效值和电容的无功功率。

(1) $f = 500\text{Hz}$；(2) $f = 2000\text{Hz}$。

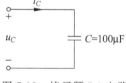

图 7-18 练习题 7-9 电路

7.5 复阻抗和复导纳

在正弦稳态分析中，复阻抗和复导纳是两个重要的导出参数。

一、复阻抗

1. 复阻抗的概念

图 7-19(a)所示为正弦稳态下的 RLC 串联电路，其相量模型如图 7-19(b)所示。根据相量形式的 KVL，并将 RLC 元件的电压、电流的相量关系式代入，得

$$\dot{U} = \dot{U}_R + \dot{U}_L + \dot{U}_C$$

$$= R\dot{I} + j\omega L \dot{I} - j\frac{1}{\omega C}\dot{I}$$

$$= (R + jX_L - jX_C)\dot{I}$$
$$= [R + j(X_L - X_C)]\dot{I} \quad (7\text{-}49)$$

令 $Z = R + j(X_L - X_C) = R + jX$，这是一复数，称为复阻抗，其实部 R 为电阻，其虚部 $X = X_L - X_C$ 为感抗和容抗之差，称 X 为电抗。则式(7-49)可写为

$$\dot{U} = Z\dot{I} \quad (7\text{-}50)$$

上式和欧姆定律的形式相当，称为复数形式的欧姆定律。

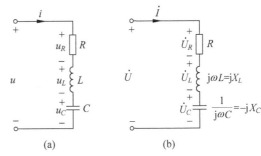

图 7-19 RLC 串联电路及其相量模型

2. 关于复阻抗 Z 的讨论

（1）由式(7-50)，有

$$Z = \frac{\dot{U}}{\dot{I}} \quad (7\text{-}51)$$

上式表明，复阻抗 Z 为 RLC 串联电路的端口电压相量与电流相量之比。这一概念可加以推广，式(7-51)被作为如图 7-20 所示正弦稳态电路中任一无源二端网络入端复阻抗的定义式。应注意端口电压、电流为关联参考方向。

（2）由式(7-49)可以看出，复阻抗 Z 仅取决于元件的参数和电源的频率，而与端口电压、电流无关。

（3）由 $Z = \frac{\dot{U}}{\dot{I}} = R + jX$，有 $\dot{U} = (R + jX)\dot{I} = R\dot{I} + jX\dot{I} = \dot{U}_R + \dot{U}_X$，因此可做出 N 的等效电路如图 7-21 所示，这是一个 R 与 jX 的串联电路，R 称为等效电阻，X 称为等效电抗。因 $X = X_L - X_C$，则 X 可正可负。Z、R 和 X 的单位均为欧姆（Ω）。

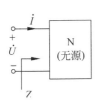

图 7-20 无源二端网络及其入端复阻抗

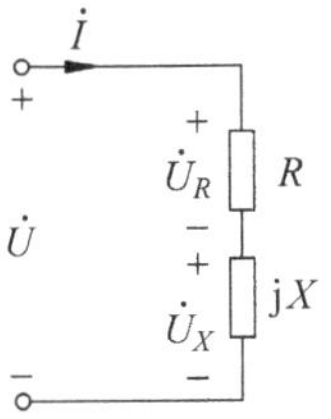

图 7-21 正弦稳态下无源二端网络的串联等效电路

（4）需注意的是，虽然 Z 与 $\dot{U}$、$\dot{I}$ 同为复数，但 Z 不与正弦量对应，因此它不是相量，Z 的上面不带圆点。

（5）将 Z 这一复数表示为极坐标式：

$$Z = R + jX = z\underline{/\varphi_Z}$$

其中

$$\begin{cases} z = \sqrt{R^2 + X^2} \\ \varphi_Z = \arctan\dfrac{X}{R} \end{cases} \quad (7\text{-}52)$$

同时又有

$$\begin{cases} R = z\cos\varphi_Z \\ X = z\sin\varphi_Z \end{cases} \tag{7-53}$$

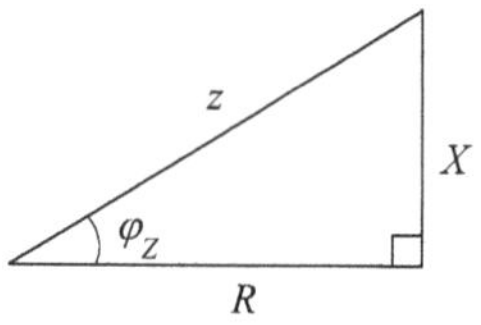

z 是 Z 的模,称为阻抗其单位也为 Ω。φ_Z 为 Z 的幅角,称为阻抗角。根据上述关系式,z、R 和 X 之间的关系可用如图 7-22 所示的直角三角形表示,称为阻抗三角形。应注意,在阻抗三角形中,阻抗角 φ_Z 的对边是电抗 X,其邻边是电阻 R。需说明的是,在不致混淆的情况下,在后面的讨论中习惯将复阻抗简称为阻抗。

图 7-22 阻抗三角形

(6) 由阻抗的定义式,有

$$Z = \frac{\dot{U}}{\dot{I}} = \frac{U\underline{/\varphi_u}}{I\underline{/\varphi_i}} = \frac{U}{I}\underline{/\varphi_u - \varphi_i} = z\underline{/\varphi_Z} \tag{7-54}$$

其中

$$\begin{cases} z = \dfrac{U}{I} \\ \varphi_Z = \varphi_u - \varphi_i = (\widehat{u,i}) \end{cases} \tag{7-55}$$

由此可见,阻抗的模 z 为电压、电流的有效值之比,阻抗角 φ_Z 为电压、电流的相位差角。上述关系式非常重要,以后要经常用到。式(7-55)中的记号 $(\widehat{u,i})$ 表示 u、i 之间的相位之差,该记号今后也经常用到。

(7) 根据阻抗的电抗 X 的正负或阻抗角 φ_Z 的正负可了解支路或无源二端网络 N 的性质。由 $X = X_L - X_C$ 或 $\varphi_Z = \varphi_u - \varphi_i$ 可知,当 $X > 0$ 或 $\varphi_Z > 0$ 时,端口电压超前于电流,或感抗大于容抗,称电路为电感性的,简称为感性电路。当 $X < 0$ 或 $\varphi_Z < 0$ 时,电流超前于电压,或容抗大于感抗,称电路为电容性的,简称为容性电路。当电路为感性时,其等效电路为电阻与一等值电感的串联;当电路为容性时,其等效电路为电阻与一等值电容的串联。电路还有另一种特殊情况,即 $X = 0$,或感抗与容抗相等,此时 $\varphi_Z = 0$,或电压与电流同相位,电路表现为电阻性质。这一情况称为发生谐振,将在第 8 章讨论。

(8) 当图 7-20 中的无源二端电路为单一元件时,则单一电阻元件的复阻抗为电阻 R;单一电感元件的复阻抗为复感抗 $j\omega L$;单一电容元件的复阻抗为复容抗 $-j\dfrac{1}{\omega C}$。

例 7-14 在图 7-23(a)所示正弦稳态电路中,已知电路角频率 $\omega = 200\text{rad/s}$,求该电路复阻抗的模和阻抗角,判断电路的性质并做出其串联等效电路。

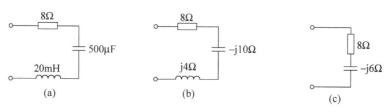

图 7-23 例 7-14 电路

解 可求得电路中的感抗和容抗值为

$$X_L=\omega L=200\times 20\times 10^{-3}=4\Omega$$

$$X_C=\frac{1}{\omega C}=\frac{1}{200\times 500\times 10^{-6}}=10\Omega$$

做出电路的相量模型如图 7-23(b)所示。则电路的复阻抗为

$$Z=8+\mathrm{j}4-\mathrm{j}10=8-\mathrm{j}6=10\underline{/-36.9^\circ}\Omega$$

于是可知阻抗的模为 10Ω,阻抗角为−36.9°,电路为容性的。其串联等效电路为 8Ω 的电阻与复容抗为−j6Ω 电容的串联,如图 7-23(c)所示。

二、复导纳

1. 复导纳的定义式

图 7-24 所示为正弦稳态无源二端网络 N,端口电压、电流为关联参考方向,其复导纳 Y 被定义为端口电流相量与端口电压相量之比,即

$$Y\overset{\text{def}}{=}\frac{\dot{I}}{\dot{U}} \tag{7-56}$$

图 7-24 正弦稳态无源二端网络

Y 为一复数,其代数式为

$$Y=G+\mathrm{j}B \tag{7-57}$$

Y 的实部 G 称为电导,虚部 B 称为电纳,单位均为西(s)。

例 7-15 试求图 7-25 所示 RLC 并联电路的入端复导纳 Y。

解 由 KCL,有

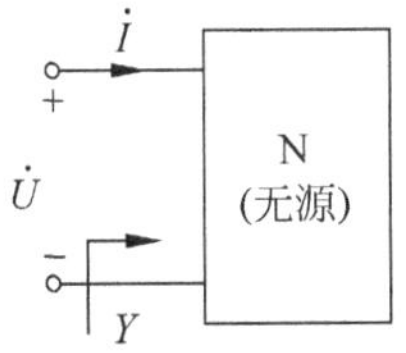

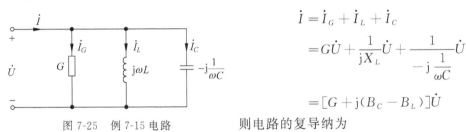

图 7-25 例 7-15 电路

$$\begin{aligned}\dot{I}&=\dot{I}_G+\dot{I}_L+\dot{I}_C\\&=G\dot{U}+\frac{1}{\mathrm{j}X_L}\dot{U}+\frac{1}{-\mathrm{j}\dfrac{1}{\omega C}}\dot{U}\\&=[G+\mathrm{j}(B_C-B_L)]\dot{U}\end{aligned}$$

则电路的复导纳为

$$Y=\frac{\dot{I}}{\dot{U}}=G+\mathrm{j}(B_C-B_L)=G+\mathrm{j}B$$

其中电纳

$$B=B_C-B_L=\omega C-\frac{1}{\omega L}$$

2. 关于复导纳 Y 的讨论

(1) 因 $Y=\dfrac{\dot{I}}{\dot{U}}$,则复导纳与复阻抗互为倒数,即

$$Y=\frac{1}{Z} \tag{7-58}$$

(2) 与复阻抗相同,复导纳只取决于电路元件的参数及频率,与电压、电流无关。

(3) 由 $Y=\dfrac{\dot{I}}{\dot{U}}=G+\mathrm{j}B$,有 $\dot{I}=G\dot{U}+\mathrm{j}B\dot{U}=\dot{I}_G+\dot{I}_B$,于是可构造出图 7-24 所示正弦稳

态无源二端网络 N 的用复导纳参数表示的等效电路,如图 7-26 所示。这是一个由电导 G 和电纳 jB 构成的并联电路,称为并联等效电路。

(4) 与复阻抗 Z 类似,复导纳 Y 是一个复数,但因不与正弦量对应,它并不是相量。

(5) 将 Y 写为极坐标式:

$$Y = G + jB = y\underline{/\varphi_Y}$$

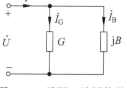

图 7-26 无源二端网络的并联等效电路

其中

$$\begin{cases} y = \sqrt{G^2 + B^2} \\ \varphi_Y = \arctan\dfrac{B}{G} \end{cases} \quad (7\text{-}59)$$

同时又有

$$\begin{cases} G = y\cos\varphi_Y \\ B = y\sin\varphi_Y \end{cases} \quad (7\text{-}60)$$

y 是 Y 的模,称为导纳,其单位也为 s, φ_Y 为 Y 的幅角,称为导纳角。根据上述关系式,y、G 和 B 之间的关系可用图 7-27 所示的直角三角形表示,称为导纳三角形。需说明的是,在不会引起混淆的情况下,在后面的讨论中通常将复导纳简称为导纳。

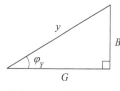

图 7-27 导纳三角形

(6) 由导纳的定义式,有

$$Y = \dfrac{\dot{I}}{\dot{U}} = \dfrac{I\underline{/\varphi_i}}{U\underline{/\varphi_u}} = \dfrac{I}{U}\underline{/\varphi_i - \varphi_u} = y\underline{/\varphi_Y} \quad (7\text{-}61)$$

其中

$$\begin{cases} y = \dfrac{I}{U} \\ \varphi_Y = \varphi_i - \varphi_u = (\hat{i,u}) \end{cases} \quad (7\text{-}62)$$

由此可见,导纳的模 y 为电流与电压的有效值之比,导纳角 φ_Y 为电流、电压的相位差角。由于复阻抗和复导纳为倒数关系,因此有

$$\begin{cases} y = \dfrac{1}{z} \\ \varphi_Y = -\varphi_Z \end{cases} \quad (7\text{-}63)$$

(7) 根据电纳 B 的正负或导纳角的正负可了解支路或无源二端网络 N 的性质。当 $B > 0$ 或 $\varphi_Y > 0$ 时,电流超前于电压,电路呈现电容性质。当 $B < 0$ 或 $\varphi_Y < 0$ 时,电流滞后于电压,电路为感性的。当电路为容性时,其等效电路为电导与一等值电容的并联;当电路为感性时,其等效电路为电导与一等值电感的并联。当 $B = 0$ 时,亦有 $\varphi_Y = 0$,即端口电流、电压同相位,电路表现为电阻性质。这一特殊情况称为发生谐振,将在第 8 章讨论。

(8) 当图 7-24 中的无源二端电路为单一元件时,则单一电阻元件的复导纳为电导 G;单一电感元件的复导纳为复感纳 $-j\dfrac{1}{\omega L}$;单一电容元件的复导纳为复容纳 $j\omega C$。

例 7-16 求图 7-28(a)所示电路的复导纳 Y、导纳 y 和导纳角 φ_Y。

解 该电路的复阻抗为

$$Z = R + jX_L$$

则复导纳为

$$Y = \frac{1}{Z} = \frac{1}{R + jX_L} = \frac{R - jX_L}{R^2 + X_L^2}$$

$$= \frac{R}{R^2 + X_L^2} - j\frac{X_L}{R^2 + X_L^2}$$

$$= G + jB$$

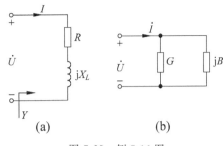

图 7-28 例 7-16 图

电导和电纳分别为

$$G = \frac{R}{R^2 + X_L^2}, \quad B = \frac{-X_L}{R^2 + X_L^2}$$

由于 $z = \sqrt{R^2 + X_L^2}$，$\varphi_Z = \arctan X_L/R$，故

$$y = \frac{1}{z} = \frac{1}{\sqrt{R^2 + X_L^2}}$$

$$\varphi_Y = -\varphi_Z = -\arctan X_L/R$$

根据复导纳 Y 又做出图 7-28(b)所示的等效并联电路。

应予以强调，电路的复导纳是整个电路复阻抗的倒数，而不是各元件复阻抗的倒数之和。

练习题

7-10 设无源二端网络 N 的端口电压、电流为非关联参考方向，试解答下述问题：
(1) 若 $u = 200\sin(20t + 30°)$V，$i = 5\cos(20t + 60°)$A，求复阻抗 Z；
(2) 若 $i = 6\sqrt{2}\sin(10t - 30°)$A，$Z = (6 + j8)\Omega$，求 u 的表达式。

7-11 在 RLC 并联电路中，$R = 50\Omega$，$L = 10$mH，$C = 400\mu$F，求当电路角频率 $\omega = 1000$rad/s 时串联等效电路和并联等效电路的参数。

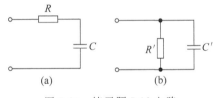

图 7-29 练习题 7-12 电路

7-12 若角频率为 ω，当图 7-29(a)、(b)所示两电路等效时，求参数 R、C、R'、C' 的关系。

7.6 用相量法求解电路的正弦稳态响应

前面已导出了相量形式的基尔霍夫定律和 RLC 三种基本元件的伏安关系式。尤为重要的是，LC 这两种动态元件相量形式的伏安关系式是代数式，不再像瞬时值关系式那样含有微分或积分算子。引用复阻抗的概念后，三种元件相量形式的伏安关系式可用一个统一的式子表示为

$$\dot{U} = Z\dot{I}$$

对电阻元件，$Z = R$；对 L 元件，$Z = jX_L$；对电容元件，$Z = -jX_C$。上式具有和欧姆定律相同的形式。我们可回顾一下，用于直流电阻网络的各种分析方法的基本依据是基尔霍夫定

律和电阻元件的特性方程——欧姆定律。由于相量形式的 KCL、KVL 及元件的伏安关系式与用于直流电阻电路分析的相应关系式具有完全相同的形式,因此可预见,在采用相量的概念后,用于直流电阻电路的各种分析方法均可用于正弦稳态电路的分析。

下面通过实例来说明正弦稳态电路的分析计算方法。

一、正弦稳态分析方法之一——等效变换法

例 7-17 求图 7-30 所示电路的入端复阻抗 Z_{ab}。

解 这是一混联电路。设该电路中纯电阻支路的复阻抗为 Z_1,含电容支路的复阻抗为 Z_2,含电感支路的复阻抗为 Z_3,则有

$$Z_1 = 2\Omega, \quad Z_2 = (1-j1)\Omega, \quad Z_3 = (3+j2)\Omega$$

仿照直流电路中混联电路等效电阻的计算方法,可得

$$Z_{ab} = Z_3 + Z_1 // Z_2 = Z_3 + \frac{Z_1 Z_2}{Z_1 + Z_2}$$
$$= (3+j2) + \frac{2(1-j)}{2+(1-j)}$$
$$= (3+j2) + 0.89\underline{/-26.6°}$$
$$= (3.8 + j1.6)\Omega$$

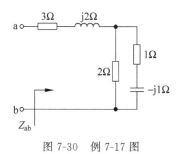

图 7-30 例 7-17 图

例 7-18 求图 7-31(a) 所示正弦稳态电路中的电流 i_C。已知 $R_1 = 2\Omega, R_2 = 3\Omega, L = 2H, C = 0.25F, u_{s1} = 4\sqrt{2}\sin 2t\text{ V}, u_{s2} = 10\sqrt{2}\sin(2t + 53.1°)\text{V}$。

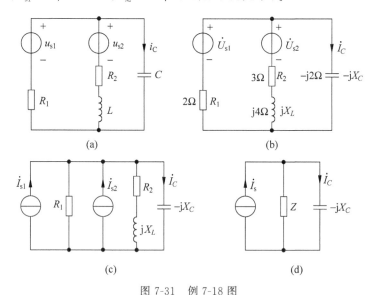

图 7-31 例 7-18 图

解 仿照直流电路中含源支路等效变换的方法求解。需先将时域电路转换为相量模型电路,转换的方法是将各电源的输出及各支路电压、电流均用相量表示,将各无源元件用相应的相量模型代替。由此得到的相量模型电路如图 7-31(b)所示。其中

$$\dot{U}_{s1} = 4\underline{/0^\circ}\text{V}, \quad \dot{U}_{s2} = 10\underline{/53.1^\circ}\text{V}$$

该电路由三条支路并联而成,现对两电源支路作等效变换。先将两电压源支路分别用电流源支路等效,如图 7-31(c)所示。其中

$$\dot{I}_{s1} = \dot{U}_{s1}/R_1 = 2\underline{/0^\circ}\text{A}, \quad \dot{I}_{s2} = \frac{\dot{U}_{s2}}{R_2 + jX_L} = 2\underline{/0^\circ}\text{A}$$

再将两电流源合并为一个电流源,如图 7-31(d)所示,其中

$$\dot{I}_s = \dot{I}_{s1} + \dot{I}_{s2} = 2\underline{/0^\circ} + 2\underline{/0^\circ} = 4\underline{/0^\circ}\text{A}$$

$$Z = R_1 // (R_2 + jX_L) = 2//(3 + j4) = 1.56\underline{/14.4^\circ} = (1.51 + j0.39)\Omega$$

由图 7-31(d),根据并联分流公式,可得

$$\dot{I}_C = \dot{I}_s \frac{Z}{Z + (-jX_C)} = 4\underline{/0^\circ} \times \frac{1.56\underline{/14.4^\circ}}{1.51 + j0.39 - j2} = 2.82\underline{/61.3^\circ}\text{A}$$

则所求为

$$i_C = 2.82\sqrt{2}\sin(2t + 61.3^\circ)\text{A}$$

例 7-19 试求如图 7-32(a)所示二端电路在 $\omega = 1\text{rad/s}$ 时的串联等效电路和并联等效电路。

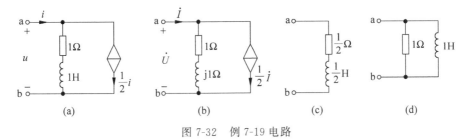

图 7-32 例 7-19 电路

解 做出电路的相量模型如图 7-32(b)所示。由相量模型根据 KCL 可得

$$\dot{I} = \frac{\dot{U}}{1+j} + \frac{1}{2}\dot{I}$$

即

$$\dot{I} = \frac{2\dot{U}}{1+j}$$

于是可求得电路的等效阻抗为

$$Z_{ab} = \frac{\dot{U}}{\dot{I}} = \frac{1}{2}(1+j) = \left(\frac{1}{2} + j\frac{1}{2}\right)\Omega$$

可见串联等效电路应是 $\frac{1}{2}\Omega$ 的电阻与一个电感 L 的串联,因 $\omega L = 1 \times L = \frac{1}{2}\Omega$,所以 $L = \frac{1}{2}\text{H}$。于是做出串联等效电路如图 7-32(c)所示。电路的等效导纳为

$$Y_{ab} = \frac{1}{Z_{ab}} = \frac{1}{\frac{1}{2} + j\frac{1}{2}} = (1-j)\text{S}$$

因 $G=\dfrac{1}{R}=1\text{S}$，所以 $R=1\Omega$；因 $B=-\dfrac{1}{\omega L}=-\dfrac{1}{1\times L}=-1\text{S}$，所以 $L=1\text{H}$。于是作出并联等效电路如图 7-32(d)所示。

由此例可见，一个无源电路的等效电路有串联和并联电路两种形式。串联等效电路由等效阻抗做出，并联等效电路由等效导纳做出。应指出的是，等效电路与特定的频率对应，当电路的频率改变时，等效电路的元件参数也随之改变。

二、正弦稳态分析方法之二——电路方程法

例 7-20 电路如图 7-33 所示，试求 $\dot{I}_1$ 和 $\dot{I}_2$。

解 用网孔法求解。选定网孔电流的方向如图 7-33 中所示，显然，两网孔电流就是待求的支路电流 $\dot{I}_1$ 和 $\dot{I}_2$。对受控源的处理方法与直流电路相同，即列写方程时将其视为独立电源，而后将控制量用网孔电流表示。列出网孔方程为

$$\begin{cases}(3+\text{j}4)\dot{I}_1-\text{j}4\dot{I}_2=10\underline{/0°}\\-\text{j}4\dot{I}_1+(\text{j}4-\text{j}2)\dot{I}_2=-2\dot{I}_1\end{cases}$$

解之，得

$$\dot{I}_1=1.24\underline{/29.7°}\text{A},\quad \dot{I}_2=2.77\underline{/56.3°}\text{A}$$

例 7-21 试列写图 7-34 所示网络的节点法方程。

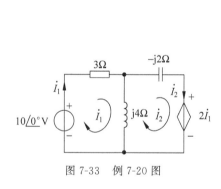

图 7-33 例 7-20 图

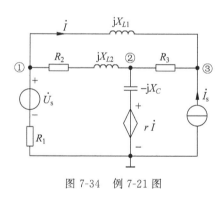

图 7-34 例 7-21 图

解 列出节点方程为

$$\begin{cases}①:\left(\dfrac{1}{R_1}+\dfrac{1}{R_2+\text{j}X_{L2}}+\dfrac{1}{\text{j}X_{L1}}\right)\dot{U}_1-\dfrac{1}{R_2+\text{j}X_{L2}}\dot{U}_2-\dfrac{1}{\text{j}X_{L1}}\dot{U}_3=\dfrac{\dot{U}_3}{R_1}\\②:-\dfrac{1}{R_2+\text{j}X_{L2}}\dot{U}_1+\left(\dfrac{1}{R_2+\text{j}X_{L2}}+\dfrac{1}{-\text{j}X_C}+\dfrac{1}{R_3}\right)\dot{U}_2-\dfrac{1}{R_3}\dot{U}_3=\dfrac{r\dot{I}}{-\text{j}X_C}\\③:-\dfrac{1}{\text{j}X_{L1}}\dot{U}_1-\dfrac{1}{R_3}\dot{U}_2+\left(\dfrac{1}{\text{j}X_{L1}}+\dfrac{1}{R_3}\right)\dot{U}_3=\dot{I}_s\end{cases}$$

将受控源的控制量 $\dot{I}$ 用节点电压表示为

$$\dot{I}=\dfrac{\dot{U}_1-\dot{U}_3}{\text{j}X_{L1}}$$

将上式代入节点方程，整理后得

$$\begin{cases} \left(\dfrac{1}{R_1}+\dfrac{1}{R_2+\mathrm{j}X_{L2}}+\dfrac{1}{\mathrm{j}X_{L1}}\right)\dot{U}_1-\dfrac{1}{R_2+\mathrm{j}X_{L2}}\dot{U}_2-\dfrac{1}{\mathrm{j}X_{L1}}\dot{U}_3=\dfrac{\dot{U}_s}{R_1} \\ -\left(\dfrac{1}{R_2+\mathrm{j}X_{L2}}+\dfrac{r}{X_{L1}X_C}\right)\dot{U}_1-\left(\dfrac{1}{R_2+\mathrm{j}X_{L2}}+\dfrac{1}{-\mathrm{j}X_C}+\dfrac{1}{R_3}\right)\dot{U}_2-\left(\dfrac{r}{X_{L1}X_C}-\dfrac{1}{R_3}\right)\dot{U}_3=0 \\ -\dfrac{1}{\mathrm{j}X_{L1}}\dot{U}_1-\dfrac{1}{R_3}\dot{U}_2+\left(\dfrac{1}{\mathrm{j}X_{L1}}+\dfrac{1}{R_3}\right)\dot{U}_3=\dot{I}_s \end{cases}$$

三、正弦稳态分析方法之三——运用电路定理法

例 7-22 求图 7-35 所示电路中的电压 u。已知 $u_s=6\sqrt{2}\sin t\,\mathrm{V}$，$i_s=8\sqrt{2}\sin(t+60°)$。

解 将时域电路转化为相量模型电路如图 7-35(b)所示。用叠加定理求解。

电压源单独作用的电路如图 7-35(c)所示，这是一串联电路，求得

$$\dot{U}'=\dfrac{1}{1-\mathrm{j}1+\mathrm{j}3+1}\dot{U}_s=\dfrac{1}{2+\mathrm{j}2}\times 6\underline{/0°}=2.12\underline{/-45°}\,\mathrm{V}$$

电流源单独作用的电路如图 7-28(d)所示，这是一并联电路，求得

$$\dot{I}_1=\dfrac{1-\mathrm{j}}{(1-\mathrm{j})+(1+\mathrm{j}3)}\dot{I}_s=\dfrac{1-\mathrm{j}}{2+\mathrm{j}2}\times 8\underline{/60°}=4\underline{/-30°}\,\mathrm{A}$$

$$\dot{U}''=1\times\dot{I}_1=4\underline{/-30°}\,\mathrm{V}$$

$$\dot{U}=\dot{U}'+\dot{U}''=2.12\underline{/-45°}+4\underline{/-30°}$$

$$=4.96-\mathrm{j}3.5=6.07\underline{/-35.2°}\,\mathrm{V}$$

则所求为

$$u=6.07\sqrt{2}\sin(t-35.2°)\,\mathrm{V}$$

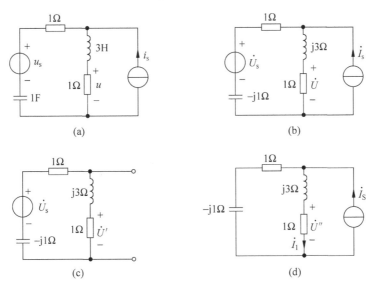

图 7-35　例 7-22 图

例 7-23 试用戴维南定理求图 7-36(a)所示电路中的电流 $\dot{I}$。已知 $\dot{E}_s = 10\underline{/-20°}\text{V}$。

解 将 $\dot{I}$ 所在支路视为外部电路。求开路电压的电路如图 7-36(b)所示,可得

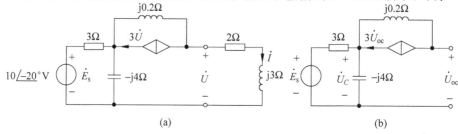

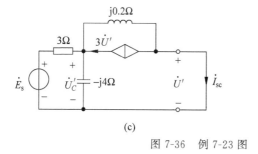

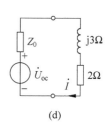

图 7-36 例 7-23 图

$$\dot{U}_{oc} = -j0.2 \times 3\dot{U}_{oc} + \dot{U}_C = -j0.6\dot{U}_{oc} + \dot{U}_C$$

则

$$\dot{U}_{oc} = \frac{1}{1+j0.6}\dot{U}_C$$

而

$$\dot{U}_C = \frac{-j4}{3-j4} \times 10\underline{/-20°} = 8\underline{/-56.9°}\text{V}$$

故

$$\dot{U}_{oc} = \frac{1}{1+j0.6} \times 8\underline{/-56.9°} = 6.86\underline{/-87.9°}\text{V}$$

求短路电流的电路如图 7-36(c)所示,由于端口电压 $\dot{U}'=0$,故受控电流源的输出为零,其可用开路代替,于是 $\dot{I}_{sc}$ 便是流过电感支路的电流。可求得

$$\dot{U}'_C = \frac{\dfrac{j0.2 \times (-j4)}{j0.2 - j4}}{3 + \dfrac{j0.2 \times (-j4)}{j0.2 - j4}} \times 10\underline{/-20°}$$

$$= 0.07\underline{/85°} \times 10\underline{/-20°} = 0.7\underline{/66°}\text{V}$$

$$\dot{I}_{sc} = \frac{\dot{U}'_C}{j0.2} = \frac{0.7\underline{/66°}}{0.2\underline{/90°}} = 3.5\underline{/-24°}\text{A}$$

于是戴维南等效阻抗为

$$Z_0 = \frac{\dot{U}_{oc}}{\dot{I}_{sc}} = \frac{6.86\underline{/-87.9°}}{3.5\underline{/-24°}} = 1.96\underline{/-63.9°}\,\Omega$$

戴维南等效电路如图 7-36(d)所示,求得

$$\dot{I} = \frac{\dot{U}_{oc}}{Z_0 + (2+j3)} = \frac{6.86\underline{/-87.9°}}{0.86 - j1.76 + 2 + j3} = 2.2\underline{/111.3°}\,A$$

四、关于计算正弦稳态电路的说明

(1) 用于直流电阻电路的分析方法均可用于正弦稳态电路,仅个别情况例外。在第 8 章将要说明,用观察法列写节点方程的方法不能直接用于含有互感耦合元件的正弦稳态电路。

(2) 正弦稳态电路的计算可分为两步,即先将时域电路转化为相量模型,而后再运用适当的分析方法求解相量模型电路。与直流电阻电路的分析一样,应根据电路的特点选用恰当的计算方法,力求达到事半功倍的效果。

(3) 在正弦稳态分析时,所进行的是复数的运算,应注意避免计算错误。

练习题

7-13 求图 7-37(a)、(b)所示两电路的入端等效阻抗 Z_{ab} 和等效导纳 Y_{ab}。

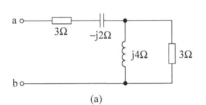 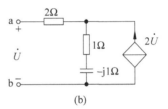

图 7-37 练习题 7-13 电路

7-14 电路如图 7-38 所示,求电路在角频率 $\omega = 2\,\text{rad/s}$ 和 $\omega = 4\,\text{rad/s}$ 时的串联等效电路和并联等效电路。

7-15 如图 7-39 所示电路,已知 $u_s(t) = \sqrt{2}\sin 100t\,\text{V}$,求电流 $i_1(t)$、$i_2(t)$ 和 $u_o(t)$。

7-16 试分别用叠加定理、戴维南定理和节点法求图 7-40 所示电路中的电压 $\dot{U}$。

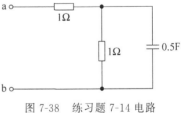

图 7-38 练习题 7-14 电路

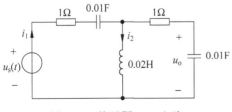 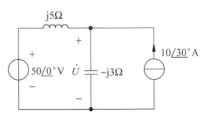

图 7-39 练习题 7-15 电路

图 7-40 练习题 7-16 电路

7.7 相量图与位形图

在正弦稳态电路中,依据相量模型,按照基尔霍夫定律和元件的伏安关系这两类约束,可写出描述电路的复数代数方程。复数方程所表示的各电压、电流相量间的关系可用复平面上的几何图形即相量图加以描述。相量图既反映了电压、电流的大小,也可反映出各电压、电流间的相位关系。在正弦稳态分析中,相量图是一种很重要的辅助分析手段。本节将介绍运用相量图和一种特殊的相量图——位形图分析正弦稳态电路的方法。

一、相量图

1. 电压、电流相量图

下面通过一简单实例,进一步熟悉相量图的概念及其做法。

图 7-41(a)所示为一 RLC 串联电路,现在同一复平面上做出它的电压、电流相量图。相量图可在两种情况下做出。

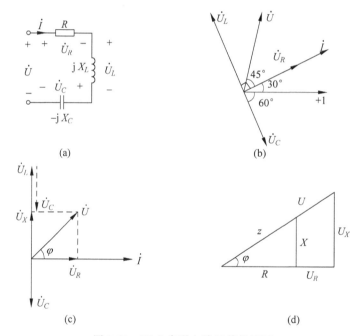

图 7-41 RLC 串联电路及其相量图

情况一:当电路中的各相量为已知时做出相量图。具体做法是先画出参考轴(即正实轴,该轴通常用"+1"标示),各相量均以参考轴为"基准"而做出,如在该电路中,设

$$\dot{I}=5\underline{/30°}\text{A}, \quad \dot{U}_R=15\underline{/30°}\text{V}, \quad \dot{U}_L=30\underline{/120°}\text{V}$$

$$\dot{U}_C=15\underline{/-60°}\text{V}, \quad \dot{U}=21.21\underline{/75°}\text{V}$$

则不难做出相量图如图 7-41(b)所示。

情况二:当电路中的多个或全部相量为未知时做出相量图,此时做出的相量图多用于电路的定性分析。具体做法是先选定电路中的某相量为参考相量(即令该相量的初相位为零),然后依据元件特性及 KCL、KVL,以参考相量为"基准"做出各相量。由于参考相量与正实轴重合,故此时不必画出正实轴。设图 7-41(a)所示电路为感性,因是串联电路,各元件通过的电流相同。故选电流 $\dot{I}$ 为参考相量,即 $\dot{I} = I \underline{/0°}$ A。根据元件的伏安特性做出各元件电压相量。因电阻元件的电压、电流同相位,则 $\dot{U}_R$ 和 $\dot{I}$ 在同一方向上;电感元件上的电压超前于电流 90°,则 $\dot{U}_L$ 是在从 $\dot{I}$ 逆时针旋转 90°的位置上;电容元件上的电压滞后于电流 90°,则 $\dot{U}_C$ 位于从 $\dot{I}$ 顺时针旋转 90°的位置上。根据 KVL,由平行四边形法则做出端口电压相量 $\dot{U}$,由此得到的相量图如图 7-41(c)所示。图中相量 $\dot{U}_X$ 为电感电压和电容电压的相量之和,为等效电抗 X 的电压相量。不难看出,$\dot{U}_R$、$\dot{U}_X$ 及 $\dot{U}$ 构成一直角三角形,$\dot{U}_R$ 和 $\dot{U}$ 间的夹角就是端口电压 $\dot{U}$ 和电流 $\dot{I}$ 之间的相位差,显然也是该电路的阻抗角。由 U_R、U_X 和 U 构成的直角三角形称为电压三角形。若将阻抗三角形的各边乘以同一系数 I,则阻抗三角形便变成电压三角形,因此阻抗三角形和电压三角形是相似三角形,如图 7-41(d)所示。

2. 关于相量图的说明

(1) 对相量模型做出其相量图的基本依据是电路的两类基本约束,即每一个相量都是根据基尔霍夫定律或元件特性做出的。

(2) 作相量图时,不必把坐标轴全部画出来,一般只画出正实轴作为参考轴,且各个相量均从原点 O 引出。

(3) 有时可选定一相量作为参考相量以代替坐标的正实轴。选参考相量的原则是使电路中的每一相量均能以参考相量为"基准"而做出,从而每一相量与参考相量间的夹角能容易地加以确定。通常对串联电路宜选电流为参考相量;对并联电路宜选端口电压作参考相量;对混联电路宜选电路末端支路上的电压或电流作为参考相量。当然,这是一般而论,许多实际问题需根据具体情况而定。

(4) 在相量图中,某相量所代表的物理量必须标以复数,而不能标以有效值或时间函数;应标明每一相量的初相;同一类电量的各相量长短比例要适当;电压及电流相量可分别采用不同的标度基准。

(5) 在相量图中,各相量可以平移至复平面中的任一位置。

(6) 相量图多作为定性分析而用,因此作相量图时不必过于追求准确性,"近似"常是相量图的特点,当然应力求做到准确。

(7) 要注意在正弦稳态分析中应用相量图这一工具。许多电路问题的分析采用相量图后可使分析计算过程简单明了。更有甚者,有的电路分析必须借助相量图,否则难以求解。

3. 用相量图分析电路示例

例 7-24 如图 7-42(a)所示电路,已知各电流表的读数为 $A_1 = 3A$,$A_2 = 3A$,$A_3 = 7A$,求电流表 A 的读数。

解 在正弦稳态电路中,若不加以说明,各电表的读数均为有效值。对此题,初学者易做出下述计算:

$$A = A_1 + A_2 + A_3 = 3 + 3 + 7 = 13A$$

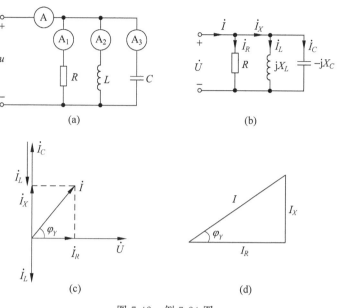

图 7-42 例 7-24 图

这一结果是错误的。由图 7-42(b)所示的相量模型电路可见,端口电流相量是三条并联支路的电流相量之和,即

$$\dot{I} = \dot{I}_R + \dot{I}_L + \dot{I}_C$$

但各支路电流的有效值不满足 KCL,即

$$I \neq I_R + I_L + I_C$$

因是并联电路,选端口电压 $\dot{U}$ 为参考相量,做出相量图如图 7-42(c)所示。由相量图不难得出下述关系式:

$$I = \sqrt{I_R^2 + (I_C - I_L)^2}$$

将各电流有效值代入上式,有

$$I = \sqrt{3^2 + (7-3)^2} = \sqrt{3^2 + 4^2} = 5\mathrm{A}$$

即 A 表的读数为 5A。

此题也可用解析法计算。设端口电压为参考相量,即 $\dot{U} = U\underline{/0°}\mathrm{V}$。根据元件特性,可写出各支路电流相量为

$$\dot{I}_R = 3\underline{/0°}\mathrm{A}, \quad \dot{I}_L = 3\underline{/-90°}\mathrm{A}, \quad \dot{I}_C = 7\underline{/90°}\mathrm{A}$$

又写出 KCL 方程为

$$\dot{I} = \dot{I}_R + \dot{I}_L + \dot{I}_C = 3\underline{/0°} + 3\underline{/-90°} + 7\underline{/90°}$$
$$= 3 - \mathrm{j}3 + \mathrm{j}7 = 3 + \mathrm{j}4 = 5\underline{/53.1°}\mathrm{A}$$

于是可知电流表 A 的读数为 5A。

顺便指出,在本题的相量图中,$\dot{I}_X$ 为电路等效电纳 B 中的电流,φ_Y 为端口电流与端口电压的相位差角,也是电路的导纳角。不难看出,$\dot{I}_R$、$\dot{I}_X$ 和 $\dot{I}$ 构成一直角三角形,由 I_R、I_X

和 I 构成的直角三角形称为电流三角形,如图 7-42(d)所示。显然电流三角形和导纳三角形是相似三角形。

例 7-25 试做出图 7-43(a)所示电路的相量图。

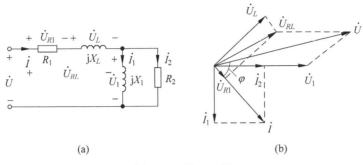

图 7-43 例 7-25 图

解 这是一混联电路,宜选电路最末端支路的电压或电流作为参考相量。选 $\dot{U}_1$ 为参考相量,即令 $\dot{U}_1 = U_1\underline{/0°}$。作图步骤为:先做出各电流相量,显然 $\dot{I}_2$ 和 $\dot{U}_1$ 同相位,而 $\dot{I}_1$ 滞后于 $\dot{U}_1$ 90°,由此做出相量 $\dot{I}_1$ 和 $\dot{I}_2$ 并进而求出相量 $\dot{I}$,因 $\dot{U}_{R1}$ 和 $\dot{I}$ 同相位,$\dot{U}_L$ 超前于 $\dot{I}$ 90°,因此又可做出相量 $\dot{U}_{R1}$ 和 $\dot{U}_L$。再根据平行四边形法则不难做出端口电压相量 $\dot{U}$。所得相量图如图 7-43(b)所示。图中的 φ 角为端口电压与端口电流的相位差,也是该电路的阻抗角。

二、位形图

1. 位形图及其做法

在相量图的基础上,派生出了一种特殊形式的电压相量图——位形相量图,简称位形图。

下面通过一实例说明位形图的概念及其做法。图 7-44(a)所示为多个元件串联的电路,现做出它的位形图。位形图的做法特点是严格按照各元件在电路中的排列顺序依次做出各元件的电压相量,且各电压相量按顺序首尾相连。选电流 $\dot{I}$ 为参考相量。R_1 上的电压与 $\dot{I}$ 同相位,因此可在 $\dot{I}$ 上做出一欠量 ab,其长度等于 $\dot{U}_{R1}$;jX_L 上的电压超前于 $\dot{I}$ 90°,因此

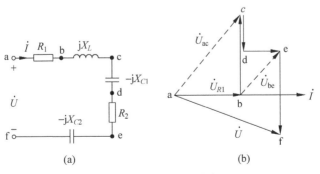

图 7-44 一串联电路及其位形图

从 b 点出发作一矢量 **bc**，使其长度等于 $\dot{U}_L$ 并垂直于 $\dot{I}$（将 **bc** 由与 $\dot{I}$ 一致的方向逆时针旋转 $90°$）；$-jX_{C1}$ 上的电压滞后于电流 $90°$。因此从 c 点出发作一矢量 **cd**，使其长度等于 $\dot{U}_{C1}$ 并垂直于 $\dot{I}$（将 **cd** 由与 $\dot{I}$ 一致的方向顺时针旋转 $90°$）。按类似方法，可做出其余各元件的电压相量，所得位形图如图 7-44(b)所示。不难看出，由于位形图中的每一点均与电路图中的点对应，因此可从位形图中方便地求得电路中任意两点间的电压相量。如位形图 a、c 两点间的联线（矢量 **ac**）便是电压 $\dot{U}_{ac}$，b、e 两点间的联线便是电压 $\dot{U}_{be}$ 等。

2. 位形图的特点

（1）位形图只用于电压相量的描述。

（2）位形图中各元件电压电量的排列顺序与元件在电路中的排列顺序对应一致。

（3）电路中的每一个点在位形图中均有相应的点与之对应，因此，从位形图中能得出电路中任意两点间电压的大小和相位。

（4）在位形图中，任何一个电压相量均不能平行移动；而在一般的相量图中，任意一个相量可以平行移动到任意的位置。

3. 位形图应用举例

例 7-26 在图 7-45(a)所示电路中，C 为一可变电容。若 C 的变化范围为 $0 \sim \infty$，试分析 c、d 两点间电压 $\dot{U}_X$ 的变化情况。

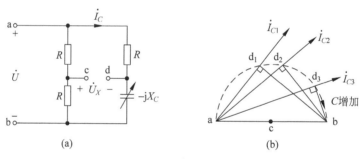

图 7-45 例 7-26 图

解 此题用位形图分析极为方便。这是一并联电路，选端口电压 $\dot{U}$ 为参考相量，则 a、b 两点是相量 $\dot{U}$ 的两个端点，显然 c 点应位于矢量 **ab** 的中点处。现在的问题是如何确定 d 点在位形图中的位置。不难看出，d 点的位置随电容 C 值的变化而变动，但不论 C 怎样变化，电容支路上电阻的电压 $\dot{U}_{ad}$ 和电容的电压 $\dot{U}_{db}$ 之和应等于端口电压 $\dot{U}$。其中 $\dot{U}_{ad}$ 和电流 $\dot{I}_C$ 同相位，$\dot{U}_{db}$ 滞后于 $\dot{I}_C$ $90°$，这表明随着 C 值的变化，d 点的轨迹应是一个半圆。由此做出位形图如图 7-45(b)所示。图中示出了三个不同 C 值时的 d 点位置，其中 $C_1 < C_2 < C_3$。经分析可知，当 $C = 0$ 时，d 点和 a 点重合；当 $C \to \infty$ 时，d 点和 b 点重合。

由位形图可看出，无论 C 为何值，c、d 两点间的电压 $\dot{U}_X$ 的有效值均为一常数，且等于端口电压有效值的一半；$\dot{U}_X$ 的相位随着电容 C 值的变化，在 $0 \sim \pi$ 的范围内变动。

从此例的分析可看出,位形图在正弦稳态电路分析中有其他分析方法不可替代的作用。

例 7-27 在图 7-46(a)所示电路中,已知 $R=7\Omega$,端口电压 $U=200\text{V}$,R 和 Z_1 的电压大小分别为 70V 和 150V,求复阻抗 Z_1。

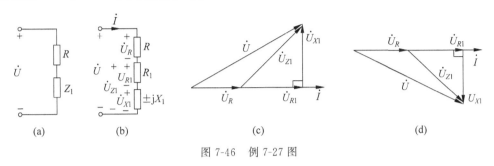

图 7-46 例 7-27 图

解 题中并未说明阻抗 Z_1 的性质,则 Z_1 可能是感性的,也可能是容性的。于是 Z_1 可表示为

$$Z_1 = R_1 \pm jX_1$$

在电路中给出各电流、电压相量的参考方向如图 7-46(b)所示。由题意可知此串联电路中电流的有效值为

$$I = \frac{U_R}{R} = \frac{70}{7} = 10\text{A}$$

若能求得电压 U_{R1} 和 U_{X1} 的大小,便可求出 R_1 和 X_1 的值。可用位形图分析。

设电路中的电流为参考相量,即 $\dot{I} = I\underline{/0°}\text{A}$。按图 7-46(b)电路依据元件特性做出位形图如图 7-46(c)和(d)所示。其中图 7-46(c)所示的位形图与 Z_1 为感性对应,图 7-46(d)与 Z_1 为容性对应,只需取其中之一分析计算便可。由图 7-46(c)中的两个直角三角形,按题意可列出下述方程组:

$$\begin{cases} (70+U_{R1})^2 + U_{X1}^2 = U^2 \\ U_{R1}^2 + U_{X1}^2 = U_{Z1}^2 \end{cases}$$

将题后条件代入后可得

$$\begin{cases} (70+U_{R1})^2 + U_{X1}^2 = 200^2 \\ U_{R1}^2 + U_{X1}^2 = 150^2 \end{cases}$$

解之,求得

$$U_{R1} = 90\text{V}, \quad U_{X1} = 120\text{V}$$

于是参数 R_1 和 X_1 的值为

$$R_1 = \frac{U_{R1}}{I} = \frac{90}{10} = 9(\Omega), \quad X_1 = \frac{U_{X1}}{I} = \frac{120}{10} = 12\Omega$$

则所求为

$$Z_1 = R \pm jX_1 = (9 \pm j12)\Omega$$

练习题

7-17 电路如图 7-47 所示,试分别以电压 $\dot{U}$ 和电流 $\dot{I}_1$ 为参考相量定性地做出相量图。

7-18 定性做出图 7-48 所示电路的相量图。若 $U=100\text{V}, U_R=60\text{V}, U_C=100\text{V}$,试根据所作的相量图计算电压 U_L 的值。

7-19 电路如图 7-49 所示,试以电压 $\dot{U}$ 为参考相量,定性做出其位形图,并确定电压 $\dot{U}_{cd}$ 与 $\dot{U}_{ab}$ 正交的条件。

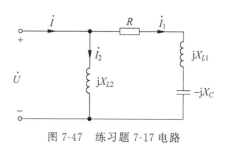

图 7-47 练习题 7-17 电路

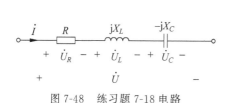

图 7-48 练习题 7-18 电路

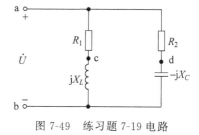

图 7-49 练习题 7-19 电路

7.8 正弦稳态电路中的功率

由于电感和电容这两种储能元件的存在,致使正弦稳态电路中的功率问题远较直流电路复杂。在前面介绍单一元件平均功率和无功功率的基础上,本节在更一般的意义上讨论正弦稳态情况下的功率问题,并引入许多新的术语和概念。

一、瞬时功率

图 7-50 所示为正弦稳态二端网络 N。设 N 的端口电压、电流的参考方向为关联参考方向,且瞬时值表达式为

$$u(t)=\sqrt{2}U\sin\omega t, \quad i(t)=\sqrt{2}I\sin(\omega t-\varphi)$$

其中 φ 为电压与电流之间的相位差角,即

$$\varphi=\varphi_u-\varphi_i$$

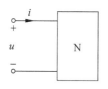

图 7-50 正弦稳态二端网络

N 的端口电压、电流瞬时值表达式的乘积也为时间的函数,称为瞬时功率,并用小写字母 $p(t)$ 表示,即

$$p(t)=u(t)i(t)=\sqrt{2}U\sin\omega t \cdot \sqrt{2}I\sin(\omega t-\varphi)$$
$$=UI\cos\varphi-UI\cos(2\omega t-\varphi) \tag{7-64}$$

正弦稳态二端网络端口电压、电流和瞬时功率的波形如图 7-51 所示。由式(7-64)可知,瞬时功率 $p(t)$ 由两部分构成,一部分为常量,不随时间变化;另一部分为时间的函数且以两倍于电源的角频率按正弦规律变化。图 7-51 中的波形对应于网络 N 中既含有电阻元

件又含有储能元件的情况。从图中可以看出,瞬时功率 p 时正时负。当 $p>0$ 时,表示能量由电源输送至网络 N,此时能量的一部分转换为热能消耗于电阻上,一部分转换为电磁能量储存于动态元件之中。当 $p<0$ 时,表示 N 中的储能元件将储存的电磁能量释放,此时能量的一部分转换为电阻所消耗的热能,一部分返回至电源。这表明网络 N 和电源之间存在着能量相互转换的情况,称为"能量交换"。

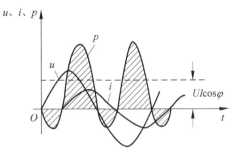

图 7-51 正弦稳态电路电压、电流和瞬时功率的波形

二、平均功率(有功功率)

1. 平均功率的计算式

平均功率被定义为瞬时功率在一个周期内的平均值,并用大写的字母 P 表示,即

$$P \stackrel{\text{def}}{=} \frac{1}{T}\int_0^T p(t)\mathrm{d}t \tag{7-65}$$

将瞬时功率的表达式(7-64)代入式(7-65),可得正弦稳态二端网络的平均功率为

$$P = \frac{1}{T}\int_0^T p(t)\mathrm{d}t = \frac{1}{T}\int_0^T \left[UI\cos\varphi - UI\cos(2\omega t - \varphi)\right]\mathrm{d}t = UI\cos\varphi \tag{7-66}$$

式(7-66)便是正弦稳态电路平均功率的一般计算公式。平均功率也称为有功功率,或简称为有功。

2. 关于平均功率一般计算式的说明

(1) 当电压的单位为伏(V)、电流的单位为安(A)时,平均功率的单位为瓦(W)。常用的单位有千瓦(kW)、毫瓦(mW)等。

(2) 式(7-66)中的 U、I 为电压、电流的有效值,$\varphi = \varphi_u - \varphi_i$,为电压 u 和电流 i 的相位差。

(3) 式(7-66)与电压 $\dot{U}$ 和电流 $\dot{I}$ 为关联参考方向对应,计算结果为电路吸收的平均功率。若 $\dot{U}$ 与 $\dot{I}$ 为非关联参考方向,则该计算公式前应冠一负号,即 $P = -UI\cos\varphi$。

(4) 对 R、L、C 等三种电路元件,用式(7-66)计算出它们的平均功率为

$$R: \quad P_R = UI\cos\varphi = UI\cos0° = UI = RI^2 = \frac{U^2}{R}$$

$$L: \quad P_L = UI\cos\varphi = UI\cos90° = 0$$

$$C: \quad P_C = UI\cos\varphi = UI\cos(-90°) = 0$$

上述结果表明,电路中仅有电阻元件消耗平均功率,而电感、电容这两种储能元件的平均功率均为零。

(5) 由 $P = UI\cos\varphi$ 可知,当 U、I 一定时,平均功率取决于 $\cos\varphi$ 的大小,因此将 $\cos\varphi$ 称为功率因数,φ 称为功率因数角,也可简称为"功角"。

(6) 电路中的平均功率可用功率表测量,功率表的接线图如图 7-52(a)所示。

功率表有一个电压线圈和一个电流线圈。电压线圈有一个附加电阻 R_0 与其串联。测量时电流线圈与被测负载阻抗 Z_L 串联,电压线圈与被测量负载阻抗 Z_L 并联。功率表的电

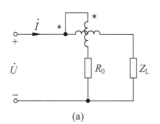 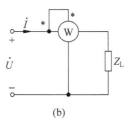

图 7-52 用功率表测量平均功率

路符号如图 7-52(b)所示。功率表的电压线圈和电流线圈均有一个带"*"的端子,称为"同名端"。在功率表接入电路中时,要注意同名端的接法。

例 7-28 在图 7-53 所示的正弦稳态电路中,已知 $u=30\sqrt{2}\sin(\omega t+35°)$V, $i=14.14\cos(\omega t+75°)$A,求网络 N 的平均功率。

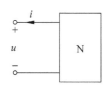

图 7-53 例 7-28 电路

解 对网络 N 而言,u、i 为非关联参考方向,则 N 吸收的平均功率的计算式为

$$P=-UI\cos\varphi$$

因 i 是用余弦函数表示的,应将其转换为正弦函数,即

$$i=14.14\sin(\omega t+165°)\text{A}$$

于是 u、i 之间的相位差角为

$$\varphi=\varphi_u-\varphi_i=35°-165°=-130°$$

则网络 N 吸收的平均功率为

$$P=-UI\cos\varphi=-30\times\frac{14.14}{\sqrt{2}}\cos(-135°)=212.13\text{W}$$

应注意 P 的计算式中的 U、I 均为有效值,因此需将 i 的最大值转换为有效值,即 $I=\frac{14.14}{\sqrt{2}}\text{A}=10\text{A}$。

3. 根据等效电路计算平均功率

(1) 由等效复阻抗计算平均功率

图 7-54(a)所示任意无源二端电路 N 可用一复阻抗 Z 等效,且有

$$Z=\frac{\dot{U}}{\dot{I}}=\frac{U}{I}\underline{/\varphi_u-\varphi_i}=z\underline{/\varphi_Z}=R+\text{j}X$$

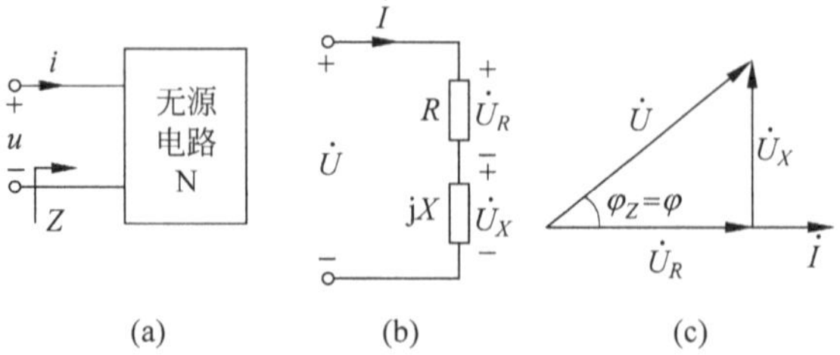

图 7-54 任意正弦稳态无源二端电路 N 及其等效电路、相量图

等效电路如图 7-54(b)所示。以电流 $\dot{I}$ 为参考相量,做出该电路的相量图如图 7-54(c)所示(设 $X>0$)。可看出等效电阻端电压的大小为

$$U_R = U\cos\varphi_Z = U\cos\varphi \tag{7-67}$$

将式(7-67)代入平均功率的一般计算式,得

$$P = UI\cos\varphi = U_R I \tag{7-68}$$

因 $U_R = RI$,式(7-68)又可写为

$$P = U_R I = RI^2 = U_R^2/R \tag{7-69}$$

由于 P 可由 U_R 决定,故称 U_R 为 U 的有功分量。

(2) 由等效复导纳计算平均功率

图 7-54(a)所示网络 N 也可用一复导纳 Y 等效,且有

$$Y = \frac{\dot{I}}{\dot{U}} = \frac{I}{U}\underline{/\varphi_i - \varphi_u} = y\underline{/\varphi_Y} = G + jB$$

等效电路如图 7-55(a)所示。以 $\dot{U}$ 为参考相量,做出电路的相量图如图 7-55(b)所示(设 $B>0$)。可看出等效电导中的电流为

$$I_G = I\cos\varphi_Y = I\cos(-\varphi_Z) = I\cos\varphi \tag{7-70}$$

将式(7-70)代入 P 的一般计算式,有

$$P = UI\cos\varphi = UI_G \tag{7-71}$$

因 $I_G = U/R$,故式(7-71)又可写为

$$P = UI_G = I_G^2/G = U^2 G \tag{7-72}$$

由于 P 可由 I_G 决定,故称 I_G 为 I 的有功分量。

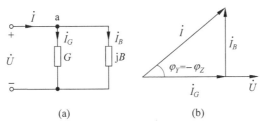

图 7-55 任意正弦稳态无源二端网络的复导纳等效电路及其相量图

例 7-29 求图 7-56(a)所示电路吸收的平均功率。

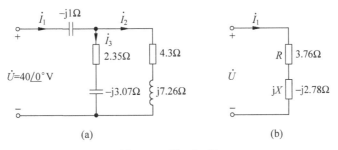

图 7-56 例 7-29 图

解 电路的入端等效复阻抗为

$$Z = -\text{j}1 + \frac{(4.3+\text{j}7.26)(2.35-\text{j}3.07)}{4.3+\text{j}7.26+2.35-\text{j}3.07} = -\text{j}1 + \frac{8.44\underline{/59.4°} \times 3.87\underline{/-52.6°}}{6.65+\text{j}4.19}$$

$$= -\text{j}1 + \frac{32.7\underline{/6.8°}}{7.86\underline{/32.2°}} = -\text{j}1 + 3.76 - \text{j}1.78 = (3.76 - \text{j}2.78) = 4.68\underline{/-36.5°}\,\Omega$$

(1) 用平均功率的一般计算式求 P。求得

$$\dot{I}_1 = \frac{\dot{U}}{Z} = \frac{40\underline{/0°}}{4.68\underline{/-36.5°}} = 8.54\underline{/36.5°}\,\text{A}$$

于是

$$P = UI_1\cos\varphi = 40 \times 8.54\cos(0° - 36.5°) = 274.6\,\text{W}$$

(2) 由等效复阻抗计算 P。该无源电路的等效电路如图 7-56(b) 所示，电路的平均功率就是等效电阻 R 消耗的功率，即

$$P = I_1^2 R = 8.54^2 \times 3.76\,\text{W} = 274.2\,\text{W}$$

(3) 由各支路消耗的平均功率计算 P。电路的平均功率是每一电阻元件消耗的功率之和。求出各支路电流为

$$\dot{I}_2 = \frac{3.87\underline{/-52.6°}}{7.86\underline{/32.2°}}\dot{I}_1 = 4.2\underline{/-48.3°}\,\text{A}$$

$$\dot{I}_3 = \frac{8.44\underline{/59.4°}}{7.86\underline{/32.2°}}\dot{I}_1 = 9.2\underline{/63.7°}\,\text{A}$$

所以

$$P = I_2^2 \times 4.3 + I_3^2 \times 2.35 = 4.2^2 \times 4.3\,\text{W} + 9.2^2 \times 2.35\,\text{W} = 274.8\,\text{W}$$

例 7-30 实际电感线圈的等效电路由 r 和 L 串联而成，如图 7-57(a) 所示。现测得 $U=75\text{V}$，$I=1.5\text{A}$，线圈的损耗 $P=18\text{W}$。已知电源的频率为 50Hz，求该线圈的参数 r 和 L。

解 由于线圈的等效电路为无源支路，故它的损耗为电阻 r 消耗的平均功率，由 $P = rI^2$，有

$$r = P/I^2 = \frac{18}{1.5^2}\Omega = 8\,\Omega$$

由图 7-57(b) 所示的阻抗三角形，有

$$X_L = \sqrt{z^2 - r^2}$$

而

$$z = U/I = \frac{75}{1.5}\Omega = 50\,\Omega$$

则

$$X_L = \sqrt{z^2 - r^2} = \sqrt{50^2 - 8^2}\,\Omega = 49.36\,\Omega$$

$$L = \frac{X_L}{\omega} = \frac{X_L}{2\pi f} = \frac{49.36}{2\pi \times 50}\text{H} = 0.157\,\text{H}$$

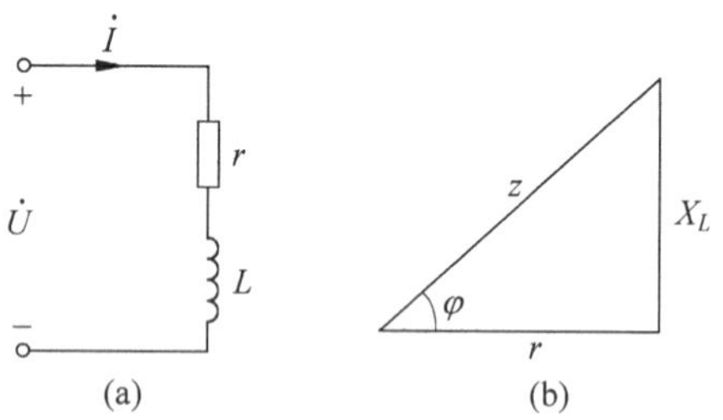

图 7-57 例 7-30 图

三、无功功率

由于储能元件的存在，正弦稳态电路中发生着能量交换的现象，并用无功功率来表征。

1. 无功功率的定义及其一般计算公式

根据图 7-54(b)所示的等效电路,任意正弦稳态网络 N 的瞬时功率可表示为

$$p = ui = (u_R + u_X)i = u_R i + u_X i = p_R + p_X$$

式中,p_R 为等效电阻 R 的瞬时功率,称为 p 的有功分量;p_X 为等效电抗 X 的瞬时功率,称为 p 的无功分量。由图 7-54(c)所示的相量图,知等效电抗的端电压为

$$U_X = U\sin(\varphi_u - \varphi_i) = U\sin\varphi \tag{7-73}$$

显然,u_X 与 i 的相位差是 $\pm 90°$,即

$$\varphi_X = \varphi_i \pm 90°$$

于是瞬时值 u_X 的表达式为

$$u_X = \sqrt{2} U_X \sin(\omega t + \varphi_X)$$
$$= \sqrt{2} U\sin\varphi \sin(\omega t + \varphi_i \pm 90°) = \sqrt{2} U\sin\varphi \cos(\omega t + \varphi_i) \tag{7-74}$$

故瞬时功率 p 的无功分量为

$$p_X = u_X i = \sqrt{2} U\sin\varphi \cos(\omega t + \varphi_i) \times \sqrt{2} I \sin(\omega t + \varphi_i)$$
$$= UI\sin\varphi \sin 2(\omega t + \varphi_i) \tag{7-75}$$

由此可见,p_X 按正弦规律变化。与定义 L、C 两种元件瞬时功率的最大值为无功功率相同,我们定义 p_X 的最大值为网络 N 的无功功率,并用 Q 表示,即

$$Q = UI\sin\varphi \tag{7-76}$$

若 U、I 的单位分别为伏(V)和安(A),则 Q 的单位为乏(var)。其他常用的单位有千乏(kvar)和兆乏(Mvar)等。

式(7-76)为无功功率的一般计算公式。

无功功率也简称为"无功"。

2. 关于无功功率一般计算式的说明

(1) 式(7-76)中的 U、I 为电路端口电压、电流的有效值,$\varphi = \varphi_u - \varphi_i$ 为端口电压、电流的相位之差。无功功率计算式中的 U、I、φ 和有功功率计算式中的 U、I、φ 是完全相同的。

(2) 式(7-76)与 $\dot{U}$、$\dot{I}$ 为关联参考方向对应;若 $\dot{U}$、$\dot{I}$ 为非关联参考方向,则该式前应冠一负号,即

$$Q = -UI\sin\varphi$$

(3) 用式(7-76)计算 R、L、C 元件的无功功率为

$$R: \quad Q_R = UI\sin\varphi = UI\sin 0° = 0$$
$$L: \quad Q_L = UI\sin\varphi = UI\sin 90° = UI$$
$$C: \quad Q_C = UI\sin\varphi = UI\sin(-90°) = -UI$$

可见电阻元件的无功功率为零。在电压、电流为关联参考方向的情况下,电感元件的无功 $Q_L = UI \geqslant 0$,称电感元件吸收无功;电容元件的无功 $Q_C = -UI \leqslant 0$,称电容元件发出无功。由于电感和电容的无功功率性质相反,因此两者的无功可相互补偿。

(4) Q 可正可负。在关联参考方向的约定下,若 $Q > 0$,称网络 N 吸收无功功率,又称 N 为一无功负载;若 $Q < 0$,则称 N 发出无功功率,又称 N 为一无功电源。由于电感元件的 Q

恒大于零，电容元件的 Q 恒小于零，因此当网络 N 的 $Q>0$ 时，称 N 为感性负载；当 N 的 $Q<0$ 时，称 N 为容性负载。

（5）无功功率体现的是电路与外界交换能量的最大速率。无功功率并非无用，在工程上它是诸如电机、变压器等电气设备正常工作所必需的。

3. 根据等效电路计算无功功率

（1）由复阻抗等效电路计算无功功率

在图 7-54(b)所示的复阻抗等效电路中，电抗元件上的电压为

$$U_X = U\sin\varphi$$

由于 $\sin\varphi$ 可正可负，故 U_X 为代数量。将上式代入无功功率的计算式，得

$$Q = UI\sin\varphi = U_X I$$

因

$$U_X = IX$$

所以

$$Q = U_X I = I^2 X = \frac{U_X^2}{X} \tag{7-77}$$

（2）由复导纳等效电路计算无功功率

在图 7-55(b)所示的复导纳等效电路中，电纳元件中的电流为

$$I_B = I\sin\varphi_Y = -I\sin\varphi \quad (\varphi = -\varphi_Y)$$

显然 I_B 也为代数量。将上式代入无功功率的计算式，得

$$Q = UI\sin\varphi = -UI_B$$

因

$$I_B = UB$$

所以

$$Q = -UI_B = -U^2 B = -\frac{I_B^2}{B} \tag{7-78}$$

例 7-31 试计算图 7-58(a)所示电路的无功功率，已知 $\dot{U} = 100\underline{/0°}$ V，$R_1 = 3\Omega$，$jX_L = j4\Omega$，$R_2 = 6\Omega$，$-jX_C = -j6\Omega$。

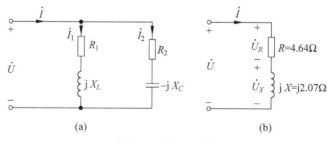

图 7-58 例 7-31 图

解 解法一：用公式 $Q = UI\sin\varphi$ 计算。

先求出端口电流 $\dot{I}$。可求得

$$\dot{I}_1 = \frac{\dot{U}}{R_1 + jX_L} = \frac{100\underline{/0°}}{3 + j4} = 20\underline{/-53.1°} \text{A}$$

$$\dot{I}_2 = \frac{\dot{U}}{R_2 - jX_C} = \frac{100\underline{/0°}}{6-j8}\text{A} = 10\underline{/53.1°}\text{A}$$

$$\dot{I} = \dot{I}_1 + \dot{I}_2 = 20\underline{/-53.1°}\text{A} + 10\underline{/53.1°}\text{A} = 19.7\underline{/-24°}\text{A}$$

故

$$Q = UI\sin\varphi = 100 \times 19.7\sin[0-(-24°)] = 801.3\text{var}$$

解法二：由等效电路计算无功功率。

该电路的等效复阻抗为

$$Z_{eq} = (R_1 + jX_L) // (R_2 - jX_C)$$
$$= \frac{(3+j4)(6-j8)}{(3+j4)+(6+j6)} = 5.08\underline{/24°}\Omega = (4.64 + j2.07)\Omega$$

等效电路如图 7-58(b)所示。等效电抗上的电压为

$$U_X = U\sin\varphi = U\sin\varphi_Z = 100\sin24° = 40.7\text{V}$$

$$Q = \frac{U_X^2}{X} = \frac{40.7^2}{2.07}\text{var} = 800.2\text{var}$$

解法三：由原电路中各电抗元件的无功求总的无功。

在无源电路中，总的无功等于各电抗元件的无功之代数和。前已求得

$$\dot{I}_1 = 20\underline{/-53.1°}\text{A}, \quad \dot{I}_2 = 10\underline{/53.1°}\text{A}$$

则电感元件的无功为

$$Q_L = I_1^2 X_L = 20^2 \times 4\text{var} = 1600\text{var}$$

电容元件的无功为

$$Q_C = -I_2^2 X_C = -10^2 \times 8\text{var} = -800\text{var}$$

$$Q = Q_L + Q_C = 1600 - 800\text{var} = 800\text{var}$$

例 7-32 在图 7-59(a)所示正弦稳态电路中，已知 N 是线性无源网络，且其吸收的有功功率和无功功率分别为 4W 和 12var。若 $\dot{U}_1$ 超前 $\dot{U}_s$ 30°，求当电源频率为 100Hz 时网络 N 的等效电路及元件参数。

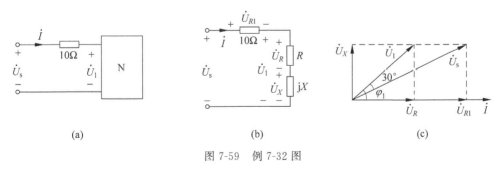

图 7-59　例 7-32 图

解　设网络 N 的等效阻抗为 $Z_N = R + jX$，又设端口电流为参考相量，即 $\dot{I} = I\underline{/0°}\text{A}$。做出等效电路如图 7-59(b)所示。在图 7-59(b)中给出各元件电压相量的参考方向，由此做出电路的相量图如图 7-59(c)所示。按题意有

$$P = RI^2 = 4\text{W}, \quad Q = XI^2 = 12\text{var}$$

于是可得

$$\frac{Q}{P} = \frac{XI^2}{RI^2} = \frac{X}{R} = \frac{12}{4} = 3$$

即

$$X = 3R$$

由相量图,可得 $\dot{U}_1$ 和 $\dot{I}$ 之间的相位差为

$$\varphi_1 = \arctan\frac{U_X}{U_R} = \arctan\frac{U_X I}{U_R I} = \arctan\frac{Q}{P} = \arctan 3 = 71.57°$$

电源电压 $\dot{U}_s$ 和端口电流 $\dot{I}$ 之间的相位差为

$$\varphi = \varphi_1 - 30° = 71.57° - 30° = 41.57°$$

由相量图又可得到

$$\frac{U_X}{U_{R1} + U_R} = \frac{XI}{(R+10)I} = \frac{X}{R+10} = \tan\varphi = 0.887$$

将 $X = 3R$ 代入上式,解得

$$R = 4.20\Omega, \quad X = 3R = 12.59\Omega$$

$$L = \frac{X}{\omega} = \frac{12.59}{2\pi \times 100}\text{H} = 0.02\text{H}$$

四、视在功率和功率三角形

1. 视在功率

定义正弦稳态二端电路 N 的端口电压、电流有效值的乘积为该网络的视在功率,并用大写字母 S 表示,即

$$S = UI \tag{7-79}$$

若 U、I 的单位分别为伏(V)和安(A),则 S 的单位为伏安(VA);其他常用的单位有 kVA 和 MVA 等。

2. 关于视在功率的说明

(1) 视在功率的计算式 $S = UI$ 与参考方向无关,这是电路理论中极少有的与参考方向无关的公式之一。由于 U、I 是有效值,均为正值,故 S 值恒为正。

(2) 在工程实际中,电气设备均标有一定的"容量",这一容量是指该用电设备的额定电压和额定电流的乘积。如某一发电机的额定电压为 380V,额定电流为 50A,则其容量为 380×50 kVA $= 19$ kVA。用电设备的容量就是它的视在功率 S,这是视在功率的实际应用之一。

(3) 视在功率的单位为 VA,有功功率的单位为 W,而无功功率的单位为 var。应注意区别这三种单位,不可混淆。

3. 功率三角形

有功功率和无功功率均可用视在功率表示,即

$$\begin{cases} P = UI\cos\varphi = S\cos\varphi \\ Q = UI\sin\varphi = S\sin\varphi \end{cases} \tag{7-80}$$

由式(7-80)可见，S、P、Q 三者之间的关系可用一直角三角形表示。如图 7-60(a)所示，这一三角形称为功率三角形。将阻抗三角形的各边乘以 I 可得到电压三角形，将电压三角形的各边再乘以 I 就得到功率三角形。因此，阻抗三角形、电压三角形及功率三角形是相似三角形，见图 7-60(b)。

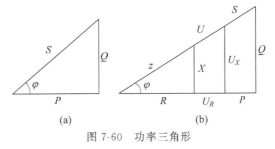

图 7-60 功率三角形

例 7-33 已知某电路的视在功率为 1500VA，等效复导纳为 $Y=(3+j4)S$，试求该电路 P 和 Q。

解 由 $Y=(3+j4)S$，知电路的导纳角为

$$\varphi_Y = \arctan\frac{4}{3} = 53.1°$$

则电路的阻抗角为

$$\varphi = \varphi_Z = -\varphi_Y = -53.1°$$

于是有

$$P = S\cos\varphi = 1500\cos(-53.1°) = 900\text{W}$$
$$Q = S\sin\varphi = 1500\sin(-53.1°) = -1200\text{W}$$

五、复功率守恒定理

1. 复功率的定义

根据功率三角形，可将 S、P、Q 三者之间的关系用一个复数表征，即

$$\widetilde{S} = P + jQ = S\underline{/\varphi} \tag{7-81}$$

式中

$$\begin{cases} S = \sqrt{P^2 + Q^2} \\ \varphi = \arctan\dfrac{Q}{P} \end{cases} \tag{7-82}$$

$\widetilde{S}$ 称为复功率，其模 S 是视在功率，幅角 φ 为电路端口电压、电流的相位差或阻抗角。

由于 $\widetilde{S}$ 这一复数不与一个正弦量对应，它并不是相量，故其表示符号与相量不同。

复功率 $\widetilde{S}$ 的单位为 VA，与视在功率的单位相同。

2. 复功率与相量 $\dot{U}$、$\dot{I}$ 间的关系

由于 $S = UI$，是否 $\widetilde{S}$ 为 $\dot{U}$ 和 $\dot{I}$ 的乘积呢？可以验证一下。

$$\dot{U}\dot{I} = U\underline{/\varphi_u} \times I\underline{/\varphi_i} = UI\underline{/\varphi_u + \varphi_i} = S\underline{/\varphi_u + \varphi_i}$$

可见乘积 $\dot{U}\dot{I}$ 的模为 S，但幅角 $\varphi_u + \varphi_i \neq \varphi$，故 $\widetilde{S} \neq \dot{U}\dot{I}$。

若将相量 $\dot{I}$ 用其共轭复数 $\overset{*}{\dot{I}} = I\underline{/-\varphi_i}$ 代替，便有

$$\dot{U}\overset{*}{\dot{I}} = U\underline{/\varphi_u} \times I\underline{/-\varphi_i} = UI\underline{/\varphi_u - \varphi_i} = S\underline{/\varphi}$$

即

$$\widetilde{S} = \dot{U}\overset{*}{\dot{I}} \tag{7-83}$$

式(7-83)便是 $\tilde{S}$ 和 $\dot{U}$、$\dot{I}$ 间的关系式,它也可作为复功率的定义式。

3. 复功率与等效电路参数间的关系

(1) 复功率与等效复阻抗参数间的关系

设任意无源二端电路 N 的等效复阻抗为

$$Z = R + jX = \dot{U}/\dot{I}$$

则 N 的复功率为

$$\tilde{S} = \dot{U}\dot{I}^* = Z\dot{I}\dot{I}^* = ZI^2 = (R+jX)I^2 \tag{7-84}$$

于是有

$$\begin{cases} S = |Z| I^2 = zI^2 = \sqrt{R^2+X^2}\, I^2 \\ P = RI^2 \\ Q = XI^2 \end{cases} \tag{7-85}$$

(2) 复功率与等效复导纳参数间的关系

设任意无源二端电路 N 的等效复导纳为

$$Y = G + jB = \dot{I}/\dot{U}$$

则 N 的复功率为

$$\tilde{S} = \dot{U}\dot{I}^* = \dot{U}(\dot{U}Y)^* = \overset{*}{Y}U^2 = (G-jB)U^2 \tag{7-86}$$

于是有

$$\begin{cases} S = |\overset{*}{Y}| U^2 = yU^2 = \sqrt{G^2+B^2}\, U^2 \\ P = GU^2 \\ Q = -BU^2 \end{cases} \tag{7-87}$$

4. 复功率守恒定理

设任一电路中第 k 条支路上的电压、电流相量分别为 $\dot{U}_k$ 和 $\dot{I}_k$,且两者为关联参考方向,由特勒根定理,有

$$\sum_{k=1}^{b} \dot{U}_k \dot{I}_k = 0$$

应注意上式中的乘积 $\dot{U}_k \dot{I}_k$ 并不是第 k 条支路的功率。因特勒根定理由 KCL 和 KVL 导出,若 $\dot{I}_1,\dot{I}_2,\cdots,\dot{I}_b$ 满足 KCL 的约束,则 $\overset{*}{I}_1,\overset{*}{I}_2,\cdots,\overset{*}{I}_b$ 也应满足 KCL 的约束,故必有

$$\sum_{k=1}^{b} \dot{U}_k \overset{*}{I}_k = 0 \tag{7-88}$$

式中,乘积 $\dot{U}_k \overset{*}{I}_k$ 是第 k 条支路的复功率 $\tilde{S}_k$,于是式(7-88)为

$$\sum_{k=1}^{b} \tilde{S}_k = 0 \tag{7-89}$$

这表明在任一电路中,各条支路复功率的代数和等于零,这一结论称为复功率守恒定理。

式(7-89)又可写为

$$\sum_{k=1}^{b} (P_k + jQ_k) = 0$$

或

$$\sum_{k=1}^{b} P_k + j\sum_{k=1}^{b} Q_k = 0$$

即

$$\begin{cases} \sum_{k=1}^{b} P_k = 0 \\ \sum_{k=1}^{b} Q_k = 0 \end{cases} \quad (7\text{-}90)$$

因此,复功率守恒定理又可陈述为:在任一电路中,各支路有功功率的代数和为零(或有功功率守恒),各支路无功功率的代数和也为零(或无功功率守恒)。

5. 关于复功率守恒定理的说明

(1) 复功率守恒定理还可表述为:在任一电路中,各电源支路输出复功率的代数和等于各无源支路吸收复功率的代数和,即

$$\sum_{k=1}^{q} \dot{E}_{sk} \overset{*}{I}_{sk} = \sum_{k=q+1}^{b} \dot{U}_k \overset{*}{I}_k \quad (7\text{-}91)$$

需注意式(7-91)中电源支路的电压 $\dot{E}_{sk}$ 与电流 $\overset{*}{I}_{sk}$ 为非关联参考方向,非电源支路的电压 $\dot{U}_k$ 与电流 $\dot{I}_k$ 为关联参考方向。

(2) 虽然一个电路中 $\tilde{S}$、P、Q 均守恒,但视在功率 S 并不守恒,即 $\sum_{k=1}^{b} S_k \neq 0$。这是因为前已指出,各支路的视在功率 S_k 恒为正值,不是代数量,故有 $\sum_{k=1}^{b} S_k \neq 0$。

例 7-34 如图 7-61 所示电路,已知 $\dot{E}_1 = 10\underline{/0°}$ V, $\dot{E}_2 = 10\underline{/90°}$ V, $R = 5\Omega$, $X_L = 5\Omega$, $X_C = 2\Omega$,求各元件的复功率并验证复功率守恒定理。

解 用网孔法求出各支路电流。网孔方程为

$$\begin{cases} (R - jX_C)\dot{I}_a - R\dot{I}_b = \dot{E}_1 \\ -R\dot{I}_a + (R + jX_L)\dot{I}_b = -\dot{E}_2 \end{cases}$$

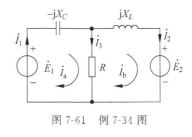

图 7-61 例 7-34 图

将参数代入上式,解之,得

$$\dot{I}_a = 2.78\underline{/-56.3°} \text{A}$$
$$\dot{I}_b = 3.23\underline{/-115.4°} \text{A}$$

则各支路电流为

$$\dot{I}_1 = \dot{I}_a = 2.78\underline{/-56.3°} \text{A}$$
$$\dot{I}_2 = \dot{I}_b = 3.23\underline{/-115.4°} \text{A}$$
$$\dot{I}_3 = \dot{I}_a - \dot{I}_b = 2.92 + j0.62 = 2.98\underline{/11.9°} \text{A}$$

各元件的复功率为

$$R: \tilde{S}_1 = RI_3^2 = 5 \times 2.98^2 \text{VA} = 44.4 \text{VA}$$
$$L: \tilde{S}_2 = jX_L I_2^2 = j5 \times 3.23^2 \text{VA} = j52.16 \text{VA}$$

$$C: \quad \widetilde{S}_3 = -jX_C I_1^2 = -j2 \times 2.78^2 \text{VA} = -j15.46 \text{VA}$$

注意：L、C 元件的复功率为纯虚数，不可误作为实数。

$$\dot{E}_1: \quad \widetilde{S}_4 = -\dot{E}_1 \overset{*}{I}_1 = -10 \times 2.78 \underline{/56.3°} \text{VA}$$
$$= (-15.42 - j23.12) \text{VA}$$

注意：由于 $\dot{E}_1$ 和 $\dot{I}_1$ 为非关联正向，故计算式前应冠一负号。

$$\dot{E}_2: \quad \widetilde{S}_5 = \dot{E}_2 \overset{*}{I}_2 = 10\underline{/90°} \times 32.3\underline{/115.4°} \text{VA}$$
$$= (-29.18 - j13.85) \text{VA}$$

则各元件复功率之和为

$$\sum_{k=1}^{5} \widetilde{S}_k = \widetilde{S}_1 + \widetilde{S}_2 + \widetilde{S}_3 + \widetilde{S}_4 + \widetilde{S}_5$$
$$= (44.4 - 15.42 - 29.18) + j(52.16 - 23.12 - 13.85 - 15.46) \approx 0$$

六、最大功率传输定理

在直流电阻电路中曾介绍了最大功率传输定理。下面讨论正弦稳态情况下的最大功率传输定理。

电路中最大功率传输的问题，实际上是指电路的负载在什么条件下可从电路获取最大平均功率。在正弦稳态电路中，一般负载为一复阻抗

$$Z_L = R_L + jX_L = |Z_L|\underline{/\varphi_L}$$

Z_L 的情况可分为两种，一是其电阻和电抗部分均独立可调；二是其模可调，但幅角固定。下面分别就这两种情况讨论最大功率传输的问题。

1. 负载复阻抗的电阻和电抗均独立可调

图 7-62(a)所示为负载 Z_L 与一有源网络 N 相连。将 N 用戴维南电路等效，如图 7-62(b) 所示，则负载电流为

$$\dot{I} = \frac{\dot{U}_N}{Z_N + Z_L} = \frac{\dot{U}_N}{(R_N + jX_N) + (R_L + jX_L)}$$
$$= \frac{\dot{U}_N}{(R_N + R_L) + j(X_N + X_L)}$$

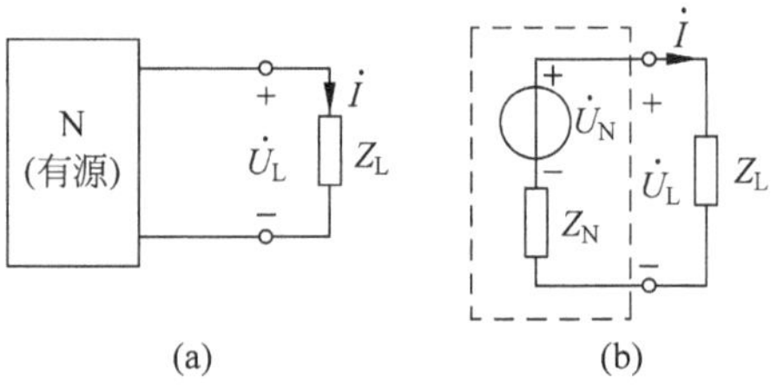

$\dot{I}$ 的有效值为

$$I = \frac{U_N}{\sqrt{(R_N + R_L)^2 + (X_N + X_L)^2}}$$

图 7-62 正弦稳态二端网络与它的负载

负载的有功功率为

$$P_L = I^2 R_L = \frac{U_N^2}{(R_N + R_L)^2 + (X_N + X_L)^2} R_L$$

将上式分别对变量 R_L 和 X_L 求偏导数，并令偏导数为零，由此决定 P_L 达最大值的条件，可得

$$\frac{\partial P_L}{\partial R_L} = \frac{[(R_N + R_L)^2 + (X_N + X_L)^2 - 2(R_N + R_L)R_L]U_N^2}{[(R_N + R_L)^2 + (X_N + X_L)^2]^2} = 0$$

$$\frac{\partial P_L}{\partial X_L} = \frac{-2(X_N + X_L)R_L U_N^2}{[(R_N + R_L)^2 + (X_N + X_L)^2]^2} = 0$$

将上式两式联立后求解,得

$$\begin{cases} R_L = R_N \\ X_L = -X_N \end{cases} \quad (7-92)$$

这表明,当 $Z_L = R_N - jX_N = \overset{*}{Z}_N$ 时,P_L 达最大值。这一结论可表述为:负载阻抗 Z_L 等于电路 N 的戴维南等效复阻抗的共轭复数时,Z_L 从 N 获取最大功率,且这一最大功率为

$$P_{L\max} = \frac{U_N^2}{4R_N} \quad (7-93)$$

2. 负载阻抗的模可调但幅角固定

设负载阻抗为

$$Z_L = |Z_L| \underline{/\varphi_L} = |Z_L|\cos\varphi_L + j|Z_L|\sin\varphi_L$$

其中 $|Z_L|$ 可调,φ_L 固定。负载电流为

$$\dot{I} = \frac{\dot{U}_N}{(R_N + |Z_L|\cos\varphi_L) + j(X_L + |Z_L|\sin\varphi_L)}$$

其有效值为

$$I = \frac{U_N}{\sqrt{(R_N + |Z_L|\cos\varphi_L)^2 + (X_N + |Z_L|\sin\varphi_L)^2}}$$

负载的有功功率为

$$P_L = I^2 |Z_L|\cos\varphi_L = \frac{U_N^2 |Z_L|\cos\varphi_L}{(R_N + |Z_L|\cos\varphi_L)^2 + (X_N + |Z_L|\sin\varphi_L)^2}$$

将上式对变量 $|Z_L|$ 求导,并令该导数为零,可得

$$|Z_L| = \sqrt{R_N^2 + X_N^2} = |Z_N| \quad (7-94)$$

由此可得出结论:在负载阻抗的模可调而幅角固定的情况下,当负载阻抗 Z_L 的模与电路 N 的戴维南等效阻抗的模相等时,Z_L 从 N 获取最大功率。

3. 关于正弦稳态下最大功率传输定理的说明

(1) 如前所述,在正弦稳态电路中,负载获得最大功率的条件需根据负载的情况而定。因此在应用最大功率传输定理时,必须弄清负载阻抗是实、虚部均可独立变化,还是仅模可变而幅角固定。

(2) 在实际的电路问题中,负载阻抗多属于实、虚部均可变的情况,但负载阻抗的模可变、幅角固定的情况也是可见到的,如在第 8 章中将要讨论的通过理想变压器来实现最大功率传输的问题便是如此。

(3) 当负载获取最大功率时,称负载与电路匹配,也称为阻抗匹配或功率匹配。在 $Z_L = \overset{*}{Z}_N$ 时的匹配又称为共轭匹配;在 $|Z_L| = |Z_N|$ 时的匹配称为共模匹配。

(4) 在讨论具体电路的功率匹配问题时,应先将负载之外的电路代之以戴维南电路,这与在电流电阻电路中采用的做法是相同的。

(5) 对同一电路而言,在共轭匹配情况下负载所获得的最大功率要大于在共模匹配情况下的最大功率。

(6) 在讨论最大功率传输问题时,必须考虑电源传输电能的效率。共轭和共模匹配情况下电源的供电效率都较低,在共轭匹配时电能的最大传输效率仅为 50%,而在共模匹配时能量传输效率会更低。因此,对重视提高电能传输效率的电力系统而言,一般不考虑在功率匹配情况下的运行问题。采用匹配条件使负载获得最大功率的方法通常用在传输功率较小的弱电系统(例如通信工程)之中。

(7) 在后面的讨论中,若不加以特别说明,功率匹配一般是指共轭匹配。

例 7-35 如图 7-63(a)所示电路,已知 $\dot{E}_s = 10\underline{/0°}$ V, $Z = j3\Omega$, $Z_1 = 4\Omega$。问 Z_2 支路在什么情况下获得最大功率,这一最大功率是多少?

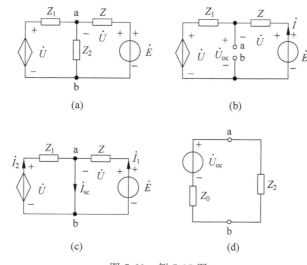

图 7-63 例 7-35 图

解 将 Z_2 视为电路的负载。由于题中未作说明,可认为 Z_2 是实、虚部均可变的阻抗。求戴维南等效电路时,开路电压由如图 7-63(b)所示的电路求得。

$$\dot{U}_{oc} = Z_1 \dot{I} + \dot{U} = Z_1 \dot{I} + Z\dot{I} = (Z_1 + Z)\dot{I}$$

有

$$(Z_1 + Z)\dot{I} + \dot{U} = \dot{E}$$

得

$$\dot{I} = \frac{\dot{E}}{Z_1 + 2Z} = \frac{10\underline{/0°}}{4 + j6} = 1.39\underline{/-56.3°} \text{A}$$

故

$$\dot{U}_{oc} = (Z_1 + Z)\dot{I} = (4 + j3) \times 1.39\underline{/-56.3°} = 6.95\underline{/-19.4°} \text{V}$$

求短路电流的电路如图 7-63(c)所示,得

$$\dot{I}_{sc} = \dot{I}_1 + \dot{I}_2 = \frac{\dot{E}}{Z} + \frac{\dot{U}}{Z_1} = \frac{\dot{E}}{Z} + \frac{\dot{E}}{Z_1}$$

$$= \frac{10\underline{/0°}}{j3} + \frac{10\underline{/0°}}{4} = 2.5 - j3.33 = 4.17\underline{/-53.1°} \text{A}$$

则戴维南等效阻抗为

$$Z_0 = \frac{\dot{U}_{oc}}{\dot{I}_{sc}} = \frac{6.95\angle-19.4°}{4.17\angle-53.1°} = 1.67\angle 33.7° \Omega$$

$$= (1.39 + j0.93)\Omega = R_0 + jX_0$$

戴维南等效电路如图 7-63(d)所示。当 $Z_2 = \overset{*}{Z}_0 = (1.39 - j0.93)\Omega$, Z_2 可获得最大功率,这一最大功率为

$$P_{\max} = \frac{U_{oc}^2}{4R_0} = \frac{6.95^2}{4 \times 1.39} = 8.69 \text{W}$$

例 7-36 仍如图 7-63(a)所示电路,若 Z_2 的模可变但幅角固定为 60°,求使 Z_2 获得最大功率的条件及所获得的最大功率。

解 在例 7-35 中已求得戴维南等效阻抗为

$$Z_0 = 1.67\angle 33.7° \Omega$$

当 Z_2 模可变而幅角固定时,其获得最大功率的条件是

$$|Z_2| = |Z_0| = 1.67\Omega$$

Z_2 的幅角为 $\varphi_2 = 60°$,则 Z_2 为

$$Z_2 = |Z_2|\cos\varphi_2 + j|Z_2|\sin\varphi_2 = 1.67\cos 60° + j1.67\sin 60°$$

$$= (0.835 + j1.45)\Omega = R_2 + jX_2$$

由图 7-63(d)所示等效电路,Z_2 获得的最大功率为

$$P_{2\max} = R_2 I_2^2 = R_2 \left[\frac{U_{oc}}{\sqrt{(R_0+R_2)^2+(X_0+X_2)^2}} \right]^2$$

$$= 0.835 \times \frac{6.95^2}{(1.39+0.835)^2+(0.93+1.45)^2} = 3.8 \text{W}$$

可见在共模匹配时,负载获得的最大功率要小于在共轭匹配时的最大功率。

练习题

7-20 正弦稳态电路如图 7-64 所示,其中 $u_s(t) = 120\sqrt{2}\sin(t+30°)$V。求该电路的瞬时功率 $p(t)$、有功功率 P 和无功功率 Q。

7-21 求图 7-65 所示正弦稳态电路中两电源发出的平均功率并验证电路的复功率守恒。

7-22 如图 7-66 所示正弦稳态电路,Z_L 为负载。求 Z_L 获得最大功率 $P_{L\max}$ 的条件及 $P_{L\max}$ 的值。

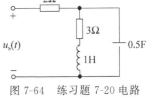

图 7-64 练习题 7-20 电路

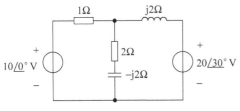

图 7-65 练习题 7-21 电路

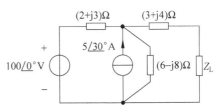

图 7-66 练习题 7-22 电路

7.9 功率因数的提高

一、提高功率因数的意义

平均功率算式 $P=UI\cos\varphi$ 中的 $\cos\varphi$ 称为功率因数。在工程应用中,提高电路的功率因数有着十分重要的经济意义。

1. 提高功率因数可使电气设备的容量得到充分利用

由 $P=S\cos\varphi$ 可见,对具有一定容量 S 的设备而言,功率因数越高,其平均功率越大。因此提高功率因数后,将使设备的容量得到更为充分的利用。

2. 提高功率因数,可减少输电线路的损耗

因 $I=P/(U\cos\varphi)$,在电路 P 和 U 一定时,功率因数越大,线路中的电流越小。由于输电线路均具有一定的阻抗,因此在电流减小的情况下,线路的功率损耗和电压降落均将减小,从而能提高输电的效率和供电质量。

二、提高功率因数的方法

不难看出,提高功率因数,就是减小功率因数角 φ。根据功率三角形,在电路的平均功率 P 一定时,无功功率 Q 越大,φ 角越大,$\cos\varphi$ 越小,反之亦然。因此,提高 $\cos\varphi$,也就意味着减少电路的无功 Q。由于电路的无功等于感性无功与容性无功之和。即

$$Q=Q_L+Q_C$$

其中 $Q_L>0$,$Q_C<0$。因此,可根据具体的电路情况采用接入电抗元件的方法来减小电路的无功,从而提高功率因数。显然,为了提高功率因数,对感性电路应接入电容元件,对容性电路,则应接入电感元件。

对于接入的电抗元件,既可把它们和电路串联,也可将它们与电路并联,如对图 7-67(a)所示的感性电路,为提高其功率因数,可将一电容元件 C 与其串联,如图 7-67(b)所示,也可将一电容元件与其并联,如图 7-67(c)所示。在实际中多采用并联的方式,这是因为在串联的情况下,一般将会改变电路的端电压,从而影响电路中设备的正常工作。

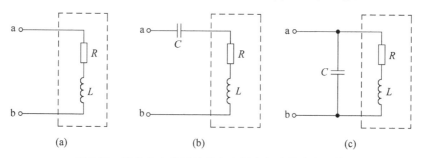

图 7-67 用接入电抗元件的方法提高电路的功率因数

由于提高 $\cos\varphi$ 是根据 L、C 这两种电抗元件无功功率的符号相反可相互补偿而进行的,因此又把提高 $\cos\varphi$ 称为无功补偿。无功补偿的实质是减少电路从电源吸取的无功,使电路和电源之间能量交换的一部分或全部转而在电路之中进行。

提高 $\cos\varphi$ 的无功补偿有三种情形,即欠补偿、全补偿和过补偿。若提高 $\cos\varphi$ 后未改变电路的性质,即感性电路仍是感性的,容性电路仍是容性的,则称为欠补偿;若补偿的结果使电路的 $\cos\varphi=1$,电路变为纯电阻性的,则称为全补偿;若提高 $\cos\varphi$ 后使电路由感性变为容性,或由容性变为感性,则称为过补偿。

对于无源电路而言,其功率因数恒为正值。这样根据功率因数无法判断电路的性质。由于感性电路的电流滞后于电压,而容性电路中的电流超前于电压,因此常在功率因数值的后面用"滞后"和"超前"来说明电路的性质。即用"滞后"表示电路为感性的,用"超前"表示电路为容性的。例如,一电路 $\cos\varphi=0.56$(滞后),进行无功补偿后,其 $\cos\varphi=0.80$(超前),这表明该电路的功率因数得以提高,且电路由感性变成容性,为过补偿。

显然,全补偿是理想情况,但实际上从经济角度考虑,并不追求全补偿,而过补偿更是不足取的。通常所采用的是欠补偿,即在不改变电路性质的情况下提高功率因数,且使 $\cos\varphi$ 提高至 0.9 左右就可以了。

三、提高功率因数的计算方法及示例

前已叙及提高电路的功率因数多是采用在电路端口并联电抗元件的方法,这样可以不影响负载额定工作的条件。由于实际中的电路负载大都是感性负载,因此所需并联的是电容元件(当然若是电容负载,则需并联的是电感元件)。提高功率因数的计算也就是求出所并联的电容元件的参数。

下面通过实例说明提高功率因数的计算方法。

例 7-37 现有一 220V,50Hz,5kW 的感应电动机,$\cos\varphi=0.5$(滞后)。(1)求通过该电动机的电流和无功功率。(2)现将功率因数提高至 0.9(滞后),问需并联多大的电容,此时线路上的电流为多少。(3)若将 $\cos\varphi$ 提高到 1,问需并联多大的电容,线路上的电流又是多少。(4)若将 $\cos\varphi$ 提高至 0.9(超前),又需并联多大的电容?

解 (1)电动机为一感性负载,其等效电路如图 7-68(a)所示。由 $P=UI\cos\varphi$,可得电动机电流为

$$I = \frac{P}{U\cos\varphi} = \frac{5\times 10^3}{220\times 0.5} = 45.5\text{A}$$

无功功率为

$$Q_L = UI\sin\varphi = 220\times 45.5\sin(\arccos 0.5) = 8.67\text{kvar}$$

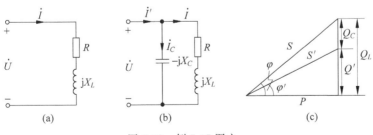

图 7-68 例 7-37 图之一

(2)为提高功率因数,应在电动机两端并联电容元件,如图 7-68(b)所示,电容元件的参数值可根据电容应补偿的无功功率大小进行计算。该电路并联电容 C 前后的功率三角形

如图 7-68(c) 所示，由 P、Q_L、S 构成的大三角形是并联电容前的，由 P、Q'、S' 构成的小三角形是并联电容后的。现将 $\cos\varphi$ 提高为 $\cos\varphi'=0.9$，则电路应吸收的无功功率为

$$Q' = UI\sin\varphi' = P\tan\varphi' = 5\times 10^3 \tan(\arccos 0.9) = 2.42 \text{kvar}$$

需由电容元件补偿的无功功率为

$$|Q_C| = Q_L - Q' = 8.67 - 2.42 = 6.25 \text{kvar}$$

由电容无功功率的计算式 $Q_C = U^2/X_C = \omega C U^2$，得电容参数为

$$C = \frac{|Q_C|}{\omega U^2} = \frac{6.25 \times 10^3}{314 \times 220^2} = 411 \mu F$$

由 $Q' = UI'\sin\varphi'$，得

$$I' = \frac{Q'}{U\sin\varphi'} = \frac{2.42\times 10^3}{220\sin(\arccos 0.9)} = 25.3 \text{A}$$

将电路的功率因数由 0.5 提高至 0.9 后，线路电流从 45.5A 减少为 25.3A，几乎降低了一半。应注意，在并联电容前、后，电动机的电流未发生变化，功率输出也没有变化。

上述计算是从无功功率补偿的角度进行的。由于补偿后线路电流减小，而电动机电流保持不变，可认为电容向电动机提供了无功电流。因此，也可从无功电流补偿的角度计算。可做出补偿前后的电流相量图，如图 7-69 所示。将补偿前的电流 $\dot{I}$ 分解为有功分量 $\dot{I}_R$ 与无功分量 $\dot{I}_L$ 之和，即

$$\dot{I} = \dot{I}_R + \dot{I}_L$$

而

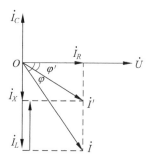

图 7-69 例 7-37 图之二

$$I = \frac{P}{U\cos\varphi} = 45.5 \text{A}$$

则

$$I_L = I\sin\varphi = 45.5\sin(\arccos 0.5) = 39.4 \text{A}$$

补偿后的电流 $\dot{I}'$ 亦分解为有功分量 $\dot{I}_R$ 与无功分量 $\dot{I}_X$ 之和（因有功功率未变化，故 $\dot{I}_R$ 在补偿前后亦不变）。

即

$$\dot{I}' = \dot{I}_R + \dot{I}_X$$

且

$$I_X = I'\sin\varphi'$$

由相量图，有 $I' = I_R/\cos\varphi'$，而 $I_R = I\cos\varphi$，则

$$I' = I\cos\varphi/\cos\varphi'$$

$$I_X = I'\sin\varphi' = \frac{I\cos\varphi}{\cos\varphi'}\sin\varphi' = I\cos\varphi\tan\varphi'$$

$$= 45.5\cos(\arccos 0.5)\tan(\arccos 0.9) = 11.02 \text{A}$$

这表明，需由电容补偿的无功电流为

$$I_C = I_L - I_X = 39.4 - 11.02 = 28.38 \text{A}$$

而
$$I_C = U_C/X_C = \omega C U$$
$$C = \frac{I_C}{\omega U} = \frac{28.38}{314 \times 220} = 411\mu F$$

与前面求得的结果完全一样。

(3) 将 $\cos\varphi$ 提高至 1,意味着进行全补偿,即由电容元件提供电动机所需的全部无功功率,亦是

$$|Q_C| = Q_L = 8.67 \text{kvar}$$

则

$$C = \frac{|Q_C|}{\omega U^2} = \frac{8.67 \times 10^3}{314 \times 220^2} = 570.5\mu F$$

此时线路电流为

$$I' = \frac{P}{U\cos\varphi'} = \frac{5 \times 10^3}{220 \times 1} = 22.73\text{A}$$

(4) 将 $\cos\varphi$ 提高至 0.9(超前),意味着进行过补偿,补偿后电路从感性变为容性,此时电路的无功功率为负值,即

$$Q' = -UI\sin\varphi' = -P\tan\varphi' = -2.42\text{kvar}$$

则需由电容元件补偿的无功功率应为

$$|Q_C| = Q_L - Q' = 8.67 - (-2.42) = 11.09\text{kvar}$$

所以

$$C = \frac{|Q_C|}{\omega U^2} = \frac{11.092 \times 10^3}{314 \times 220^2} = 729.9\mu F$$

由此可见,同样是将电路的功率因数提高至 0.9,过补偿比欠补偿所用的电容要大 $729.9/411=1.78$ 倍,因此从经济的角度出发,在实际中是不予考虑过补偿的。

四、关于提高功率因数计算的说明

(1) 实际中提高电路的功率因数一般采用在电路端口并联电抗元件的方法。

(2) 提高功率因数的计算既可从无功功率补偿的角度进行,也可从无功电流补偿的角度进行。由于后者的计算过程要比前者复杂许多,因此实用中一般按无功功率补偿进行计算。

(3) 从无功功率补偿的角度进行提高功率因数的计算时,可按下列步骤进行:

① 根据补偿前的功率因数 $\cos\varphi$ 及有功功率求出电路未补偿时的无功功率 Q,即 $Q = P\tan\varphi$;

② 根据补偿后的功率因数 $\cos\varphi'$ 求出电路在补偿后的无功功率 Q',即 $Q' = P\tan\varphi'$;

③ 求出应予补偿的无功功率 Q_X,即 $Q_X = Q - Q'$;

④ 计算用作补偿的电抗元件的参数,若是电容元件,则 $C = \dfrac{Q_X}{\omega U^2}$,若是电感元件,则 $L = \dfrac{U^2}{\omega Q_X}$。

上述计算步骤可概括为下面的两个公式:

$$\begin{cases} C = \dfrac{P(\tan\varphi - \tan\varphi')}{\omega U^2} \\ L = \dfrac{U^2}{\omega P(\tan\varphi - \tan\varphi')} \end{cases}$$

计算时可直接套用这两个公式。

(4) 实用中不考虑过补偿的情况,因此在计算中也不考虑这一情况。

(5) 上述分析结果,都是在假设提高功率因数前后,负载端电压不变,从而负载吸收的功率、无功功率不变的前提下得出的。

练习题

7-23 一容性负载接于电压 $U=100\text{V}$,频率 $f=1000\text{Hz}$ 的正弦电源上,如图 7-70 所示。若将电路的功率因数提高至 0.9(超前),求应并联的电感 L 的值及并联电感前后电流 I 的大小。

7-24 正弦稳态电路如图 7-71 所示,已知电源 $u(t)$ 的频率为 4Hz,电压为 12V。若将电路的功率因数提高至 0.88(滞后),问应在 ab 端口上并联何种元件,其参数为多少?

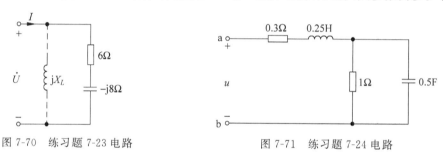

图 7-70 练习题 7-23 电路   图 7-71 练习题 7-24 电路

7.10 例题分析

例 7-38 一电阻为 10Ω 的电感线圈与电容相串联,电路如图 7-72(a)所示。若加于该电路的电压频率为 50Hz,且电感线圈上的电压与电容上的电压相等且等于电源电压,求参数 L 和 C 各为多少。

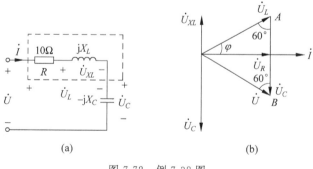

图 7-72 例 7-38 图

解 先用相量图定性分析,再根据相量图进行计算。因是串联电路,以电流 $\dot{I}$ 为参数相量,做出电路的相量图如图 7-72(b)所示。由题意,有

$$U = U_L = U_C$$

应注意 U_L 为线圈电压的有效值,而不是感抗 X_L 端电压的有效值 U_{XL}。因 $\dot{U}$、$\dot{U}_L$ 和 $\dot{U}_C$ 三个相量构成一闭合三角形。故 $\triangle OAB$ 为一等边三角形,则 $\varphi = 30°$。由相量图不难列出下面的方程组:

$$\begin{cases} U_{XL}/U_R = \tan 30° \\ U_C = 2U_{XL} \end{cases}$$

但 $U_{XL} = I\omega L$, $U_R = IR$, $U_C = \dfrac{I}{\omega C}$,于是上述方程组为

$$\begin{cases} \omega L/R = \tan 30° \\ I/(\omega C) = 2\omega L \end{cases}$$

解之,得

$$L = \frac{R}{\omega}\tan 30° = \frac{10}{314}\tan 30° = 18.4 \text{mH}$$

$$C = \frac{1}{2\omega^2 L} = 276 \mu\text{F}$$

例 7-39 有一只电感线圈,欲确定它的参数 R 和 L。现只有一只安培表和一个 $R_1 = 1000\Omega$ 的电阻,将电阻与线圈并联如图 7-73(a)所示,接于 $f = 50\text{Hz}$ 的电源上,用安培表测得 $I_1 = 0.40\text{A}$, $I_2 = 0.035\text{A}$, $I_3 = 0.01\text{A}$,试求 R 和 L。

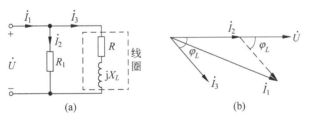

图 7-73 例 7-39 图

解 本题用两种方法求解。

(1) 用相量图分析并计算。选端口电压 $\dot{U}$ 为参考相量,可知 $\dot{I}_2$ 和 $\dot{U}$ 同相位,$\dot{I}_3$ 滞后于 $\dot{U}$,做出相量图如图 7-73(b)所示。显然相量图中的 φ_L 为 $\dot{I}_3$ 的初相位,由余弦定理,有

$$\cos\varphi_L = \frac{I_1^2 - I_2^2 - I_3^2}{2I_2 I_3} = \frac{0.04^2 - 0.035^3 - 0.01^2}{2 \times 0.035 \times 0.01} = 0.3928$$

$$\varphi_L = \arccos 0.3928 = 66.9°$$

通过线圈的电流为

$$\dot{I}_3 = 0.01\underline{/-66.9°}\text{A}$$

端口电压即线圈两端电压为

$$\dot{U} = \dot{I}_2 R_1 = 0.035\underline{/0°} \times 1000 = 35\underline{/0°}\text{V}$$

则可求出线圈的复阻抗为

$$Z_L = \dot{U}/\dot{I}_3 = \frac{35\underline{/0°}}{0.01\underline{/-66.9°}} = 3500\underline{/66.9°}\Omega = (1373 + j3219)\Omega = R + jX_L$$

故线圈电阻为

$$R = 1373\Omega$$

线圈的电感量为

$$L = \frac{X_L}{\omega} = \frac{X_L}{2\pi f} = \frac{3219}{314} = 10.3\text{H}$$

（2）用列方程组的方法求解。线圈支路的阻抗为

$$|Z_L| = \sqrt{R^2 + (\omega L)^2} \tag{1}$$

整个电路的复阻抗为

$$Z = \frac{R_1 Z_L}{R_1 + Z_L} = \frac{R_1(R + j\omega L)}{R_1 + R + j\omega L}$$

则整个电路的阻抗为

$$z = \frac{R_1\sqrt{R^2 + (\omega L)^2}}{\sqrt{(R_1 + R)^2 + (\omega L)^2}} \tag{2}$$

依题意有

$$\begin{cases} I_3 z_L = U \\ I_1 z = U \end{cases}$$

将式(1)、式(2)及 $U = I_2 R_1$ 代入上述方程组，有

$$\begin{cases} I_3 \sqrt{R^2 + (\omega L)^2} = I_2 R_1 \\ I_1 \dfrac{R_1\sqrt{R^2 + (\omega L)^2}}{\sqrt{(R_1 + R)^2 + (\omega L)^2}} = I_2 R_1 \end{cases}$$

代入数据后，可求出

$$R = 1375\Omega, \quad L = 10.3\text{H}$$

例 7-40 在图 7-74 中，当 S 闭合时，电流表读数为 10A，功率表读数为 1000W；当 S 打开时，电流表读数为 $I' = 12$A，功率表读数为 $P' = 1600$W，试决定复阻抗 Z_1 和 Z_2。

解 因 $\varphi_1 > 0$，知 Z_1 为感性，设 $Z_1 = R_1 + jX_1 = z_1\underline{/\varphi_1}(X_1 > 0)$；因不知 Z_2 为感性或容性，故设 $Z_2 = R \pm jX_2 = z_2\underline{/\varphi_2}(X_2 > 0)$。当 S_1 闭合时，Z_1 短路，显然有

$$z_2 = \frac{U}{I} = \frac{220}{10} = 22\Omega$$

$$R_2 = \frac{P}{I^2} = \frac{1000}{10^2} = 10\Omega$$

因

$$z_2 = \sqrt{R_2^2 + X_2^2}$$

故

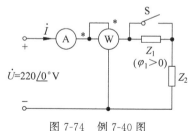

图 7-74 例 7-40 图

$$X_2 = \sqrt{z_2^2 - R_2^2} = \sqrt{22^2 - 10^2} = 19.6\Omega$$

当 S 打开时，Z_1 和 Z_2 串联，设

$$Z = Z_1 + Z_2 = (R_1 + R_2) + j(X_1 \pm X_2) = R + jX = z\underline{/\varphi}$$

有

$$z = \frac{U}{I'} = \frac{220}{12} = 18.33\Omega$$

依题意有

$$P' = I'^2 R_1 + I'^2 R_2 = I'^2(R_1 + R_2)$$

即

$$1600 = 12^2(R_1 + 10)$$

故

$$R_1 = \frac{1600}{144} - 10 = 1.11\Omega$$

又

$$X = \sqrt{z^2 - R^2} = \sqrt{18.33^2 - 11.11^2} = 14.58\Omega$$

由于 $X = 14.58, X_2 = 19.6$，即 $X < X_2$，而 Z_1 为感性，则 Z_2 必为容性，故有

$$\pm X = X_1 - X_2 \quad 即 \quad X_1 = \pm X + X_2$$

于是可求得

$$X_1 = X + X_2 = 14.58 + 19.6 = 34.18\Omega$$
$$X_1 = -X + X_2 = -14.58 + 19.6 = 5.02\Omega$$

则所求为

$$Z_1 = R_1 + jX_1 = (1.11 + j34.18)\Omega \quad 或 \quad Z_1 = (1.11 + j5.02)\Omega$$
$$Z_2 = R_2 - jX_2 = (10 - j19.6)\Omega$$

例 7-41 在图 7-75(a) 所示电路中，已知功率表的读数为 1000W，电压表的读数为 $100\sqrt{2}$ V，电流表 A_1 和 A_2 的读数分别为 20A 和 30A，求电路的参数 R、X_1、X_2 和 X_3。

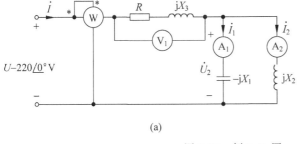
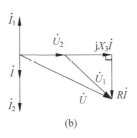

(a)   (b)

图 7-75 例 7-41 图

解 先作出电路的相量图。以电压 $\dot{U}_2$ 为参考相量即 $\dot{U}_2 = U_2\underline{/0°}$ V，则 $\dot{I}_1$ 超前 $\dot{U}_2$ 90°，$\dot{I}_2$ 滞后 $\dot{U}_2$ 90°，$\dot{I} = \dot{I}_1 + \dot{I}_2 = j20 - j30 = -j10$ A。于是 $\dot{I}$ 与 $\dot{I}_2$ 同相位，其也滞后于 $\dot{U}_2$ 90°。由此可知 R 的端电压相量 $R\dot{I}$ 与 $\dot{I}$ 同相位，jX_3 的端电压超前于 $\dot{I}$ 90° 而与 $\dot{U}_2$ 同相位。这样可作出电路的相量图如图 7-75(b)所示。

因电路中仅有一个电阻,则功率表的读数便是该电阻消耗的功率,即有 $I^2R=P$,于是可得

$$R = \frac{P}{I^2} = \frac{1000}{10^2} = 10\ \Omega$$

又可得到

$$IR = 10 \times 10 = 100\ \text{V}$$
$$(IX_3)^2 = U_1^2 - (IR)^2$$

于是得

$$X_3 = \frac{\sqrt{U_1^2 - (IR)^2}}{I} = \frac{\sqrt{(100\sqrt{2})^2 - 100^2}}{10} = \frac{100}{10} = 10\ \Omega$$

由相量图,又有

$$(U_2 + IX_3)^2 + (IR)^2 = U^2$$

即

$$(U_2 + 100)^2 + 100^2 = 220^2$$

解之,得

$$U_2 = 96\ \text{V}$$

由此解出

$$X_1 = \frac{U_2}{I_1} = \frac{96}{20} = 4.8\ \Omega, \quad X_2 = \frac{U_2}{I_2} = \frac{96}{30} = 3.2\ \Omega$$

例 7-42 图 7-76(a)所示电路称为移相电路,可调电阻 r 的中点接地。试证明在正弦电压 $\dot{U}_s$ 作用下,若 $R=1/(\omega C)$,则正弦电压 $\dot{U}_1$、$\dot{U}_2$、$\dot{U}_3$ 和 $\dot{U}_4$ 的最大值相等,相位依次差 $90°$。

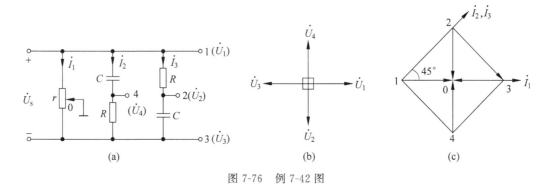

图 7-76 例 7-42 图

解 用两种方法证明。

(1) 用解析法证明。$\dot{U}_1 \sim \dot{U}_4$ 皆为各点的对地电压。设 $\dot{U}_s = \dot{U}_s\underline{/0°}$,则

$$\dot{U}_1 = \frac{1}{2}\dot{U}_s = \frac{1}{2}\dot{U}_s\underline{/0°}$$

$$\dot{U}_2 = \dot{U}_{21} + \dot{U}_1 = -\frac{R}{R - \text{j}\frac{1}{\omega C}}\dot{U}_s + \frac{1}{2}\dot{U}_s$$

$$= -\frac{R}{R-\mathrm{j}R}\dot{U}_\mathrm{s} + \frac{1}{2}\dot{U}_\mathrm{s} = \left(-\frac{1}{1-\mathrm{j}} + \frac{1}{2}\right)\dot{U}_\mathrm{s}$$

$$= -\mathrm{j}\frac{1}{2}\dot{U}_\mathrm{s} = \frac{1}{2}\dot{U}_\mathrm{s}\underline{/-90°}$$

$$\dot{U}_3 = -\frac{1}{2}\dot{U}_\mathrm{s} = \frac{1}{2}\dot{U}_\mathrm{s}\underline{/180°}$$

$$\dot{U}_4 = \dot{U}_{43} + \dot{U}_3 = \frac{R}{R-\mathrm{j}\frac{1}{\omega C}}\dot{U}_\mathrm{s} + \frac{1}{2}\dot{U}_3\underline{/180°} = \mathrm{j}\frac{1}{2}\dot{U}_\mathrm{s} = \frac{1}{2}\dot{U}_\mathrm{s}\underline{/90°}$$

做出相量图如图 7-76(b)所示,由图可见,各电压最大值(有效值)相等,相位彼此差 90°。

（2）用位形图分析。以 $\dot{U}_\mathrm{s}$ 为参考相量,则 1、3 两点分别是 $\dot{U}_\mathrm{s}$ 相量的首、末端,而接地点 0 点位于 $\dot{U}_\mathrm{s}$ 相量的中点处。由于两条电容支路的参数相同,且 $R=1/(\omega C)$,故 $\dot{I}_2$、$\dot{I}_3$ 超前 $\dot{U}_\mathrm{s}$ 相量 45°。由此不难找到 2、4 两点。如图 7-76(c)所示。将 1、2、3、4 点分别与 0 点相连,各连线便是电路中的相应节点的对地电压。由位形图可见,这些对地电压有效值相等,相位彼此相差 90°。

例 7-43 如图 7-77(a)所示电路,$\dot{U}_1 = 100\underline{/0°}\,\mathrm{V}$,$\dot{U}_2 = 100\underline{/90°}\,\mathrm{V}$,调节 R,使 U_AB 达到最大。求电压 U_BO。

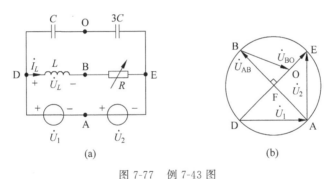

图 7-77 例 7-43 图

解 此题借助于位形图分析较为方便。先做出电压 $\dot{U}_1 + \dot{U}_2$,找到位形图中的 D、A、E 三点,显然 O 点在联线 DE 上且处于 $\frac{3}{4}$DE 处。电流 $\dot{I}_L$ 滞后于电压 $\dot{U}_\mathrm{DE}$,电压 $\dot{U}_L = \dot{U}_\mathrm{DB}$ 并超前于 $\dot{I}_L\,90°$。由于 R 可变,因此 B 点的轨迹是一个半圆,如图 7-77(b)所示。不难看出 A、B 两点均位于图所示的圆上。仅当连线 AB 过圆心 F 时（即等于圆的直径时）,AB 最长即 U_AB 最大。这样 BFO 三点构成一直角三角形。由位形图不难看出

$$\mathrm{DE} = \sqrt{U_1^2 + U_2^2} = \sqrt{100^2 + 100^2} = 100\sqrt{2}$$

$$\mathrm{BF} = \frac{1}{2}\mathrm{DE} = 50\sqrt{2},\quad \mathrm{FO} = \frac{1}{4}\mathrm{DE} = 25\sqrt{2}$$

$$\dot{U}_\mathrm{BO} = \sqrt{\mathrm{BF}^2 + \mathrm{FO}^2} = \sqrt{(50\sqrt{2})^2 + (25\sqrt{2})^2} = 25\sqrt{10}\,\mathrm{V}$$

例 7-44 如图 7-78(a)所示电路,已知 $u_\mathrm{s} = 6\sin 2t\,\mathrm{V}$,$u_{s2} = 4\sin 2t\,\mathrm{V}$。求稳态响应 u。

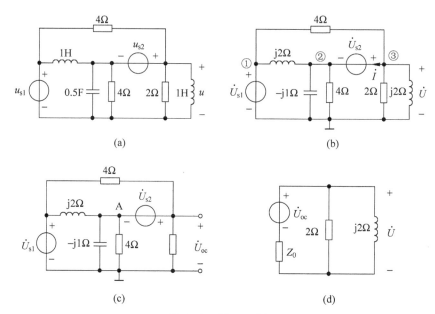

图 7-78 例 7-44 图

解 做出该电路的相量模型如图 7-78(b)所示。用两种方法求解。

(1) 用节点分析法求解。选参考点如图 7-78(a)所示。列出节点方程为

$$\begin{cases} \left(\dfrac{1}{j2}+\dfrac{1}{4}+\dfrac{1}{-j}\right)\dot{U}_2 - \dfrac{1}{j2}\dot{U}_{s1} = \dot{I} \\ -\dfrac{1}{4}\dot{U}_{s1} + \left(\dfrac{1}{4}+\dfrac{1}{2}+\dfrac{1}{j2}\right)\dot{U}_3 = -\dot{I} \\ \dot{U}_3 - \dot{U}_2 = \dot{U}_{s2} \end{cases}$$

解方程组可得 $\dot{U}_3 = \dot{U} = 1.9\underline{/-21.8°}\text{V}$

$$u = 1.9\sqrt{2}\sin(2t-21.8)\text{V} = 2.69\sin(2t-21.8°)\text{V}$$

(2) 用戴维南定理求解。先求出如图 7-78(c)所示电路的戴维南等效电路,再用节点分析法求出节点电位 $\dot{U}_A$,列出节点方程为

$$\left(\dfrac{1}{j2}+\dfrac{1}{4}+\dfrac{1}{-j1}+\dfrac{1}{4}\right)\dot{U}_A - \left(\dfrac{1}{4}+\dfrac{1}{j2}\right)\dot{U}_{s1} = -\dfrac{\dot{U}_{s2}}{4}$$

解之,得

$$\dot{U}_A = 3.04\underline{/-125.5°}\text{V}$$

故开路电压为

$$\dot{U}_{oc} = \dot{U}_{s2} + \dot{U}_A = \dfrac{4}{\sqrt{2}}\underline{/0°} + 3.04\underline{/-125.5°} = 2.69\underline{/-66.8°}\text{V}$$

戴维南等效电阻为

$$Z_0 = \dfrac{1}{\dfrac{1}{4}-j\dfrac{1}{2}+j+\dfrac{1}{4}} = \sqrt{2}\underline{/-45°} = (1-j)\Omega$$

戴维南等效电路如图 7-78(d)所示,得

$$\dot{U} = \frac{Z}{Z_0 + Z}\dot{U}_{oc}$$

其中

$$Z = \frac{1}{\frac{1}{2} - j\frac{1}{2}} = \sqrt{2}\underline{/45°} = (1+j)\,\Omega$$

$$\dot{U} = \frac{\sqrt{2}\underline{/45°}}{(1-j)+(1+j)} \times 2.69\underline{/-66.8°}$$

$$= \frac{\sqrt{2}}{2}\underline{/45°} \times 2.69\underline{/-66.8°} = \frac{2.69}{\sqrt{2}}\underline{/-21.8°}\,\text{V}$$

故所求为

$$u = 2.69\sin(2t - 21.8°)\,\text{V}$$

例 7-45 如图 7-79 所示正弦稳态电路,已知电源的角频率 $\omega = 1000\,\text{rad/s}$, $C = 0.05\,\mu\text{F}$。若使输出电压 u_o 超前于输入电压 u_i $35°$,求参数 R。

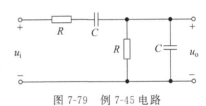

图 7-79 例 7-45 电路

解 这是一串并联电路,求得输出电压和输入电压间的相量关系式为

$$\dot{U}_o = \frac{Z_2}{Z_1 + Z_2}\dot{U}_i$$

其中

$$Z_1 = R + \frac{1}{j\omega C}, \quad Z_2 = R'' \frac{1}{j\omega C} = \frac{\frac{R}{j\omega C}}{R + \frac{1}{j\omega C}}$$

若令 $\omega_k = \frac{1}{RC}$,则可得到输出电压与输入电压的相量之比为

$$H_u = \frac{\dot{U}_o}{\dot{U}_i} = \frac{j\dfrac{\omega}{\omega_k}}{-\left(\dfrac{\omega}{\omega_k}\right)^2 + j3\left(\dfrac{\omega}{\omega_k}\right) + 1}$$

又设 $A = \dfrac{\omega}{\omega_k}$,有

$$H_u = \frac{\dot{U}_o}{\dot{U}_i} = \frac{jA}{1-A^2+j3A} = \frac{jA(1-A^2-j3A)}{(1-A^2+j3A)(1-A^2-j3A)} = \frac{3A^2 + jA(1-A^2)}{(1-A^2)^2 + 9A^2}$$

由上式可得 $\dot{U}_o$ 与 $\dot{U}_i$ 间的相位差角为

$$\varphi_u = \arctan\frac{1-A^2}{3A}$$

由上式可见,当 A 值不同,即当电源频率变化,或当电路参数 R、C 变化时,φ_u 随之改变,其可为正,可为负,也可为零。因此该电路在工程上称为超前滞后网络,或称为选频网络。

按题意,若 u_o 超前于 $u_i 35°$,即 $\varphi_u = 35°$,便有

$$\frac{1-A^2}{3A} = \tan 35°$$

解之,得

$$A_1 = 0.4 \quad \text{或} \quad A_2 = -2.5(\text{舍去})$$

取 $A = A_1 = 0.4$,由 $A = \frac{\omega}{\omega_k} = \frac{\omega}{1/RC} = \omega RC$,有

$$R = \frac{A}{\omega C} = \frac{0.4}{1000 \times 0.05 \times 10^{-6}} = 8\text{k}\Omega$$

例 7-46 有三个感性负载,欲并联在 $U = 220$V 的一只专用电源变压器上。各负载取用的功率为 $P_1 = 2$kW, $P_2 = 1.5$kW, $P_3 = 1$kW,功率因数为 $\cos\varphi_1 = 0.65$, $\cos\varphi_2 = 0.6$, $\cos\varphi_3 = 0.866$。试求:(1)变压器的容量应为多大?整个电路的功率因数是多少?(2)若把整个电路的功率因数提高至 0.9,应并联多大的电容?

解 依题意做出如图 7-80 所示的电路。

(1)整个电路总的有功功率和无功功率分别为

$P = P_1 + P_2 + P_3 = 2 + 1.5 + 1 = 4.5$kW

$Q_1 = Q_1 + Q_2 + Q_3 = P_1 \tan\varphi_1 + P_2 \tan\varphi_2 + P_3 \tan\varphi_3$

$\varphi_1 = \arccos 0.65 = 49.5°$

$\varphi_2 = \arccos 0.6 = 53.1°$

$\varphi_3 = \arccos 0.866 = 30°$

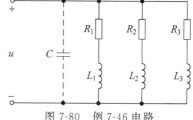

图 7-80 例 7-46 电路

则

$$Q = 2\tan 49.5° + 1.5\tan 53.1° + \tan 30°$$
$$= 2.34 + 2 + 0.58 = 4.92\text{kvar}$$

整个电路的视在功率为

$$S = \sqrt{P^2 + Q^2} = \sqrt{4.5^2 + 4.92^2} = 6.67\text{kVA}$$

这表明变压器的容量应为 6.67kVA。应注意 $S \neq S_1 + S_2 + S_3$。整个电路的功率因数为

$$\cos\varphi = P/S = 4.5/6.67 = 0.675$$

(2)将电压的功率因数提高为 0.9 后,整个电路的无功功率为

$$Q' = P\tan\varphi = 4.5\tan(\arccos 0.9) = 2.18\text{kvar}$$

应注意 $Q' \neq S\sin\varphi = 6.67\sin[\arccos 0.9] = 2.91$kvar,这是因为功率因数提高后,$P$ 未变,但无功功率变化,S 亦随之而变。这样需由电容补偿的无功功率为

$$|Q_C| = \Delta Q = Q - Q' = 4.27 - 2.18 = 2.74\text{kvar}$$

所需并联的电容为

$$C = \frac{|Q_C|}{\omega U^2} = \frac{2740}{220^2 \times 314} = 180.1\mu\text{F}$$

在功率因数提高后,电路总的视在功率为

$$S' = \sqrt{P^2 + Q'^2} = \sqrt{4.5^2 + 2.18^2} = 5\text{kVA}$$

这表明此时可选用容量较小的变压器。

例 7-47 在图 7-81(a)所示电路中,已知 $\dot{E}_s = 10\underline{/0°}$V, $\dot{I}_s = 1\underline{/20°}$A, $Z_1 = 3+j4\Omega$, $Z_2 = 10\Omega$, $Z_3 = 10+j17\Omega$, $Z_4 = 3-j4\Omega$。求:(1)Z_L 为何值时其通过的电流 I 最大,并求此最大

电流。(2)Z_L 为何值时其获得最大功率 P_{Lmax},并求 P_{Lmax}。

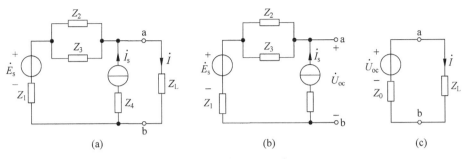

图 7-81 例 7-47 电路

解 先求 ab 端口左侧电路的戴维南等效电路。由图 7-81(b)所示的电路,可求得开路电压为

$$\dot{U}_{oc} = \dot{E}_s + \dot{I}_s(Z_1 + Z_2 /\!/ Z_3) = 10 + 1\underline{/20°} \times \left[3 + j4 + \frac{10(10+j17)}{10+10+j17}\right]$$

$$= 10 + 1\underline{/20°} \times 12\underline{/32.6°} = 17.3 + j9.53 = 19.8\underline{/28.8°}\text{V}$$

又求得等效阻抗为

$$Z_0 = Z_1 + Z_2 /\!/ Z_3 = 3 + j4 + \frac{10(10+j17)}{10+10+j17} = (10.1 + j6.46)(\Omega) = R_0 + jX_0$$

于是可得图 7-81(c)所示的等效电路。

(1) 设 $Z_L = R_L + jX_L$,由图 7-81(c)可知,当 $R_L = 0$,$jX_L = -jX_0 = -j6.46\Omega$ 时,电流 I 为最大,且为

$$I_{max} = \frac{U_{oc}}{\text{Re}[Z_0]} = \frac{19.8}{10.1} = 1.98\text{A}$$

(2) 由最大功率传输定理可知,当 Z_L 为 Z_0 的共轭复数时,Z_L 获得最大功率 P_{Lmax},即

$$Z_L = Z_0^* = (10.1 - j6.46)\Omega$$

且

$$P_{Lmax} = \frac{U_{oc}^2}{4R_0} = \frac{19.8^2}{4 \times 10.1} = 9.7\text{W}$$

由上述分析可见,负载获得最大功率与其通过最大电流并非出现于同一负载条件之下。当负载通过最大电流时,其功率恰为零。

例 7-48 在图 7-82 所示正弦稳态电路中,已知电源电压 $U=220\text{V}$,$f=50\text{Hz}$。若将电路的功率因数提高至 0.906,应在端口并联多大的电容 C?

解 电路中的两负载均为感性负载。求得两负载的有功功率为

$$P_1 = S_1 \cos\varphi_1 = 10 \times 10^3 \times 0.62 = 6200\text{W}$$

$$P_2 = S_2 \cos\varphi_2 = 20 \times 10^3 \times 0.45 = 9000\text{W}$$

则电路的总有功功率为

$$P = P_1 + P_2 = 6200 + 9000 = 15200\text{W}$$

两负载的无功功率为

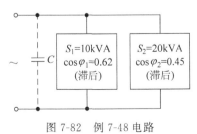

图 7-82 例 7-48 电路

$$Q_1 = S_1\sin\varphi_1 = 10\times 10^3\sin(\arccos 0.62) = 7846\text{var}$$
$$Q_2 = S_2\sin\varphi_2 = 20\times 10^3\sin(\arccos 0.45) = 14013\text{var}$$

电路的总无功功率为

$$Q = Q_1 + Q_2 = 7846 + 14013 = 21859\text{var}$$

若将电路的功率因数提高至 0.906，则电路的无功功率应为

$$Q' = P\tan(\arccos 0.906) = 15200\times\tan 25° = 13771.2\text{var}$$

于是由并联的电容提供的无功功率为

$$Q_C = Q - Q' = 21859 - 13771.2 = 8087.8\text{var}$$

由 $Q_C = \dfrac{U^2}{X_C} = \omega CU^2$，得

$$C = \frac{Q_C}{\omega U^2} = \frac{8087.8}{314\times 220^2} = 532.18\mu\text{F}$$

例 7-49 在图 7-83 所示电路中，若欲使 R_2 吸取的功率为最大，应使 C、R_2 为多少？并求此最大功率。已知电源电压 $U = 0.1\text{V}$，$f = 100\times 10^6\text{Hz}$。

解 将 R_2 和 C 的并联视为电路的负载，则负载阻抗为

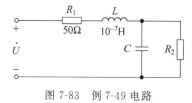

图 7-83 例 7-49 电路

$$Z_2 = \frac{R_2\left(-j\dfrac{1}{\omega C}\right)}{R_2 - j\dfrac{1}{\omega C}} = \frac{-jR_2}{R_2\omega C - j}$$
$$= \frac{R_2}{1+(R_2\omega C)^2} - j\frac{R_2^2\omega C}{1+(R_2\omega C)^2}$$

欲使 R_2 获得最大功率，根据最大功率传输定理，应有

$$Z_L = \overset{*}{Z}_0 = R_1 - j\omega L$$

于是可得下面的方程组：

$$\begin{cases} \dfrac{R_2}{1+(R_2\omega C)^2} = R_1 & (1) \\[2mm] \dfrac{R_2^2\omega C}{1+(R_2\omega C)^2} = \omega L & (2) \end{cases}$$

式(2)除以式(1)得

$$1/(R_2 C) = R_1/L$$

于是有

$$R_2 = L/(R_1 C) \tag{3}$$

将式(3)代入式(1)，可得

$$C = \frac{L}{R_1^2+(\omega L)^2} = \frac{10^{-7}}{50^2+(2\pi\times 10^3\times 10^{-7})^2} = 15.5\times 10^{-12}(\text{F}) = 15.5\text{pF}$$

于是

$$R_2 = \frac{L}{R_1 C} = \frac{10^{-7}}{50\times 15.51\times 10^{-12}} = 129\Omega$$

R_2 吸取的最大功率为

$$P_{\max} = \frac{U^2}{4R_1} = \frac{0.1^2}{4\times 50} = 5\times 10^{-5}(\text{W}) = 50\mu\text{W}$$

例 7-50 在图 7-84(a)所示电路中,已知 $U_s=100\text{V}$,电源频率 $f=50\text{Hz}$,当电压表的一端滑动到 a 点时,电压表的读数为最小且等于 30V,此时 $R_1=5\Omega, R_2=15\Omega, R_3=65\Omega$,试求参数 R 和 L。

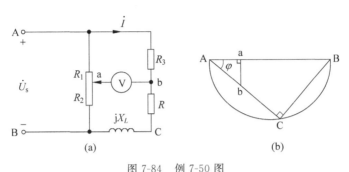

图 7-84 例 7-50 图

解 用位形图分析。不难看出在位形图中 a 点位于 AB 线段的 1/4 处,C 点位于以 AB 为直径的半圆上,如图 7-84(b)所示,由于 b 点为 AC 线段上的一定点,a 点为 AB 线段上的一动点,显然只有当 ab⊥AB 时,ab 为最短(即电压表读数最小)。可求出

$$U_{Aa} = U_s \frac{R_1}{R_1+R_2} = 100\times\frac{5}{5+15} = 25\text{V}$$

又由位形图可得

$$\varphi = \arctan\frac{U_{ab}}{U_{Aa}} = \arctan\frac{30}{25} = 50.18°$$

$$U_{Ab} = \frac{U_{Aa}}{\cos\varphi} = \frac{25}{\cos 50.18°} = 39\text{V}$$

于是有

$$I = \frac{U_{Ab}}{R_3} = \frac{39}{65} = 0.6\text{A}$$

$$U_{AC} = U_{AB}\cos\varphi = 100\cos 50.18° = 64\text{V}$$

$$U_{CB} = U_{AB}\sin\varphi = 100\sin 50.18° = 76.8\text{V}$$

则

$$R_3 + R = U_{AC}/I = 107\Omega, \quad X_L = U_{CB}/I = 128\Omega$$

$$R = 107\Omega - R_3 = 42\Omega, \quad L = X_L/\omega = 0.408\text{H}$$

习题

7-1 正弦电压、电流波形如题 7-1 图所示。试确定各波形的周期 T、初相位 φ 和角频率 ω,并写出 $u(t)$、$i(t)$ 的瞬时值表达式。

7-2 某正弦电压 $u(t) = (8\sin 314t + 6\cos 314t)\text{V}$。(1)将该正弦电压分别用 sin 函数和 cos 函数表示;(2)做出 $u(t)$ 的波形(分别以 t 和 ωt 为横坐标)。

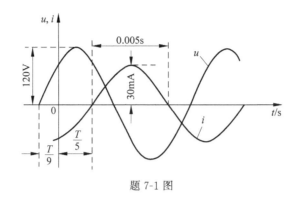

题 7-1 图

7-3 分别以时间 t 和 ωt 为横坐标，做出电压 $u(t)=100\sqrt{2}\cos(8t+30°)$V 和电流 $i(t)=2\sqrt{2}\sin(8t-150°)$A 的波形，并求两正弦波的相位差，说明哪一个波形超前。

7-4 某正弦稳态电路中的电压、电流为 $u_1(t)=6\sqrt{2}\sin(\omega t+30°)$V, $u_2(t)=3\sqrt{2}\cos(\omega t+45°)$V, $i_1(t)=2.828\sin(\omega t-120°)$mA, $i_2(t)=-15\sqrt{2}\cos(\omega t+60°)$mA。

(1) 求 i_2 与 u_1，u_2 和 i_1 间的相位差，并说明超前、滞后关系；

(2) 写出各正弦量对应的有效值相量并做出相量图。

7-5 已知 $\dot{U}_1=(60+j80)$V, $\dot{U}_2=110\sqrt{2}\underline{/36.87°}$V, $\dot{U}_3=(80-j150)$V，若 $\omega=200$rad/s，写出各相量对应的正弦量的表达式，说明它们的超前，滞后的关系并做出相量图。

7-6 用相量法求下列正弦电压和电流。

(1) $u=60\sin\omega t+60\cos\omega t$

(2) $u=30\sin\omega t+40\cos\omega t+60\cos(\omega t-60°)$

(3) $i=8\sin(2t-30°)+6\sin(2t-45°)$

(4) $i=10\cos(100t-135°)-16\cos(100t+105°)$

7-7 题 7-7 图为正弦稳态电路中的一个节点。若 $\dot{I}_1=(3+j4)$A, $\dot{I}_2=I_2\underline{/\varphi}$A, $\dot{I}_3=4\underline{/60°}$A 且电流的频率为 50Hz，试写出电流 i_1、i_2 和 i_3 的瞬时值表达式。

7-8 电感元件如题 7-8 图所示，已知 $i(t)=20\sin(1000t-60°)$mA。(1) 写出电压 $u(t)$ 的瞬时值表达式；(2) 计算 $t=\dfrac{T}{6}$、$\dfrac{T}{3}$ 和 $\dfrac{T}{2}$ 瞬时电流，电压的大小，并说明在这些瞬时的电压、电流的实际方向。

题 7-7 图   题 7-8 图

7-9 已知电感元件两端电压的瞬时值表达式为 $u(t)=U_m\sin(314t+45°)$V，当 $t=0.45$s 时的电压值为 230V，电感电流的有效值为 18A。试求电感值 L 及该电感的最大磁场能量值。

7-10 一电容元件 $C=0.25\mu$F，通过该电容的电流的相量为 $\dot{I}=(8+j12)$mA，已知电容电压、电流为关联参考方向，$f=10^3\text{Hz}$，试写出该电容两端电压 $u(t)$ 的瞬时值表达式。

7-11 某电容元件接于 $U=220\text{V}$ 的工频电源上，已知通过该电容的电流为 0.5A，试求该电容的 C 值及最大的电场能量值。

7-12 (1) 题 7-12(a) 图所示为正弦稳态电路中的电感元件，若其端电压为 200V，初相角为 $30°$，电压频率 $f=500\text{Hz}$，试写出电流 i 的瞬时值表达式并画出电压、电流相量图；

(2) 题 7-12(b) 图所示为正弦稳态电路中的电容元件，若其通过的电流为 120mA，初相角为 $-120°$，求当电流频率分别为 1000Hz 和 1500Hz 时电压 u 的瞬时值表达式并画出电压、电流相量图。

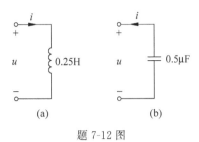

题 7-12 图

7-13 若正弦电压、电流为关联参考方向，判断下列元件伏安关系式是否正确。

(1) $U=RI$ (2) $u=\omega L i$ (3) $\dot{U}=\dfrac{1}{\omega C}\dot{I}$ (4) $\dot{I}=\dfrac{1}{j\omega L}U$ (5) $U=\omega L I$

(6) $u=\sqrt{2}\omega L i$ (7) $\dot{U}_m=\dfrac{1}{\omega C}\dot{I}_m e^{-j90°}$ (8) $\dot{U}=L\dot{I}e^{j90°}$

7-14 在题 7-14 图所示正弦稳态电路中，已知 $L=0.3\text{mH}$，$\omega=100\text{rad/s}$。
(1) 当交流电流表 A_1 和 A 的读数均为 0.5A 时；
(2) 当表 A 读数是表 A_1 读数的两倍时。
问方框所代表的一个元件（R 或 L 或 C）分别是何元件，求该元件参数并做出相量图。

7-15 在题 7-15 图所示的正弦稳态电路中，已知交流电压表 V、V_1 和 V_2 的读数分别为 50V、30V 和 60V，求 V_3 表的读数。

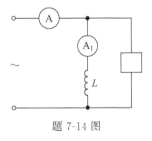

题 7-14 图

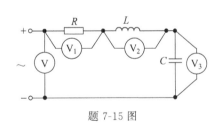

题 7-15 图

7-16 设正弦稳态电路中某支路的电压、电流为关联参考方向。

(1) 若 $\dot{U}=(30+j40)\text{V}$，$Z=(8-j6)\Omega$，求 $\dot{I}$；

(2) 若 $u=100\sin(\omega t+60°)\text{V}$，$Z=(26-j15)\Omega$，求 $i(t)$；

(3) 若 $\dot{I}=(16-j12)\text{A}$，$Y=(4+j3)\text{S}$，求 $u(t)$；

(4) 若 $\dot{U}=(240+j320)\text{V}$，$i(t)=28.28\cos\left(\omega t+\dfrac{\pi}{6}\right)$，求 Z；

(5) 若 $u=60\sqrt{2}\sin(\omega t+120°)\text{V}$，$\dot{I}=(2.5+j4.3)\text{A}$，求 Y。

7-17 如题 7-17 图所示电路，已知 $u(t)=70.7\sin(10t+45°)\text{V}$，$i(t)=4.24\cos(10t+30°)\text{A}$，$X_L=20\Omega$，求参数 R、L、C 的值。

7-18 电路如题 7-18 图所示。当 $u=100\text{V}$ 时，$I=8\text{A}$；若 u 是有效值为 180V 且频率为 100Hz 的正弦电压时，$I=10\text{A}$。求参数 r 和 L 的值。

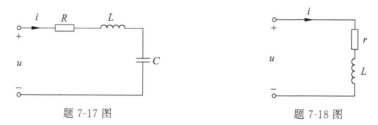

题 7-17 图　　　　　题 7-18 图

7-19 R、L、C 串联电路如题 7-19 图所示，若 $u_s(t)=100\sqrt{2}\sin 500t\,\text{V}$，试就下述几种情况求该电路的复阻抗 Z 和电流 $\dot{I}$ 以及 u_s 和 i 的相位差。(1) $R=50\Omega,L=0.1\text{H},C=2\times 10^{-5}\text{F}$；(2) $R=50\Omega,L=0.1\text{H},C=0$；(3) $R=50\Omega,L=0,C=2\times 10^{-5}\text{F}$。

7-20 R、L、C 并联电路如题 7-20 图所示，已知 $i_s(t)=20\sqrt{2}\sin 200t\,\text{A}$，试就下述几种情况求该电路的复导纳 Y 和 $\dot{U}$ 以及 u 与 i_s 的相位差。

(1) $R=50\Omega,L=0.5\text{H},C=10^{-4}\text{F}$；
(2) $R=50\Omega,L=1\text{H},C=10^{-4}\text{F}$；
(3) $R=50\Omega,L=0.5\text{H},C=0$。

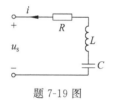　　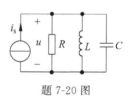

题 7-19 图　　　　　题 7-20 图

7-21 求题 7-21 图中二端电路的入端阻抗和导纳，并求串联和并联等效电路的相量模型和时域电路模型。

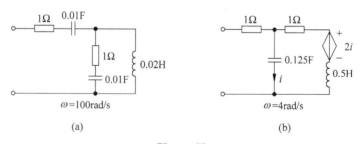

(a)　　　　　(b)

题 7-21 图

7-22 电路如题 7-22 图所示。

(1) 在题 7-22(a) 图中，若 $Y_1=(0.2-\text{j}0.8)\text{S}$，$Y_2=(0.6-\text{j}1.2)\text{S}$，$Z_1=(2-\text{j})\Omega$，求等效阻抗 Z_{ab}；

(2) 在题 7-22(b) 图中，若 $Y_1=(0.5-\text{j}0.5)\text{S}$，$Y_2=(0.6-\text{j}1.2)\text{S}$，$Z_1=(2-\text{j}5)\Omega$，求等效导纳 Y_{ab}。

7-23 求题 7-23 图所示电路中的电流 i_1、i_2 和 i_3。已知 $u_s(t)=220\sqrt{2}\sin 314t\,\text{V}$。

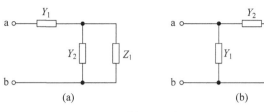

题 7-22 图

7-24 分别用节点法和网孔法求题 7-24 图所示电路中的电流 $\dot{I}$。已知 $\dot{E}_s = 10\underline{/0°}$ V，$\dot{I}_s = 5\underline{/90°}$ A。

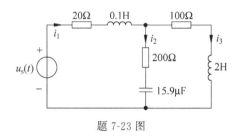

题 7-23 图

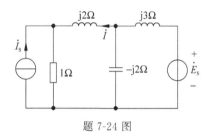

题 7-24 图

7-25 电路如题 7-25 图所示，已知 $i_{s1} = 0.5\sqrt{2} \times \sin(1000t - 90°)$ A，$i_{s2} = \sqrt{2}\cos(1000t - 90°)$ A，用节点法求电流 i_1 和 i_2。

7-26 用叠加定理求题 7-26 图所示电路中的各支路电流，已知 $\dot{E}_1 = 10\underline{/0°}$ V，$\dot{E}_2 = j12$ V。

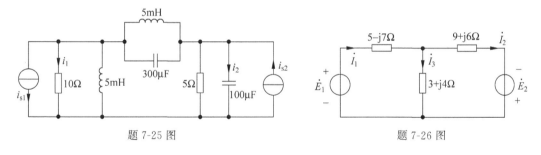

题 7-25 图   题 7-26 图

7-27 电路如题 7-27 图所示。用叠加定理求各支路电流。

7-28 用戴维南定理求题 7-28 图所示电路中的电流 $\dot{I}$。

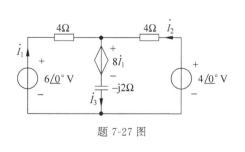

题 7-27 图

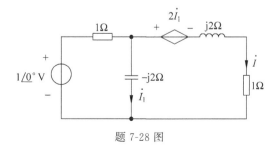

题 7-28 图

7-29 电路如题 7-29 图所示,用戴维南定理求电流 $\dot I_C$。

7-30 在题 7-30 图所示电路中,欲使 $\dot U_1$ 与 $\dot U$ 同相位,电路的角频率应为多少?

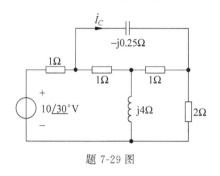

题 7-29 图

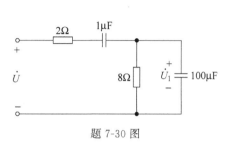

题 7-30 图

7-31 电路如题 7-31 图所示,若电压 $\dot U_o$ 滞后于电源电压 $\dot U_s$ 90°,求角频率 ω。

7-32 题 7-32 图所示电路称为移相电路。若要求输出电压 u_o 滞后于输入电压 u_i 60°(移相 60°),求参数 R。已知电路频率 $f=500\text{Hz}$,$C=0.1\mu\text{F}$。

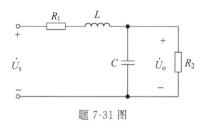

题 7-31 图

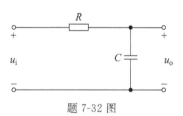

题 7-32 图

7-33 正弦稳态电路如题 7-33 图所示,若电压表 V_1 和 V_2 的读数均为 50V,且电压 u 和电流 i 的相位差为 36.86°,求三个元件的端电压有效值 U_R、U_L 和 U_C。

7-34 在题 7-34 图所示电路中,已知 $X_L=200\Omega$,$X_C=100\Omega$,三个电压表的读数均为 100V,求阻抗 Z。

7-35 电路如题 7-35 图所示。已知 $R=5\Omega$,$X_L=5\Omega$,$X_C=10\Omega$,电压表 V_1 的读数为 100V,试求电压表 V 和电流表 A 的读数。

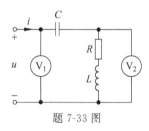

题 7-33 图

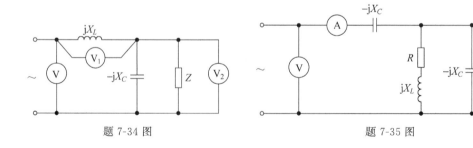

题 7-34 图　　　　　　　　　题 7-35 图

7-36 正弦稳态电路如题 7-36 图所示,已知 $I=1\text{A}$,$U_1=3\text{V}$,$U_2=10\text{V}$,$U_3=20\text{V}$。
(1) 求电压 U 的值;
(2) 若电容 C 可调,当电流 I 保持为 1A 不变时,求电压 U 的最小值为多少?

7-37 在题 7-37 图所示正弦稳态电路中，已知 $\omega=100\text{rad/s}$ 时，有 $U_{ab}=U_{cd}$，求电容 C 的值。

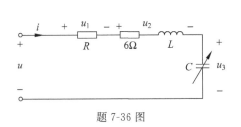

题 7-36 图

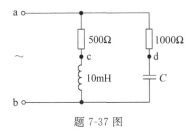

题 7-37 图

7-38 正弦稳态电路如题 7-38 图所示。已知当端口施加电压为 380V、频率为 50Hz 的正弦电压时，开关 S 打开或闭合时电流表的读数均为 0.5A，且端口电压与电流同相位，求参数 R、L 和 C。

7-39 在题 7-39 图所示的电路中，正弦电流源的有效值为 I，角频率为 ω。若开关 S 打开与闭合时电压表的读数均保持不变，问 R 和 C 应满足什么条件？

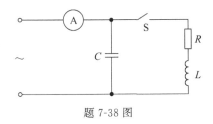

题 7-38 图

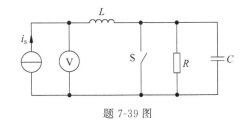

题 7-39 图

7-40 求下列阻抗 Z 或导纳 Y 的有功功率和无功功率。

(1) 若 $Z=(30+j40)\Omega$，且其端电压的有效值为 120V；

(2) 若 $Z=100\underline{/-60°}\Omega$，且其通过的电流的最大值为 3.11A；

(3) 若 $Y=(0.06+j0.08)\text{S}$，且其端电压的最大值为 99V；

(4) 若 $Y=0.02\underline{/-45°}\text{S}$，且其通过的电流的有效值为 2A。

7-41 设正弦稳态二端网络的端口电压、电流为关联参考方向。试求二端网络在下述情况下的有功功率、无功功率和功率因数。

(1) $\dot{U}=(80+j60)\text{V}$，$\dot{I}=(0.8+j1.5)\text{A}$

(2) $\dot{U}=120\underline{/-60°}\text{V}$，$Z=20\underline{/30°}\Omega$

(3) $\dot{I}=3\underline{/30°}\text{A}$，$Y=(0.75-j0.25)\text{S}$

(4) $\dot{U}=100\underline{/45°}\text{V}$，$Y=0.02\underline{/30°}\text{S}$

7-42 计算题 7-42 图所示正弦稳态电路的有功功率、无功功率及电路的功率因数。已知 $U=200\text{V}$，$I=2.5\text{A}$。

7-43 正弦稳态电路如题 7-43 图所示。已知 $i_s(t)=10\sqrt{2}\sin 100t\text{ A}$，$R_1=R_2=1\Omega$，$C_1=C_2=0.01\text{F}$，$L=0.02\text{H}$。求电源提供的有功功率、无功功率及各动态元件的无功功率。

7-44 求题 7-44 图所示电路中 2Ω 电阻消耗的有功功率。

7-45 如题 7-45 图所示正弦稳态电路。求整个电路的功率因数、无功功率及电流 I。

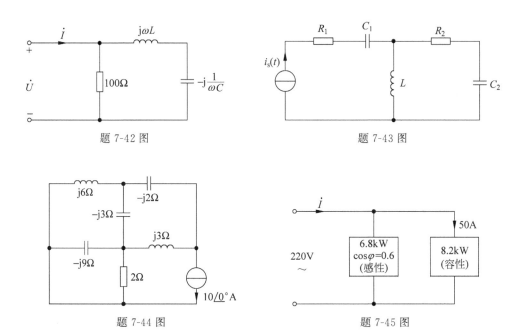

题 7-42 图　　题 7-43 图

题 7-44 图　　题 7-45 图

7-46　可用串联电抗器的方法来限制异步电动机的启动电流,如题 7-46 图所示。若异步电动机的功率为 2kW,其启动时的电阻 $R_0=1.6\Omega$,电抗 $X_0=3.2\Omega$,要求启动电流限制为 18A,求串联电抗器的电感值 L。设电源电压 $U=220$V,频率 $f=50$Hz。

7-47　在题 7-47 图所示工频($f=50$Hz)正弦稳态电路中,已知功率表的读数为 100W,电压表 V 的读数为 100V,电流表 A_1 和 A_2 的读数相等,电压表 V_2 的读数是 V_1 读数的一半。求参数 R、L 和 C。

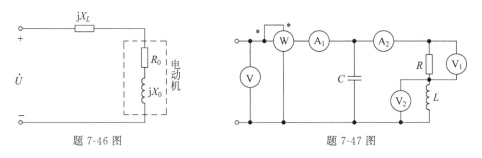

题 7-46 图　　题 7-47 图

7-48　电路如题 7-48 图所示,已知功率表的读数为 2000W(感性),两个电压表的读数均为 250V,电流表的读数为 10A,求参数 R、X_L 及 X_C。

7-49　在题 7-49 图所示正弦稳态电路中,功率表的读数为 100W,电流表的读数为 0.5A,两个电压表的读数均为 250V。求参数 R_1、X_C 和 X_L 的值。

7-50　在题 7-50 图所示正弦稳态电路中,$X_L=2\Omega$,$X_C=0.5\Omega$,$g_m=2$S,电压表的读数为 50V,求功率表的读数。

7-51　正弦稳态电路如题 7-51 图所示。已知功率表的读数为 100W,电压表 V_1 的读数为 200V,V_2 的读数为 100V,且 $\dot{U}$ 超前 $\dot{I}_s$ 60°,求两输入端阻抗 Z_1 和 Z_2。

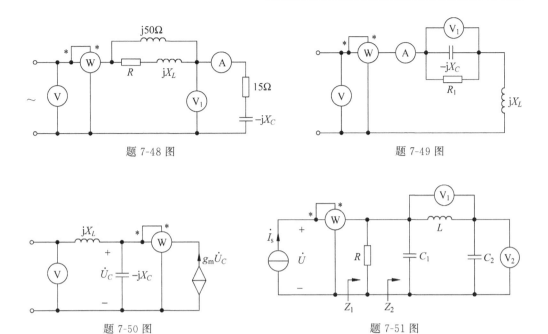

题 7-48 图　　　　　　　　　题 7-49 图

题 7-50 图　　　　　　　　　题 7-51 图

7-52　在题 7-52 图所示正弦稳态电路中，已知电压表的读数为 150V，功率表的读数为 1500W，$I_1=I_2=I_3$，$R_1=R_2=R_3$，求参数 R_1、R_2、R_3、X_L 和 X_C。

7-53　在题 7-53 图所示电路中，已知电压表读数为 269.3V，功率表读数为 3.5kW，电流表读数为 10A，$Z_1=(10+j5)\Omega$，$Z_2=(10-j5)\Omega$，求阻抗 Z_3 的值。

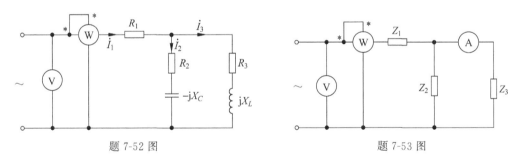

题 7-52 图　　　　　　　　　题 7-53 图

7-54　如题 7-54 图所示正弦稳态电路，当开关 S 断开时，$I=10$A，功率表的读数为 600W；当开关 S 闭合时，电流 I 仍为 10A，功率表的读数为 1000W，电容电压 $U_3=40$V。若电源频率为 50Hz，试求参数 R_1、R_2、L 和 C。

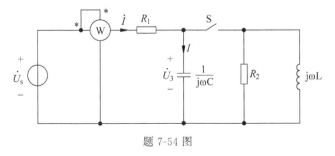

题 7-54 图

7-55 求题 7-55 图所示正弦稳态电路中各电源的复功率。

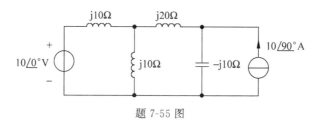

题 7-55 图

7-56 在题 7-56 图所示电路中,已知 $u_a = 10\sin(1000t + 45°)$ V, $u_b = 5\sin(1000t - 135°)$ V,求负载的复功率及电路的功率因数。

7-57 试确定题 7-57 图所示电路中负载阻抗 Z_L 为何值时,其可获得最大功率 P_{max},求 P_{max} 及电源发出的功率。

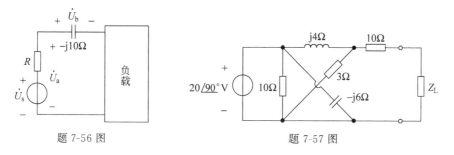

题 7-56 图　　　　　　　　　题 7-57 图

7-58 正弦稳态电路如题 7-58 图所示。求负载 Z_L 为何值时,其获得最大功率,这一最大功率为多少? 已知 $i_s(t) = 2\sqrt{2}\sin t$ A。

7-59 在题 7-59 图所示电路中,$u_s(t) = \sqrt{2}\sin t$ V, $i_s(t) = \sqrt{2}\sin(t - 30°)$ A。问负载阻抗 Z_L 为何值时其获得最大功率 P_{max},并求出 P_{max}。

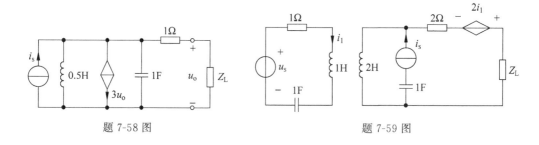

题 7-58 图　　　　　　　　　题 7-59 图

7-60 功率为 100W 的白炽灯和功率为 60W、功率因数为 0.5 的日光灯(感性负载)各 50 只,并联在电压为 220V 的工频交流电源上,若将电路的功率因数提高至 0.92,问应并联多大的电容。

7-61 在题 7-61 图所示电路中,已知 $U = 100$V, $\omega = 100$rad/s, $I_1 = 10$A, $I_2 = 20$A, Z_1 与 Z_2 的功率因数分别为 $\cos\varphi_1 = 0.8$(超前), $\cos\varphi_2 = 0.5$(滞后)。

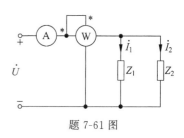

题 7-61 图

(1) 求电流表、功率表的读数及电路的功率因数；

(2) 若电源的额定电流为 30A，问还能并联多大的电阻，并求并联该电阻后功率表的读数和电路的功率因数。

7-62 正弦稳态电路如题 7-62 图所示。已知电源电压 $U_s=2$V，频率 $f=4\times10^4$Hz，$R_1=125\Omega$，$R_2=100\Omega$。为使 R_2 获得最大功率，L 和 C 应为多少？此时 R_2 获得的最大功率又是多少？

7-63 在题 7-63 图所示电路中，已知电路的功率因数角为 $60°$，负载 Z_L 为感性，且 $U_1=50$V，$U_2=100$V，$X_L=25\Omega$，$X_C=50\Omega$，求：

(1) 负载阻抗 Z_L 的值；

(2) 若将电路的功率因数提高至 0.8，则需并联的电容容抗 X_C' 为多少？

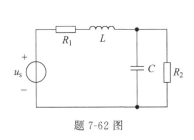

题 7-62 图

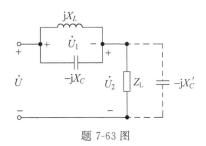

题 7-63 图

7-64 链型电路如题 7-64 图所示，其由 n 个环节构成（n 为有限数）。当输入电压为 $\dot{U}=30\underline{/0°}$V 时，求输入电流 $\dot{I}$。

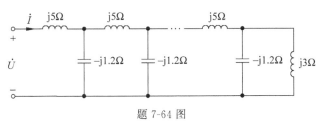

题 7-64 图

7-65 在题 7-65 图所示电路中，已知 $i_s(t)=2\sin t$ A，求端口电压 u_1 及输出电压 u_2。图中所有的电阻为 1Ω，电感为 1H，电容为 1F。

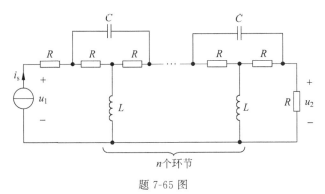

题 7-65 图

第 8 章 谐振电路与互感耦合电路
CHAPTER 8

本章提要

在正弦稳态电路中,谐振和互感(或磁耦合)是两种非常重要的现象,谐振电路和互感耦合电路在工程实际中有着极为广泛的应用。本章讨论这两种重要电路的特性及其分析方法。

本章的主要内容有:串联和并联谐振电路;一般谐振电路的分析;互感耦合电路及其分析计算;理想变压器及含理想变压器电路的分析等。

8.1 串联谐振电路

一、电路频率响应的概念

1. 电路的频率响应

在正弦稳态电路中,阻抗 Z 和导纳 Y 都是电路激励频率的函数,因此,电路的响应也必然是频率的函数。当电源的频率发生变化时,响应的幅值和相位也随之发生改变。电路的响应和频率之间的关系就是所谓的频率响应。

2. 幅频特性和相频特性

频率响应通常用频率特性予以表征。频率特性包括幅频特性和相频特性。电路响应的幅值与频率之间的关系称为幅频特性,响应的相位与频率之间的关系则称为相频特性。

在正弦稳态电路中,其响应为正弦函数,可表示为相量。于是幅频特性一般是指响应相量的模与频率间的函数关系,而相频特性是指响应相量的幅角与频率间的函数关系。

在实际应用中,对具有单一输入的电路,在讨论电路响应时,通常是转化为对输出和输入之间关系的研究。这种输出和输入之间的关系一般用网络函数来表示。在正弦稳态电路中,网络函数定义为输出相量和输入相量之比。设输出相量为 $\dot{Y}$,输入相量为 $\dot{X}$,网络函数为 $H(j\omega)$,则

$$H(j\omega) = \frac{\dot{Y}}{\dot{X}} \tag{8-1}$$

在第 13 章中将给出网络函数的一般定义并进行较为深入的讨论。引入网络函数的概念后,正弦稳态电路的频率特性可用网络函数的频率特性表示,即网络函数的模 $|H(j\omega)|$ 与频率

的关系为幅频特性,网络函数的幅角$\angle H(j\omega)$与频率的关系为相频特性。

幅频特性和相频特性一般绘制为曲线,从曲线上可直观清楚地了解电路响应与频率间的关系。

例 8-1 试讨论图 8-1 所示 RC 电路的频率特性,设电路的输出为电容电压 $\dot U_o$。

解 这是一个简单的 RC 串联电路,可得输出电压 $\dot U_o$ 与输入电压 $\dot U_i$ 间的关系式为

$$\dot U_o = \frac{-j\dfrac{1}{\omega C}}{R - j\dfrac{1}{\omega C}} \dot U_i = \frac{1}{1 + j\omega RC} \dot U_i$$

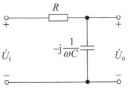

图 8-1 例 8-1 RC 串联电路

设 $\dot U_i = U_i \angle 0°$ V,则网络函数为

$$H(j\omega) = \frac{\dot U_o}{\dot U_i} = \frac{1}{1 + j\omega RC} = \frac{1}{\sqrt{1 + \omega^2 R^2 C^2}} \angle -\arctan\omega RC$$

该网络函数为两个电压之比,称为转移电压比。于是可得幅频特性为

$$|H(j\omega)| = \frac{U_o}{U_i} = \frac{1}{\sqrt{1 + \omega^2 R^2 C^2}} \tag{1}$$

相频特性为

$$\angle H(j\omega) = \varphi_{u_o} - \varphi_{u_i} = \arctan\omega RC \tag{2}$$

由式(1),当 $\omega = 0$ 时,$|H(j\omega)| = 1$;当 $\omega = \omega_C = \dfrac{1}{RC}$ 时,$|H(j\omega)| = \dfrac{1}{\sqrt{2}}$;当 $\omega \to \infty$ 时,$|H(j\omega)| = 0$。如此再取若干个 ω 值时的 $|H(j\omega)|$ 的值,并以频率的相对值 $\dfrac{\omega}{\omega_C}$ 为横坐标做出幅频特性曲线如图 8-2(a)所示。由曲线可见,在输入电压幅值一定时,电路的频率越高,输出电压的幅值越小,即该电路具有让频率较低的信号容易输出的能力,故称该电路为低通滤波电路,或称 RC 低通滤波器。在这一电路中,频率 $\omega_C = \dfrac{1}{RC}$ 具有特定的意义,其使 $\dfrac{U_o}{U_i} = \dfrac{1}{\sqrt{2}} = 0.707$,即 $\omega = \omega_C$ 时,电路输出电压幅值为输入电压幅值的 70.7%。在频率响应中,称 ω_C 为截止频率。

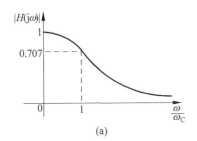
(a)

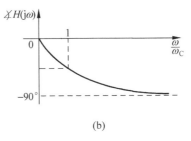
(b)

图 8-2 RC 低通滤波电路的频率特性

由式(2)，当 $\omega=0$ 时，输出电压的相位 $\angle H(j\omega)$ 为零；当 $\omega\to\infty$ 时，$\angle H(j\omega)$ 为 $-90°$。由此可知 $\angle H(j\omega)$ 随频率的增加单调地由 $0°$ 减小至 $-90°$，这表明输出电压总滞后于输入电压。以频率的相对值 $\dfrac{\omega}{\omega_C}$ 为横坐标做出相频特性如图 8-2(b) 所示。

容易理解，对同一电路而言，若取不同的电量为输出，便有不同的网络函数和频率响应，电路也就具有不同的应用功能。如图 8-1 所示的 RC 电路，若以电阻电压为输出，则电路便具有高通滤波功能，即高频信号能容易地被输出。类似于具有图 8-1 所示电路这样功能的电路称为滤波器。实际中有高通滤波器、低通滤波器、带阻滤波器、带通滤波器等类型。滤波器在电工、电子、通信、控制等技术领域中获得了极为广泛的应用。

二、谐振及其定义

谐振是正弦稳态电路频率响应中的一种特殊现象。当电路发生谐振时，电路中某些支路的电压或电流的幅值可能大于端口电压或电流的幅值，即出现所谓的"过电压"或"过电流"的情况。在工程实际中，需要根据不同的应用目的来利用或者避开谐振现象。

对一个无源正弦稳态电路而言，当其端口电压与端口电流同相位时，便称发生了谐振。产生了谐振的电路称为谐振电路。由于电阻元件的电压与电流同相位，因此又将含有 L、C 元件的无源二端网络的入端复阻抗(导纳)呈现为纯电阻(电导)作为谐振的定义。

另外，对仅含有 LC 元件(不含电阻元件)的无源网络，当其入端复阻抗 $Z=\infty$（端口电流为零）或入端复导纳 $Y=\infty$（端口电压为零）时，也称电路发生了谐振。

两种典型、简单的谐振电路是串联谐振电路和并联谐振电路。下面先讨论串联谐振电路的谐振条件及谐振时所出现的现象。

三、串联谐振的条件

图 8-3 所示是一个在角频率为 ω 的正弦电压源 $\dot{U}_s$ 激励下的 RLC 串联电路，其入端复阻抗为

$$Z = R + j\left(\omega L - \frac{1}{\omega C}\right) = R + jX \qquad (8\text{-}2)$$

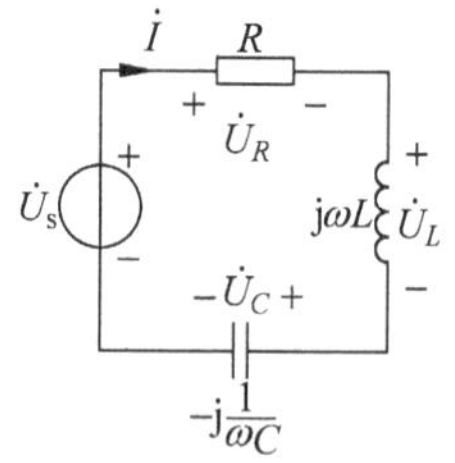

若电抗 X 为零，则复阻抗 Z 为一纯电阻，即 $Z=R$，这时称电路发生串联谐振。谐振时，有

$$X = X_L - X_C = \omega L - 1/(\omega C) = 0$$

或

$$\omega L = 1/(\omega C) \qquad (8\text{-}3)$$

图 8-3 RLC 串联电路

这表明串联谐振的条件是电路的感抗和容抗必须相等。谐振时的角频率称为谐振角频率，用 ω_0 表示，根据式(8-3)，有

$$\omega_0 = 1/\sqrt{LC} \qquad (8\text{-}4)$$

由于 $\omega_0 = 2\pi f_0$，所以

$$f_0 = \frac{1}{2\pi\sqrt{LC}} \qquad (8\text{-}5)$$

f_0 称为谐振频率。由此可见,电路的谐振频率(或角频率)仅决定于 L、C 元件的参数,而与 R 及外施电源无关。

四、实现串联谐振的方法

式(8-5)表明,只要电路的频率及 L、C 元件的参数满足该关系式,RLC 串联电路便产生谐振。换句话说,在 RLC 串联电路中,无论改变 f(或 ω)、L、C 三个量中的哪一个,都可使电路发生谐振;反之,若不希望电路出现谐振,也可通过选择 f、L、C 的大小,使三者的关系不满足谐振条件。

具体地说,可采用两种方法来实现电路的谐振:一是在电源频率固定的情况下,改变 L、C 元件的参数,使电路满足谐振条件;二是在固定 L、C 元件参数的情况下,调整电源频率使电路产生谐振。比如在无线电收音机中,即是通过调节可变电容器的电容量使信号接收电路对某一电台的信号频率产生谐振,从而达到接收该台节目的目的。通过调节 L、C 值而使电路对某一特定频率的信号产生谐振的过程称为调谐。

例 8-2 在图 8-3 所示电路中,(1)若电源的频率 $f=1000\,\text{Hz}$,$L=5\times10^{-13}\,\text{H}$,求使电路产生谐振的电容 C 值;(2)若电源的频率可调,当 $L=10\times10^{-3}\,\text{H}$,$C=0.158\times10^{-6}\,\text{F}$ 时,要使电路谐振,则电源的频率应调节为多少?

解 (1)由谐振条件
$$\omega_0 L = 1/(\omega_0 C)$$
得
$$C = \frac{1}{\omega_0^2 L} = \frac{1}{(2\pi f_0)^2 L}$$
将参数代入,可求得
$$C = \frac{1}{(2\pi\times1000)^2 \times 5\times10^{-3}} = 5.07\times10^{-6}(\text{F}) = 5.07(\mu\text{F})$$
(2)由式(8-5),有
$$f_0 = \frac{1}{2\pi\sqrt{LC}} = \frac{1}{2\pi\sqrt{10\times10^{-3}\times0.158\times10^{-6}}} = 4004(\text{Hz})$$

五、串联谐振时的电压和电流相量

1. 串联谐振时的电流相量

在图 8-3 所示的 RLC 串联电路中,电流相量为
$$\dot{I} = \frac{\dot{U}_s}{R+\text{j}\left(\omega L - \dfrac{1}{\omega C}\right)} = \frac{\dot{U}_s}{R+\text{j}X} \tag{8-6}$$

设 $\dot{U}_s = U_s\underline{/0°}$,$Z = R+\text{j}X = |Z|\underline{/\varphi}$,$\varphi$ 为阻抗角,有
$$\dot{I} = \frac{\dot{U}_s}{Z} = \frac{U_s}{\sqrt{R^2+X^2}}\underline{/-\varphi} \tag{8-7}$$

若电路产生谐振,则 $X=0$,$Z=R$,此时

$$\dot{I} = \dot{I}_0 = \frac{U_s}{R}/0°$$

谐振时的 I_0 为 RLC 串联电路中在同一电压作用下可能出现的最大电流,且电压 $\dot{U}_s$ 和电流 $\dot{I}_0$ 同相位。在讨论谐振电路时,一般用下标零代表谐振时的量。

2. 串联谐振时的电压相量

当图 8-3 所示电路产生谐振时,各元件的电压相量为

$$\dot{U}_{R0} = R\dot{I}_0, \quad \dot{U}_{L0} = jX_{L0}\dot{I}_0, \quad \dot{U}_{C0} = -jX_{C0}\dot{I}_0$$

而 $\dot{I}_0 = \dfrac{\dot{U}_s}{R}$,$X_{L0} = X_{C0}$,因此有

$$\dot{U}_{R0} = \dot{U}_s, \quad \dot{U}_{L0} = j\frac{X_{L0}}{R}\dot{U}_s, \quad \dot{U}_{C0} = -j\frac{X_{C0}}{R}\dot{U}_s = -j\frac{X_{L0}}{R}\dot{U}_s$$

由此可知,在谐振时,电阻的电压相量等于电源的电压相量;电感电压和电容电压的有效值相等,相位相反,即 $\dot{U}_{L0} + \dot{U}_{C0} = 0$,两者相互完全抵消,$L$ 和 C 两元件的串联等效于一根短路线,电源电压全部施加于电阻 R 上,所以又把串联谐振称作电压谐振。谐振时的相量图如图 8-4 所示。

3. 过电压现象

串联谐振时,电感电压和电容电压的有效值为

$$U_{L0} = U_{C0} = \frac{X_{L0}}{R}U_{R0} = \frac{X_{L0}}{R}U_s$$

这表明两种电抗元件上电压的有效值是电阻电压有效值或电源电压有效值的 X_{L0}/R(或 X_{C0}/R)倍。由此可观察到一个十分有趣的重要现象,即当 X_{L0}(或 X_{C0})远大于 R 时,在谐振频率的邻域,电容电压或电感电压的有效值远大于电阻电压或电源电压的有效值。例如当 $X_{L0} = 100R$ 时,若 $U_s = U_{R0} = 10\text{V}$,则谐振电压 $U_{L0} = U_{C0} = \dfrac{X_{L0}}{R}U_s = 100U_s = 1000\text{V}$。这称为串联谐振电路的过电压现象。

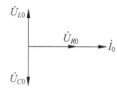

图 8-4 串联谐振时的相量图

在电子信息技术中,这种现象是十分有益的。通常把一个微弱的信号输入到串联谐振回路,从而在电容或电感两端获得一个比输入信号大得多的电压信号。收音机接收回路的工作原理便是如此。但要注意,在电力系统中,电压谐振现象将造成危险的过电压而危及系统的安全,应予以避免。

六、串联谐振电路中的能量

1. 串联谐振电路中的无功功率

因谐振时电路的复阻抗呈现电阻性质,由此推断此时电路的无功功率为零,即电源不对电路提供无功功率。事实上,电路的无功功率 Q_X 为 L、C 两元件的无功功率之和,即

$$Q_X = Q_L + Q_C = I^2(X_L - X_C)$$

因谐振时 $X_{L0} = X_{C0}$,故

$$Q_X = 0$$

要注意,谐振时 Q_L 和 Q_C 本身并不为零,$Q_X=0$ 意味着 $Q_L=-Q_C$,这表明电感的无功功率全部由电容元件提供,反之亦然,即 Q_L 和 Q_C 互补。

2. 串联谐振电路中的电场能量和磁场能量

设电源电压为

$$u_s = \sqrt{2}U\sin\omega_0 t = U_m\sin\omega_0 t$$

则串联谐振时的电流和电容电压的瞬时值分别为

$$i = \frac{U_m}{R}\sin\omega_0 t = I_m\sin\omega_0 t$$

$$u_C = I_m X_{C0}\sin\left(\omega_0 t - \frac{\pi}{2}\right) = -U_{Cm}\cos\omega_0 t$$

因

$$\omega_0 = 1/\sqrt{LC}$$

又

$$U_{Cm} = I_m X_{C0} = I_m \frac{1}{\omega_0 C} = I_m\sqrt{\frac{L}{C}}$$

故

$$u_C = U_{Cm}\cos\omega_0 t = -I_m\sqrt{\frac{L}{C}}\cos\omega_0 t$$

于是谐振时电容和电感中的电场能量和磁场能量分别为

$$W_{C0} = \frac{1}{2}Cu_C^2 = \frac{1}{2}C\left(I_m\sqrt{\frac{L}{C}}\right)^2\cos^2\omega_0 t$$

$$= \frac{1}{2}LI_m^2\cos^2\omega_0 t = LI_0^2\cos^2\omega_0 t \tag{8-8}$$

$$W_{L0} = \frac{1}{2}Li^2 = \frac{1}{2}LI_m^2\sin^2\omega_0 t = LI_0^2\sin^2\omega_0 t \tag{8-9}$$

电场能量和磁场能量之和为

$$W_0 = W_{C0} + W_{L0} = LI_0^2\cos^2\omega_0 t + LI_0^2\sin^2\omega_0 t = LI_0^2 \tag{8-10}$$

由此可见,串联谐振时,电路中储存的总能量不随时间而变,为一个常数,它既等于电场能量的最大值,也等于磁场能量的最大值。由于每时每刻电路中的电场能量及磁场能量均在变化,但总能量为一常数,这意味着当磁场能量增加多大的数量时,电场能量便减少相同的数量。或者说,一部分电场能量转化成了磁场能量,反之亦然。这种能量交换现象称为"电磁振荡"。

七、串联谐振电路的品质因数

为了表征串联谐振电路的性能,引入一个重要的导出参数——品质因数 Q。应注意,Q 也是无功功率的表示符号,因此在使用中不要将两者混淆。

品质因数 Q 有多种定义方法。

1. 用电路参数定义

Q 可定义为谐振时的感抗 X_{L0} 或容抗 X_{C0} 与电阻 R 之比,即

$$Q \stackrel{\text{def}}{=} X_{L0}/R = \omega_0 L/R \tag{8-11}$$

因 $X_{L0}=X_{C0}$ 及 $\omega_0=1/\sqrt{LC}$，有

$$Q=\frac{\omega_0 L}{R}=\frac{X_{C0}}{R}=\frac{1}{\omega_0 RC}=\frac{1}{R}\sqrt{\frac{L}{C}} \tag{8-12}$$

这表明电路的品质因数取决于 R、L、C 元件的参数，而与电源电压及角频率无关，Q 为一无量纲的量。

2. 用电压的有效值定义

Q 也可定义为谐振时的感抗电压 U_{L0} 或容抗电压 U_{C0} 与电阻电压 U_{R0} 之比，即

$$Q \stackrel{\text{def}}{=} U_{L0}/U_{R0} \tag{8-13}$$

事实上，由 $Q=X_{L0}/R$，将此式分子、分母同乘以 I_0，便得

$$Q=\frac{X_{L0}I_0}{RI_0}=\frac{U_{L0}}{U_{R0}}=\frac{U_{C0}}{U_{R0}}$$

由此可见，品质因数 Q 是谐振时电感电压（电容电压）与电阻电压的有效值之间的倍数，比如一个串联谐振电路的 $Q=100$，则谐振时，电感电压的有效值是电阻电压或电源电压的 100 倍。因此，Q 值反映了一个串联谐振电路过电压现象的强弱程度，Q 越大，谐振时的过电压现象越显著。这也告诉我们，利用过电压现象的电路应是高 Q 值电路。

3. 用平均功率与无功功率定义

Q 亦可定义为谐振时电感的无功功率或电容的无功功率与平均功率之比，即

$$Q \stackrel{\text{def}}{=} Q_{L0}/P_0 \tag{8-14}$$

事实上，将 $Q=X_{L0}/R_0$ 的分子分母同乘以 I_0^2，便得

$$Q=X_{L0}/R=I_0^2 X_{L0}/(I_0^2 R)=Q_{L0}/P_0$$

这表明谐振时电路中每一电抗元件上的无功功率是电路有功功率的 Q 倍。

4. 用能量定义

由式(8-14)不难导出用电路能量表示的 Q 的定义式：

$$Q=\frac{Q_{L0}}{P_0}=\frac{I_0^2 X_{L0}}{P_0}=\frac{I_0^2 \omega_0 L}{P_0}=\frac{2\pi f_0 L I_0^2}{P_0}=2\pi \frac{LI_0^2}{P_0 T_0} \tag{8-15}$$

式中，$T_0=1/f_0$ 为谐振频率所对应的周期。根据式(8-10)，式(8-15)可写为

$$Q=2\pi W_0/W_{R0} \tag{8-16}$$

式中，$W_0=LI_0^2$ 为谐振时电路中总的电磁场能量；$W_{R0}=P_0 T_0=I_0^2 RT_0$ 为谐振时电阻元件在一周期内损耗的能量。因此式(8-16)便是用电路能量表示的 Q 的定义式。应注意，与前三种定义的不同之处是该定义式的前面有一比例系数 2π。

由 Q 的四种定义式可看出，品质因数能表现一个谐振电路的特征。因此在工程应用中，Q 值是一个重要的技术参数。

例 8-3 已知图 8-5 所示电路的谐振频率为 50Hz，品质因数 $Q=10$；$\dot{U}_s=8\underline{/0°}\text{V}$。

(1) 求谐振时 $\dot{I}_0$、$\dot{U}_{L0}$ 及 $\dot{U}_{C0}$；

(2) 求参数 L 和 C；

(3) 若电阻的 R 值可调，现拟将电路的 Q 值提高为 150，试求电阻值。

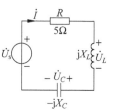

图 8-5 例 8-3 电路

解 （1）谐振时，电感和电容的串联等效为一根短路线，电源电压全部加在电阻两端，因此

$$\dot{I}_0 = \frac{\dot{U}_s}{R} = \frac{8\angle 0°}{5} = 1.6\angle 0° \text{A}$$

由 Q 的定义，知谐振时每一电抗元件上的电压是电阻电压或电源电压的 Q 倍，故

$$U_{C0} = U_{L0} = QU_s = 10 \times 8 = 80\text{V}$$

有

$$\dot{U}_{C0} = 80\angle 0° - 90° = -j80(\text{V})，\quad \dot{U}_{L0} = 80\angle 0° + 90° = j80(\text{V})$$

（2）由 $Q = \dfrac{X_{L0}}{R} = \dfrac{\omega_0 L}{R} = \dfrac{X_C}{R} = \dfrac{1}{\omega_0 RC}$，得

$$L = \frac{RQ}{\omega_0} = \frac{5 \times 10}{2\pi \times 50} = \frac{1}{2\pi} = 0.159\text{H}$$

$$C = \frac{1}{\omega_0 RQ} = \frac{1}{2\pi \times 50 \times 5 \times 10} = 63.66\mu\text{F}$$

（3）若 $Q' = 150$，根据式(8-12)，有

$$R = \frac{1}{Q'}\sqrt{\frac{L}{C}} = \frac{1}{150}\sqrt{\frac{0.159}{63.66 \times 10^{-6}}} = \frac{1}{3}\Omega$$

八、串联谐振电路的频率特性

研究谐振电路，不仅要了解电路在谐振条件下的工作情况，也要考虑电源频率不是谐振频率的情况。因此，有必要讨论谐振电路的频率特性。所谓频率特性，指的是电路中的电压相量、电流相量以及复阻抗、复导纳等的模和幅角随频率变化的规律。

1. 复阻抗和复导纳的频率特性

（1）复阻抗的频率特性

串联谐振电路的复阻抗为

$$Z(j\omega) = R + jX = R + j\left(\omega L - \frac{1}{\omega C}\right)$$

其模为

$$|Z(j\omega)| = \sqrt{R^2 + \left(\omega L - \frac{1}{\omega C}\right)^2} \tag{8-17}$$

X_L、X_C、X 曲线和复阻抗的幅频特性示于图 8-6(a)中。由图 8-6(a)可见，当 $\omega < \omega_0$ 时，$X < 0$，电路为容性；当 $\omega = \omega_0$ 时，$X = 0$，电路发生谐振；当 $\omega > \omega_0$ 时，电路为感性。$|Z(\omega)|$ 曲线呈 U 形，其极小值为 R。

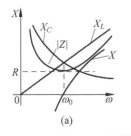
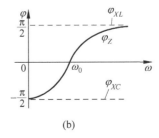

图 8-6 串联谐振电路复阻抗的频率特性

复阻抗的阻抗角为

$$\varphi_Z = \arctan \frac{X}{R} = \arctan \frac{\omega L - \dfrac{1}{\omega C}}{R} \tag{8-18}$$

其相频特性曲线示于图 8-6(b)中,可以看出,当 ω 由 0 增到 ω_0 时,φ_Z 由 $-\pi/2$ 增至零;当 ω 由 ω_0 增至 ∞ 时,φ_Z 由 0 增至 $\pi/2$。

(2) 复导纳的频率特性

串联谐振电路的复导纳为

$$Y(j\omega) = \frac{1}{Z(j\omega)} = \frac{1}{R + j\left(\omega L - \dfrac{1}{\omega C}\right)}$$

其模及导纳角分别为

$$|Y(j\omega)| = \frac{1}{\sqrt{R^2 + \left(\omega L - \dfrac{1}{\omega C}\right)^2}} \tag{8-19}$$

$$\varphi_Y = -\arctan \frac{\omega L - \dfrac{1}{\omega C}}{R} \tag{8-20}$$

复导纳的幅频特性曲线和相频特性曲线分别示于图 8-7(a)和(b)中,由该图可见,当 ω 由零增到 ω_0 时,$|Y(\omega)|$ 由零增至极大值 $1/R$,φ_Y 由 $\pi/2$ 降至 0;当 ω 由 ω_0 增至 ∞ 时,$|Y(\omega)|$ 由 $1/R$ 降到零,而 φ_Y 则由零降到 $-\pi/2$。

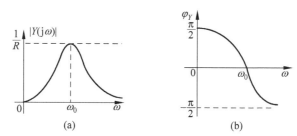

图 8-7 串联谐振电路复导纳的频率特性

2. 电流相量的频率特性

串联谐振电路的电流相量为

$$\dot{I} = \frac{\dot{U}_s}{R + jX} = \frac{U_s \underline{/0°}}{\sqrt{R^2 + \left(\omega L - \dfrac{1}{\omega C}\right)^2}} \underline{\bigg/ -\arctan \dfrac{\omega L - \dfrac{1}{\omega C}}{R}} = I(\omega)\underline{/\varphi_I} \tag{8-21}$$

其模和相角分别为

$$I(\omega) = \frac{U_s}{\sqrt{R^2 + (\omega L - 1/\omega C)^2}} = U_s |Y| \tag{8-22}$$

$$\varphi_I = -\arctan \frac{\omega L - 1/\omega C}{R} = \varphi_Y \tag{8-23}$$

式(8-22)表明,电流的幅频特性曲线和复导纳的幅频特性曲线相似,前者是后者的U_s倍;电流的相频特性和复导纳的相频特性完全相同。

$I(\omega)$曲线如图 8-8 所示。由该图可见,在ω_0处I达最大值U_s/R,而在ω_0两侧电流逐步下降。这表明电路具有让一定频率的电流容易通过的特性,这种性质称为电路的选择性。在电子信息技术中,利用这种选择性,可将某一特定频率的信号筛选出来,把不感兴趣的其他频率的信号加以抑制。电路的选择性与品质因数有关,现分析如下。

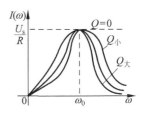

图 8-8 串联谐振电路的电流幅频特性

$$I(\omega) = \frac{U_s}{\sqrt{R^2 + \left(\omega L - \frac{1}{\omega C}\right)^2}} = \frac{U_s/R}{\sqrt{1 + \left(\frac{\omega_0 \omega L}{\omega_0 R} - \frac{\omega_0}{\omega R \omega C}\right)^2}}$$

$$= \frac{1}{\sqrt{1 + \left(\frac{\omega}{\omega_0}Q - \frac{\omega_0}{\omega}Q\right)^2}} \frac{U_s}{R} = \frac{1}{\sqrt{1 + Q^2\left(\frac{\omega}{\omega_0} - \frac{\omega_0}{\omega}\right)^2}} I_0$$

则

$$\frac{I(\omega)}{I_0} = \frac{1}{\sqrt{1 + Q^2\left(\frac{\omega}{\omega_0} - \frac{\omega_0}{\omega}\right)^2}} \tag{8-24}$$

式中,I_0和ω_0均为谐振时的数值。

式(8-24)为串联谐振电路电流的相对值I/I_0与频率的相对值ω/ω_0的关系式,也是网络函数电流传输比的幅频特性。在实际运用中,通常是以式(8-24)作为电流的幅频特性,而较少用式(8-22)。

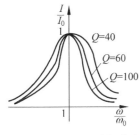

图 8-9 串联通用谐振曲线

在式(8-24)中,Q为参变量,若以I/I_0为纵坐标,ω/ω_0为横坐标,则对应不同的Q值,将得到一组曲线,如图 8-9 所示。这种曲线也称为串联通用谐振曲线。

由图 8-9 可见,Q值越大,谐振曲线越尖锐,谐振点附近的电流值下降得越多,电路的选择性越好;Q值越小,曲线越平缓,电路的选择性越差。图 8-9 的坐标系采用了归一化参数,因此,总是在$\omega/\omega_0 = 1$处发生谐振,且谐振时的响应值I/I_0总为 1。

类似地,可导出相角φ_I与ω/ω_0及Q的关系式:

$$\varphi_I = -\arctan \frac{\omega L - \frac{1}{\omega C}}{R} = -\arctan Q\left(\frac{\omega}{\omega_0} - \frac{\omega_0}{\omega}\right) \tag{8-25}$$

对应不同的Q值也可做出一组相频特性曲线,如图 8-10 所示。

3. 串联谐振电路中各元件电压的幅频特性

串联谐振电路中各元件端电压的幅频特性如图 8-11 所示。可以看出,电阻电压曲线与电流曲线的形状相似;U_R曲线的最大值出现在$\omega/\omega_0 = 1$处(谐振处),但U_L和U_C曲线的最大值并不在$\omega/\omega_0 = 1$处。若品质因数$Q > \frac{1}{2}$,则U_L的最大值出现在$\omega/\omega_0 = 1$之后,而

U_C 的最大值则出现在 $\omega/\omega_0=1$ 前，且 $U_{L\max}=U_{C\max}$ 均大于谐振时电感及电容上的电压 U_{C0} 及 U_{L0}，在分析某些工程技术问题时应引起注意。若 $Q<\dfrac{1}{2}$，电路在谐振时不出现过电压现象，则 U_C 和 U_L 两曲线的交点应在 U_R 曲线的中点下面。

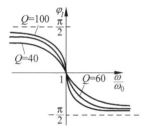
图 8-10　串联谐振电路的相频特性

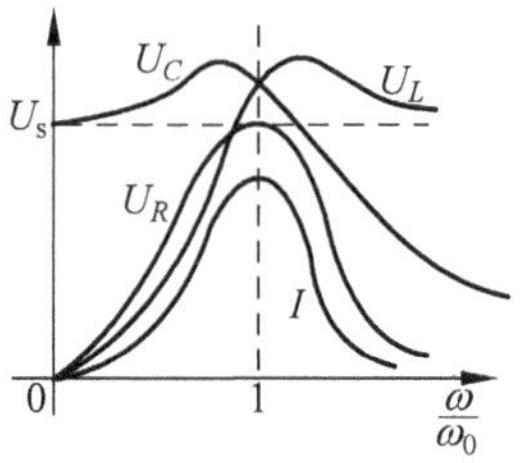

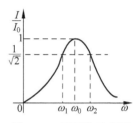
图 8-11　串联谐振电路各元件电压的幅频特性

4. 通频带

在通信技术中，谐振电路又称为选频网络。衡量一个选频网络的性能有两个指标。一是它选择信号的能力，二是其不失真地传送信号的能力。前者用选择性来量度，后者用通频带来表征。

(1) 通频带的定义

谐振曲线中 $I/I_0\geqslant 1/\sqrt{2}$ 的频率范围定义为电路的通频带。在图 8-12 中，对应于 $I/I_0=1/\sqrt{2}$ 的频率分别是 ω_1 和 ω_2，且 $\omega_2>\omega_1$，则通频带的范围在 ω_1 和 ω_2 之间，通频带的宽度为 $\omega_2-\omega_1$。后面将给出计算通频带宽的公式。显然，越尖锐的曲线其通频带越窄。由此可见，对一个实用选频网络而言，良好的选择性和较宽的通频带是一对矛盾，Q 值越高，电路的选择性越好，但通频带越窄。因此，并非是 Q 值越大越好。在实用中，常根据具体问题的要求在 Q 值和通频带之间加以权衡。

图 8-12　通频带示意图

(2) 通频带带宽的计算公式

根据通频带的定义，可导出串联谐振电路通频带带宽的计算公式。由通频带的定义式，有

$$\frac{I}{I_0}=\frac{1}{\sqrt{1+Q^2\left(\dfrac{\omega}{\omega_0}-\dfrac{\omega_0}{\omega}\right)^2}}=\frac{1}{\sqrt{2}} \tag{8-26}$$

解出 ω 的两个根为

$$\omega_{1,2}=\left(\sqrt{1+\dfrac{1}{4Q^2}}\pm\dfrac{1}{2Q}\right)\omega_0 \tag{8-27}$$

则通频带的带宽为

$$\Delta\omega=\omega_2-\omega_1=\dfrac{1}{Q}\omega_0 \tag{8-28}$$

其中 ω_1 称为下截止频率，ω_2 称为上截止频率。由式(8-28)也可见，电路的 Q 值越大，则通频带越窄。

用频率表示的通频带宽度为

$$\Delta f=\dfrac{\Delta\omega}{2\pi}=\dfrac{\omega_0}{2\pi Q}=\dfrac{f_0}{Q}=\dfrac{\dfrac{1}{2\pi\sqrt{LC}}}{\sqrt{\dfrac{L}{C}}/R}=\dfrac{R}{2\pi L} \tag{8-29}$$

式(8-29)表明,一个串联谐振电路的通频带宽度仅与 R 和 L 参数有关。

(3) 3dB 带宽

在工程应用中,常用分贝(dB)数来表示电流比或电压比。用分贝作单位时,电流比或电压比是分别按下面的对数式来计算的:

$$\beta_I = 20\lg \frac{I_2}{I_1} \quad (\text{dB}) \tag{8-30}$$

$$\beta_U = 20\lg \frac{U_2}{U_1} \quad (\text{dB}) \tag{8-31}$$

此时,电流比 β_I 称为电流增益,电压比 β_U 称为电压增益。

对串联谐振电路,在通频带边界处,$I/I_0 = 1/\sqrt{2}$,则对应的电流增益为

$$\beta_I = 20\lg \frac{I}{I_0} = 20\lg \frac{1}{\sqrt{2}} = -3\text{dB}$$

于是便将式(8-26)定义的通频带称为 3dB 通频带。

例 8-4 如图 8-13 所示电路,(1)求 3dB 通频带的宽度;(2)求通频带边界处的频率;(3)做出该电路的谐振曲线。

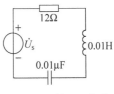

图 8-13 例 8-4 电路

解 (1) 由式(8-29),可求出通频带的带宽为

$$\Delta f = \frac{R}{2\pi L} = \frac{12}{2\pi \times 0.01} = 191\text{Hz}$$

或

$$\Delta \omega = 2\pi \Delta f = 1200 \text{rad/s}$$

(2) 先求出谐振频率及品质因数。可求得

$$\omega_0 = \frac{1}{\sqrt{LC}} = \frac{1}{\sqrt{0.01 \times 0.01 \times 10^{-6}}} = 10^5 \text{rad/s}$$

$$Q = \frac{1}{R}\sqrt{\frac{L}{C}} = \frac{1}{12}\sqrt{\frac{0.01}{0.01 \times 10^{-6}}} = 83.33$$

由式(8-27),通频带边界处的两角频率分别为

$$\omega_1 = \left(\sqrt{1 + \frac{1}{4Q^2}} - \frac{1}{2Q}\right)\omega_0 = \left(\sqrt{1 + \frac{1}{4 \times 83.33^2}} - \frac{1}{2 \times 83.33}\right) \times 10^5 = 99402 \text{rad/s}$$

$$\omega_2 = \omega_1 + \Delta\omega = 99402 + 1200 = 100602 \text{rad/s}$$

则

$$f_1 = \frac{\omega_1}{2\pi} = 15820\text{Hz}, \quad f_2 = \frac{\omega_2}{2\pi} = 16011\text{Hz}$$

(3) 做出谐振曲线如图 8-14 所示。

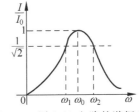

图 8-14 图 8-13 电路的谐振曲线

练习题

8-1 电路如图 8-15 所示。已知电源电压 $U=20\text{V}$,$\omega = 2000\text{rad/s}$。当调节电感 L 使得电路中的电流为最大值 150mA 时,电感两端的电压为 300V。求参数 R、L、C 的值及电路的品质因数 Q。

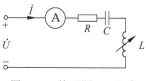

图 8-15 练习题 8-1 电路

8.2 并联谐振电路

图 8-16 所示为 GLC 并联电路,显然它是 RLC 串联电路的对偶形式。本节就这一电路的谐振情况进行讨论。

一、并联谐振的条件

该电路的复导纳为

$$Y = G + j\left(\omega C - \frac{1}{\omega L}\right)$$
$$= G + j(B_C - B_L) = G + jB$$

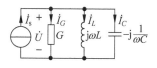

图 8-16 GLC 并联电路

若电纳 B 为零,则复导纳 $Y=G$,电路呈电阻性质,称电路发生并联谐振。可见发生并联谐振的条件是电纳为零或感纳与容纳相等,即

$$\omega_0 C = 1/(\omega_0 L) \tag{8-32}$$

由此可得并联谐振角频率为

$$\omega_0 = 1/\sqrt{LC} \tag{8-33}$$

可见并联谐振角频率的计算公式与串联谐振角频率的计算公式完全相同。

二、并联谐振时的电压相量和电流相量

1. 并联谐振时的电压相量

发生并联谐振时,复导纳 $Y=G=1/R$,即导纳达最小值。设端口电流源相量 $\dot{I}_s = I_s\underline{/0°}$,则端口电压相量为

$$\dot{U}_0 = \frac{\dot{I}_s}{Y} = \frac{\dot{I}_s}{G} = \frac{I_s\underline{/0°}}{G}$$

这表明此时端口电压达最大值,且端口电压与端口电流同相位。

2. 并联谐振时的电流相量

并联谐振时,各电流相量为

$$\dot{I}_{R0} = \frac{\dot{U}_0}{R} = G\dot{U}_0 = \dot{I}_s \tag{8-34}$$

$$\dot{I}_{L0} = -jB_L\dot{U}_0 = -j\frac{B_{L0}}{G}\dot{I}_s \tag{8-35}$$

$$\dot{I}_{C0} = jB_C\dot{U}_0 = j\frac{B_{C0}}{G}\dot{I}_s \tag{8-36}$$

由于 $B_{L0}=B_{C0}$,因此有 $I_{L0}=I_{C0}$。由此可见,在并联谐振时,电源电流全部通过电阻元件,电感电流及电容电流的有效值相等,相位相差 $180°$,两者完全抵消。因此,并联谐振又称为电流谐振。谐振时的相量图如图 8-17 所示。

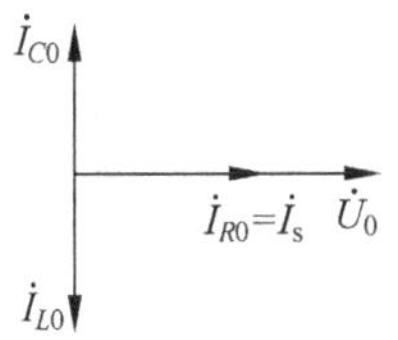

从等效的观点看,并联谐振时,LC 元件的并联相当于开路。

图 8-17 并联谐振时的相量图

3. 过电流现象

与串联谐振电路的过电压现象对偶,在并联谐振时会出现过电流现象。事实上,由式(8-35)和式(8-36),电感电流和电容电流的有效值为

$$I_{L0}=I_{C0}=\frac{B_{L0}}{G}I_\mathrm{s}=\frac{B_{C0}}{G}I_\mathrm{s}$$

若 $B_{L0}=B_{C0}>G$,则有 $I_{L0}=I_{C0}>I_\mathrm{s}$。

三、并联谐振电路中的能量

1. 并联谐振时电路的无功功率

发生并联谐振时,电路呈电阻性质,其无功功率为零,但每一电抗元件的无功功率并不等于零,两种电抗元件的无功功率相互完全补偿。事实上

$$Q_L=U_0^2 B_L,\quad Q_C=-U_0^2 B_C$$

但

$$B_L=B_C$$

所以

$$Q_L+Q_C=0$$

2. 并联谐振时的电场能量和磁场能量

设并联谐振时端口电压的瞬时值表达式为

$$u_0=U_{\mathrm{m}0}\sin\omega_0 t=\sqrt{2}U_0\sin\omega_0 t$$

则电感中电流的瞬时值表达式为

$$i_{L0}=U_{\mathrm{m}0}B_L\sin\left(\omega_0 t-\frac{\pi}{2}\right)=-\sqrt{2}U_0 B_L\cos\omega_0 t$$

电容中的电场能量为

$$W_{C0}=\frac{1}{2}Cu_{C0}^2=\frac{1}{2}C\times(2U_0^2\sin^2\omega_0 t)=CU_0^2\sin^2\omega_0 t \tag{8-37}$$

电感中的磁场能量为

$$W_{L0}=\frac{1}{2}Li_{L0}^2=\frac{1}{2}L\times(2U_0^2 B_L^2\cos^2\omega_0 t)=\frac{U_0^2}{\omega_0^2 L}\cos^2\omega_0 t$$

又 $\omega_0=1/\sqrt{LC}$,故

$$W_{L0}=\frac{U_0^2}{\omega_0^2 L}\cos^2\omega_0 t=CU_0^2\cos^2\omega_0 t \tag{8-38}$$

比较式(8-37)和式(8-38)可知,电场能量和磁场能量的最大值相等。在并联谐振时,电磁场总能量为

$$W_0 = W_{C0} + W_{L0} = CU_0^2 \sin^2 \omega_0 t + CU_0^2 \cos^2 \omega_0 t = CU_0^2 \tag{8-39}$$

这表明并联谐振时，电磁场的总能量为一常数，这与串联谐振时的情形是相同的。

四、并联谐振电路的品质因数

并联谐振电路也用品质因数 Q 这一导出参数来表征其性能。与串联谐振电路相仿，并联谐振电路的品质因数可用四种方式加以定义。

1. 用电路参数定义

Q 定义为并联谐振时的容纳或感纳与电导之比，即

$$Q = \frac{B_{C0}}{G} = \frac{\omega_0 C}{G} = \frac{B_{L0}}{G} = \frac{1}{\omega_0 LG} \tag{8-40}$$

将 $\omega_0 = 1/\sqrt{LC}$ 及 $R = 1/G$ 代入式(8-40)，可得

$$Q = \frac{\omega_0 C}{G} = R\sqrt{\frac{C}{L}} \tag{8-41}$$

要注意并联谐振电路 Q 的计算式与串联谐振电路 Q 的计算式是不同的，两者互为对偶式。

2. 用电流的有效值定义

Q 也可定义为并联谐振时的电容电流或电感电流与电阻电流有效值之比，即

$$Q = \frac{I_{C0}}{I_{G0}} = \frac{I_{L0}}{I_{G0}} \tag{8-42}$$

事实上，将式(8-40)的分子分母同乘以 U_0，便有

$$Q = \frac{\omega_0 C}{G} = \frac{\omega_0 CU_0}{GU_0} = \frac{I_{C0}}{I_{G0}} = \frac{I_{L0}}{I_{G0}}$$

式(8-42)表明，谐振时电抗元件上的电流是电阻电流或电流源电流的 Q 倍，Q 值越高，则过电流现象越显著。

3. 用无功功率与平均功率定义

将式(8-42)的分子分母同乘以 U_0，可得

$$Q = \frac{I_{C0}}{I_{G0}} = \frac{I_{C0}U_0}{I_{G0}U_0} = \frac{Q_{C0}}{P_0} = \frac{Q_{L0}}{P_0} \tag{8-43}$$

式中，Q_{C0} 和 Q_{L0} 为谐振时电抗元件的无功功率，P_0 为电阻元件消耗的功率。因此，Q 可定义为谐振时任一电抗元件的无功功率与平均功率之比。

4. 用能量定义

由式(8-43)可导出 Q 的又一定义式

$$Q = 2\pi \frac{W_0}{W_{R0}} \tag{8-44}$$

式中，$W_0 = CU_0^2$ 为谐振时电路电磁场能量之和，$W_{R0} = U_0^2 T_0 / R$ 为电阻元件在一周期内消耗的能量。由此可见，Q 值越高，电路中电磁场的总能量越大，电磁振荡现象越强烈。

五、并联谐振电路的频率特性及通频带

对于并联谐振电路的频率特性，这里只讨论端口电压的频率特性，读者可自行分析复导

纳、复阻抗及电流相量的频率特性。

图 8-16 所示的并联谐振电路,在电流源的激励下,响应电压为

$$\dot{U} = \frac{\dot{I}_s}{Y} = \frac{\dot{I}_s}{G + j\left(\omega C - \dfrac{1}{\omega L}\right)} = \frac{R\dot{I}_s}{1 + j\left(R\omega C - \dfrac{R}{\omega L}\right)} \tag{8-45}$$

因 $R\dot{I}_s$ 为谐振时的响应电压 $\dot{U}_0$,而 $R\omega_0 C = \dfrac{R}{\omega_0 L} = Q$ 为品质因数,故式(8-45)可写为

$$\dot{U} = \frac{\dot{U}_0}{1 + jQ\left(\dfrac{\omega}{\omega_0} - \dfrac{\omega_0}{\omega}\right)}$$

于是,幅频特性为

$$\frac{U}{U_0} = \frac{1}{\sqrt{1 + Q^2\left(\dfrac{\omega}{\omega_0} - \dfrac{\omega_0}{\omega}\right)^2}} \tag{8-46}$$

相频特性为

$$\varphi_u = -\arctan Q\left(\frac{\omega}{\omega_0} - \frac{\omega_0}{\omega}\right) \tag{8-47}$$

式(8-46)及式(8-47)与串联谐振电路的幅频、相频特性在形式上完全相同,因而谐振曲线及相频特性曲线的形状也完全相同,但它们的参数是对偶的。对于串联谐振电路,式(8-24)为在电压源作用下的响应电流的幅频特性,谐振曲线的纵坐标是 I/I_0;而对于并联谐振电路,式(8-46)为在电流源作用下的响应电压的幅频特性,谐振曲线的纵坐标为 U/U_0。在相移上式(8-25)中的 φ_I 为电流超前于电压的相移,而式(8-47)中的 φ_u 则为电压超前于电流的相移。

根据对偶原理,并联谐振电路通频带带宽的计算公式为

$$\Delta\omega = \omega_0/Q \tag{8-48}$$

或

$$\Delta f = \frac{\Delta\omega}{2\pi} = \frac{\omega_0}{2\pi Q} = \frac{\dfrac{1}{\sqrt{LC}}}{2\pi R\sqrt{\dfrac{C}{L}}} = \frac{1}{2\pi RC} \tag{8-49}$$

例 8-5 如图 8-18 所示电路,已知 $I_s = 10\text{A}, R = 20\Omega, L = 0.02\text{H}, C = 40\mu\text{F}$,求:(1)谐振频率和品质因数;(2)谐振时的电感电流或电容电流的有效值;(3)通频带的带宽 Δf。

解 (1)谐振频率为

$$f_0 = \frac{1}{2\pi\sqrt{LC}} = \frac{1}{2\pi\sqrt{0.02 \times 40 \times 10^{-6}}} = 178\text{Hz}$$

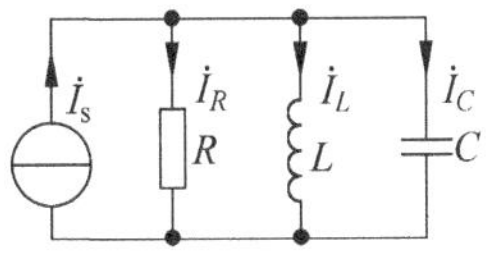

品质因数为

$$Q = R\sqrt{\frac{C}{L}} = 200\sqrt{\frac{40 \times 10^{-6}}{0.02}} = 8.94$$

图 8-18 例 8-5 电路

(2)谐振时,电感电流或电容电流的有效值相等,且等于电流源电流值的 Q 倍,于是有

$$I_{L0} = I_{C0} = QI_s = 8.94 \times 10 = 89.4\text{A}$$

(3) 由式(8-49),可求得通频带的带宽为

$$\Delta f = \frac{1}{2\pi RC} = \frac{1}{2\pi \times 200 \times 40 \times 10^{-6}} = 19.9\text{Hz}$$

六、实用并联谐振电路的分析

1. 实用并联谐振电路的谐振条件

在实际中,常用有损耗的电感线圈与电容器并联构成并联谐振电路,其等效电路如图 8-19 所示。该电路的复导纳为

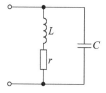

图 8-19 实用并联谐振电路

$$Y = \frac{1}{r + \mathrm{j}\omega L} + \mathrm{j}\omega C$$
$$= \frac{r}{r^2 + (\omega L)^2} + \mathrm{j}\left[\omega C - \frac{\omega L}{r^2 + (\omega L)^2}\right]$$

令其虚部为零,有

$$\omega C = \frac{\omega L}{r^2 + (\omega L)^2}$$

则谐振角频率为

$$\omega_0 = \frac{1}{\sqrt{LC}}\sqrt{1 - \frac{Cr^2}{L}} \tag{8-50}$$

式中,根号内必须是大于零的数,否则 ω_0 为一虚数,电路将不会发生谐振。可见,电路要发生谐振,必须满足

$$1 - \frac{Cr^2}{L} > 0$$

或

$$r < \sqrt{\frac{L}{C}}$$

需指出的是,上述条件适用于调节电源频率使电路发生谐振的情况,若是调节 LC 元件的参数,则无须上述限制。

2. 实用并联谐振电路的近似分析法

通常将实际电感线圈的感抗与电阻之比定义为电感线圈的品质因数,一般电感线圈的品质因数都较高(即 r 较小),于是电感线圈的复导纳为

$$Y_L = \frac{r}{r^2 + (\omega L)^2} - \mathrm{j}\frac{\omega L}{r^2 + (\omega L)^2} = \frac{\frac{1}{r}}{1 + \left(\frac{\omega L}{r}\right)^2} - \mathrm{j}\frac{\frac{\omega L}{r^2}}{1 + \left(\frac{\omega L}{r}\right)^2}$$

$$\approx \frac{\frac{1}{r}}{\left(\frac{\omega L}{r}\right)^2} - \mathrm{j}\frac{\frac{\omega L}{r^2}}{\left(\frac{\omega L}{r}\right)^2} = \frac{r}{(\omega L)^2} - \mathrm{j}\frac{1}{\omega L}$$

则图 8-19 所示电路的复导纳近似为

$$Y = Y_L + Y_C = \frac{r}{(\omega L)^2} - j\frac{1}{\omega L} + j\omega C$$

$$= \frac{r}{(\omega L)^2} + j\left(\omega C - \frac{1}{\omega L}\right) = G + j\left(\omega C - \frac{1}{\omega L}\right) \tag{8-51}$$

式中 $G = \frac{r}{(\omega L)^2}$。

式(8-51)与图 8-20 所示电路对应,这表明在电感线圈 Q 值较高的情况下,实用并联谐振电路可用图 8-20(a)所示的 GLC 并联电路代替。要注意,该电路中的电导 G 是角频率 ω 的函数,这意味着不同的频率有着不同的 G 值。在谐振时,因 $\omega_0 = 1/\sqrt{LC}$,故 $G = \frac{r}{(\omega_0 L)^2} = rC/L$,因此谐振时的等效电路如图 8-20(b)所示。

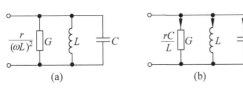

图 8-20 图 8-19 的近似等效电路

显而易见,有了图 8-20(b)电路,我们对实用并联谐振电路的分析便可套用前述 GLC 并联谐振电路的所有结论,这无疑使分析工作简化。但应注意,图 8-20(b)电路中的 L 和 C 与图 8-19 中的 L 和 C 相同,而 $G = rC/L \neq 1/r$,即 G 由 r、L 和 C 共同决定。

例 8-6 如图 8-21 所示并联谐振电路,已知其谐振频率 $f_0 = 100\text{kHz}$,谐振阻抗 $Z_0 = 100\text{k}\Omega$,品质因数 $Q = 100$。(1)求各元件参数 r、L、C;(2)若将此电路与 $200\text{k}\Omega$ 电阻并联,求电路的品质因数变为多少。

解 (1)谐振时该电路的等效电路如图 8-20(b)所示,这是一个 RLC 并联电路,其电阻值 R 为

$$R = \frac{1}{G} = \frac{L}{rC}$$

套用 RLC 并联谐振电路的相关结论,可得电路的谐振角频率为

$$\omega_0 = \frac{1}{\sqrt{LC}}$$

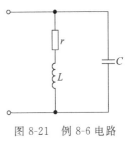

图 8-21 例 8-6 电路

品质因数为

$$Q = R\sqrt{\frac{C}{L}} = \frac{1}{r}\sqrt{\frac{L}{C}}$$

将题给条件代入上述三式,有

$$\begin{cases} \omega_0 = 2\pi f_0 = 2\pi \times 100 \times 10^3 = \frac{1}{\sqrt{LC}} \\ Z_0 = 100 \times 10^3 = R = \frac{L}{rC} \\ Q = 100 = \frac{1}{r}\sqrt{\frac{L}{C}} \end{cases}$$

解之,可得

$$r = 10\Omega, \quad L = 1.59\text{mH}, \quad C = 1590\text{pF}$$

(2)原电路并联 $200\text{k}\Omega$ 的电阻等同于图 8-20(b)所示的等效电路并联此电阻,于是并

联后电路中的电阻为

$$R' = (200 \times 10^3) \mathbin{/\!/} R = \frac{200 \times 10^3 \times 100 \times 10^3}{200 \times 10^3 + 100 \times 10^3} = \frac{2}{3} \times 10^5 \Omega$$

由 RLC 并联电路品质因数的计算式,有

$$Q' = R'\sqrt{\frac{C}{L}} = \frac{2}{3} \times 10^5 \sqrt{\frac{1590 \times 10^{-9}}{1.59 \times 10^{-3}}} = 21.1$$

练习题

8-2 正弦稳态电路如图 8-22 所示,$i_s(t) = 10\sqrt{2} \times \sin 5000t$ mA。若测得端口电压的最大值为 50V 时,电容电流为 60mA。求参数 R、L、C 的值和电路的品质因数 Q。

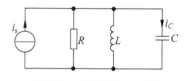

图 8-22 练习题 8-2 电路

8-3 一个电感线圈的电阻为 10Ω,品质因数为 100,其与一只电容器并联构成谐振电路。若该电路再并联一个 $100\mathrm{k}\Omega$ 的电阻,求此时电路的品质因数。

8.3 一般谐振电路及其计算

一般谐振电路指的是除串联谐振电路和并联谐振电路之外其他的谐振电路。一般谐振电路可分为下面两种情况。

一、由 LC 元件构成的电路

图 8-23 为一纯粹由电感元件和电容元件构成的电路,称为 LC 电路。因不含电阻元件,在一般的情况下,其等效复阻抗为一纯复电抗,或其等效复导纳为一纯复电纳。在特定的频率下,会出现电抗为零或电纳为零的情况,即可能出现串联谐振和并联谐振。

1. LC 电路中的串联谐振

图 8-23 电路的等效复阻抗为

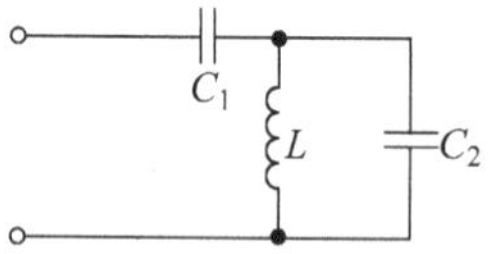

图 8-23 LC 电路

$$Z(\mathrm{j}\omega) = -\mathrm{j}\frac{1}{\omega C_1} + \frac{\mathrm{j}\omega L \left(-\mathrm{j}\frac{1}{\omega C_2}\right)}{\mathrm{j}\omega L - \mathrm{j}\frac{1}{\omega C_2}}$$

$$= -\mathrm{j}\frac{\omega^2 L C_2 + \omega^2 L C_1 - 1}{\omega C_1 (\omega^2 L C_2 - 1)} \tag{8-52}$$

当式(8-52)分子为零时,$Z(\mathrm{j}\omega) = 0$,整个电路对外部而言相当于短路,这与串联谐振电路中 L、C 两元件串联在谐振时等效于一根短路线的情形相似,因此,当 LC 电路的 $Z(\mathrm{j}\omega) = 0$ 时,称为发生了串联谐振。

令式(8-52)的分子为零,便可求出串联谐振时的角频率 ω_1。

由
$$\omega^2 L C_2 + \omega^2 L C_1 - 1 = 0$$

得
$$\omega_1 = \sqrt{\frac{1}{LC_2 + LC_1}}$$

2. LC 电路中的并联谐振

若式(8-52)的分母为零,则 $Z(j\omega) \to \infty$,或 $Y(j\omega) = 1/Z(j\omega) = 0$,即电路的复导纳为零,此时整个电路对外部相当于开路,这与并联谐振电路中 LC 两元件的并联在谐振时等效于开路的情形相似,因此当 LC 电路的 $Y(j\omega) = 0$ 时,便称为发生了并联谐振。

令式(8-52)的分母为零,便可求得发生并联谐振的角频率 ω_2。
由
$$\omega C_1 (\omega^2 LC_2 - 1) = 0$$
得
$$\omega_2 = 1/\sqrt{LC_2}$$

显然 ω_2 与 C_1 无关,事实上 ω_2 正是图 8-23 所示电路中 L 和 C_2 并联部分的复导纳为零时的角频率,这样,在分析并联谐振时,只需考虑电路中并联部分的情况。

二、由 RLC 元件构成的一般谐振电路

由 RLC 元件构成的一般谐振电路有两种情况。

1. 情况一

电路由纯电阻部分和纯 LC 部分组合而成(应注意到纯电抗部分一般应位于电路的末端或尾部),如图 8-24 所示的电路。对这种电路谐振情况的分析,可先按前面介绍的方法分析 LC 电路,而后考虑整个电路的情况。若 LC 电路发生串联谐振,则称整个电路亦出现串联谐振,若 LC 电路发生并联谐振,也称整个电路产生并联谐振。

例 8-7 试分析图 8-24 所示电路的谐振情况。

解 该电路的谐振取决于 LC 电路的谐振情况,LC 电路可出现串联谐振和并联谐振两种情况,则整个电路也对应出现串联谐振和并联谐振,下面分别讨论。

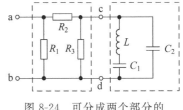

图 8-24 可分成两个部分的一般谐振电路

(1) 出现串联谐振

LC 电路产生串联谐振,对应于 $Z_{cd}(j\omega) = 0$,实际上,当 L 和 C_1 串联支路的复阻抗为零时,便有 $Z_{cd}(j\omega) = 0$,于是 LC 电路发生串联谐振的角频率为
$$\omega_1 = 1/\sqrt{LC_1}$$

串联谐振时,LC 电路等效于短路,即 c、d 两点为等位点,则整个电路在串联谐振时的复阻抗为
$$Z_{ab}(j\omega) = R_1 \mathbin{/\mkern-5mu/} R_2 = \frac{R_1 R_2}{R_1 + R_2}$$

此时 ab 端口的电压、电流同相位。

(2) 出现并联谐振

LC 电路发生并联谐振,对应于 $Y_{cd}(j\omega) = 0$,而

$$Y_{cd}(j\omega) = j\omega C_2 + \frac{1}{j\left(\omega L - \frac{1}{\omega C_1}\right)} = j\frac{\omega^3 L C_1 C_2 - \omega C_1 - \omega C_2}{\omega^2 L C_1 - 1}$$

令上式分子为零,即

$$\omega^3 L C_1 C_2 - \omega C_1 - \omega C_2 = 0$$

可求得并联谐振角频率 ω_2 为(不考虑 $\omega=0$ 的情况)

$$\omega_2 = \sqrt{\frac{C_1 + C_2}{L C_1 C_2}}$$

在并联谐振时,LC 电路等效于开路,则整个电路在并联谐振时的复阻抗为

$$Z_{ab}(j\omega) = R_1 \mathbin{/\mkern-6mu/} (R_2 + R_3) = \frac{R_1(R_2 + R_3)}{R_1 + R_2 + R_3}$$

ab 端口的电压、电流亦同相位。

2. 情况二

电路无法截然分成电阻和 LC 两部分,如图 8-25 所示电路。此时只能将电路作为一个整体考虑。一般情况下,电路的复阻抗或复导纳的实、虚部均不为零。当复阻抗或复导纳的虚部为零时,电路呈电阻性质统称为电路发生了谐振,但不再区分为串联谐振或是并联谐振。

例 8-8 试分析图 8-25 所示电路的谐振情况。

解 电路的复阻抗为

$$Z(j\omega) = (j\omega L) \mathbin{/\mkern-6mu/} \left(R - j\frac{1}{\omega C}\right) = \frac{j\omega L\left(R - j\frac{1}{\omega C}\right)}{R + j\left(\omega L - \frac{1}{\omega C}\right)}$$

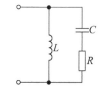

图 8-25 例 8-8 一般谐振电路的第二种情况示例

$$= \frac{R\omega^2 L^2}{R^2 + \left(\omega L - \frac{1}{\omega C}\right)^2} + j\frac{\omega R^2 L - \frac{\omega L^2}{C} + \frac{L}{\omega C^2}}{R^2 + \left(\omega L - \frac{1}{\omega C}\right)^2}$$

令上式虚部为零,可求得谐振角频率为

$$\omega_0 = \frac{1}{\sqrt{LC - R^2 C^2}}$$

此时电路的复阻抗为一纯电阻,即

$$Z = \frac{R\omega^2 L^2}{R^2 + \left(\omega L - \frac{1}{\omega C}\right)^2}$$

该电路的复导纳为

$$Y(j\omega) = \frac{1}{Z(j\omega)} = \frac{R + j\left(\omega L - \frac{1}{\omega C}\right)}{j\omega L\left(R - j\frac{1}{\omega C}\right)} = \frac{R\omega^2 L^2}{\left(\frac{L}{C}\right)^2 + (R\omega L)^2} - j\frac{R^2 \omega L - \frac{\omega L^2}{C} + \frac{L}{\omega C^2}}{\left(\frac{L}{C}\right)^2 + (R\omega L)^2}$$

令上式虚部为零,同样可求得该电路的谐振角频率为

$$\omega_0 = \frac{1}{\sqrt{LC-R^2C^2}}$$

例 8-9 电路如图 8-26 所示,问在什么条件下该电路对任何频率都产生谐振。

解 电路的入端阻抗为

$$Z(j\omega) = R_1 \mathbin{/\mkern-6mu/} j\omega L_1 + R_2 \mathbin{/\mkern-6mu/} \left(-j\frac{1}{\omega C}\right)$$

$$= \frac{j\omega R_1 L}{R_1 + j\omega L} + \frac{R^2}{1 + j\omega R_2 C}$$

$$= \frac{R_1 R_2 - \omega^2 R_1 R_2 LC + j\omega L(R_1 + R_2)}{R_1 - \omega^2 R_2 LC + j\omega(R_1 + R_2 + L)}$$

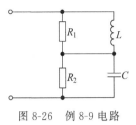

图 8-26 例 8-9 电路

若使电路对任何频率均产生谐振,则阻抗 $Z(j\omega)$ 必须为一实数,即上式的分子、分母的幅角应相等,即应有下述恒等式成立:

$$\frac{\omega L(R_1 + R_2)}{R_1 R_2 - \omega^2 R_1 R_2 LC} = \frac{\omega(R_1 + R_2 + L)}{R_1 - \omega^2 R_2 LC}$$

由上式又可得下述恒等式

$$\omega^2 LCR_2^2(R_1^2 C - L) + R_1^2(L - R_2^2 C) = 0$$

欲使上式成立,需有

$$\begin{cases} R_1^2 C - L = 0 \\ L - R_2^2 C = 0 \end{cases}$$

解之,得

$$R_1 = R_2 = \sqrt{\frac{L}{C}}$$

由此可知,在元件参数满足上式的情况下,电路对任何频率均产生谐振。

练习题

8-4 求图 8-27 所示两电路产生谐振的角频率。

8-5 欲使图 8-28 所示电路端口电压与电流同相位,求电源角频率 ω 与电路元件参数间应满足何种关系。

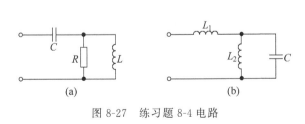

图 8-27 练习题 8-4 电路

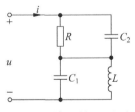

图 8-28 练习题 8-5 电路

8.4 耦合电感与电感矩阵

磁耦合是存在于许多电子装置和电力设备中的一种重要电磁现象。工程上获得广泛应用的各种变压器就是一种基于磁耦合现象的电气设备。

一、互感现象和耦合电感器

下面考察图 8-29 所示的绕于同一磁心材料上的两个线圈的情况。

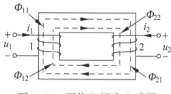

图 8-29　两绕组耦合电感器

当线圈 1 通过电流 i_1 时，i_1 将产生磁通 Φ_{11}，Φ_{11} 不仅与线圈 1 相交链，而且有一部分（或全部）经由磁心材料与线圈 2 相交链。由 i_1 产生而与线圈 2 相交链的这部分磁通记为 Φ_{21}。

类似地，当线圈 2 通以电流 i_2 时，i_2 产生的磁通 Φ_{22} 的一部分（或全部）与线圈 1 相交链。由 i_2 产生而与线圈 1 相交链的这部分磁通记为 Φ_{12}。这里，我们看到了这样一种现象，即两个线圈虽没有电气上的联系，但相互之间却有着磁的相互影响，这种现象称为磁耦合。

当 i_1 和 i_2 随时间变化时，变化的磁通 Φ_{12} 和 Φ_{21} 将分别在线圈 1 和线圈 2 中产生感应电势或感应电压。我们将这样两个相互之间存在磁耦合的电感线圈称为耦合电感器或互感器；把一线圈由于邻近线圈中的电流变化而出现磁耦合或产生感应电势的现象称为互感现象。

忽略线圈电阻的耦合电感器的理想化模型称为耦合电感元件或互感元件。本书仅讨论线性互感元件。

二、关于耦合电感元件的说明

（1）耦合电感元件至少由两个线圈构成，因此它是一个多端元件或多端口元件（端子数等于大于 4 或端口数等于大于 2）。由 n 个线圈构成的耦合电感元件称为 n 绕组耦合电感元件。图 8-30 所示为一个三绕组耦合电感元件，共有六个端子构成三个端口。

（2）当一个元件中某条支路上的电压或电流受元件中另一条支路上的电压或电流控制或影响时，称该元件为耦合元件。显然受控源和耦合电感器均是耦合元件，但两者之间仍有区别，即受控源是单方面耦合元件，而耦合电感元件是双方或多方相互耦合的元件。

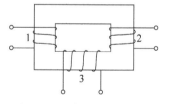

图 8-30　三绕组耦合电感器

（3）在讨论互感耦合元件时，各物理量均采用双下标表示法，如 Φ_{21}、Ψ_{12}、u_{12} 等。Φ_{21} 中双下标的第一个数字 2 表示这是线圈 2 交链的磁通，第二个数字 1 表示该磁通是线圈 1 的电流产生的；又如 Ψ_{12} 表示是线圈 1 的磁链，且该磁链系由线圈 2 中的电流产生等。

三、互感系数和耦合系数

1. 互感系数

（1）互感系数的定义式

由前面的分析可知，图 8-29 中每一线圈交链的磁链均由两部分构成：一部分是本线圈中电流产生的磁链，称为自感磁链，记作 Ψ_{11} 和 Ψ_{22}；另一部分是由另一线圈中电流产生的磁链，称为互感磁链，记为 Ψ_{12} 和 Ψ_{21}。设线圈 1 的匝数为 N_1，其磁链为 Ψ_1，线圈 2 的匝数为 N_2，其磁链为 Ψ_2，则两线圈的磁链方程为

$$\Psi_1 = N_1(\Phi_{11} + \Phi_{12}) = \Psi_{11} + \Psi_{12}$$
$$\Psi_2 = N_2(\Phi_{22} + \Phi_{21}) = \Psi_{22} + \Psi_{21}$$

仿照自感系数的定义,我们定义互感系数为

$$M_{12} = \frac{\Psi_{12}}{i_2}, \quad M_{21} = \frac{\Psi_{21}}{i_1}$$

互感系数的一般定义式为

$$M_{ij} = \frac{\Psi_{ij}}{i_j} \tag{8-53}$$

即互感系数为互感磁链与产生互感磁链的电流之比,互感系数定量地反映了互感元件的耦合情况。可以证明 $M_{ij} = M_{ji}$。互感系数简称互感,其单位和自感系数的单位相同,也为亨(H),常用的单位还有毫亨(mH)和微亨(μH)等。

若令 $M_{12} = M_{21} = M$,则上述两绕组互感元件的磁链方程可写为

$$\begin{cases} \Psi_1 = L_{11}i_1 + M_{12}i_2 = L_{11}i_1 + Mi_2 \\ \Psi_2 = L_{22}i_2 + M_{21}i_1 = L_{22}i_2 + Mi_1 \end{cases}$$

(2) 互感系数前的符号

习惯上认为,一个线圈所交链磁链的参考正向与线圈电流的参考方向符合右手螺旋法则。这样,磁链中的自感磁链 Ψ_{11} 和 Ψ_{22} 项总取正号,即自感系数恒为正值。但线圈 A 中互感磁链是由另一线圈 B 中的电流产生的,线圈 A 的互感磁链与该线圈中电流的参考方向并不一定符合右手螺旋法则。因此,互感磁链可能为正也可能为负。当某线圈中互感磁链的方向与该线圈中电流的参考方向符合右手螺旋法则时,自感磁链与互感磁链相互加强,互感磁链为正值;当两者的参考方向不符合右手螺旋法则时,自感磁链与互感磁链相互削弱,互感磁链为负值。在本书中,约定互感系数 M 恒为正值,则互感磁链与自感磁链是否相互加强,便可由互感系数 M 前的正、负号予以表征。在图 8-31(a)中,根据右手螺旋法则,可判断出线圈 1 中由 i_2 产生的互感磁链 Ψ_{12} 与自感磁链 Ψ_{11} 的方向相同,两者相互加强;同理可知线圈 2 中的自感磁链与互感磁链也是相互加强的,因此互感系数 M 前取正号,这样有

$$\begin{cases} \Psi_1 = \Psi_{11} + \Psi_{12} = L_{11}i_1 + Mi_2 \\ \Psi_2 = \Psi_{22} + \Psi_{21} = L_{22}i_2 + Mi_1 \end{cases}$$

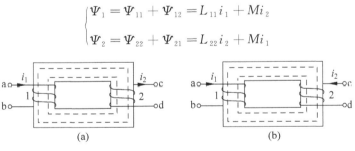

图 8-31 耦合电感器中的磁链

在图 8-31(b)中,两线圈的绕向及位置均未变化,仅电流 i_2 的方向改变,不难判断此时两线圈中的互感磁链和自感磁链的方向相反,即两者相互削弱,因此互感系数 M 前取负号,这样有

$$\begin{cases} \Psi_1 = \Psi_{11} - \Psi_{12} = L_{11}i_1 - Mi_2 \\ \Psi_2 = \Psi_{22} - \Psi_{21} = L_{22}i_2 - Mi_1 \end{cases}$$

由此可见,互感系数前的正负既取决于线圈中电流参考方向的选取,也取决于各线圈的绕向及相互位置。

2. 同名端

要决定互感线圈中互感磁链的正负,必须知道线圈电流的参考方向及线圈的实际绕向和相对位置。但在电路图中不便画出线圈的实际结构,且实际互感元件大多采用封装式,无法从外观上看出线圈的实际结构,因此采用"同名端"标记法来表示互感元件各线圈间的磁耦合情况。

"同名端"是这样定义的:若两线圈的电流均从同名端流入,则每一线圈中的自感磁链和互感磁链是相互加强的,M 前取正号;反之,若两线圈的电流从非同名端流入,则每一线圈中的自感磁链和互感磁链是相互削弱的,M 前取负号。非同名端也称为"异名端"。两线圈的同名端可用记号"·"或"*"以及其他符号标示。

在图 8-32(a)中,标有"*"的 a、c 两个端子为同名端,这是因为当电流分别从 a、c 两个端子流入时,两个线圈中的自感磁链和互感磁链是相互加强的。显然,b、d 两个端子也为同名端。这样 a、d 端子为异名端,b、c 端子也为异名端。

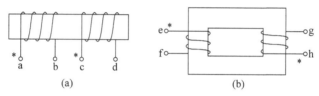

图 8-32 同名端的说明用图

在图 8-32(b)中,e、h 两个端子为同名端,用符号"*"标记,同样,f、g 两个端子也为同名端。不难看出,同名端只取决于两线圈的实际绕向与相对位置,而与电流的实际流向无关。

采用同名端标记法后,耦合电感元件的电路符号如图 8-33 所示。

图中 L_1 和 L_2 分别为两个线圈的自感系数,各写在相应线圈的一侧,M 表示两个线圈互感系数的大小,写于两个线圈之间,且两个线圈之间画一双向箭头,以表示这两个线圈之间存在耦合关系。可以看出耦合电感元件是多参数元件,两线圈的耦合电感以 L_1、L_2 和 M 三个参数表征。

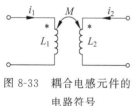

图 8-33 耦合电感元件的电路符号

根据同名端的定义及线圈中电流的参考方向,不难写出图 8-33 所示互感元件的磁链方程式为

$$\begin{cases} \Psi_1 = L_1 i_1 + M i_2 \\ \Psi_2 = M i_1 + L_2 i_2 \end{cases}$$

该方程组中互感系数 M 前均为正号,这是因为两线圈电流是从同名端流入的。

可见,要完整地表征耦合电感元件的特性,除给定参数大小外,还必须在电路图上标明耦合电感元件的同名端。

3. 耦合系数

通常互感磁通只是电流所产生的总磁通的一部分,极限情况是互感磁通等于自感磁通,

即有 $\dfrac{\Phi_{21}}{\Phi_{11}} \leqslant 1$ 及 $\dfrac{\Phi_{12}}{\Phi_{22}} \leqslant 1$。这两个比值反映了两个线圈的耦合程度。一般用 $\dfrac{\Phi_{21}}{\Phi_{11}}$ 和 $\dfrac{\Phi_{12}}{\Phi_{22}}$ 的几何平均值表征这一耦合程度,称为耦合系数,用 K 表示,即

$$K = \sqrt{\dfrac{\Phi_{21}\Phi_{12}}{\Phi_{11}\Phi_{22}}} \tag{8-54}$$

K 可用耦合电感元件的参数来表征。根据式(8-54),有

$$K^2 = \dfrac{\Phi_{21}}{\Phi_{11}} \cdot \dfrac{\Phi_{12}}{\Phi_{22}} = \dfrac{N_2\Phi_{21} \cdot N_1\Phi_{12}}{N_1\Phi_{11} \cdot N_2\Phi_{22}} = \dfrac{\Psi_{21}}{\Psi_{11}} \cdot \dfrac{\Psi_{12}}{\Psi_{22}}$$

$$= \dfrac{\Psi_{21}/i_1}{\Psi_{11}/i_1} \cdot \dfrac{\Psi_{12}/i_2}{\Psi_{22}/i_2} = \dfrac{M_{21}}{L_1} \cdot \dfrac{M_{12}}{L_2} = \dfrac{M^2}{L_1 L_2}$$

即

$$K = \dfrac{M}{\sqrt{L_1 L_2}} \tag{8-55}$$

因 $\dfrac{\Phi_{21}}{\Phi_{11}} \leqslant 1$ 及 $\dfrac{\Phi_{12}}{\Phi_{22}} \leqslant 1$,故必有 $K \leqslant 1$。若 $K = 1$,称为全耦合;若 $K = 0$,表示无耦合;若 K 接近于1,称为紧耦合;若 $K \ll 1$,则称为松耦合。

四、电感矩阵

1. 磁链方程的矩阵形式与电感矩阵

对图 8-34 所示的两绕组耦合电感元件,写出磁链方程为

$$\begin{cases} \Psi_1 = L_1 i_1 - M i_2 \\ \Psi_2 = -M i_1 + L_2 i_2 \end{cases}$$

可写成矩阵形式

$$\begin{bmatrix} \Psi_1 \\ \Psi_2 \end{bmatrix} = \begin{bmatrix} L_1 & -M \\ -M & L_2 \end{bmatrix} \begin{bmatrix} i_1 \\ i_2 \end{bmatrix}$$

又如图 8-35 所示的三绕组耦合电感元件,其磁链方程的矩阵形式为

$$\begin{bmatrix} \Psi_1 \\ \Psi_2 \\ \Psi_3 \end{bmatrix} = \begin{bmatrix} L_1 & -M_{12} & M_{13} \\ -M_{12} & L_2 & -M_{23} \\ M_{13} & -M_{23} & L_3 \end{bmatrix} \begin{bmatrix} i_1 \\ i_2 \\ i_3 \end{bmatrix}$$

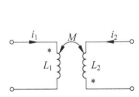

图 8-34 两绕组耦合电感元件

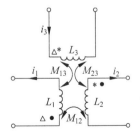

图 8-35 三绕组耦合电感元件

一般,可将 n 绕组耦合电感元件的磁链方程写为矩阵形式

$$\boldsymbol{\Psi} = \boldsymbol{L}\boldsymbol{I} \tag{8-56}$$

式中

$$\boldsymbol{\Psi} = \begin{bmatrix} \Psi_1 & \Psi_2 & \cdots & \Psi_n \end{bmatrix}^T$$

$$\boldsymbol{I} = \begin{bmatrix} i_1 & i_2 & \cdots & i_n \end{bmatrix}^T$$

$$\boldsymbol{L} = \begin{bmatrix} L_1 & \pm M_{12} & \cdots & \pm M_{1n} \\ \pm M_{12} & L_2 & \cdots & \pm M_{2n} \\ \vdots & \vdots & & \vdots \\ \pm M_{1n} & \pm M_{2n} & \cdots & L_n \end{bmatrix}$$

称 $\boldsymbol{\Psi}$ 为磁链列向量;$\boldsymbol{I}$ 为电流列向量;$\boldsymbol{L}$ 为电感矩阵。电感矩阵在互感电路的分析中是一个重要的概念。

2. 关于电感矩阵的说明

(1) 对 n 绕组的互感元件而言,其电感矩阵 $\boldsymbol{L}$ 为 n 阶对称方阵,其对角线上的元素为各绕组的自感系数,非对角线上的元素为互感系数。

(2) 电感矩阵中的自感系数恒取正号;非对角线上的互感系数可正可负,由电流参考方向与同名端的相对关系决定。当两线圈中电流的参考方向同时流入同名端时,相应的互感系数前取正号,反之取负号。

(3) 电感矩阵在耦合电感电路的分析中起着重要作用,它给电路方程的列写带来方便,并可减少错误的出现,稍后将会看到这一点。

3. 倒电感矩阵

为从式(8-56)中解出电流 $\boldsymbol{I}$,在式子两边同时左乘 $\boldsymbol{L}$ 的逆矩阵,可得

$$\boldsymbol{I} = \boldsymbol{L}^{-1}\boldsymbol{\Psi} = \boldsymbol{\Gamma}\boldsymbol{\Psi} \tag{8-57}$$

式中 $\boldsymbol{\Gamma} = \boldsymbol{L}^{-1}$ 称为倒电感矩阵。倒电感矩阵中的各元素不能由自感系数和互感系数直接得到,只能通过求电感矩阵的逆矩阵获得。例如两绕组的耦合电感元件,其电感矩阵为

$$\boldsymbol{L} = \begin{bmatrix} L_1 & M \\ M & L_2 \end{bmatrix}$$

其倒电感矩阵为

$$\boldsymbol{\Gamma} = \boldsymbol{L}^{-1} = \begin{bmatrix} L_1 & M \\ M & L_2 \end{bmatrix}^{-1} = \begin{bmatrix} \Gamma_{11} & \Gamma_{12} \\ \Gamma_{21} & \Gamma_{22} \end{bmatrix} = \begin{bmatrix} \dfrac{L_2}{L_1 L_2 - M^2} & -\dfrac{M}{L_1 L_2 - M^2} \\ -\dfrac{M}{L_1 L_2 - M^2} & \dfrac{L_1}{L_1 L_2 - M^2} \end{bmatrix}$$

需指出的是,倒电感矩阵中的各元素没有实际的物理含义。

五、耦合电感元件的电压方程

耦合电感元件的电压方程根据电磁感应定律决定。若某线圈的电压、电流取关联参考方向,其磁链为 Ψ,则端电压

$$u = \mathrm{d}\Psi/\mathrm{d}t$$

对图 8-36 所示的耦合电感元件，可列出其磁链方程为

$$\begin{cases} \Psi_1 = L_1 i_1 - M i_2 \\ \Psi_2 = -M i_1 + L_2 i_2 \end{cases}$$

由于 u_1 和 i_1 为非关联参考方向，u_1 和 Ψ_1 的方向不符合右手螺旋法则；而 u_2 和 i_2 为关联参考方向，u_2 和 Ψ_2 符合右手螺旋法则，故电压方程为

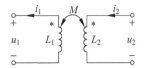

图 8-36　决定耦合电感元件的电压方程用图

$$\begin{cases} u_1 = -\dfrac{\mathrm{d}\Psi_1}{\mathrm{d}t} = -\left(L_1 \dfrac{\mathrm{d}i_1}{\mathrm{d}t} - M \dfrac{\mathrm{d}i_2}{\mathrm{d}t}\right) = -L_1 \dfrac{\mathrm{d}i_1}{\mathrm{d}t} + M \dfrac{\mathrm{d}i_2}{\mathrm{d}t} = u_{L1} + u_{M1} \\ u_2 = \dfrac{\mathrm{d}\Psi_2}{\mathrm{d}t} = -M \dfrac{\mathrm{d}i_1}{\mathrm{d}t} + L_2 \dfrac{\mathrm{d}i_2}{\mathrm{d}t} = u_{M2} + u_{L2} \end{cases}$$

式中，u_{M1}、u_{M2} 称为互感电压。可见每一线圈上的电压均是由自感电压和互感电压合成的。应注意自感电压、互感电压与电流参考方向间的关系。

六、耦合电感元件的含受控源的等效电路

互感元件线圈上的互感电压分量由另一线圈中的电流产生，因此线圈的互感电压可用电流控制的受控电压源表示。对图 8-37(a)所示的耦合电感元件，可写出其电压方程为

$$\begin{cases} u_1 = L_1 \dfrac{\mathrm{d}i_1}{\mathrm{d}t} - M \dfrac{\mathrm{d}i_2}{\mathrm{d}t} \\ u_2 = -M \dfrac{\mathrm{d}i_1}{\mathrm{d}t} + L_2 \dfrac{\mathrm{d}i_2}{\mathrm{d}t} \end{cases}$$

图 8-37　耦合电感元件及其含受控源的等效电路

由上述方程做出其含受控源的等效电路如图 8-37(b)所示。又如图 8-37(c)所示的耦合电感元件，其电压方程为

$$\begin{cases} u_1 = L_1 \dfrac{\mathrm{d}i_1}{\mathrm{d}t} - M \dfrac{\mathrm{d}i_2}{\mathrm{d}t} \\ u_2 = M \dfrac{\mathrm{d}i_1}{\mathrm{d}t} - L_2 \dfrac{\mathrm{d}i_2}{\mathrm{d}t} \end{cases}$$

做出其等效电路如图 8-37(d)所示。

对比上述耦合电感元件及与其对应的含受控源的等效电路,不难得出下述结论:各受控源电压的参考极性与产生它的电流的参考方向对同名端而言是一致的。如在图8-37(c)中,电流 i_1 由"*"端指向另一端,即 1 指向 1′,则它在线圈 2 中产生的互感电压 $M\dfrac{\mathrm{d}i_1}{\mathrm{d}t}$ 的参考方向也是由"*"端指向另一端,即 2 指向 2′。而电流 i_2 是由非"*"端指向"*"端,即 2′指向 2,则其在线圈 1 中产生的互感电压 $M\dfrac{\mathrm{d}i_2}{\mathrm{d}t}$ 的参考方向也由非"*"端指向"*"端,即 1′指向 1。应用上述结论,可在不需列写互感元件 u-i 方程的情况下,直接由耦合电感元件得出其含受控源的等效电路。

七、耦合电感元件中的磁场能量

下面以两绕组耦合电感元件为例讨论耦合电感元件中的能量问题。设互感元件两个线圈的电压、电流均为关联参考方向,则互感元件的瞬时功率为

$$p = u_1 i_1 + u_2 i_2$$

假定互感元件在 $t=0$ 时的初始储能为零,则在任一 t 时刻其储存的能量为

$$\begin{aligned}
W(t) &= \int_0^t p\,\mathrm{d}t' = \int_0^t (u_1 i_1 + u_2 i_2)\,\mathrm{d}t' \\
&= \int_0^t \left[i_1 \left(L_1 \frac{\mathrm{d}i_1}{\mathrm{d}t'} \pm M \frac{\mathrm{d}i_2}{\mathrm{d}t'} \right) + i_2 \left(\pm M \frac{\mathrm{d}i_1}{\mathrm{d}t'} + L_2 \frac{\mathrm{d}i_2}{\mathrm{d}t'} \right) \right] \mathrm{d}t' \\
&= \int_0^t \left[L_1 i_1 \frac{\mathrm{d}i_1}{\mathrm{d}t'} + L_2 i_2 \frac{\mathrm{d}i_2}{\mathrm{d}t'} \pm M \left(i_1 \frac{\mathrm{d}i_2}{\mathrm{d}t'} + i_2 \frac{\mathrm{d}i_1}{\mathrm{d}t'} \right) \right] \mathrm{d}t' \\
&= \frac{1}{2} L_1 i_1^2 + \frac{1}{2} L_2 i_2^2 \pm M i_1 i_2
\end{aligned} \tag{8-58}$$

例 8-10　可用多种实验的方法确定耦合电感器的同名端,图 8-38 是一种实验接线图。试说明当开关 S 合上时,如何根据电压表指针的偏转方向来确定线圈的同名端。

解　图中的 E 是直流电压源,R 为限流电阻,V 为直流电压表,可认为其内阻无穷大,近似为开路,设两线圈的电压、电流的参考方向为关联参考方向。在开关合上的瞬间,通过电压表的电流为零。这样,忽略线圈的电阻后,线圈 1 的两端只有自感电压,线圈 2 的两端只有互感电压,此互感电压使得电压表的指针发生偏转。互感电压为

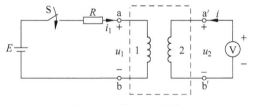

图 8-38　例 8-10 电路

$$u_2 = \pm M \frac{\mathrm{d}i_1}{\mathrm{d}t}$$

在开关合上的瞬间,电流 i_1 从零开始增大,即 $\dfrac{\mathrm{d}i_1}{\mathrm{d}t} > 0$。因此若 a、a′为同名端,则有

$$u_2 = M \frac{\mathrm{d}i_1}{\mathrm{d}t} > 0 \tag{1}$$

若 a、a′为异名端,则有

$$u_2 = -M\frac{di_1}{dt} < 0 \qquad (2)$$

当开关合上时,若电压表正向偏转,表明 $u_2 > 0$,即式(1)得到满足,于是 a、a′ 为同名端;若电压表反向偏转,表明 $u_2 < 0$,即式(2)得到满足,于是 a、a′ 为异名端。

由此可得到如下的结论:

(1) 在开关合上的瞬间,若电压表正向偏转,则连接于电压源正极性端的线圈端子与连在电压表正极性端的线圈端子为同名端;

(2) 在开关打开的瞬间,若电压表正向偏转,则连接于电压源正极性端的线圈端子与连在电压表正极性端的线圈端子为异名端。

练习题

8-6 试确定图 8-39(a)、(b)所示两耦合电感的同名端。

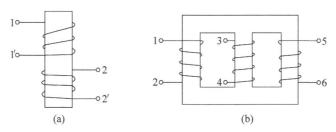

图 8-39 练习题 8-6 图

8-7 试写出图 8-40(a)、(b)所示两互感元件的磁链方程和端口电压-电流方程。

8-8 做出图 8-40(a)所示两耦合电感的含受控源的等效电路。

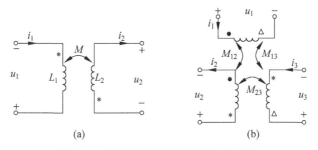

图 8-40 练习题 8-7 和练习题 8-8 电路

8.5 互感耦合电路的分析

含有耦合电感元件的电路称为互感耦合电路。对互感耦合电路的分析计算,关键在于电路方程的列写,而其中的核心问题是正确地表示耦合线圈上的电压。在列写电路方程时,易出现两种错误,一是漏掉某个或某几个互感电压项;二是弄错互感电压的符号。为了能正确无误地写出互感耦合电路的电路方程,下面介绍在正弦稳态下,互感耦合电路方程的两种列写方法,即视察法和电感矩阵法。

一、用视察法列写互感耦合电路的方程

对互感耦合电路采用支路分析法和回路分析法时可用视察法列写电路方程。

1. 支路分析法

在正弦稳态下,耦合电感元件的相量模型如图 8-41 所示。在相量模型中,耦合电感元件的参数均应表示为复阻抗的形式,其中 $j\omega M$ 与互感系数 M 对应,称为复互感抗,而 ωM 称为互感抗。

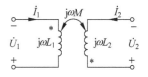

图 8-41 耦合电感元件的相量模型

对图 8-41 所示的电路,初学者易写出下述方程式:

$$\begin{cases} \dot{U}_1 = -j\omega L_1 \dot{I}_1 - j\omega M \dot{I}_2 \\ \dot{U}_2 = -j\omega M \dot{I}_1 - j\omega L_2 \dot{I}_2 \end{cases}$$

而正确的方程应是

$$\begin{cases} \dot{U}_1 = -j\omega L_1 \dot{I} + j\omega M \dot{I} \\ \dot{U}_2 = j\omega M \dot{I}_1 - j\omega L_2 \dot{I}_2 \end{cases}$$

之所以在前一方程中出现互感电压前符号的错误,是因为在列写方程时没有考虑互感磁链与互感电压间是否符合右手螺旋关系。为避免这种错误,稳妥的办法是分两步确定符号,即先根据线圈中电流的参考方向与同名端确定互感磁链的符号,然后根据每一线圈中总磁链的方向与线圈端电压的方向是否符合右手螺旋法则(即线圈的电压和电流的参考方向是否为关联参考方向)确定出互感电压的符号,而不要试图将两步合为一步完成,否则易出现上述符号错误。具体应用时,可采用所谓的"三步法":

(1) 设定每一线圈电压、电流的参考方向为关联参考方向,再由 KVL 写出各端口电压与线圈电压间的关系方程。

(2) 根据各线圈的电流参考方向与同名端的关系,写出每一线圈上电压的表达式。要注意到因第(1)步已设定每一线圈的电压与电流为关联参考方向,则此时写出的线圈电压表达式中的各项符号与磁链方程中的对应各项符号完全相同。

(3) 将第(2)步写出的每一线圈的电压表达式代入第(1)步写出的 KVL 方程并加以整理,即得所需的电路方程。

作为实例,下面对图 8-41 所示电路,应用"三步法"列写方程。

(1) 设定线圈电压与线圈电流为关联参考方向,根据 KVL,可得端口电压与线圈电压间的关系式为

$$\dot{U}_1 = -(\dot{U}_{L1} + \dot{U}_{M1}), \quad \dot{U}_2 = -(\dot{U}_{L2} + \dot{U}_{M2})$$

(2) 写出每一线圈电压的表达式:

$$\dot{U}_{L1} + \dot{U}_{M1} = j\omega L_1 \dot{I}_1 - j\omega M \dot{I}_2$$

$$\dot{U}_{L2} + \dot{U}_{M2} = -j\omega M \dot{I}_1 + j\omega L_2 \dot{I}_2$$

式中自感电压恒为正;若电流流入同名端,则互感电压为正,否则互感电压为负。

(3) 将 $\dot{U}_{L1} + \dot{U}_{M1}$ 及 $\dot{U}_{L2} + \dot{U}_{M2}$ 的表达式代入第(1)步所写的 KVL 方程,便得

$$\begin{cases} \dot{U}_1 = -(\dot{U}_{L1}+\dot{U}_{M1}) = -j\omega L_1 \dot{I}_1 + j\omega M \dot{I}_2 \\ \dot{U}_2 = -(\dot{U}_{L2}+\dot{U}_{M2}) = j\omega M \dot{I}_1 - j\omega L_2 \dot{I}_2 \end{cases}$$

2. 回路分析法

对互感耦合电路应用回路分析法时,是以回路电流为变量列写电路方程,支路电流需用回路电流表示,列写时亦可采用"三步法",求出各回路电流后再求各支路电流。下面通过一实例说明采用回路分析法的具体做法。

例 8-11 试列写图 8-42 所示电路的回路分析法方程。

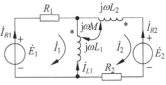

图 8-42 例 8-11 电路

解 设两回路电流 $\dot{I}_1$ 和 $\dot{I}_2$ 的参考方向如图 8-42 所示。

(1) 写出各回路的 KVL 方程。设线圈 1 的端电压为 $(\dot{U}_{L1}+\dot{U}_{M1})$,且与回路电流 $\dot{I}_1$(而不是支路电流 $\dot{I}_{L1}$)为关联参考方向;设线圈 2 上的电压为 $(\dot{U}_{L2}+\dot{U}_{M2})$ 且与回路电流 $\dot{I}_2$(而不是支路电流 $\dot{I}_{R2}$)为关联参考方向。于是有

$$\begin{cases} \dot{I}_1 R_1 + (\dot{U}_{L1}+\dot{U}_{M1}) = \dot{E}_1 \\ \dot{I}_2 R_2 + (\dot{U}_{L2}+\dot{U}_{M2}) - (\dot{U}_{L1}+\dot{U}_{M1}) = -\dot{E}_2 \end{cases}$$

(2) 写出各线圈上电压的表达式。要特别注意的是通过线圈的电流应用回路电流表示。如此时线圈 1 通过的电流是 $(\dot{I}_1-\dot{I}_2)$,且与 $\dot{U}_{L1}+\dot{U}_{M1}$ 为关联参考方向,于是有

$$\dot{U}_{L1}+\dot{U}_{M1} = j\omega L_1(\dot{I}_1-\dot{I}_2) - j\omega M \dot{I}_2$$

$$\dot{U}_{L2}+\dot{U}_{M2} = -j\omega M(\dot{I}_1-\dot{I}_2) + j\omega L_2 \dot{I}_2$$

(3) 将上述结果代入 KVL 方程,可得

$$\begin{cases} \dot{I}_1 R_1 + j\omega L_1(\dot{I}_1-\dot{I}_2) - j\omega M \dot{I}_2 = \dot{E}_1 \\ \dot{I}_2 R_2 + j\omega L_2 \dot{I}_2 - j\omega M(\dot{I}_1-\dot{I}_2) - [j\omega L_1(\dot{I}_1-\dot{I}_2) - j\omega M \dot{I}_2] = -\dot{E}_2 \end{cases}$$

对上式加以整理便得所需的回路方程。

二、用电感矩阵法列写互感耦合电路的电路方程

引用电感矩阵列写互感耦合电路的电路方程的方法称为电感矩阵法。该法有两个优点:一是不易出错,可避免弄错符号及漏项;二是互感耦合电路的节点分析方程用视察法难以写出,但借助于电感矩阵的逆矩阵(称倒电感矩阵)可方便地列写。下面分别举例说明电感矩阵法在回路分析法和节点分析法中的应用。

1. 用电感矩阵列写互感电路的回路方程

用电感矩阵法列写回路分析方程的具体步骤为:

(1) 根据各回路电流与同名端的关系写出电感矩阵 $\boldsymbol{L}$。

(2) 设定各线圈电压与电流为关联参考方向(应注意此时线圈电流是用回路电流表示

的),由 L 矩阵写出各线圈电压的表达式。

(3) 根据 KVL,写出各回路的电压方程。

(4) 将各线圈电压的表达式代入各回路电压方程并加以整理,即得所需的回路方程。

例 8-12 试写出图 8-43 所示电路的回路方程。

解 回路电流的参考方向如图 8-43 所示。

(1) 写出电感矩阵为

$$L = \begin{bmatrix} L_1 & -M_{12} & -M_{13} \\ -M_{12} & L_2 & M_{23} \\ -M_{13} & M_{23} & L_3 \end{bmatrix}$$

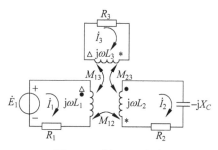

图 8-43 例 8-12 电路

上述电感矩阵中互感系数的符号,取决于通过线圈的回路电流的方向与同名端的关系。

(2) 写出各线圈电压的表达式。由于线圈电压与通过线圈的电流为关联参考方向,故线圈电压为

$$\dot{U}_L = j\omega L \dot{I} = j\omega \begin{bmatrix} L_1 & -M_{12} & -M_{13} \\ -M_{12} & L_2 & M_{23} \\ -M_{13} & M_{23} & L_3 \end{bmatrix} \begin{bmatrix} \dot{I}_1 \\ \dot{I}_2 \\ \dot{I}_3 \end{bmatrix} = \begin{bmatrix} j\omega L_1 \dot{I}_1 - j\omega M_{12}\dot{I}_2 - j\omega M_{13}\dot{I}_3 \\ -j\omega M_{12}\dot{I}_1 + j\omega L_2 \dot{I}_2 + j\omega M_2 \dot{I}_3 \\ -j\omega M_{13}\dot{I}_1 + j\omega M_{23}\dot{I}_2 + j\omega L_3 \dot{I}_3 \end{bmatrix}$$

(3) 写出各回路的 KVL 方程为

$$\begin{cases} \dot{I}_1 R_1 + \dot{U}_{L1} = \dot{E}_1 \\ \dot{I}_2 R_2 - jX_C \dot{I}_2 + \dot{U}_{L2} = 0 \\ \dot{I}_3 R_3 + \dot{U}_{L3} = 0 \end{cases}$$

(4) 将各线圈电压表达式代入回路电压方程

$$\begin{cases} \dot{I}_1 R_1 + (j\omega L_1 \dot{I}_1 - j\omega M_{12}\dot{I}_2 - j\omega M_{13}\dot{I}_3) = \dot{E}_1 \\ \dot{I}_2 R_2 - jX_C \dot{I}_2 + (-j\omega M_{12}\dot{I}_1 + j\omega L_2 \dot{I}_2 + j\omega M_{23}\dot{I}_3) = 0 \\ \dot{I}_3 R_3 + (-j\omega M_{13}\dot{I}_1 + j\omega M_{23}\dot{I}_2 + j\omega L_3 \dot{I}_3) = 0 \end{cases}$$

然后加以整理,便得所需的回路方程。

2. 用电感矩阵列写互感电路的节点分析方程

可以看出,在用视察法列写耦合电路的节点方程时将会遇到困难,这是因为难以将线圈电流用节点电压表示。但引用电感矩阵及其逆阵(称倒电感矩阵)后,这一问题便可得到解决。用倒电感矩阵写节点分析方程的具体步骤如下:

(1) 给出各支路电流的参考方向并借助电感矩阵表示各线圈电压,即写出方程

$$\dot{U}_L = j\omega L \dot{I}_L$$

(2) 由矩阵形式的线圈电压方程解出各线圈电流,即

$$\dot{I}_L = \frac{1}{j\omega} \boldsymbol{\Gamma} \dot{U}_L$$

式中

$$\boldsymbol{\Gamma} = L^{-1}$$

$\boldsymbol{\Gamma}$ 为 $\boldsymbol{L}$ 的逆阵,即耦合线圈的倒电感矩阵。

（3）列写各节点的 KCL 方程。

（4）将用节点电压表示的各支路电流代入 KCL 方程并加以整理。

例 8-13 试写出图 8-44 所示电路的节点方程。

解 选定参考节点及给出各支路电流的参考方向如图 8-44 所示。

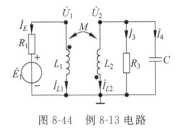

图 8-44 例 8-13 电路

（1）写出矩阵形式的线圈电压方程为

$$\begin{bmatrix} \dot{U}_{L1} \\ \dot{U}_{L2} \end{bmatrix} = j\omega \begin{bmatrix} L_1 & -M \\ -M & L_2 \end{bmatrix} \begin{bmatrix} \dot{I}_{L1} \\ \dot{I}_{L2} \end{bmatrix}$$

（2）由上面的矩阵方程解出线圈电流向量为

$$\begin{bmatrix} \dot{I}_{L1} \\ \dot{I}_{L2} \end{bmatrix} = \frac{1}{j\omega} \begin{pmatrix} L_1 & -M \\ -M & L_2 \end{pmatrix}^{-1} \begin{bmatrix} \dot{U}_{L1} \\ \dot{U}_{L2} \end{bmatrix} = \frac{1}{j\omega} \begin{bmatrix} \dfrac{L_2}{\Delta} & \dfrac{M}{\Delta} \\ \dfrac{M}{\Delta} & \dfrac{L_1}{\Delta} \end{bmatrix} \begin{bmatrix} \dot{U}_{L1} \\ \dot{U}_{L2} \end{bmatrix}$$

式中

$$\Delta = L_1 L_2 - M^2$$

于是各线圈电流为

$$\begin{cases} \dot{I}_{L1} = \dfrac{L_2}{j\omega\Delta}\dot{U}_{L1} + \dfrac{M}{j\omega\Delta}\dot{U}_{L2} \\ \dot{I}_{L2} = \dfrac{M}{j\omega\Delta}\dot{U}_{L1} + \dfrac{L_1}{j\omega\Delta}\dot{U}_{L2} \end{cases}$$

由于节点电压 $\dot{U}_1$ 和 $\dot{U}_2$ 就是两线圈的端电压,因此可将上面两方程中的 $\dot{U}_{L1}$ 和 $\dot{U}_{L2}$ 换为 $\dot{U}_1$ 和 $\dot{U}_2$。

（3）写出各点节的 KCL 方程为

$$\dot{I}_{L1} + \dot{I}_E = 0, \quad \dot{I}_{L2} + \dot{I}_3 + \dot{I}_4 = 0$$

（4）将用节点电压表示的各支路电流代入 KCL 方程,得

$$\begin{cases} \left(\dfrac{L_2}{j\omega\Delta}\dot{U}_1 + \dfrac{M}{j\omega\Delta}\dot{U}_2\right) + \dfrac{\dot{U}_1 - \dot{E}_1}{R_1} = 0 \\ \left(\dfrac{M}{j\omega\Delta}\dot{U}_1 + \dfrac{L_1}{j\omega\Delta}\dot{U}_2\right) + \dfrac{\dot{U}_2}{R_3} + j\omega C \dot{U}_2 = 0 \end{cases}$$

整理后可得

$$\begin{cases} \left(\dfrac{L_2}{j\omega\Delta} + \dfrac{1}{R_1}\right)\dot{U}_1 + \dfrac{M}{j\omega\Delta}\dot{U}_2 = \dfrac{\dot{E}_1}{R_1} \\ \dfrac{M}{j\omega\Delta}\dot{U}_1 + \left(\dfrac{L_1}{j\omega} + \dfrac{1}{R_3} + j\omega C\right)\dot{U}_2 = 0 \end{cases}$$

练习题

8-9 试列写图 8-45 所示互感耦合电路的支路法方程和网孔法方程。

8-10 列写图 8-46 所示互感耦合电路的节点法方程。

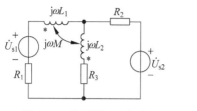
图 8-45 练习题 8-9 电路

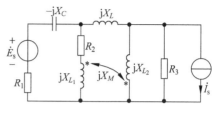
图 8-46 练习题 8-10 电路

8.6 耦合电感元件的去耦等效电路

将耦合电感元件用一无耦合的电路等效称为耦合电感器的去耦。去耦法主要用于各线圈采用一定连接方式的耦合电感元件的简化。下面分四种情况讨论。

一、耦合电感元件的串联

互感元件线圈的串联有两种情况。如两绕组的互感元件串联时，一种情况是异名端相连，如图 8-47(a)所示，称为顺接；另一种情况是同名端相连，如图 8-47(b)所示，称为反接。

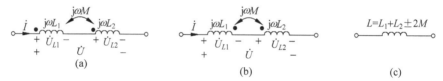

图 8-47 耦合电感元件的串联及其去耦等效电路

1. 顺接时的去耦等效电路

由图 8-47(a)可写出顺接时的端口电压方程为

$$\dot{U}=\dot{U}_{L1}+\dot{U}_{L2}=(j\omega L_1\dot{I}+j\omega M\dot{I})+(j\omega M\dot{I}+j\omega L_2\dot{I})$$
$$=j\omega(L_1+L_2+2M)\dot{I}=j\omega L\dot{I}$$

式中

$$L=L_1+L_2+2M \tag{8-59}$$

这表明，在顺接时，两绕组的耦合电感元件可用一自感系数为 $L=L_1+L_2+2M$ 的自感元件等效。这一自感元件 L 便是该互感元件的去耦等效电路。

2. 反接时的去耦等效电路

由图 8-47(b)可写出反接时的端口电压方程为

$$\dot{U}=\dot{U}_{L1}+\dot{U}_{L2}=(j\omega L_1\dot{I}-j\omega M\dot{I})+(-j\omega M\dot{I}+j\omega L_2\dot{I})$$
$$=j\omega(L_1+L_2-2M)\dot{I}=j\omega L\dot{I}$$

式中

$$L=L_1+L_2-2M \tag{8-60}$$

这表明,在反接时两绕组的耦合电感元件可用一自感系数为 $L=L_1+L_2-2M$ 的自感元件等效。

综上所述,两绕组的耦合电感元件串联时,可等效为一个自感元件,该自感元件的参数为 $L=L_1+L_2\pm 2M$,如图 8-47(c)所示,互感系数前的正号对应于顺接,负号对应于反接。

按类似方法,可导出 n 绕组的耦合电感元件在串联情况下的等效电感值为

$$L=\sum_{k=1}^{n}L_k+\sum_{i=1}^{n}\sum_{j=1}^{n}\pm M_{ij} \quad (i\neq j) \tag{8-61}$$

当电流的参考方向为从第 i 个线圈和第 j 个线圈的同名端流入时,上式中的 M_{ij} 前取正号,反之则取负号。

二、耦合电感元件的并联

互感元件线圈的并联也有两种情况。以两绕组的互感元件为例,其有同名端相接时的并联,如图 8-48(a)所示,以及异名端相接时的并联,如图 8-48(b)所示。

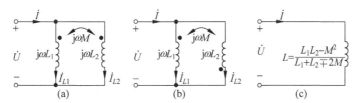

图 8-48 耦合电感元件的并联及其去耦等效电路

1. 同名端相连时的并联

由图 8-48(a),可得

$$\begin{bmatrix}\dot{U}_{L1}\\ \dot{U}_{L2}\end{bmatrix}=j\omega\begin{bmatrix}L_1 & M\\ M & L_2\end{bmatrix}\begin{bmatrix}\dot{I}_{L1}\\ \dot{I}_{L2}\end{bmatrix}$$

则

$$\begin{bmatrix}\dot{I}_{L1}\\ \dot{I}_{L2}\end{bmatrix}=\frac{1}{j\omega}\begin{bmatrix}\dfrac{L_2}{\Delta} & -\dfrac{M}{\Delta}\\ -\dfrac{M}{\Delta} & \dfrac{L_1}{\Delta}\end{bmatrix}\begin{bmatrix}\dot{U}_{L1}\\ \dot{U}_{L2}\end{bmatrix}$$

式中,$\Delta=L_1L_2-M^2$,由 KCL,有

$$\dot{I}=\dot{I}_{L1}+\dot{I}_{L2}=\left(\frac{L_2}{j\omega\Delta}\dot{U}_{L1}-\frac{M}{j\omega\Delta}\dot{U}_{L2}\right)+\left(-\frac{M}{j\omega\Delta}\dot{U}_{L1}+\frac{L_1}{j\omega\Delta}\dot{U}_{L2}\right)$$

但

$$\dot{U}_{L1}=\dot{U}_{L2}=\dot{U}$$

$$\dot{I}=\frac{1}{j\omega}\frac{L_1+L_2-2M}{\Delta}\dot{U}=\frac{1}{j\omega L}\dot{U}$$

式中

$$L = \frac{L_1 L_2 - M^2}{L_1 + L_2 - 2M} \tag{8-62}$$

这表明同名端相连时,两绕组耦合电感元件的并联可用一自感系数为 $L = \frac{L_1 L_2 - M^2}{L_1 + L_2 - 2M}$ 的自感元件等效。

2. 异名端相连时的并联

按同样方法,可导出异名端相接时耦合电感元件的并联可用一自感系数 $L = (L_1 L_2 - M^2)/(L_1 + L_2 + 2M)$ 的自感元件等效。

综上所述,在并联的情况下,两绕组的耦合电感元件可用一自感元件等效(如图 8-48(c)所示),该自感元件的参数为

$$L = \frac{L_1 L_2 - M^2}{L_1 + L_2 \mp 2M} \tag{8-63}$$

上式分母中互感系数前的负号对应于同名端相接的情况,而正号对应于异名端相接的情况。

按类似方法可导出多绕组的耦合电感元件并联时的等效电感值为

$$\Gamma = \sum_{k=1}^{n} \Gamma_k + \sum_{i=1}^{n} \sum_{j=1}^{n} \pm \Gamma_{ij} \tag{8-64}$$

在上式中,当线圈 i 与线圈 j 同名端相连时,Γ_{ij} 前取"$-$"号,否则取"$+$"号。应注意,$\Gamma_k \neq 1/L_k$,$\Gamma_{ij} \neq 1/M_{ij}$。$\Gamma_k$ 和 Γ_{ij} 为倒电感矩阵 $\boldsymbol{\Gamma}$ 中的元素。例如当 $n=2$ 且为同名端相连的并联时,有

$$\Gamma_1 = \frac{L_2}{L_1 L_2 - M^2}, \quad \Gamma_2 = \frac{L_1}{L_1 L_2 - M^2}, \quad \Gamma_{12} = \Gamma_{21} = \frac{M}{L_1 L_2 - M^2}$$

于是得

$$\Gamma = \Gamma_1 + \Gamma_2 - 2\Gamma_{12} = \frac{L_1 + L_2 - 2M}{L_1 L_2 - M^2}$$

则等效电感值为

$$L = \Gamma^{-1} = \frac{L_1 L_2 - M^2}{L_1 + L_2 - 2M}$$

三、多绕组耦合电感元件的混联

对多绕组($n > 2$)互感元件线圈混联的情况,可用电感矩阵及依据 KCL、KVL 求得其端口的等效电感值。下面举例说明求解的方法。

例 8-14 一个三绕组的耦合电感元件,其各绕组的连接情况如图 8-49 所示。试求其端口等值电感。已知 $L_1 = 1\mathrm{H}$,$L_2 = L_3 = 2\mathrm{H}$,$M_{12} = M_{13} = 0.5\mathrm{H}$,$M_{23} = 1\mathrm{H}$。

解 根据各绕组的同名端,写出该互感元件的电感矩阵为

$$\boldsymbol{L} = \begin{bmatrix} 1 & -0.5 & -0.5 \\ -0.5 & 2 & 1 \\ -0.5 & 1 & 2 \end{bmatrix}$$

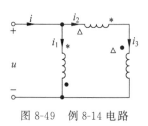

图 8-49 例 8-14 电路

于是由 $\boldsymbol{\Psi}=\boldsymbol{L}\boldsymbol{i}$ 可写出互感元件的磁链-电流方程为

$$\begin{cases} \Psi_1 = i_1 - 0.5i_2 - 0.5i_3 \\ \Psi_2 = -0.5i_1 + 2i_2 + i_3 \\ \Psi_3 = -0.5i_1 + i_2 + 2i_3 \end{cases}$$

又由 KCL,有

$$i = i_1 + i_2, \quad i_2 = i_3$$

根据 KVL,有

$$u = u_1, \quad u = u_2 + u_3$$

由此可得

$$\Psi = \Psi_1, \quad \Psi = \Psi_2 + \Psi_3$$

将上述 KCL、KVL 方程代入磁链-电流方程后可得

$$\begin{cases} \Psi = 2i_1 - i \\ \Psi = -7i_1 + 6i \end{cases}$$

由上面两式得到

$$\Psi = \frac{5}{9}i$$

于是求得端口等效电感值为

$$L = \frac{\Psi}{i} = \frac{5}{9} \text{H}$$

四、有一公共连接点的两绕组耦合电感元件

图 8-50(a)所示电路为一接于某网络中的两绕组耦合电感元件,因它有三个端钮与外部电路相接,可将其视为一个三端电路,其中端钮 1 称为公共端钮。要注意不要认为两绕组为串联,因为流入端钮 1 的电流不为零。该耦合电感元件可用一无耦合的三端网络等效。下面导出其等效电路,分两种情况讨论。

1. 同名端联于公共端钮

对图 8-50(a)所示电路,可列出如下方程组:

$$\begin{cases} \dot{I} = \dot{I}_1 + \dot{I}_2 & (1) \\ \dot{U}_{12} = j\omega L_1 \dot{I}_1 + j\omega M \dot{I}_2 & (2) \\ \dot{U}_{13} = j\omega M \dot{I}_1 + j\omega L_2 \dot{I}_2 & (3) \end{cases}$$

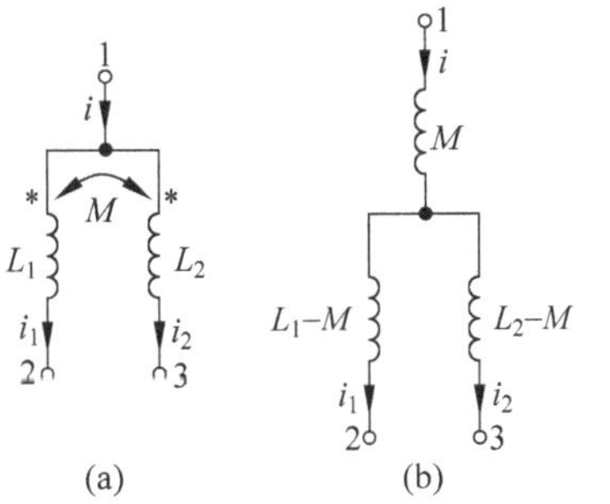

图 8-50 同名端接于公共端钮的两绕组耦合电感器及其等效电路

由式(1)得

$$\dot{I}_1 = \dot{I} - \dot{I}_2, \quad \dot{I}_2 = \dot{I} - \dot{I}_1$$

将之分别代入式(2)及式(3),得

$$\dot{U}_{12} = j\omega L_1 \dot{I}_1 + j\omega M(\dot{I} - \dot{I}_1) = j\omega(L_1 - M)\dot{I}_1 + j\omega M\dot{I} \quad (4)$$

$$\dot{U}_{12} = j\omega M(\dot{I} - \dot{I}_2) + j\omega L_2 \dot{I}_2 = j\omega M\dot{I} + j\omega(L_2 - M)\dot{I}_2 \quad (5)$$

对应于式(4)和式(5)的等效电路如图 8-50(b)所示,这就是同名端联于公共端钮的两绕

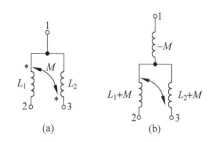

图 8-51 异名端接于公共端钮的两绕组耦合电感元件及其等效电路

组耦合电感元件的"T"形去耦等效电路,它由三个自感元件构成。

2. 异名端联于公共端钮

图 8-51(a)所示为异名端联于公共端钮的两绕组耦合电感元件。按上面类似的方法,可做出其去耦等效电路如图 8-51(b)所示。

显然,图 8-50(b)和图 8-51(b)两种等效电路的区别在于元件参数中互感系数的符号正好是相反的。

五、关于耦合电感元件去耦等效电路的说明

(1) 耦合电感元件的线圈在串并联时,其去耦等效电路均为一自感元件;而具有三个引出端子的两绕组耦合电感元件有一公共端钮联在一起时,其去耦等效电路为一个三端网络。

(2) 在作去耦等效电路时,注意不要弄错等效参数的计算公式。在上述三种形式的耦合电感元件电路中,均有同名端相连和异名端相连这两种情况(混联的情况除外),两种情况的参数计算公式是相似的,其差别均在公式中的互感系数前的符号上(但要注意在并联时的计算公式中,两种情况下分子中互感系数前的符号是相同的)。

(3) 在许多情况下,利用互感的去耦等效电路可使互感耦合电路的分析计算更为简便,且不易出错。

例 8-15 在图 8-52(a)所示电路中,已知 $L_1=1\text{H}, L_2=2\text{H}, L_3=3\text{H}, L_4=0.5\text{H}, M_1=0.5\text{H}, M_2=0.25\text{H}, R=8\Omega, e=20\sqrt{2}\sin 2t\text{V}$,求 i。

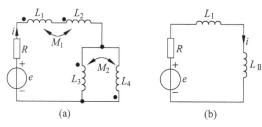

图 8-52 例 8-15 电路

解 在这一电路中,分别有一耦合电感元件的串联和并联,应用去耦法,将它们各用一个自感元件等效,可得等效电路如图 8-52(b)所示。该图中

$$L_\text{I} = L_1 + L_2 + 2M_1 = 1 + 2 + 2 \times 0.5 = 4\text{H}$$

$$L_\text{II} = \frac{L_3 L_4 - M_2^2}{L_3 + L_4 + 2M_2} = \frac{3 \times 0.5 - 0.25^2}{3 + 0.5 + 2 \times 0.25} = 0.36\text{H}$$

于是可求得电流相量

$$\dot{I} = \frac{\dot{E}}{Z} = \frac{20\underline{/0°}}{8 + \text{j}2 \times 4.36} = \frac{20\underline{/0°}}{11.83\underline{/47.5°}} = 1.69\underline{/-47.5°}\text{A}$$

$$i = 1.69\sqrt{2}\sin(2t - 47.5°)\,\text{A}$$

此题若不用去耦法而对原电路直接列写电路方程求解,无疑使计算过程变得复杂许多。

练习题

8-11 试求图 8-53 所示互感耦合电路的端口等效电感值。

8-12 互感耦合电路如图 8-54 所示,用去耦法求电压源发出的有功功率。

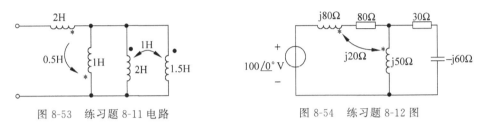

图 8-53 练习题 8-11 电路　　　　图 8-54 练习题 8-12 图

8.7 空心变压器电路

不用铁芯的变压器称空心变压器。空心变压器可用耦合电感元件构成其电路模型。典型的空心变压器电路如图 8-55 所示。该图中虚线框内的部分即为空心变压器的电路模型,Z_L 为变压器的负载。通常和电源相接的绕组称为初级线圈,也称为变压器的原方;和负载相接的绕组称为次级线圈,也称为变压器的副方。

一、空心变压器电路的去耦等效电路

将图 8-55 电路中的 a 和 a′ 用导线连接后,可认为电路中的耦合电感元件属于同名端接于公共端钮的三端耦合电感元件,这样可做出其去耦等效电路如图 8-56 所示。

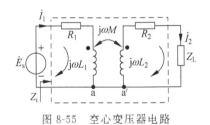

图 8-55 空心变压器电路

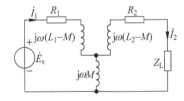

图 8-56 空心变压器的去耦等效电路

二、空心变压器电路的含受控源的等效电路

按图 8-55 所示电路中给出的回路电流的参考方向,可列出其回路方程为

$$\begin{cases} R_1\dot{I}_1 + j\omega L_1\dot{I}_1 - j\omega M\dot{I}_2 = \dot{E}_s \\ R_2\dot{I}_2 + Z_L\dot{I}_2 + j\omega L_2\dot{I}_2 - j\omega M\dot{I}_1 = 0 \end{cases} \tag{8-65}$$

若将每一互感电压视作流控电压源的输出,则按上述方程组可做出图 8-57 所示的等效电路。

由式(8-65)可解出回路电流为

$$\dot{I}_1 = \frac{R_2 + j\omega L_2 + Z_L}{(R_1 + j\omega L_1)(R_2 + j\omega L_2 + Z_L) + (\omega M)^2}\dot{E}_s \quad (8\text{-}66)$$

$$\dot{I}_2 = \frac{j\omega M}{(R_1 + j\omega L_1)(R_2 + j\omega L_2 + Z_L) + (\omega M)^2}\dot{E}_s \quad (8\text{-}67)$$

对空心变压器电路的分析,常采用图 8-57 所示的含有受控源的等效电路,而做出这一等效电路的关键是决定两个受控源的极性。不难看出,受控源的极性与原、副方电流是否流入同名端相关联,当原、副方电流流入异名端时(图 8-55),受控源电位升的方向和原、副方电流的方向一致(图 8-57);若两回路电流流入同名端时,则受控源电压降的方向与回路电流的方向一致。掌握了这一规律,就不难直接根据互感耦合电路做出其等效电路。

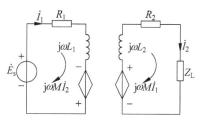

图 8-57 空心变压器的含受控源的等效电路

三、反射阻抗的概念及初级回路的去耦等效电路

由式(8-66)可求出从电源端看进去的电路等效复阻抗为

$$Z_i = \frac{\dot{E}_s}{\dot{I}_1} = R_1 + j\omega L_1 + \frac{(\omega M)^2}{R_2 + j\omega L_2 + Z_L} = Z_{11} + \frac{(\omega M)^2}{Z_{22}} \quad (8\text{-}68)$$

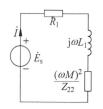

图 8-58 空心变压器初级回路的无耦等效电路

可见电路的输入阻抗由两部分组成,一部分为 $Z_{11} = R_1 + j\omega L_1$,称为初级回路的自阻抗;另一部分为 $Z_f = \frac{(\omega M)^2}{Z_{22}} = \frac{(\omega M)^2}{R_2 + j\omega L_2 + Z_L}$ 称为次级回路在初级回路的反射阻抗。反射阻抗体现了次级回路对初级回路的影响,它实质上反映的是互感元件的耦合作用。由输入阻抗的表达式(8-68)可得初级回路又一形式的等效电路如图 8-58 所示,这一等效电路中既无互感元件,也无受控源,因此又称它为初级回路的无耦合等效电路。应注意到,这一等效电路中的阻抗和反射阻抗只与原、副方元件的参数有关,而与电压、电流的方向及同名端无关。在实用中,常用初级回路的无耦合等效电路求出原方电流。这表明引用反射阻抗的概念后,空心变压器电路的计算可转化为对初级回路的计算,而不必列方程组求解。

例 8-16 求图 8-59(a)所示电路中的电容电压 $\dot{U}_C$。已知 $R_1 = 6\Omega$,$X_L = 6\Omega$,$X_C = 1\Omega$,$X_{L1} = 3\Omega$,$X_{L2} = 2\Omega$,$X_M = 1\Omega$,$\dot{E} = 12\underline{/80°}$V。

解 利用反射阻抗的概念求解。做出初级回路和次级回路的等效电路如图 8-59(b)所示。做次级等效电路时应注意受控电压源的极性。由于原电路中两线圈中的电流是流入同名端的,故受控源电压降的方向和电流 $\dot{I}_2$ 的方向一致。反射阻抗为

$$Z_f = \frac{(\omega M)^2}{Z_{22}} = \frac{1}{j1} = -j1\Omega$$

由初级回路等效电路,可求得

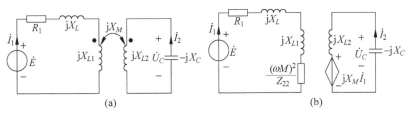

图 8-59 例 8-16 电路

$$\dot{I}_1 = \frac{\dot{E}}{R_1 + j(\omega L + \omega L_1) + \frac{(\omega M)^2}{Z_{22}}} = \frac{12\underline{/80°}}{6+j9-j} = 1.2\underline{/26.9°} \text{A}$$

由次级等效电路可求得

$$\dot{I}_2 = \frac{-jX_M \dot{I}_1}{j2-j} = -X_M \dot{I}_1 = -\dot{I}_1 = -1.2\underline{/26.9°} = 1.2\underline{/-153.1°} \text{A}$$

$$\dot{U}_C = -(-jX_C)\dot{I}_2 = j\dot{I}_2 = 1.2\underline{/-63.1°} \text{V}$$

练习题

8-13 用反射阻抗的概念求图 8-60(a)、(b)两电路的端口等值电感。

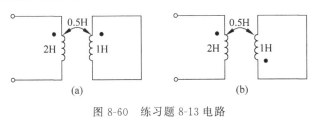

图 8-60 练习题 8-13 电路

8-14 电路如图 8-61 所示。试用反射阻抗的概念求负载阻抗 Z_L 为何值时其获得最大功率。

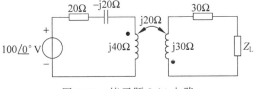

图 8-61 练习题 8-14 电路

8.8 全耦合变压器与理想变压器

变压器是电工、电子技术中常用的器件。变压器分为两种：一种是空心变压器；另一种是铁芯变压器。空心变压器可用耦合电感元件构成其模型，8.7节已介绍了空心变压器电路及其分析方法。铁芯变压器是将初、次级线圈绕在一个磁导率很高的磁心上而构成的，它是一个耦合系数近于1的紧耦合互感元件。铁芯变压器在电力工程中主要用于高、低电压的转换，而在电子技术中主要起阻抗变换作用。分析铁芯变压器时，可用全耦合互感元件

(也叫全耦合变压器)或理想变压器作为它的模型,也可在理想变压器的基础上添加一些其他元件构成其模型。下面先分析全耦合变压器,而后介绍理想变压器。

一、全耦合变压器

1. 全耦合变压器的线圈匝数比与自感系数的关系

图 8-62 所示为一全耦合变压器,其初级线圈的匝数为 N_1,自感系数为 L_1;次级线圈为 N_2 匝,自感系数为 L_2;因是全耦合,则耦合系数 $k=1$,故 $M=\sqrt{L_1 L_2}$;两线圈的匝数比 $n=N_1/N_2$。下面先导出匝数比 n 与线圈的自感系数 L_1、L_2 间的关系式。

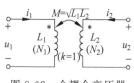

图 8-62 全耦合变压器

线圈的自感系数定义为

$$L = \Psi/i$$

当线圈只有一匝时,通过电流 i 将产生磁通 Φ_0,由于只有一匝,磁链等于磁通,于是单匝线圈的自感系数为

$$L_0 = \Psi_0/i = \Phi_0/i$$

若线圈有 N 匝,电流 i 所产生的磁通为 Φ_0 的 N 倍,即 $\Phi = N\Phi_0$,又因它与线圈的 N 匝全部交链,则磁链为

$$\Psi = N\Phi = N^2 \Phi_0$$

于是该线圈的自感系数为

$$L = \frac{\Psi}{i} = \frac{N^2 \Phi_0}{i} = N^2 L_0$$

这表明一线圈的自感系数与其匝数的平方成正比。

在全耦合的情况下,穿过每一匝的磁通均相同,便有

$$\frac{L_1}{L_2} = \frac{N_1^2 L_0}{N_2^2 L_0} = \frac{N_1^2}{N_2^2} = n^2$$

即

$$n = \sqrt{L_1/L_2} \tag{8-69}$$

式(8-69)就是匝数比与自感系数间的关系式。

2. 全耦合变压器的等效电路

先求出图 8-62 所示全耦合变压器的初、次级电流相量 $\dot{I}_1$ 和 $\dot{I}_2$。设接于次级的负载复阻抗为 Z_L,应用反射阻抗的概念,可求得

$$\dot{I}_1 = \frac{\dot{U}_1}{j\omega L_1 + \dfrac{(\omega M)^2}{j\omega L_2 + Z_L}} = \frac{(j\omega L_2 + Z_L)\dot{U}_1}{-\omega^2 L_1 L_2 + j\omega L_1 Z_L + (\omega M)^2} \tag{8-70}$$

因 $M = \sqrt{L_1 L_2}$ 及 $L_1/L_2 = n^2$,式(8-70)可写为

$$\dot{I}_1 = \left(\frac{1}{n^2 Z_L} + \frac{1}{j\omega L_1}\right)\dot{U}_1 \tag{8-71}$$

$$\dot{I}_2 = \frac{-j\omega M \dot{I}_1}{j\omega L_2 + Z_L} = \frac{-j\omega M}{j\omega L_2 + Z_L}\left(\frac{1}{n^2 Z_L} + \frac{1}{j\omega L_1}\right)\dot{U}_1 = \frac{-j\omega M}{j\omega L_2 + Z_L} \cdot \frac{n^2 Z_L + j\omega L_1}{n^2 Z_L \cdot j\omega L_1}\dot{U}_1$$

$$= \frac{-j\omega M(n^2 Z_L + j\omega L_1)}{j\omega L_1 Z_L(n^2 Z_L + j\omega L_2 n^2)} \dot{U}_1 \quad (8\text{-}72)$$

由 $n^2 = L_1/L_2$，得 $L_1 = L_2 n^2$，则式(8-72)可写为

$$\dot{I}_2 = \frac{-j\omega M(n^2 Z_L + j\omega L_1)}{j\omega L_1 Z_L(n^2 Z_L + j\omega L_1)} \dot{U}_1 = -\frac{M}{L_1 Z_L} \dot{U}_1 = -\frac{\sqrt{L_1 L_2}}{L_1 Z_L} \dot{U}_1 = \frac{-\dot{U}_1}{\sqrt{\frac{L_1}{L_2}} Z_L} = \frac{\frac{1}{n}\dot{U}_1}{Z_L} \quad (8\text{-}73)$$

根据式(8-71)和式(8-73)，可做出全耦合变压器的等效电路如图 8-63 所示。分析该等效电路可得出两个重要结论：

图 8-63　全耦合变压器的等效电路

（1）从初级回路的等效电路看，原接于次级回路的复阻抗 Z_L 相当于接在电路端口的复阻抗 $n^2 Z_L$。这表明全耦合变压器有阻抗变换的作用。

（2）从次级回路的等效电路看，次级线圈的端电压为 $\dot{U}_2 = \dot{U}_1/n$，即 $\dot{U}_1/\dot{U}_2 = n$，这表明初、次级线圈的电压之比等于匝数比，且此比值与负载无关。

二、理想变压器

1. 理想变压器的特性方程

若使全耦合变压器中的自感系数 L_1 和 L_2 均趋于无限大，则图 8-63 所示的全耦合变压器等效电路中的 L_1 相当于开路，该等效电路变为图 8-64 所示的电路。可导出此电路两端口中的电流 $\dot{I}_1$ 和 $\dot{I}_2$ 的关系式为

$$\dot{I}_1 = \frac{\dot{U}_1}{n^2 Z_L} = \frac{n \dot{U}_2}{n^2 Z_L} = -\frac{1}{n} \dot{I}_2$$

于是该变压器的端口特性方程为

$$\dot{U}_1 = n \dot{U}_2 \quad (8\text{-}74)$$

$$\dot{I}_1 = -\frac{1}{n} \dot{I}_2 \quad (8\text{-}75)$$

具有上述端口特性方程的变压器称为理想变压器，式(8-74)和式(8-75)均为其定义式，电路符号如图 8-65 所示。

图中带"∗"符号的端子称为理想变压器的同名端，接至电源的一侧绕组称为变压器的原方，和负载相接的一侧绕组称为变压器的副方。

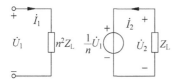

图 8-64　理想变压器的等效电路

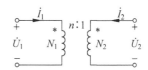

图 8-65　理想变压器的电路符号

2. 关于理想变压器的说明

（1）作为一种电路元件，理想变压器和电阻、电感、电容等电路元件处于同等重要的地

位。它可看作为实际铁芯变压器的理想化模型。事实上对于那些设计优良的实际铁芯变压器而言,可直接用理想变压器加以模拟;而一般的铁芯变压器可用理想变压器与其他电路元件的组合构成电路模型。

(2) 理想变压器特性方程中的各电压、电流与频率无关,因此关系式(8-74)和式(8-75)适用于任意波形的电压和电流,这表明理想变压器的定义式可写为

$$u_1 = nu_2 \tag{8-76}$$

$$i_1 = -\frac{1}{n}i_2 \tag{8-77}$$

(3) 实际变压器的工作原理是电磁感应定律,因此用于模拟实际变压器的理想变压器的特性方程只适用于时变的电压、电流,而不适用于直流的情况。

(4) 将式(8-76)和式(8-77)相乘,便有

$$u_1 i_1 + u_2 i_2 = 0 \tag{8-78}$$

这表明在任意时刻理想变压器初级线圈和次级线圈输入功率的总和为零,即它既不消耗能量,也不储存能量。故理想变压器是一种无损耗无记忆的非储能元件。

(5) 理想变压器和线圈有相同的电路符号,但对理想变压器,这并不代表有任何电感作用。表征理想变压器的唯一参数是匝比 $n = N_1/N_2$。

3. 理想变压器的阻抗变换性质

理想变压器不仅能变换电压和电流,而且能变换阻抗。这一特性称为理想变压器的阻抗变换性质。

如在图8-66(a)中,理想变压器的次级接有一复阻抗 Z_L,则理想变压器的输入复阻抗为

$$Z_i = \frac{\dot{U}_1}{\dot{I}_1} = \frac{n\dot{U}_2}{-\frac{1}{n}\dot{I}_2} = n^2 Z_L \tag{8-79}$$

可得初级回路的等效电路如图8-66(b)所示。

这表明当变压器的副方接有一阻抗 Z_L 时,从原方看进去的阻抗为副方阻抗的 n^2 倍。

在电子技术中常利用理想变压器的阻抗变换性质实现最大功率的传输(阻抗匹配)。

例 8-17 在图8-67所示电路中,负载 $R_L = 100\Omega$ 接在 a、b 端口。为使 R_L 获得最大功率,则应在 a、b 端口与 R_L 间接入一理想变压器,试求该理想变压器的变比。

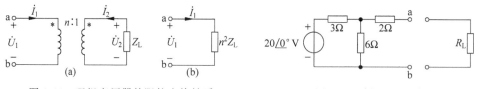

图8-66 理想变压器的阻抗变换性质　　图8-67 例8-17电路

解 可求得 a、b 端口的戴维南等效电路的等效电阻 $R_0 = 4\Omega$。按最大功率传递定理,负载阻抗为 4Ω 时才可获得最大功率。而此时 $R_L = 100\Omega$,故应根据理想变压器的阻抗变换性质,在 a、b 端口和 R_L 之间接入一适当变比的理想变压器,使之满足条件

$$n^2 R_L = R_0$$

即

$$n = \sqrt{R_0/R_L} = \sqrt{4/100} = 1/5$$

这表明接入一匝比 $n=N_1/N_2=1/5$ 的变压器便可满足要求。

应注意到,由于理想变压器的变比为一正实数,故在起阻抗变换作用时,只能改变复阻抗的模,而不能改变复阻抗的幅角。

练习题

8-15　求图 8-68 所示电路的端口等效电阻 R。

8-16　电路如图 8-69 所示。若负载阻抗 Z_L 获得最大功率,求 Z_L 的值。

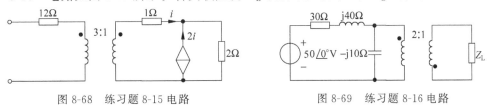

图 8-68　练习题 8-15 电路　　　　图 8-69　练习题 8-16 电路

8.9　理想变压器电路的计算

一、分析理想变压器电路时应注意的问题

分析含理想变压器的电路,关键在于正确写出各种情况下的理想变压器端口特性方程式,这里要注意下述两个问题。

1. 不要弄错理想变压器端口特性方程中的符号

务必注意,理想变压器端口特性方程中的符号是与一定的电压、电流的参考方向和同名端相对应的,且电压方程、电流方程符号的确定相互独立,这意味着列写理想变压器端口特性方程时,不必考虑每一线圈的电压、电流是否为关联参考方向。符号的确定按下述原则进行:当两线圈电压的参考方向对应同名端一致时,电压方程中不出现负号,反之则应冠一负号;当两线圈中的电流流入同名端时,电流方程中有一负号,反之则不出现负号。如图 8-70(a)中的理想变压器端口特性方程为

$$\dot{U}_1 = n\dot{U}_2 \tag{8-80}$$

$$\dot{I}_1 = -\frac{1}{n}\dot{I}_2 \tag{8-81}$$

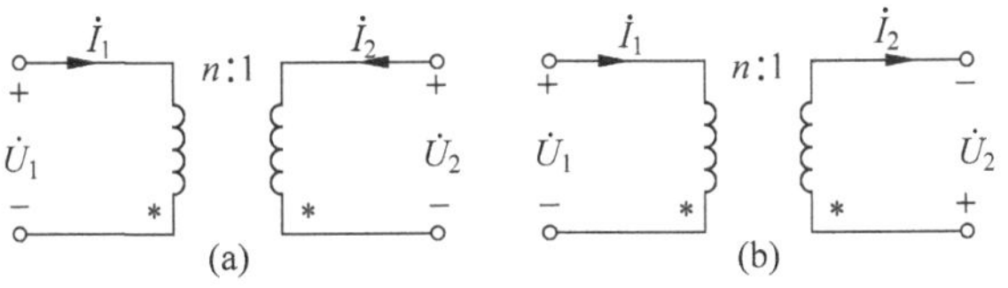

图 8-70　确定理想变压器端口特性方程符号的说明

式(8-80)为电压方程,未出现负号是因为两线圈电压的参考方向关于同名端一致(均是标"·"号的端子为低电位端);式(8-81)为电流方程,有一负号,是因为两电流流入同名端。类似地,不难写出图 8-70(b)所示理想变压器的端口特性方程为

$$\begin{cases} \dot{U}_1 = -n\dot{U}_2 \\ \dot{I}_1 = \dfrac{1}{n}\dot{I}_2 \end{cases}$$

2. 要正确地区分和理解变比 n 的表现形式

这一要求的含义是应弄清变比 n 既可定义为 N_1/N_2，也可定义为 N_2/N_1。这两种不同的定义方法体现在变压器变比的标示中，如图 8-71(a)电路中标以 $n:1$，表示变比定义为 $n=N_1/N_2$；而图 8-71(b)电路中标以 $1:n$，则表示变比定义为 $n=N_2/N_1$；应根据变比 n 的不同表现形式正确写出端口特性方程式。如图 8-71(a)所示电路，方程式为

$$\begin{cases} \dot{U}_1 = n\dot{U}_2 \\ \dot{I}_1 = -\dfrac{1}{n}\dot{I}_2 \end{cases}$$

而图 8-71(b)所示电路，方程式为

$$\begin{cases} \dot{U}_1 = \dfrac{1}{n}\dot{U}_2 \\ \dot{I}_1 = -n\dot{I}_2 \end{cases}$$

切不可以为图 8-71(b)电路的方程式和图 8-71(a)一样。

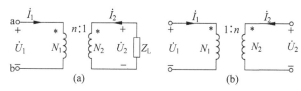

图 8-71 关于变比 n 的说明

二、理想变压器电路的分析方法

对含有理想变压器的电路，可采用两种方法计算。

1. 采用回路分析法分析理想变压器电路

求解理想变压器电路时，最宜于用回路分析法。一般做法是在列写回路方程时，先把理想变压器原、副方绕组的电压看作未知电压，而后再把理想变压器的特性方程结合进去，以消除这些未知电压。具体做法见例 8-18。

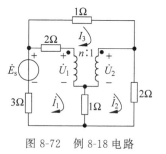

图 8-72 例 8-18 电路

例 8-18 试列写图 8-72 所示电路的回路方程，已知理想变压器的变比 $n=2$，$\dot{E}_s = 15\underline{/0°}\text{V}$。

解 在列写含理想变压器电路的方程时，不可忘记理想变压器的两个绕组上均是有电压的。在这一电路中，它们分别是 $\dot{U}_1$ 和 $\dot{U}_2$。列出回路方程为

$$\begin{cases} (2+3+1)\dot{I}_1 - \dot{I}_2 - 2\dot{I}_3 = \dot{E}_s - \dot{U}_1 \\ -\dot{I}_1 + (1+2)\dot{I}_2 = \dot{U}_2 \\ -2\dot{I}_1 + (2+1)\dot{I}_3 = \dot{U}_1 - \dot{U}_2 \end{cases}$$

应注意流入电压为 $\dot{U}_1$ 的线圈的电流是 $\dot{I}_1-\dot{I}_3$，流入另一线圈的电流是 $\dot{I}_3-\dot{I}_2$，这样，理想变压器的特性方程为

$$\begin{cases} \dot{U}_1 = n\dot{U}_2 \\ (\dot{I}_1 - \dot{I}_3) = -\dfrac{1}{n}(\dot{I}_3 - \dot{I}_2) \end{cases}$$

将这一特性方程代入前面的回路方程，消除非求解变量 $\dot{U}_1$ 和 $\dot{U}_2$，可得

$$\begin{cases} 4\dot{I}_1 - 5\dot{I}_2 - 2\dot{I}_3 = 15 \\ 2\dot{I}_1 - \dot{I}_2 - \dot{I}_3 = 0 \\ \dot{I}_1 + 3\dot{I}_2 - 3\dot{I}_3 = 0 \end{cases}$$

即为所求的回路方程。

2. 采用去耦等效电路法分析理想变压器电路

这一方法的特点是将理想变压器电路化为不含理想变压器的电路求解。该法仅适用于理想变压器的原、副方所在的电路之间没有支路相连的情况（即无电气上的直接联系），如图 8-73 所示的那样。下面先讨论原、副方电路中仅一侧含有独立电源的情况。若图 8-73 中仅 N_1 或仅 N_2 含有独立电源时，可利用理想变压器的

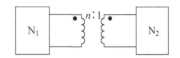

图 8-73 理想变压器的原、副方之间无电气上的直接联系

阻抗变换性质，将副方阻抗折合至原方，由原方的等效电路求出原方各支路的电压、电流后，再回至原电路求出副方各电压、电流。具体做法见例 8-19。

例 8-19 求图 8-74(a)所示电路中的电流 $\dot{I}_1$ 和 $\dot{I}_2$。

解 计算分两步进行。

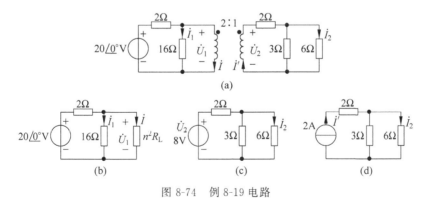

图 8-74 例 8-19 电路

(1) 将副方等效电阻折合至原方，消除理想变压器，可得原方等效电路如图 8-74(b)所示。图 8-74(b)中的 $R_L = 2 + 3//6 = 4\Omega$ 为副方的等效电阻，则 $n^2 R_L = 2^2 \times 4 = 16\Omega$。可求出

$$\dot{U}_1 = 20 \times \dfrac{8}{8+2} = 16\text{V}$$

则

$$\dot{I}_1 = 16/16 = 1\text{A}$$

其中 $\dot{U}_1$ 也是原方绕组上的电压。

(2) 根据理想变压器的特性方程,由原方绕组上的电压求出副方绕组上的电压,将副方绕组用一独立电压源代替,可得图 8-74(c)所示的副方等效电路。其中 $\dot{U}_2 = \frac{1}{n}\dot{U}_1 = 8\text{V}$ 为副方绕组的电压,可求得

$$\dot{I}_2 = \frac{8}{2+3 /\!/ 6} \times \frac{3}{3+6} = \frac{2}{3}\text{A}$$

还可将副方绕组用独立电流源代替,如图 8-74(d)所示,图 8-74(d)中电流源电流 $\dot{I}' = n\dot{I} = 2 \times 1 = 2\text{A}$,由此求出的 $\dot{I}_2$ 和上面的结果完全相同。

若图 8-73 所示电路中的 N_1 和 N_2 均含有独立电源时,求去耦等效电路的方法可用例 8-20 予以说明。

例 8-20 试求图 8-75(a)所示电路的去耦等效电路。

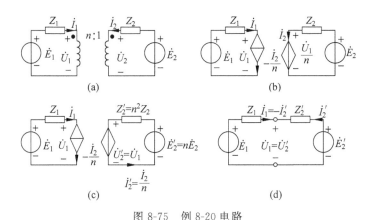

图 8-75 例 8-20 电路

解 为叙述方便,姑且将理想变压器的 N_1 线圈称作原方,N_2 线圈称作副方(实际上称哪一线圈为原方或副方是相对的),变压器的变比 $n = N_1/N_2$。将理想变压器的原方线圈用受控电流源表示,副方线圈用受控电压源表示,如图 8-75(b)所示。

考察图 8-75(b)电路可发现,若将副方电路中的所有电压均乘以变比 n,电流均除以 n,阻抗均乘以 n^2(因为 $Z_k = \dot{U}_k/\dot{I}_k$,故 $Z'_k = \dot{U}'_k/\dot{I}'_k = n\dot{U}_k/\left(\frac{1}{n}\dot{I}_k\right) = n^2\dot{U}_k/\dot{I}_k = n^2Z_k$),如图 8-75(c)所示,则副方绕组与原方绕组上的电压、电流的关系为 $\dot{U}'_2 = \dot{U}_1$,$\dot{I}'_2 = -\dot{I}_1$,于是图 8-75(c)电路可转化为图 8-75(d)电路。图 8-75(d)电路中已不含有理想变压器及受控源等耦合元件,称为图 8-75(a)的去耦等效电路。在这一电路中,变压器副方所有的电压、电流及阻抗均标以上标"′"号,称为副方的折合值。这样,图 8-75(a)电路的计算便转化为对图 8-75(d)电路的计算,由图 8-75(d)电路可求出变压器原方电路中的电压、电流及副方电路中各电压、电流的折合值。将副方的各折合值乘以相应的系数(即电压折合值乘 $1/n$,电流折合值乘 n)便得其对应的真实值。

由上所述,得到理想变压器去耦等效电路的方法是较为简便的,即只需将副方各支路元件的参数代之以折合值后,将理想变压器去掉,把变压器原、副方的对应端子分别对接起来便可。如图 8-76(b)便是图 8-76(a)的去耦等效电路。

按类似的方法,也可以将图 8-76(a)中的原方电路折合至副方,所不同的是,各折合值按下述方法得到:电压值除以 n,电流值乘以 n,而阻抗值除以 n^2,正好和前述的做法相反,所得的去耦等效电路如图 8-76(c)所示。

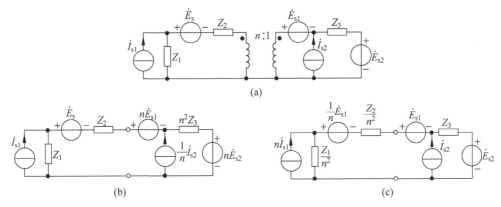

图 8-76 理想变压器电路与它的去耦等效电路

练习题

8-17 电路如图 8-77 所示,求电流 $\dot{I}_1$ 和 $\dot{I}_2$。

8-18 如图 8-78 所示电路,试分别画出将副方折合至原方及原方折合至副方的去耦等效电路。

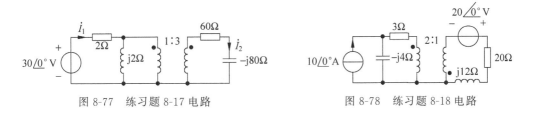

图 8-77 练习题 8-17 电路　　　　　　图 8-78 练习题 8-18 电路

8.10 例题分析

例 8-21 在图 8-79 所示电路中,已知电源的角频率 $\omega = 5 \times 10^6 \, \text{rad/s}$。当 C 分别为 200pF 和 500pF 时,电流 I 的大小皆为最大电流的 $1/\sqrt{10}$,试求电感 L 和电阻 R 的值。

解 该电路中的最大电流出现在谐振的情况下,这一最大电流为

$$I_0 = U/R$$

相量 $\dot{I}$ 的一般表达式为

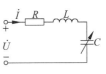

图 8-79 例 8-21 图

$$\dot{I} = \frac{\dot{U}}{R + j\left(\omega L - \dfrac{1}{\omega C}\right)}$$

其有效值为

$$I = \frac{U}{\sqrt{R^2 + \left(\omega L - \dfrac{1}{\omega C}\right)^2}}$$

依题意,可得出下面两式:

$$\begin{cases} \dfrac{U}{\sqrt{R^2 + \left(5 \times 10^6 L - \dfrac{1}{5 \times 10^6 \times 200 \times 10^{-12}}\right)^2}} = \dfrac{1}{\sqrt{10}} \dfrac{U}{R} \\ \dfrac{U}{\sqrt{R^2 + \left(5 \times 10^6 L - \dfrac{1}{5 \times 10^6 \times 500 \times 10^{-12}}\right)^2}} = \dfrac{1}{\sqrt{10}} \dfrac{U}{R} \end{cases}$$

化简后得

$$\begin{cases} (5 \times 10^6 L - 10^3)^2 = 9R^2 \\ (5 \times 10^6 L - 0.4 \times 10^3)^2 = 9R^2 \end{cases}$$

为使该方程组有解,L 应满足关系式

$$5 \times 10^6 L - 10^3 = 0.4 \times 10^3 - 5 \times 10^6 L$$

即

$$L = 0.14 \times 10^{-3} \text{H}$$

进而又求得

$$R = 100 \Omega$$

例 8-22 在图 8-80 所示电路中,已知电源电压 $E_s = 200\text{V}$,其内阻 $R_i = 80\text{k}\Omega$;电路的谐振角频率为 10^6rad/s,品质因数 $Q = 120$,且谐振时电源输出的功率达最大值。求电路的参数 r、L、C 和谐振时电源的功率。

解 图中 a、b 端口右侧电路可看作一线圈与电容构成的实用并联谐振电路。由图 8-20(b)所示的等效电路,按 RLC 并联谐振电路品质因数的定义式(8-41),a、b 端口右侧电路的品质因数为

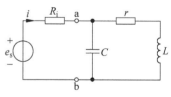

图 8-80 例 8-22 电路

$$Q = \frac{\omega_0 C}{G} = \frac{\omega_0 C}{rC/L} = \frac{\omega_0 L}{r}$$

当电路发生谐振时,a、b 端口右侧电路的等效阻抗为

$$Z_0 = \frac{r^2 + \omega_0^2 L^2}{r} = r + \left(\frac{\omega_0 L}{r}\right)^2 r = r(1 + Q^2)$$

按谐振时电源输出最大功率的条件,应有 $Z_0 = R_i$ 成立,即

$$r(1 + Q^2) = R_i$$

则

$$r = \frac{R_i}{1+Q^2} = \frac{80 \times 10^3}{1+120^2} = 5.56\Omega$$

又由 $Q = \omega_0 L/r$ 及 $\omega_0 = \frac{1}{\sqrt{LC}}$,得

$$L = \frac{rQ}{\omega_0} = \frac{5.56 \times 120}{10^6} = 0.667 \text{mH}$$

$$C = \frac{1}{\omega_0^2 L} = \frac{1}{10^{12} \times 0.667 \times 10^{-3}} = 1.5 \times 10^3 \text{pF}$$

谐振时,端口电流值为

$$I_0 = \frac{E_s}{2R_i} = \frac{200}{2 \times 80 \times 10^3} = 1.25 \text{mA}$$

于是求得电源输出给负载的最大功率为

$$P_{max} = Z_0 I_0^2 = R_i I_0^2 = 80 \times 10^3 \times (1.25 \times 10^{-3})^2 = 0.125 \text{W}$$

例 8-23 在图 8-81(a)所示电路中,已知 $I_1 = 5\text{A}, I = 4\text{A}, U = 100\text{V}, \omega = 10\text{rad/s}$,且 u 与 i 同相位,求 I_2 和参数 R、L 和 C。

解 用相量图进行分析。以 $\dot{U}$ 为参考相量,则 $\dot{I}_2$ 超前于 $\dot{U}$ $60°$,$\dot{I}_1$ 滞后于 $\dot{U}$ 一个角度 φ,又 $\dot{I}$ 与 $\dot{U}$ 同相位,做出相量图如图 8-81(b)所示。由相量图可见,若要 $\dot{U}$、$\dot{I}$ 同相位(即电路发生谐振),应有

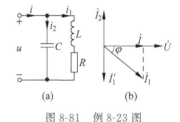

图 8-81 例 8-23 图

$$I_2 = I_1'$$

而 $\dot{I}_1'$ 垂直于 $\dot{I}$,则

$$I_1' = \sqrt{I_1^2 - I^2} = \sqrt{5^2 - 4^2} = 3\text{A}$$

于是求出

$$I_2 = I_1' = 3\text{A}$$

因

$$I_2 = \frac{U}{X_C} = \omega C U$$

故

$$C = \frac{I_2}{\omega U} = \frac{3}{10 \times 100} = 3 \times 10^{-3} \text{F}$$

由相量图可知

$$\varphi = \arctan \frac{I_1'}{I} = \arctan \frac{3}{4} = 36.9°$$

显然 φ 角是 RL 支路的阻抗角。RL 支路的复阻抗为 $Z = R + jX_L$,而

$$|Z| = \frac{U}{I_1} = \frac{100}{5} = 20\Omega$$

所以

$$R = |Z|\cos\varphi = 20\cos 36.9° = 16\Omega$$

又
$$X_L = \omega L = |Z| \sin\varphi$$
则
$$L = \frac{|Z| \sin\varphi}{\omega} = \frac{20\sin 36.9°}{10} = 1.2\text{H}$$

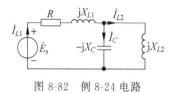

图 8-82 例 8-24 电路

例 8-24 求图 8-82 所示电路中各支路的电流。已知 $R = 3\Omega, X_{L1} = 3\Omega, X_C = 3\Omega, X_{L2} = 3\Omega, \dot{E}_s = 60\underline{/0°}\text{V}$。

解 不难看出,电路发生并联谐振,电路的输入阻抗为无穷大,电源支路的电流为零,即
$$\dot{I}_{L1} = 0$$

电源电压全部施加于并联部分,并联的两支路中的电流不为零。可求出

$$\dot{I}_C = \frac{\dot{E}_s}{-\text{j}X_C} = -\frac{60\underline{/0°}}{\text{j}3} = 20\underline{/90°}\text{A}$$

$$\dot{I}_{L2} = \frac{\dot{E}_s}{\text{j}X_{L2}} = \frac{60\underline{/0°}}{\text{j}3} = 20\underline{/-90°}\text{A}$$

应特别注意不要因 $\dot{I}_{L1} = 0$,而误认为并联谐振支路的电流也为零。

例 8-25 在图 8-83(a)所示电路中,R 为一可变电阻。试证明无论 R 为何值(开路除外),$\dot{I}_R$ 不变。

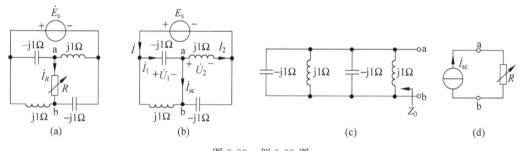

图 8-83 例 8-25 图

解 此题可根据谐振的概念,用诺顿定理求解。求短路电流的电路如图 8-83(b)所示,显然该电路发生并联谐振,电流 $\dot{I}$ 为零,但 $\dot{I}_1$ 和 $\dot{I}_2$ 却不为零。不难看出有
$$\dot{U}_1 = \dot{U}_2 = \frac{1}{2}\dot{E}_s$$

于是有
$$\dot{I}_1 = \frac{\frac{1}{2}\dot{E}_s}{-\text{j}} = \frac{1}{2}\text{j}\dot{E}_s$$

$$\dot{I}_2 = \frac{\frac{1}{2}\dot{E}_s}{\text{j}} = -\frac{1}{2}\text{j}\dot{E}_s$$

所以
$$\dot{I}_{sc} = \dot{I}_1 - \dot{I}_2 = \frac{1}{2}\mathrm{j}\dot{E}_s + \frac{1}{2}\mathrm{j}\dot{E}_s = \mathrm{j}\dot{E}_s$$

求诺顿等效阻抗的电路如图 8-83(c)所示，显然这也是一并联谐振电路，故
$$Z_0 = \infty$$
所得诺顿等效电路如图 8-83(d)所示。由此可见，无论 R 值如何变化，流经 R 的电流均为定值 $\dot{I}_{sc} = \mathrm{j}\dot{E}_s$。

例 8-26 正弦稳态电路如图 8-84(a)所示。当开关 S 未闭合时，功率表的读数为 600W，电流表的读数为 10A。当开关 S 合上后，功率表的读数为 1000W，电流表的读数不变，电压表的读数为 40V。求参数 R_1、R_2、X_L 和 X_C 以及端口电压 U_s。

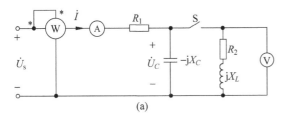
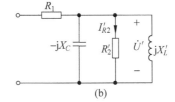

图 8-84　例 8-26 电路

解　开关未合上时，电流表读数 $I = 10\mathrm{A}$，功率表读数 $P_1 = 600\mathrm{W}$ 为 R_1 消耗的功率，于是可得
$$R_1 = \frac{P_1}{I^2} = \frac{600}{10^2} = 6\Omega$$

当开关合上后，电流表读数不变，则 R_1 消耗的功率为 600W，此时功率表的读数 $P_2 = 1000\mathrm{W}$，为 R_1 和 R_2 消耗的功率之和，则 R_2 的功率为
$$P_{R_2} = P_2 - P_1 = 1000 - 600 = 400\mathrm{W}$$

现将开关合上后的 R_2 和 X_L 串联的支路用 R_2' 和 X_L' 并联的等效电路代替，如图 8-84(b)所示。显然
$$P_{R_2'} = P_{R_2} = 400\mathrm{W}$$
因电压表的读数为 $U' = 40\mathrm{V}$，因此有
$$R_2' = \frac{U_2'^2}{P_{R_2'}} = \frac{40^2}{400} = 4\Omega$$
$$I_{R_2}' = \frac{U'}{R_2'} = \frac{40}{4} = 10\mathrm{A}$$

由于此时端口电流仍为 10A，即 $I = I_{R2}' = 10\mathrm{A}$，于是可判定 X_L' 与 X_C 发生并联谐振，据此可知 $X_L' = X_C$，$\dot{U}'$、$\dot{I}$、$\dot{I}_{R_2}'$ 同相位，且与端口电压 $\dot{U}_s$ 亦同相位。因此可得
$$U_s = IR_1 + U' = 10 \times 6 + 40 = 100\mathrm{V}$$

由开关未闭合时的电路可得
$$U_C = \sqrt{U_s^2 - U_{R_1}^2} = \sqrt{100^2 - (10 \times 6)^2} = 80\mathrm{V}$$
则

$$X_C = \frac{U_C}{I} = \frac{80}{10} = 8\Omega = X'_L$$

R_2、X_L 串联与 R'_2、X'_L 并联等效电路的关系为

$$R_2 + jX_L = \frac{R'_2 \times (jX'_L)}{R'_2 + jX'_L} = \frac{4 \times (j8)}{4 + j8} = (3.2 + j1.6)\Omega$$

得

$$R_2 = 3.2\Omega, \quad X_L = 1.6\Omega$$

例 8-27 正弦稳态电路如图 8-85 所示，已知电压表读数为 20V，且 $\dot{U}_2$ 与 $\dot{I}$ 同相位，求电压源 $\dot{U}_s$ 的频率与有效值。

解 因 $\dot{U}_2$ 与 $\dot{I}$ 同相位，知此电路发生谐振，两并联支路的等效导纳 Y 应为实数。导纳 Y 为

$$Y = \frac{1}{10 - j10} + \frac{1}{10 + j0.01\omega}$$
$$= \frac{3000 + 10^{-3}\omega^2 + j(1000 - 2\omega + 10^{-3}\omega^2)}{200(100 + 10^{-4}\omega^2)}$$

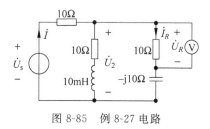

图 8-85 例 8-27 电路

谐振时，Y 的虚部为零，即有

$$1000 - 2\omega + 10^{-3}\omega^2 = 0$$

求得电源 $\dot{U}_s$ 的频率为

$$\omega = 10^3 \text{ rad/s}$$

又设 $\dot{U}_2$ 为参考相量，即 $\dot{U}_2 = U_2 \underline{/0°}$ V，则电容支路的电流 $\dot{I}_R$ 的有效值为

$$I_R = \frac{U_R}{10} = \frac{20}{10} = 2\text{A}$$

于是 $\dot{I}_R = 2\underline{/\theta}$ A，由题给条件，有

$$\dot{U}_2 = (10 - j10)\dot{I}_R = 10\sqrt{2}\underline{/-45°} \times 2\underline{/\theta} = 20\sqrt{2}\underline{/0°}\text{V}$$

$$\dot{I} = \frac{\dot{U}_2}{10 + j0.01 \times 10^3} + \frac{\dot{U}_2}{10 - j10} = 2\sqrt{2}\underline{/0°}\text{A}$$

又有

$$\dot{U}_s = 10\dot{I} + \dot{U}_2 = 40\sqrt{2}\underline{/0°}\text{V}$$

即电压源 $\dot{U}_s$ 的有效值为 $40\sqrt{2}$ V。

例 8-28 在图 8-86(a)所示电路中，已知 $L_1 = 0.4$H，$L_2 = 0.8$H，$M = 0.4$H，电源频率 $f = 50$Hz。求输出端 2-2' 短路时输入端口 1-1' 的阻抗。

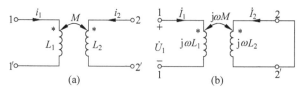

图 8-86 例 8-28 图

解 输出端短路时的电路如图 8-86(b)所示，列出电路方程为

$$\begin{cases} j\omega L_1 \dot{I}_1 + j\omega M \dot{I}_2 = \dot{U}_1 & (1) \\ j\omega M \dot{I}_1 + j\omega L_2 \dot{I}_2 = 0 & (2) \end{cases}$$

由式(2)得

$$\dot{I}_2 = -\frac{M}{L_2} \dot{I}_1 \tag{3}$$

将式(3)代入式(1)，得

$$\dot{U}_1 = j\omega L_1 \dot{I}_1 - j\frac{\omega M^2}{L_2} \dot{I}_1$$

则输入端的阻抗为

$$Z_{in} = \dot{U}_1 / \dot{I}_1 = j\omega L_1 - j\omega M^2 / L_2$$

将参数代入，求出

$$Z_{in} = j314 \times 0.4 - j\frac{314 \times 0.4^2}{0.8} = j62.8\Omega$$

还可用反射阻抗的概念求解。在输出端短路的情况下，电路的反射阻抗为

$$Z'_{11} = \frac{(\omega M)^2}{Z_{22}} = \frac{(\omega M)^2}{j\omega L_2}$$

于是输入端的入端阻抗为

$$Z_{in} = Z_{11} + Z'_{11} = j\omega L_1 + \frac{(\omega M)^2}{j\omega L_2} = j62.8\Omega$$

例 8-29 试列出图 8-87(a)所示电路的回路方程。

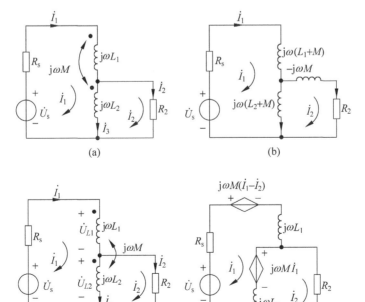

图 8-87 例 8-29 图

解 用四种方法列写该电路的回路方程。

方法一：直接列写回路方程。注意到 L_2 中的电流 $\dot{I}_3$ 为两回路电流的代数和，即 $\dot{I}_3 = \dot{I}_1 - \dot{I}_2$，且 $\dot{I}_1$ 和 $\dot{I}_3$ 流入互感元件的同名端，于是列出回路方程为

$$\begin{cases} R_s\dot{I}_1 + [j\omega L_1\dot{I}_1 + j\omega M(\dot{I}_1 - \dot{I}_2)] + [j\omega L_2(\dot{I}_1 - \dot{I}_2) + j\omega M\dot{I}_1] = \dot{U}_s \\ R_2\dot{I}_2 - [j\omega L_2(\dot{I}_1 - \dot{I}_2) + j\omega M\dot{I}_1] = 0 \end{cases} \quad (*)$$

用此法时，应记住每一线圈上的电压均由自感电压和互感电压构成，切不可漏掉互感电压项及弄错互感电压的符号。

方法二：对电路先去耦，再列写回路方程。做出去耦等效电路如图 8-87(b)所示，不难写出回路方程为

$$\begin{cases} [R_s + j\omega(L_1 + M) + j\omega(L_2 + M)]\dot{I}_1 - j\omega(L_2 + M)\dot{I}_2 = \dot{U}_s \\ -j\omega(L_2 + M)\dot{I}_1 + [R_2 + j\omega(-M) + j\omega(L_2 + M)]\dot{I}_2 = 0 \end{cases}$$

此方程式与(*)式相同。

方法三：用电感矩阵法列写回路方程。由图 8-87(c)可见，$\dot{I}_1$ 和 $\dot{I}_3$ 流入互感元件的同名端，于是电感矩阵为

$$\boldsymbol{L} = \begin{bmatrix} L_1 & M \\ M & L_2 \end{bmatrix}$$

电感电压矩阵为

$$\dot{\boldsymbol{U}}_L = \begin{bmatrix} \dot{U}_{L1} \\ \dot{U}_{L2} \end{bmatrix} = j\omega \boldsymbol{L} \begin{bmatrix} \dot{I}_1 \\ \dot{I}_3 \end{bmatrix} = j\omega \begin{bmatrix} L_1 & M \\ M & L_2 \end{bmatrix} \begin{bmatrix} \dot{I} \\ \dot{I}_1 - \dot{I}_2 \end{bmatrix}$$

故两电感的端电压为

$$\dot{U}_{L1} = j\omega L_1\dot{I}_1 + j\omega M(\dot{I}_1 - \dot{I}_2)$$

$$\dot{U}_{L2} = j\omega M\dot{I}_1 + j\omega L_2(\dot{I}_1 - \dot{I}_2)$$

写出两回路的 KVL 方程为

$$\begin{cases} R_s\dot{I}_1 + \dot{U}_{L1} + \dot{U}_{L2} = \dot{U}_s \\ R_2\dot{I}_2 - \dot{U}_{L2} = 0 \end{cases}$$

将 $\dot{U}_{L1}$ 和 $\dot{U}_{L2}$ 代入该方程组并加以整理便得到与(*)式相同的回路方程。

在应用电感矩阵法时，应尽量选定各线圈电流的参考方向流入同名端，这样可减少符号出错的可能性。

方法四：用受控源表示互感电压，再列写回路方程。这里的关键是确定受控电压源的极性，确定的方法是：若某线圈电流的参考方向由同名端指向线圈的另一端，则该电流在另一线圈中产生的互感电压的方向也应由同名端指向另一端。由此不难确定受控电压源的方向如图 8-87(d)所示，由该电路列出回路方程为

$$\begin{cases} R_s\dot{I}_1 + j\omega M(\dot{I}_1 - \dot{I}_2) + j\omega L_1\dot{I} + j\omega M\dot{I}_1 + j\omega L_2(\dot{I}_1 - \dot{I}_2) = \dot{U}_s \\ R_2\dot{I}_2 - j\omega L_2(\dot{I}_1 - \dot{I}_2) - j\omega M\dot{I}_1 = 0 \end{cases}$$

此方程式与(＊)式相同。

例 8-30 在图 8-88(a)所示电路中，已知 $\dot{E}=100\underline{/0°}$ V，两线圈间的耦合系数为 $k=0.5$，试求通过两线圈的电流和电路消耗的总功率。

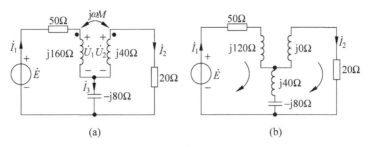

图 8-88 例 8-30 图

解 先由耦合系数求出互感抗。

$$k=\frac{M}{\sqrt{L_1 L_2}}=\frac{\omega M}{\sqrt{\omega L_1 \times \omega L_2}}$$

$$\omega M=k\sqrt{\omega L_1 \times \omega L_2}=0.5\sqrt{160\times 40}=40\Omega$$

用两种方法求解该电路。

解法一：用电感矩阵法列写回路方程。写出电感电压矩阵为

$$\dot{U}=\begin{bmatrix}\dot{U}_1 \\ -\dot{U}_2\end{bmatrix}=\mathrm{j}\omega L\dot{I}=\begin{bmatrix}\mathrm{j}160 & -\mathrm{j}40 \\ -\mathrm{j}40 & \mathrm{j}40\end{bmatrix}\begin{bmatrix}\dot{I}_1 \\ \dot{I}_2\end{bmatrix}=\begin{bmatrix}\mathrm{j}160\dot{I}_1 & -\mathrm{j}40\dot{I}_2 \\ -\mathrm{j}40\dot{I}_1 & \mathrm{j}40\dot{I}_2\end{bmatrix}$$

电路的回路方程为

$$\begin{cases}50\dot{I}_1+\dot{U}_1-\mathrm{j}80(\dot{I}_1-\dot{I}_2)=100\underline{/0°}\\ 20\dot{I}_2-\mathrm{j}80(\dot{I}_2-\dot{I}_1)-\dot{U}_2=0\end{cases}$$

将电感电压 $\dot{U}_1$ 和 $\dot{U}_2$ 代入上述方程，并加以整理，得到

$$\begin{cases}(5+\mathrm{j}8)\dot{I}_1+\mathrm{j}4\dot{I}_2=10\\ \mathrm{j}2\dot{I}_1+(1-\mathrm{j}2)\dot{I}_2=0\end{cases}$$

解之得

$$\dot{I}_1=0.77\underline{/-59.5°}\text{A}, \quad \dot{I}_2=0.69\underline{/-86°}\text{A}$$

电路消耗的总功率为

$$P=EI\cos[\dot{E},\dot{I}_1]=100\times 0.77\cos[0-(59.5°)]=39.1\text{W}$$

解法二：注意到该电路的两电感线圈有一公共连接点，可做出去耦等效电路如图 8-88(b)所示。列出这一电路的回路方程为

$$\begin{cases}(50+\mathrm{j}120+\mathrm{j}40-\mathrm{j}80)\dot{I}_1-(\mathrm{j}40-\mathrm{j}80)\dot{I}_2=\dot{E}\\ -(\mathrm{j}40-\mathrm{j}80)\dot{I}_1+(20+\mathrm{j}40-\mathrm{j}80)\dot{I}_2=0\end{cases}$$

整理后得

$$\begin{cases} (5+j8)\dot{I}_1 + j4\dot{I}_2 = 10 \\ j2\dot{I}_1 + (1-j2)\dot{I}_2 = 0 \end{cases}$$

这一方程组与(*)式完全相同。

例 8-31 在图 8-89(a)所示正弦稳态电路中,已知 $\dot{U}_s = 180\underline{/0°}$ V, $L_1 = 8$H, $L_2 = 6$H, $L_3 = 10$H, $M_{12} = 4$H, $M_{23} = 5$H, $\omega = 2$rad/s,试求该电路从 ab 端口看进去的戴维南等效电路。

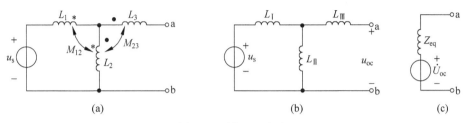

图 8-89 例 8-31 电路

解 图 8-89(a)所示电路中实际是两个两绕组的耦合电感元件,应注意到线圈 1 和线圈 3 之间无互感。由具有一个公共端的两绕组耦合电感元件的去耦法,可得等效的去耦电路如图 8-89(b)所示。其中各等效电感的电感值为

$$L_{\text{I}} = (L_1 - M_{12}) + M_{23} = (8-4) + 5 = 9\text{H}$$
$$L_{\text{II}} = L_2 - M_{12} - M_{23} = 6 - 4 - 5 = -3\text{H}$$
$$L_{\text{III}} = (L_3 - M_{23}) + M_{12} = (10-5) + 4 = 9\text{H}$$

由图 8-89(b)电路,可求得

$$\dot{U}_{oc} = \frac{j\omega L_{\text{II}}}{j\omega(L_{\text{I}} + L_{\text{II}})}\dot{U}_s = \frac{-j6}{j12} \times 180\underline{/0°} = 90\underline{/180°}\text{V}$$

$$Z_{eq} = j\omega L_{\text{III}} + \frac{j\omega L_{\text{I}} \times j\omega L_{\text{II}}}{j\omega(L_{\text{I}} + L_{\text{II}})} = j18 + \frac{j18 \times (-j6)}{j18 + (-j6)} = j9\Omega$$

所求戴维南等效电路如图 8-89(c)所示,其中与 Z_{eq} 对应的电感值 $L_{eq} = 4.5$H。

例 8-32 求图 8-90 所示电路的入端电阻 R_{ab},已知理想变压器的变比为 $n = N_2/N_1$。

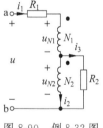

图 8-90 例 8-32 图

解 列出电路方程为

$$\begin{cases} R_1 i_1 + u_{N1} + u_{N2} = u \\ u_{N2} = R_2 i_3 \\ i_1 = i_2 + i_3 \end{cases} \quad (1)$$

理想变压器的特性方程为

$$\begin{cases} u_{N2} = n u_{N1} \\ i_2 = -\frac{1}{n} i_1 \end{cases} \quad (2)$$

将式(2)代入式(1),可得

$$\begin{cases} R i_1 + (1+n) u_{N1} = u \\ n u_{N1} = R_2 i_3 \\ \left(1 + \frac{1}{n}\right) i_1 = i_3 \end{cases}$$

由式(3)解出
$$u = \left[R_1 + \frac{(1+n)^2}{n^2}R_2\right]i_1$$
故电路的入端阻抗为
$$R_{ab} = \frac{u}{i_1} = R_1 + \frac{(1+n)^2}{n^2}R_2$$

例 8-33 在图 8-91(a)所示电路中,已知 $R_1 = R_2 = 2\Omega, R_3 = 16\Omega$,求当电阻 R_3 获得的最大功率为 12.5W 时,理想变压器的匝比 n 和电压源的振幅 $\dot{E}_m$。

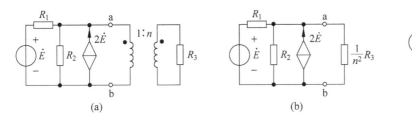

图 8-91 例 8-33 图

解 根据理想变压器的阻抗变换性质,将 R_3 折合至电源一侧,所得电路如图 8-91(b)所示。R_3 获得最大功率 12.5W,也是折合电阻 $\frac{1}{n^2}R_3$ 获得最大功率 12.5W。求出 ab 端口左侧网络的戴维南等效电路如图 8-91(c)所示,其中开路电压为
$$\dot{U}_{oc} = 2.5\dot{E}$$
等效电阻为
$$R_0 = 1\Omega$$
当电阻 $\frac{1}{n^2}R_3$ 获得最大功率时,有
$$\frac{1}{n^2}R_3 = R_0 = 1\Omega$$
和
$$\frac{U_{oc}^2}{4R_0} = \frac{(2.5E)^2}{4R_0} = P_{max} = 12.5W$$
由此可得
$$n = \sqrt{R_3} = \sqrt{16} = 4$$
$$E = \frac{1}{2.5}\sqrt{4R_0 P_{max}} = 2\sqrt{2}\text{ V}$$
$$E_m = \sqrt{2}E = 4\text{ V}$$

例 8-34 正弦稳态电路如图 8-92(a)所示,求各电表的读数。已知 $\dot{U}_s = 200\underline{/0^\circ}\text{V}, \omega = 2\text{rad/s}, C_1 = 0.05\text{F}, R = 2\Omega, L_1 = 4\text{H}, L_2 = 2\text{H}, M = 1\text{H}, C_2 = 0.25\text{F}$。

解 各电表读数均为有效值。将图 8-92(a)所示电路改画为图 8-92(b)电路,现需求该电路中的电压 $\dot{U}$ 和电流 $\dot{I}$。由空心变压器反射阻抗的概念,求得反射阻抗 Z_f 为

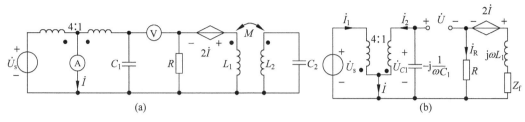

图 8-92 例 8-34 电路

$$Z_f = \frac{(\omega M)^2}{Z_{22}} = \frac{(\omega M)^2}{j\omega L_2 - j\dfrac{1}{\omega C_2}} = \frac{4}{j4 - j2} = -j2\,\Omega$$

由理想变压器阻抗变换性质，可求得

$$\dot{I}_1 = \frac{\dot{U}_s}{n^2\left(\dfrac{1}{j\omega C_1}\right)} = \frac{200\underline{/0°}}{4^2(-j10)} = j1.25\,\text{A}$$

$$\dot{I}_2 = -n\dot{I}_1 = -4 \times (j1.25) = -j5\,\text{A}$$

$$\dot{I} = \dot{I}_1 + \dot{I}_2 = j1.25 + (-j5) = -j3.75\,\text{A}$$

因此可知电流表的读数为 3.75A。又求得

$$\dot{U}_{C1} = \frac{1}{n}\dot{U}_s = \frac{1}{4} \times 200\underline{/0°} = 50\underline{/0°}\,\text{V}$$

$$\dot{I}_R = \frac{-2\dot{I}}{R + j\omega L_1 + Z_f} = \frac{-2 \times (-j3.75)}{2 + j8 - j2} = 1.187\underline{/18.4°}\,\text{A}$$

$$\dot{U}_R = R\dot{I}_R = 2 \times 1.187\underline{/18.4°} = 2.37\underline{/18.4°}\,\text{V}$$

于是有

$$\dot{U} = \dot{U}_{C1} - \dot{U}_R = 50\underline{/0°} - 2.37\underline{/18.4°} = 47.76\underline{/0.9°}\,\text{V}$$

由此可知电压表的读数为 47.76V。

例 8-35 含两个理想变压器的正弦稳态电路如图 8-93(a)所示。已知电路发生谐振，且功率表的读数为 1200W。电路参数为 $U_s = 200\text{V}, \omega = 10^3\,\text{rad/s}, R_1 = 5\,\Omega, R_2 = X_L, R_3 = 10\,\Omega$。求电路的参数 R_2、L 和 C 以及电压 $u_o(t)$ 的表达式。

解 做出与图 8-93(a)等效的相量模型如图 8-93(b)所示。因电路发生谐振，则端口电压 $\dot{U}_s$ 与电流 $\dot{I}_s$ 同相位，或 $\dot{U}$ 与 $\dot{I}$ 同相位。设 $\dot{I} = I\underline{/0°}\,\text{A}$，做出电路的相量图如图 8-93(c)所示。由于 $\dot{U}$ 与 $\dot{I}$ 同相位，则功率表的读数为

$$P = UI = \frac{1}{2}U_s I$$

求得

$$I = \frac{2P}{U_s} = \frac{2 \times 1200}{200} = 12\,\text{A}$$

又由题意及相量图可知 $\dot{U}$、$\dot{I}$ 及 $\dot{U}_{ab}$ 同相位，即有

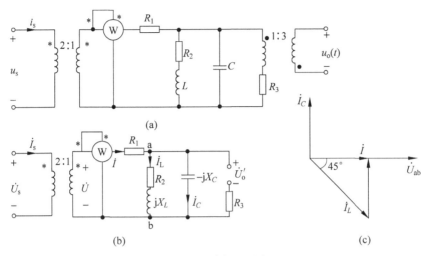

图 8-93 例 8-35 图

$$U = R_1 I + U_{ab}$$

于是

$$U_{ab} = U - R_1 I = \frac{1}{2} U_s - R_1 I = \frac{1}{2} \times 200 - 5 \times 12 = 40\text{V}$$

根据相量图有 $I = I_L \cos 45°$，因此得

$$I_L = \frac{I}{\cos 45°} = \frac{12}{\cos 45°} = 12\sqrt{2}\,\text{A}$$

又可知

$$I_C = I = 12\text{A}$$

于是可求得

$$X_C = \frac{U_{ab}}{I_C} = \frac{40}{12} = \frac{10}{3}\,\Omega$$

$$C = \frac{1}{\omega X_C} = \frac{1}{10^3 \times 10/3} = 3 \times 10^{-4}\,\text{F}$$

$$|Z_{R_2 L}| = \frac{U_{ab}}{I_L} = \frac{40}{12\sqrt{2}} = \frac{5}{3}\sqrt{2}\,\Omega$$

则

$$R_2 = X_L = |Z_{R_2 L}|\sin 45° = \frac{5}{3}\sqrt{2}\sin 45° = \frac{5}{3}\,\Omega$$

$$L = X_L/\omega = \frac{5}{3} \times 10^{-3}\,\text{H}$$

又由图 8-93(b)所示的电路可知

$$\dot{U}_o = 3\dot{U}'_o = 3\dot{U}_{ab} = 3 \times 40\underline{/0°} = 120\underline{/0°}\,\text{V}$$

因此写出 $u_o(t)$ 的瞬时值表达式为

$$u_o(t) = 120\sqrt{2}\sin 1000t\,\text{V}$$

习题

8-1 正弦稳态电路如题 8-1 图所示,已知电源电压 $U_s=20\text{V}$,$\omega=5000\text{rad/s}$。现调节电容 C 使电路中的电流最大值为 125mA,此时电感电压为 1600V。求电路中的元件参数 R、L、C 的值及电路的品质因数 Q。

8-2 在一个 RLC 串联电路中,$C=22\mu\text{F}$,当电源频率为 200Hz 时,电路中的电流为最大值 2.3A,此时电容两端的电压为外加电源电压的 16 倍,试求电阻 R 和电感 L 的值。

8-3 一 RLC 并联电路如题 8-3 图所示。若 $I_s=2\text{A}$,电路的谐振角频率 $\omega_0=2\times 10^6\text{rad/s}$,谐振时电感电流有效值为 200A,电路消耗的有功功率为 40mW,试求参数 R、L、C 的值,品质因数 Q 及通频带 Δf。

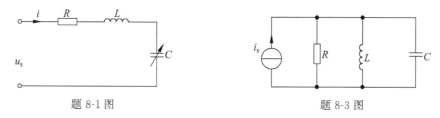

题 8-1 图　　　　　题 8-3 图

8-4 RLC 并联谐振电路的品质因数 $Q=100$,谐振角频率 $\omega_0=10^7\text{rad/s}$。将此电路与电压为 200V、内阻为 $100\text{k}\Omega$ 的信号源相连接,若谐振时信号源输出的功率为最大值,求该电路的参数 R、L、C 之值,信号源输出的功率以及接入信号源后整个电路的品质因数。

8-5 题 8-5 图所示正弦稳态电路在开关 S 断开前处于谐振状态,电流表的读数为 3A,$R=3\Omega$。求开关断开后电压表的读数。

8-6 正弦稳态电路如题 8-6 图所示。若电路已处于谐振状态,且电流表 A 和 A_1 的读数分别为 6A 和 10A,求电流表 A_2 的读数及电路的品质因数。

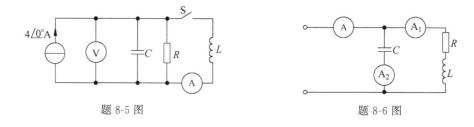

题 8-5 图　　　　　题 8-6 图

8-7 试确定当题 8-7 图所示各电路中的电源频率由零增大时,哪一电路先发生串联谐振?哪一电路又先发生并联谐振?

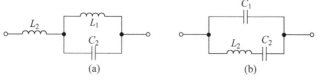

题 8-7 图

8-8 求题 8-8 图所示各电路的谐振角频率。

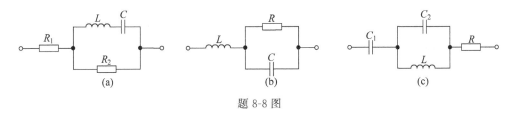

题 8-8 图

8-9 求使题 8-9 图所示电路产生谐振的角频率 ω。

8-10 正弦稳态电路如题 8-10 图所示。已知 $U=100\text{V}, I_1=I_2=10\text{A}$，电路处于谐振，试确定 $\dot{I}$、R、X_L 和 X_C。

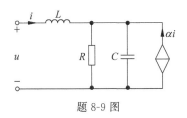

题 8-9 图

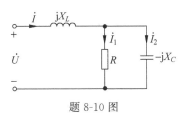

题 8-10 图

8-11 在题 8-11 图所示正弦稳态电路中，已知 $U_s=100\sqrt{2}\text{V}, \omega=100\text{rad/s}, \dot{I}_3=0$，求各支路电流。

8-12 如题 8-12 图所示正弦稳态电路，已知 $U=120\text{V}, \omega=400\text{rad/s}, L=10\text{mH}, C_1=60\mu\text{F}$。谐振时，电流表的读数为 12A，求 R、C_2 之值。

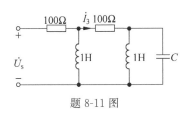

题 8-11 图

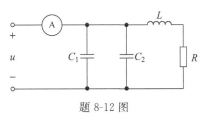

题 8-12 图

8-13 电路如题 8-13 图所示，已知 $U=220\underline{/0^\circ}\text{V}, I_1=10\text{A}, I_2=20\text{A}$，端口电压与电流同相位，阻抗 Z_2 消耗的功率为 2000W。求电流 $\dot{I}$、R、X_C 和 Z_2 的值。

8-14 在题 8-14 图所示正弦稳态电路中，已知电流表的读数为 $10\sqrt{3}\text{A}$，三个电压表的读数均为 $5\sqrt{3}\text{V}, \omega=10\text{rad/s}$，试求参数 R、L、C 的值。

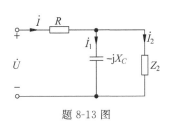

题 8-13 图

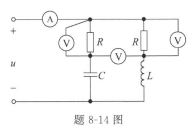

题 8-14 图

8-15 电感线圈用于高频交流电路时,需考虑线匝间的电容作用,此匝间电容可用一个与线圈并联的等值电容 C_P 来表示,如题 8-15 图所示。为测量线圈的电感 L 和匝间电容 C_P,可将一个电容 C' 与线圈并联后接至电源。已知当 $C'=10\text{pF}$ 时,电路在 $f_1=6\text{MHz}$ 时发生谐振;而当 $C'=20\text{pF}$ 时,则在 $f_2=5\text{MHz}$ 时发生谐振,试求线圈的 L 及 C_P 值。(提示:当线圈的 Q 值较高时,谐振后频率可用近似公式 $\omega_0=\dfrac{1}{\sqrt{LC}}$ 来计算,其中 C 为 C' 和 C_P 的并联等效电容。)

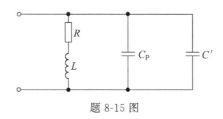

题 8-15 图

8-16 电路如题 8-16 图所示,已知三个电流表的读数均为 5A,两个电压表的读数均为 100V,且电路发生谐振。求端口电压的有效值及各元件的参数。

8-17 一两绕组的互感器件连接如题 8-17 图所示,若忽略线圈电阻,试求开路电压 $u_o(t)$。

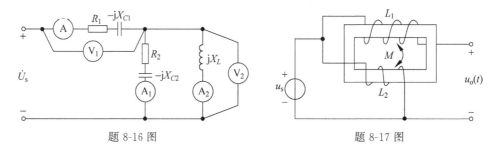

题 8-16 图 题 8-17 图

8-18 互感耦合电路如题 8-18 图所示。
(1) 写出题 8-18(a)图电路中电压 u_1 和 u_2 的表达式;
(2) 写出题 8-18(b)图电路中电流 $\dot{I}_1$ 和 $\dot{I}_2$ 的表达式;
(3) 写出题 8-18(c)图电路中电压 u_1 和 u_2 的表达式。

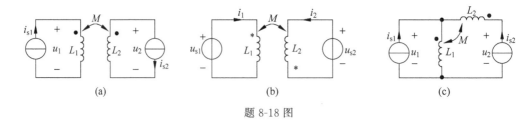

题 8-18 图

8-19 电路如题 8-19(a)图所示,电流源的电流波形如题 8-19(b)图所示(一个周期),电压表的读数(有效值)为 25V,求互感 M 的值并画出 $u_2(t)$ 的波形。

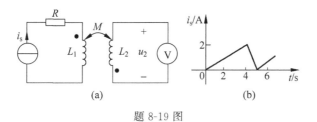

题 8-19 图

8-20 正弦稳态电路如题 8-20 图所示,求电压表的读数。

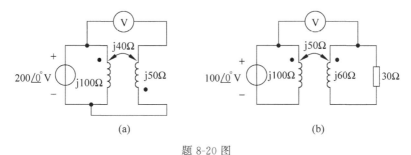

题 8-20 图

8-21 求题 8-21 图所示两正弦稳态互感电路的端口等效阻抗 Z_i。

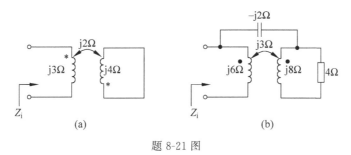

题 8-21 图

8-22 在题 8-22 图所示电路中,已知 $\dot{E}_s=10\underline{/0°}\text{V}, \dot{I}_s=2\underline{/0°}\text{A}, \omega=10\text{rad/s}, L_1=1\text{H}$, $L_2=2\text{H}, M=0.5\text{H}, R=2\Omega$,求 $\dot{U}$ 和 $\dot{I}$。

8-23 如题 8-23 图所示电路,已知 $\dot{U}_s=100\underline{/0°}\text{V}$,求支路电流 $\dot{I}_1$、$\dot{I}_2$ 和 $\dot{I}_3$。

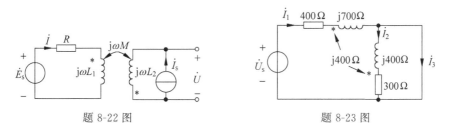

题 8-22 图   题 8-23 图

8-24 在题 8-24 图所示电路中,已知 $\dot{U}_s=50\underline{/0°}\text{V}, F=50\text{Hz}, L_1=0.2\text{H}, L_2=0.1\text{H}$, $M=0.1\text{H}$,试求 $\dot{U}$、$\dot{I}$、$\dot{I}_1$ 和 $\dot{I}_2$。

8-25 在题 8-25 图所示电路中，$L_1=10\text{mH}$，$L_2=20\text{mH}$，$M=5\text{mH}$，$\dot{I}_s=10\underline{/0°}\text{A}$，$\omega=10^3\text{rad/s}$，求电压 $\dot{U}$。

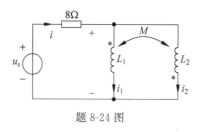

题 8-24 图

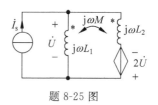

题 8-25 图

8-26 正弦稳态电路如题 8-26 图所示，求电压 U_o。

8-27 题 8-27 图所示电路中，$i_s(t)=\sin t\text{A}$，耦合电感元件的电感矩阵为

$$\mathbf{L}=\begin{bmatrix} 5 & 2 & 1 \\ 2 & 4 & -1 \\ 1 & -1 & 2 \end{bmatrix}$$

求稳态电流 $i_1(t)$、$i_2(t)$ 和 $i_3(t)$。

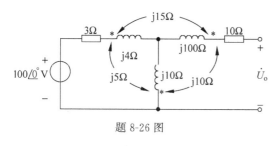

题 8-26 图

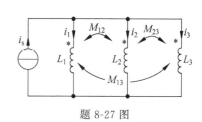

题 8-27 图

8-28 正弦稳态电路如题 8-28 图所示，若电源的频率可变，求使电流 i_1 为零的频率 f。

8-29 电路如题 8-29 图所示，已知 $\dot{U}_s=200\underline{/0°}\text{V}$，$\omega=10^4\text{rad/s}$，$R=50\Omega$，$L_1=20\text{mH}$，$L_2=60\text{mH}$，$M=20\text{mH}$。求使电路发生谐振的电容 C 值及谐振时的各支路电流 $\dot{I}_1$、$\dot{I}_2$ 和 $\dot{I}_3$。

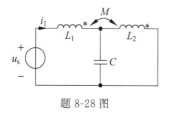

题 8-28 图

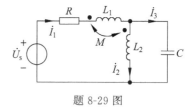

题 8-29 图

8-30 在题 8-30 图所示电路中，已知 $U_s=18\text{V}$，$\omega=10^3\text{rad/s}$，$I=2\text{A}$，功率表的读数为 32.4W，$L_1=L_2=0.5\text{H}$，$L_3=0.1\text{H}$，$C_3=10\mu\text{F}$，$R_1=R_2=10\Omega$，求互感系数 M。

8-31 电路如题 8-31 图所示，若 Z_L 能获得最大的功率 $P_{L\max}$，求 Z_L 及 $P_{L\max}$。

8-32 在题 8-32 所示正弦稳态电路中，$u_s(t)=20\sqrt{2}\cos 10^4 t\text{V}$。

(1) 若反射阻抗 $Z_r=(10-\text{j}10)\Omega$，则 Z 为何值？并求此时的 i_1 和 i_2；

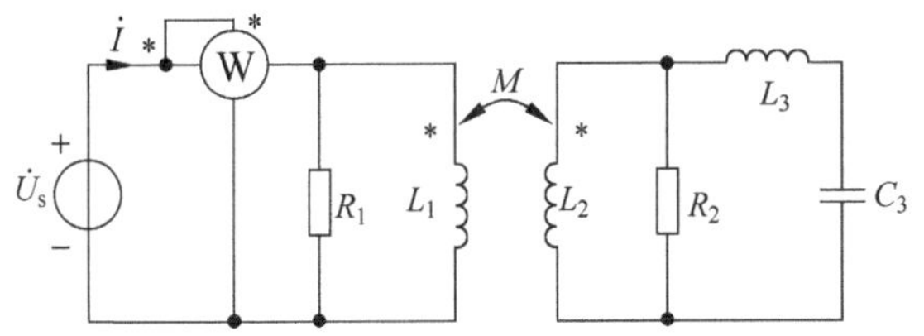

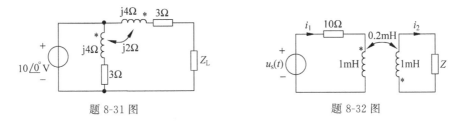

题 8-30 图

(2) 若 Z 可以任意调节，问 Z 为何值时它获得最大功率？最大功率为多少？

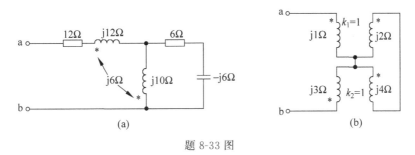

题 8-31 图　　　　　　　　题 8-32 图

8-33　求题 8-33 图(a)、(b)所示电路的输入阻抗 Z_{ab}。

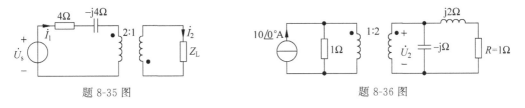

题 8-33 图

8-34　一信号源的开路电压为 9V，内阻为 3Ω，负载电阻为 27Ω。欲使负载获得最大功率，求在信号源与负载之间接入的理想变压器的变比是多少及负载获得的最大功率。

8-35　电路如题 8-35 图所示，$\dot{U}_s = 10\underline{/0^\circ}$ V，$Z_L = (1+j)\Omega$。求电流 $\dot{I}_1$、$\dot{I}_2$ 和 Z_L 的功率。

8-36　求题 8-36 图所示电路中的电压 $\dot{U}_2$ 及电阻 R 的功率。

题 8-35 图　　　　　　　　题 8-36 图

8-37　电路如题 8-37 图所示，求电流 $\dot{I}_1$ 和 $\dot{I}_2$。

8-38　正弦稳态电路如题 8-38 图所示，若 Z_L 能获得最大功率 P_{Lmax}，求 Z_L 及 P_{Lmax}。

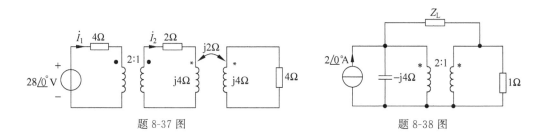

题 8-37 图 题 8-38 图

8-39 求题 8-39 图所示电路中两个理想变压器的变比 n_1 和 n_2 各为多少时，R_2 获得最大功率，并求此最大功率。

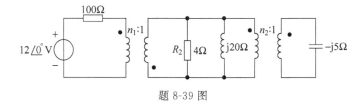

题 8-39 图

8-40 在题 8-40 图所示电路中，理想变压器的变比为 $1:1$，$i_s(t)=9\sqrt{2}\sin10^6 t\,\text{A}$，试求电压 $u_1(t)$。

8-41 求题 8-41 图所示正弦稳态电路的入端电阻 R_{ab}。已知两个理想变压器的变比分别为 $n_1=\dfrac{N_1}{N_2}$，$n_2=\dfrac{N_3}{N_4}$。

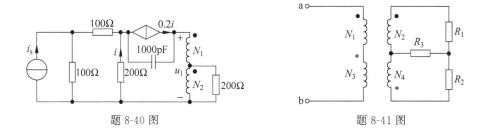

题 8-40 图 题 8-41 图

8-42 电路如题 8-42 图所示，已知 $\dot{U}_s=200\underline{/0°}\,\text{V}$，两个理想变压器的变比分别为 $N_1:N_2=1:2$，$N_3:N_4=5:1$，求电流 $\dot{I}_1$。

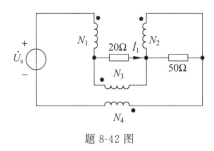

题 8-42 图

8-43 在题 8-43 图所示电路中,已知 $u_s(t)=200\sqrt{2}\sin2t\text{ V},R=2\Omega,L_1=4\text{H},L_2=2\text{H}$,$M=1\text{H},C_1=0.05\text{F},C_2=0.25\text{F}$,求两个电表的读数。

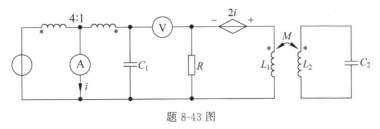

题 8-43 图

第 9 章 三 相 电 路

CHAPTER 9

本章提要

三相制是电力系统广泛采用的基本供电方式,也称为三相电路。本章讨论正弦稳态下的三相电路的基本分析方法。

本章的主要内容有:三相电路的基本概念;三相电路的两种基本连接方式;对称三相电路的分析方法;不对称三相电路的计算;三相电路中的功率及其测量方法等。

9.1 三相电路的基本概念

电力系统的发电、输电及配电均采用三相制。动力用电及日常生活用电亦大多取自三相供电系统,三相供电系统又称为三相电路。这种电路最基本的结构特点是具有一组或多组电源,每组电源由三个振幅相等、频率相同、彼此间相位差一样的正弦电源构成,且电源和负载采用特定的连接方式。对三相电路的分析计算,不仅可采用在一般正弦电路中所应用的方法,而且在特定的条件下可采用简便方法。

一、对称三相电源

1. 对称三相电压的产生

三相电路中的电源称为三相电源,三相电源的电势由三相发电机产生。三相发电机的主要特征是具有三个结构相同的绕组 Ax、By 和 Cz(A、B、C 称为绕组的首端,x、y、z 称为绕组的末端),每一绕组称为三相发电机的一相,Ax 绕组称为 A 相,By 绕组称为 B 相,Cz 绕组称为 C 相。这三个绕组在空间上处于对称的位置,即彼此相隔 120°。当发电机转子(磁极)以恒定的角速度 ω 依顺时针方向旋转时,将在三个绕组中同时感应正弦电压。设发电机的磁极经过三个绕组的顺序是 Ax—By—Cz,由于三个绕组在空间位置上彼此相差 120°,于是三个绕组的感应电压在相位上必彼此相差 120°。若设每绕组中感应电压的参考方向是首端为正,末端为负,则三个绕组中的电压表达式分别为

$$u_A = \sqrt{2}U\sin(\omega t + \varphi) \tag{9-1}$$

$$u_B = \sqrt{2}U\sin(\omega t + \varphi - 120°) \tag{9-2}$$

$$u_C = \sqrt{2}U\sin(\omega t + \varphi - 240°) = \sqrt{2}U\sin(\omega t + \varphi + 120°) \tag{9-3}$$

式中的下标 A、B、C 分别表示 A、B、C 三相。

各电压的相量表达式为

$$\dot{U}_A = U\underline{/\varphi}, \quad \dot{U}_B = U\underline{/\varphi - 120°}, \quad \dot{U}_C = U\underline{/\varphi - 240°} = U\underline{/\varphi + 120°} \tag{9-4}$$

这样的一组有效值相等、频率相同且在相位上彼此相差相同角度的三个电压称为对称三相电压。对称三相电压的相量模型及其电压波形如图9-1所示。

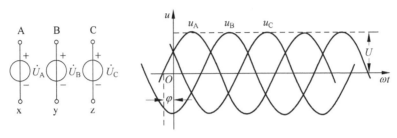

图 9-1 对称三相电压的相量模型及电压波形图

2. 关于对称三相电压的说明

(1) 若将对称三相电压的瞬时值相加,即

$$u_A + u_B + u_C = \sqrt{2}U[\sin(\omega t + \varphi) + \sin(\omega t + \varphi - 120°) + \sin(\omega t + \varphi + 120°)]$$

利用三角函数公式运算,可得

$$u_A + u_B + u_C = 0 \tag{9-5}$$

这表明在任一时刻,对称三相电源的瞬时值之和为零,对应于式(9-5)的相量表达式为

$$\dot{U}_A + \dot{U}_B + \dot{U}_C = 0 \tag{9-6}$$

(2) 对称三相电压相量常用相量算子 a 表示。相量算子为一复数,其定义式为

$$a \stackrel{\text{def}}{=} \underline{/120°} = \cos 120° + \text{j}\sin 120° = -\frac{1}{2} + \text{j}\frac{\sqrt{3}}{2} \tag{9-7}$$

则

$$a^2 = \underline{/240°} = \underline{/-120°} = -\frac{1}{2} - \text{j}\frac{\sqrt{3}}{2}$$

这样,对称三相电压的相量式可写为

$$\dot{U}_A = U\underline{/\varphi}, \quad \dot{U}_B = \dot{U}_A \underline{/-120°} = a^2 \dot{U}_A$$

$$\dot{U}_C = \dot{U}_A \underline{/120°} = a\dot{U}_A$$

由于

$$1 + a^2 + a = 0$$

故

$$\dot{U}_A + \dot{U}_B + \dot{U}_C = (1 + a^2 + a)\dot{U}_A = 0$$

(3) 三相电压被称为"对称"的条件是:有效值相等、频率相同、彼此间的相位差角一样。上述条件中只要有一个不满足,就称为是不对称的三相电压。这一概念也适用于电流。

二、对称三相电源的相序

把三相电源的各相电压到达同一数值(例如正的最大值或负的最大值)的先后次序称为

相序。对称三相电源的相序有正序、逆序和零序三种情况。

1. 正序

在前面所讨论的那组对称三相电压中,各相电压到达同一数值的先后次序是 A 相、B 相及 C 相。这种相序称为正序或顺序。显然,相序可由各相电压相互之间超前、滞后的关系予以确定(超前或滞后的角度不超过 180°)。对正序情况而言,A 相超前于 B 相,B 相超前于 C 相,而 C 相又超前于 A 相(超前的角度均为 120°)。具有正序电源的三相电路也称为正序系统。正序对称三相电压的相量图如图 9-2(a)所示。

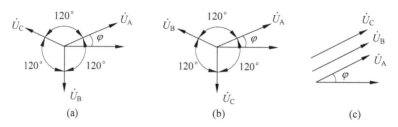

图 9-2 三种相序的电压相量图

实际的三相电源一般为正序电源。为便于用户识别,通常用黄、绿、红三种颜色分别表示 A、B、C 三相。

在本书中,若不加以说明,相序均为正序。

2. 逆序

和正序的情况相反,称依 A—C—B 次序的相序为逆序或负序。逆序对称三相电压的相量表示式为

$$\dot{U}_\text{A}=U\underline{/\varphi},\quad \dot{U}_\text{B}=U\underline{/\varphi+120°},\quad \dot{U}_\text{C}=U\underline{/\varphi-120°}$$

其相量图如图 9-2(b)所示。

3. 零序

若三相电压在同一时刻到达同一数值,则称这种相序为零序。零序的情况下,各相电压间的相位差为零。零序对称三相电压的相量表示式为

$$\dot{U}_\text{A}=\dot{U}_\text{B}=\dot{U}_\text{C}=U\underline{/\varphi}$$

其相量图如图 9-2(c)所示。

三、三相电路中电源和负载的连接方式

1. 三相电路的负载

三相电路中的负载一般由三部分组成,合称为三相负载,其中的每一部分称作一相负载。当每一相负载的复阻抗均相同,即 $Z_\text{A}=Z_\text{B}=Z_\text{C}=Z$ 时,称为对称三相负载,否则称为不对称三相负载。应注意对称三相电源和对称三相负载"对称"一词含义上的不同。

2. 三相电源及三相负载的连接方式

在三相电路中,三相电源和三相负载采用两种基本的连接方式,即星形连接(Y 连接)和三角形连接(△连接)。这两种连接方式在结构和电气上的特性将在 9.2 节详细讨论。

9.2 三相电路的两种基本连接方式

一、三相电路的星形连接

1. 三相电源的星形连接

(1) 三相电源的星形连接方式

若把三相电源的三个末端 x、y、z 连在一起,形成一个公共点 O(称为电源的中性点),把三个始端 A、B、C 引出和外部电路相接,便得到三相电源的星形(Y形)连接方式,如图 9-3(a)所示。若将三相电源的三个始端连在一起,将三个末端引出,亦可得到三相电源的星形连接方式,如图 9-3(b)所示。习惯上采用图 9-3(a)的连接方式。星形连接的三相电源称为星形电源。

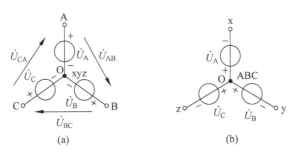

图 9-3 三相电源的星形连接

(2) 对称三相电源在星形连接时线电压和相电压间的关系

通常将三相电源的每相始端和末端之间的电压称作该相的相电压,把任意两相始端间的电压称作线电压。在图 9-3(a)中,$\dot{U}_A$、$\dot{U}_B$ 和 $\dot{U}_C$ 为相电压,$\dot{U}_{AB}$、$\dot{U}_{BC}$ 和 $\dot{U}_{CA}$ 为线电压。下面分析对称三相电源在星形连接方式下线电压和相电压之间的关系。

在图 9-3(a)中,三个线电压分别为相应的两相电压之差,即

$$\dot{U}_{AB} = \dot{U}_A - \dot{U}_B, \quad \dot{U}_{BC} = \dot{U}_B - \dot{U}_C, \quad \dot{U}_{CA} = \dot{U}_C - \dot{U}_A$$

若以 $\dot{U}_A$ 为参考相量,即 $\dot{U}_A = U\angle 0°$,则 $\dot{U}_B = U\angle -120°$,$\dot{U}_C = U\angle 120°$,于是各线电压为

$$\dot{U}_{AB} = \dot{U}_A - \dot{U}_B = U\angle 0° - U\angle -120° = \sqrt{3}U\angle 30° = \sqrt{3}\dot{U}_A\angle 30° \tag{9-8}$$

$$\dot{U}_{BC} = \dot{U}_B - \dot{U}_C = U\angle -120° - U\angle 120° = \sqrt{3}U\angle -90° = \sqrt{3}\dot{U}_B\angle 30° \tag{9-9}$$

$$\dot{U}_{CA} = \dot{U}_C - \dot{U}_A = U\angle 120° - U\angle 0° = \sqrt{3}U\angle 150° = \sqrt{3}\dot{U}_C\angle 30° \tag{9-10}$$

可做出相电压、线电压的相量图和位形图分别如图 9-4(a)、(b)所示。

根据以上分析,可得出如下的重要结论:在星形连接的对称三相电源中,各线电压的有效值相等,且为相电压有效值的 $\sqrt{3}$ 倍。每一线电压均超前于相应的相电压 30°;三个线电压也构成一组对称电压。

应特别注意,仅在三相电源对称的情况下,上述结论才成立。

上述线电压和相电压有效值之间的关系可用数学式表示为

$$U_l = \sqrt{3}U_{ph} \tag{9-11}$$

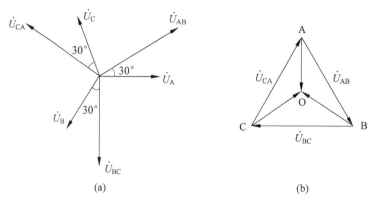

图 9-4 星形电源的电压相量图和位形图

其中 U_l 表示线电压有效值(下标 l 为 line 的缩写),U_{ph} 表示相电压有效值(下标 ph 为 phase 的缩写)。

在日常的低压三相供电系统中,电源的相电压为 220V,则线电压为 $\sqrt{3}\times 220\approx 380\mathrm{V}$。

若不加以说明,对三相电源一般给出的电压为线电压。

根据上面的结论,当已知星形连接的对称三相电源的任一相电压或线电压相量时,就可方便地写出其余各相电压和线电压相量的表达式。

例 9-1 若已知星形连接的对称三相电源 B 相的相电压为 $\dot{U}_B = 220\underline{/45°}\mathrm{V}$,试写出其余各相电压及线电压的相量表达式。

解 根据对称关系及线电压和相电压间的关系,不难推得另两个相电压为

$$\dot{U}_A = \dot{U}_B\underline{/120°} = 220\underline{/45°+120°} = 220\underline{/165°}\mathrm{V}$$

$$\dot{U}_C = \dot{U}_B\underline{/-120°} = 220\underline{/45°-120°} = 220\underline{/-75°}\mathrm{V}$$

三个线电压为

$$\dot{U}_{AB} = \sqrt{3}\dot{U}_A\underline{/30°} = \sqrt{3}\times 220\underline{/165°+30°} = 380\underline{/195°} = 380\underline{/-165°}\mathrm{V}$$

$$\dot{U}_{BC} = \sqrt{3}\dot{U}_B\underline{/30°} = \sqrt{3}\times 220\underline{/45°+30°} = 380\underline{/75°}\mathrm{V}$$

$$\dot{U}_{CA} = \sqrt{3}\dot{U}_C\underline{/30°} = \sqrt{3}\times 220\underline{/-75°+30°} = 380\underline{/-45°}\mathrm{V}$$

相量之相位角的范围一般取 $-180°\leqslant\varphi\leqslant 180°$。

2. 三相负载的星形连接

若将各相负载的一个端子相互联在一起,形成一个公共点 O',称为负载的中性点;将另外三个端子 A'、B'、C'引出并联向电源,便得到三相负载的星形连接方式,如图 9-5 所示。星形连接的三个负载称为星形负载。

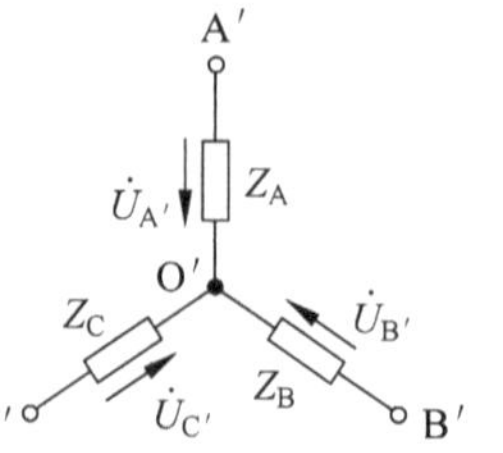

前面已指出,若各相负载的复阻抗相等,即 $Z_A = Z_B = Z_C$,则称为对称三相负载,否则称为不对称三相负载。

在星形负载对称的情况下,其线电压、相电压间的关系和对称星形电源的线电压、相电压间的关系完全相同,即相电压对称、线电压亦对称,且有关系式

图 9-5 三相负载的星形连接

$$\dot{U}_{A'B'} = \sqrt{3}\dot{U}_{A'}\underline{/30°} \qquad (9\text{-}12)$$

$$\dot{U}_{B'C'} = \sqrt{3}\dot{U}_{B'}\underline{/30°} \qquad (9\text{-}13)$$

$$\dot{U}_{C'A'} = \sqrt{3}\dot{U}_{C'}\underline{/30°} \qquad (9\text{-}14)$$

当然,若负载不对称,则相电压、线电压不可能同为对称或均不对称,上述关系式亦不复成立。

3. 星形连接的三相制

将星形电源和星形负载用导线连接起来,便得到星形连接的三相制,又称为星形三相电路。星形电路又分为三相四线制和三相三线制两种情况。

(1) 三相四线制

若将星形电源的三个始端(又称端点)A、B、C 与星形负载的三个端点 A′、B′、C′分别用导线相连,电源的中性点和负载的中性点也用导线连接起来,便构成了三相四线制,如图 9-6 所示。所谓"四线"是指电源和负载之间有四根连线。

下面结合图 9-6,介绍三相电路中的一些常用术语。

通常把电源端点和负载端点间的连线 AA′、BB′和 CC′称为端线,俗称火线;将电源中性点和负载中性点间的连线 OO′称为中线。因中线大都接地,故又称为零线或地线。

将端线(火线)中的电流 $\dot{I}_A$、$\dot{I}_B$ 和 $\dot{I}_C$ 称为线电流;中线中的电流 $\dot{I}_0$ 称为中线电流;每相电源和每相负载中的电流称为相电流。由图 9-6 不难看出,火线间的电压便是线电压。

在三相电路中,常把线电压、线电流称为线量,并用下标 l 表示,如 U_l、I_l 等;把相电压、相电流称为相量,并用下标 ph 表示,如 U_{ph}、I_{ph} 等。要注意这种"相量"与表示正弦量的"相量"之间的区别。

星形电路的一个重要特点是,在任何情况下,线电流均等于相电流。

(2) 三相三线制

若星形电路的两中性点 O 和 O′之间不连导线,即把三相四线制电路中的中线(零线)去掉,便得到三相三线制的星形电路,如图 9-7 所示。

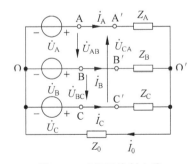

图 9-6 三相四线制电路

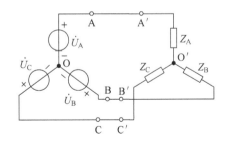

图 9-7 三相三线制星形电路

二、三相电路的三角形连接

1. 三相电源的三角形连接

若把三相电源的各相始、末端顺次相连,使三相电源构成一个闭合回路,并从各连接点引出端线连向负载,如图 9-8 所示,便得到三相电源的三角形连接方式。三角形连接的三相电源简称为三角形电源。

在三角形电源中,由于每相电源跨接在各相的引出端之间,因此各线电压等于相应的相电压,这是三角形连接方式的一个重要特点。在各相电压对称的情况下,三角形闭合回路的电压相量之和为零,即 $\dot{U}_A + \dot{U}_B + \dot{U}_C = 0$。在作实际三相电源的三角形连接时,要特别注意避免某相电源始端、末端的顺序接错,否则因三相电压之和不为零,且因绕组的阻抗很小,将造成烧毁发电机绕组的严重后果。关于这一情况,读者可自行分析。

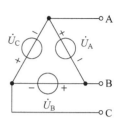

图 9-8 三相电源的三角形连接

2. 三相负载的三角形连接

将三相负载分别跨接在火线之间,如图 9-9 所示,便得到三相负载的三角形连接方式。作三角形连接的三相负载简称为三角形负载。由图 9-9 可见,无论三相负载是否对称,线电压必定等于相电压。下面分析在对称的情况下(即给对称的三角形负载施加对称的三相电压),各线电流和相电流的关系。

根据图 9-9 所示的各电流参考方向,各线电流为相应的两相电流之差,即

$$\dot{I}_A = \dot{I}_{A'B'} - \dot{I}_{C'A'}, \quad \dot{I}_B = \dot{I}_{B'C'} - \dot{I}_{A'B'}, \quad \dot{I}_C = \dot{I}_{C'A'} - \dot{I}_{B'C'}$$

由于相电流是对称的,则三个相电流相量为

$$\dot{I}_{A'B'} = I\underline{/\varphi}, \quad \dot{I}_{B'C'} = I\underline{/\varphi - 120°}, \quad \dot{I}_{C'A'} = I\underline{/\varphi + 120°}$$

于是各线电流为

$$\dot{I}_A = \dot{I}_{A'B'} - \dot{I}_{C'A'} = I\underline{/\varphi} - I\underline{/\varphi + 120°}$$
$$= \sqrt{3} I\underline{/\varphi - 30°} = \sqrt{3} \dot{I}_{A'B'}\underline{/-30°} \tag{9-15}$$

$$\dot{I}_B = \dot{I}_{B'C'} - \dot{I}_{A'B'} = I\underline{/\varphi - 120°} - I\underline{/\varphi} = \sqrt{3} I\underline{/\varphi - 150°}$$
$$= \sqrt{3} \dot{I}_{B'C'}\underline{/-30°} \tag{9-16}$$

$$\dot{I}_C = \dot{I}_{C'A'} - \dot{I}_{B'C'} = I\underline{/\varphi + 120°} - I\underline{/\varphi - 120°} = \sqrt{3} I\underline{/\varphi + 90°}$$
$$= \sqrt{3} \dot{I}_{C'A'}\underline{/-30°} \tag{9-17}$$

可做出相电流和线电流的相量图如图 9-10 所示。

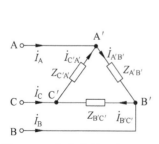

图 9-9 三相负载的三角形连接

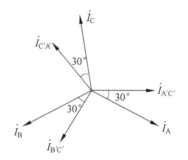

图 9-10 对称三角形负载的电流相量图

根据以上分析，可得出如下的重要结论：

在三角形连接的对称三相负载中，相电流对称，线电流也对称，且线电流的有效值为相电流有效值的 $\sqrt{3}$ 倍，每一线电流均滞后于相应的相电流 $30°$。

上述线电流和相电流有效值之间的关系可表示为

$$I_l = \sqrt{3}\, I_{\text{ph}} \tag{9-18}$$

读者不难看到，在对称的情况下，三角形连接时线电流、相电流之间的关系与星形连接时线电压、相电压之间的关系是相似的，即线量的有效值均是相量有效值的 $\sqrt{3}$ 倍，线量和相量的相位差都是 $30°$。但要注意，在星形连接方式中，线电压相位上超前于相应的相电压 $30°$；而在三角形连接方式中，线电流相位上滞后于相应的相电流 $30°$。

3. 三角形连接的三相制

若将三角形电源和三角形负载用导线相连接，便得到三角形连接的三相制，称为三角形三相电路，简称三角形电路。三角形电路只有三相三线制一种情况，如图 9-11 所示。

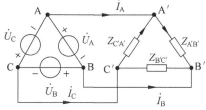

图 9-11　三角形连接的三相制

练习题

9-1　星形连接的对称三相电源如图 9-12 所示，若 $\dot{U}_{\text{CB}} = 380\angle 60°\text{V}$，求各相电源电压相量 $\dot{U}_{\text{A}}$、$\dot{U}_{\text{B}}$、$\dot{U}_{\text{C}}$ 及线电压 $\dot{U}_{\text{AB}}$、$\dot{U}_{\text{CA}}$。

9-2　三相对称负载接成三角形，如图 9-13 所示，设 $\dot{I}_{\text{ac}} = 3.6\angle -135°\text{A}$，求各电流相量 $\dot{I}_{\text{ab}}$、$\dot{I}_{\text{bc}}$、$\dot{I}_{\text{A}}$、$\dot{I}_{\text{B}}$ 和 $\dot{I}_{\text{C}}$。

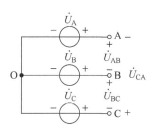
图 9-12　练习题 9-1 电路

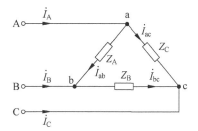
图 9-13　练习题 9-2 电路

9-3　三相对称电源连接成三角形，若 B 相电源反接，试画出此种情况下的电压相量图，并说明由此而产生的危害。

9.3　对称三相电路的计算

我们把电源和负载均对称以及各相线路阻抗均相同的三相电路称为对称三相电路；反之，只要电源、负载或线路阻抗中有一个不对称，便为不对称三相电路。这里要重申对称的定义。所谓三相电源对称（正序、负序）指的是各相电源电压的有效值相等、频率相同、彼此间的相位互差 120°；三相负载对称指的是各相负载的阻抗相同。在实际中，三相电源一般都是对称电源。因此，不再考虑电源不对称的情况，这样，一个三相电路是否对称便取决于负载及线路阻抗是否对称了。

无论是从电气性能的角度还是从计算方法的角度看，对称三相电路都有其特殊之处。特别重要的是，计算对称三相电路时，可采用简便的计算方法，即把三相电路化为单相电路计算。下面分不同的情况讨论这种方法的应用。

一、对称星形三相电路的计算

1. 对称星形三相电路计算方法的讨论

前已指出，对称星形三相电路有两种情形，即三相四线制电路和三相三线制电路。下面先讨论图 9-14 所示的三相四线制电路。图中 Z_l 为线路阻抗，Z_0 为中线阻抗。采用节点法求解。

以 O 点为参考点，可列得节点方程为

$$\left(\frac{1}{Z_l+Z}+\frac{1}{Z_l+Z}+\frac{1}{Z_l+Z}+\frac{1}{Z_0}\right)\dot{U}_{O'}$$

$$=\frac{\dot{U}_A}{Z_l+Z}+\frac{\dot{U}_B}{Z_l+Z}+\frac{\dot{U}_C}{Z_l+Z}$$

可解得

$$\dot{U}_{O'}=\frac{\frac{1}{Z_l+Z}(\dot{U}_A+\dot{U}_B+\dot{U}_C)}{\frac{3}{Z_l+Z}+\frac{1}{Z_0}}$$

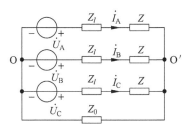

图 9-14 对称星形三相四线制电路

因三相电源对称，便有 $\dot{U}_A+\dot{U}_B+\dot{U}_C=0$，于是

$$\dot{U}_{O'}=0$$

这表明电路的两个中性点 O 和 O′ 为等位点，中线中的电流为零，中线的存在与否对电路的状态不产生任何影响。因此，在对称的情况下，三相四线制电路和三相三线制电路是等同的。

按等位点的性质，在三相三线制电路中，O、O′ 两点间可用一根无阻导线相连；在三相四线制电路中，可把阻抗为 Z_0 的中线换为阻抗为零的导线。这样，星形三相电路的各相均为一独立的回路，从而可分别计算；又因为各相电压、电流均是对称的，则在求得某相的电压和电流后，便可依对称关系推导出其余两相的电压、电流。因此，三相电路的计算可归结为单相电路的计算。比如，可先计算对应于 A 相的单相电路，求得 A 相的电压、电流后，再推出 B、C 两相的电压、电流。

2. 对称星形三相电路的计算步骤

（1）任选一相进行计算，作出对应于该相的单相电路。应注意的是，中线阻抗不应出现在单相电路中。

（2）求解单相电路。

(3) 根据单相电路的计算结果，按对称关系导出另两相的电压、电流。

例 9-2　设图 9-15 中各相电压的有效值为 220V，$Z=(15+\text{j}8)\Omega$，$Z_l=(3+\text{j}4)\Omega$，求各相电流及负载电压相量。

解　(1) 抽取 A 相进行计算。做出对应于 A 相的单相电路，如图 9-15 所示。

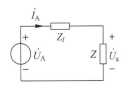

图 9-15　例 9-2 计算用图

(2) 设 $\dot{U}_A = 220\underline{/0°}$V，则可求得 A 相电流为

$$\dot{I}_A = \frac{\dot{U}_A}{Z+Z_l} = \frac{220\underline{/0°}}{18+\text{j}12} = \frac{220\underline{/0°}}{21.63\underline{/33.7°}}$$

$$= 10.17\underline{/-33.7°}\text{A}$$

A 相负载电压为

$$\dot{U}_a = \dot{I}_A Z = 10.17\underline{/-33.7°} \times (15+\text{j}8)$$

$$= 10.17\underline{/-33.7°} \times 17\underline{/28.1°} = 172.89\underline{/-5.6°}\text{V}$$

(3) 由 A 相的计算结果，推得 B、C 两相的电流及负载电压为

$$\dot{I}_B = \dot{I}_A\underline{/-120°} = 10.17\underline{/-33.7°-120°} = 10.17\underline{/-153.7°}\text{A}$$

$$\dot{I}_C = \dot{I}_A\underline{/120°} = 10.17\underline{/-33.7°+120°} = 10.17\underline{/86.3°}\text{A}$$

$$\dot{U}_b = \dot{U}_a\underline{/-120°} = 172.89\underline{/-5.6°-120°} = 172.89\underline{/-125.6°}\text{V}$$

$$\dot{U}_c = \dot{U}_a\underline{/120°} = 172.89\underline{/-5.6°+120°} = 172.89\underline{/114.4°}\text{V}$$

二、对称三角形三相电路的计算

简单的对称三角形三相电路有两种情况，现分别讨论它们的计算方法。

1. 线路阻抗为零的对称三角形三相电路

和这一情况对应的电路如图 9-16 所示。

由图 9-16 可见，电源电压直接加在负载上，即每一相负载承受的是对应于该相的电源相电压。显然，这种电路也可化为单相电路计算，具体的计算步骤为

(1) 任取某相进行计算，求出该相的负载相电流；

(2) 由上面求出的某相负载相电流推出另两相的负载相电流及各线电流。

例 9-3　在图 9-16 所示的电路中，已知 $\dot{U}_A = 380\underline{/30°}$V，$Z=(3-\text{j}4)\Omega$，求各相负载电流及各线电流。

解　(1) 取 B 相计算，则 B 相电源电压为

$$\dot{U}_B = \dot{U}_A\underline{/-120°} = 380\underline{/30°-120°} = 380\underline{/-90°}\text{V}$$

做出对应于 B 相的单相电路如图 9-17 所示。要注意这一单相电路中的电流是 B 相负载中的电流，而不是线电流 $\dot{I}_B$。可求得

$$\dot{I}_b = \frac{\dot{U}_B}{Z} = \frac{380\underline{/-90°}}{3-\text{j}4} = \frac{380\underline{/-90°}}{5\underline{/-53.10°}} = 76\underline{/-36.9°}\text{A}$$

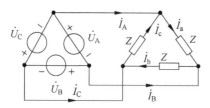

图 9-16 线路阻抗为零的三角形电路

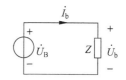

图 9-17 例 9-3 计算用图

（2）由已计算出的 $\dot{I}_b$ 推得 A、C 两相的负载电流及各线电流为

$$\dot{I}_a = \dot{I}_b\underline{/120°} = 79\underline{/-36.9° + 120°} = 76\underline{/83.1°}\text{A}$$

$$\dot{I}_c = \dot{I}_b\underline{/-120°} = 76\underline{/-36.9° - 120°} = 76\underline{/-156.9°}\text{A}$$

$$\dot{I}_A = \sqrt{3}\dot{I}_a\underline{/-30°} = \sqrt{3}\times 76\underline{/83.1° - 30°} = 131.64\underline{/53.1°}\text{A}$$

$$\dot{I}_B = \dot{I}_A\underline{/-120°} = 131.64\underline{/-66.9°}\text{A}$$

$$\dot{I}_C = \dot{I}_A\underline{/120°} = 131.64\underline{/173.1°}\text{A}$$

2. 线路阻抗不为零的对称三角形三相电路

与这一情况对应的电路如图 9-18 所示。可以看出，电源电压并非直接加在负载上，不能直接取某相计算，此时可按以下步骤进行：

（1）将三角形电源化为星形电源，将三角形负载化为星形负载，从而得到一个星形等效三相电路。

（2）在等效星形三相电路中抽取一相进行计算。应注意星形三相电路中该相的电流是原三角形三相电路中对应的线电流（而不是三角形负载的相电流）。

（3）由原三角形三相电路的线、相电流间的关系推出各相负载的电流。

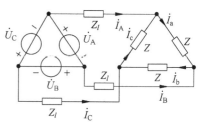

图 9-18 线路阻抗不为零的
三角形三相电路

例 9-4 在图 9-18 所示电路中，已知电源电压为 380V，$Z_l = (3+\text{j}3)\Omega$，$Z = (9+\text{j}15)\Omega$，求各负载电流 $\dot{I}_a$、$\dot{I}_b$ 和 $\dot{I}_c$。

解 前已指出，若不加说明，三相电路的电压均指线电压。由于本题电路中电源采用三角形连接，则每一相电源电压的有效值为 380V。

（1）将三角形三相电路化为星形三相电路如图 9-19(a)所示。星形三相电源每相电压的有效值为 $U' = \dfrac{380}{\sqrt{3}} = 220\text{V}$，星形三相负载每相的复阻抗为 $Z' = \dfrac{Z}{3} = (3+\text{j}5)\Omega$。

（2）在等效星形三相电路中抽取 A 相计算，电路如图 9-19(b)所示。现以原三角形三相电路中的 A 相电源电压为参考相量，即设 $\dot{U}_A = 380\underline{/0°}\text{V}$，则 $\dot{U}'_A = \dfrac{\dot{U}_A}{\sqrt{3}}\underline{/-30°}\text{V}$，由图 9-19(b)电路可求得

$$\dot{I}_A = \dfrac{\dot{U}'_A}{Z_l + Z'} = \dfrac{220\underline{/-30°}}{3+\text{j}3+3+\text{j}5} = \dfrac{220\underline{/-30°}}{6+\text{j}8} = 22\underline{/-83.1°}\text{A}$$

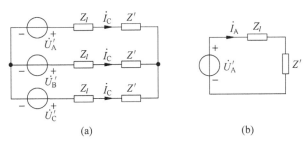

图 9-19 例 9-4 计算用图

$\dot{I}_A$ 便是原三角形三相电路中的线电流。

（3）根据三角形连接方式对称时线电流、相电流间的关系，由 $\dot{I}_A$ 可推得三角形负载中各相的电流为

$$\dot{I}_a = \frac{1}{\sqrt{3}} \dot{I}_A \underline{/30°} = \frac{1}{\sqrt{3}} \times 22 \underline{/-83.1° + 30°} = 12.7 \underline{/-53.1°} \text{A}$$

$$\dot{I}_b = \dot{I}_a \underline{/-120°} = 12.7 \underline{/-173.1°} \text{A}$$

$$\dot{I}_c = \dot{I}_a \underline{/120°} = 12.7 \underline{/66.9°} \text{A}$$

三、其他形式的对称三相电路的计算

从连接方式上看，除了星形三相电路和三角形三相电路之外，还有两种形式的三相电路，即 Y-△ 三相电路和 △-Y 三相电路。

Y-△ 三相电路指的是电源采用星形连接而负载采用三角形连接的三相电路；△-Y 三相电路指的是电源采用三角形连接而负载采用星形连接的三相电路。

这两种形式的对称三相电路既可转化为星形三相电路求解，也可转化为三角形三相电路计算，这需视具体情况而定，基本原则是使计算过程尽量简便。一般地说，对 Y-△ 对称三相电路，当线路阻抗不为零时，应将其化为星形三相电路求解；当线路阻抗为零时，则化为三角形三相电路求解。对 △-Y 电路，不论线路阻抗是否为零，均将其化为星形三相电路求解。

例 9-5 如图 9-20 所示电路，已知电源电压为 400V，$Z = (8 + j12)\Omega$，求负载各相的电流相量。

解 这是一个 Y-△ 电路，其线路阻抗为零。将此电路化为星形三相电路求解并无不可，但现在所求的是负载电流 $\dot{I}_a$、$\dot{I}_b$、$\dot{I}_c$，不如把它化为三角形电路求解更为直接。先将星形电源化为等效的三角形电源（等效三角形电源未画出），三角形电源的每相电压即是星形电源的线电压。若设 $\dot{U}_A = U_A \underline{/0°}$，则

$$\dot{U}_{AB} = \sqrt{3} U_A \underline{/30°} = 400 \underline{/30°} \text{V}$$

$$\dot{I}_a = \frac{\dot{U}_{AB}}{Z} = \frac{400 \underline{/30°}}{8 + j12} = 27.74 \underline{/-26.3°} \text{A}$$

$$\dot{I}_b = \dot{I}_a \underline{/-120°} = 27.74 \underline{/-146.3°} \text{A}$$

$$\dot{I}_c = \dot{I}_a \underline{/120°} = 27.74\underline{/93.7°}\text{A}$$

又如图 9-21 所示的Y-△三相电路,由于线路阻抗不为零,不难看出,计算此电路合适的做法是将其化为星形三相电路求解。具体步骤是将三角形负载化为星形负载后,求出线电流 $\dot{I}_A$、$\dot{I}_B$ 和 $\dot{I}_C$,再根据三角形连接方式时线、相电流间的关系求出三角形负载中各相的电流。

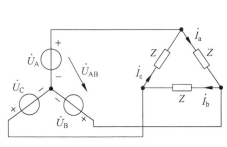

图 9-20 例 9-5 电路

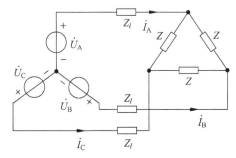

图 9-21 线路阻抗不为零的Y-△电路

四、复杂对称三相电路的计算

所谓复杂对称三相电路指的是电路中的三相负载有多组,且既有星形负载又有三角形负载。求解此类电路时,一般的做法是将原电路化为复杂星形对称二相电路,最终求解一个单相电路,具体的计算步骤如下:

(1) 将三角形电源化为星形电源,将所有的三角形负载化为星形负载,从而得到一个复杂星形对称电路。

(2) 由复杂星形对称三相电路中抽取一相进行计算,并根据该相的计算结果推出星形三相电路中另两相的电压、电流。在作单相电路时应注意到这一事实,即各星形负载的中性点及电源的中性点均为等位点,这些中性点之间可用一无阻导线相连。

(3) 回至原复杂三相电路,由星形三相电路的计算结果推出原电路中的待求量。

例 9-6 在图 9-22(a)中,已知电源电压为 380V,$Z_l = (1+j2)\Omega$,$Z_C = -j12\Omega$,$Z = (5+j6)\Omega$,求电流 $\dot{I}_1$、$\dot{I}_2$ 和 $\dot{I}_3$。

解 (1) 将电路化为星形对称三相电路如图 9-22(b)所示,设 $\dot{U}_A = 380\underline{/0°}\text{V}$,则

$$\dot{U}'_A = \frac{380}{\sqrt{3}}\underline{/-30°} = 220\underline{/-30°}\text{V}$$

$$Z'_C = \frac{1}{3}Z_C = -j4\Omega$$

(2) 从星形对称三相电路中抽取 A 相进行计算。注意到图 9-22(b)中 O、O_1 和 O_2 三点为等位点,则不难做出对应于 A 相的单相电路如图 9-22(c)所示。

可求出图 9-22(c)电路中的各电流为

$$\dot{I}'_1 = \frac{\dot{U}'_A}{Z_l + \dfrac{ZZ'_C}{Z + Z'_C}} = \frac{220\underline{/-30°}}{1+j2+\dfrac{-j4(5+j6)}{-j4+5+j6}} = 45.1\underline{/9.6°}\text{A}$$

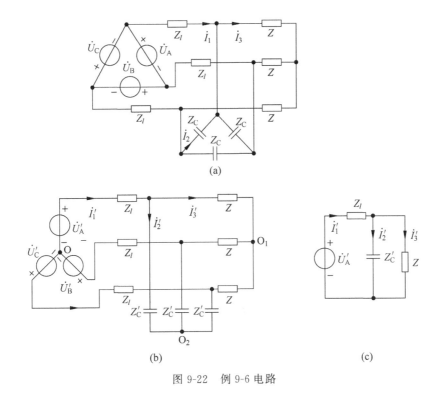

图 9-22　例 9-6 电路

$$\dot{I}'_2 = \dot{I}'_1 \frac{Z}{Z'_C + Z} = 45.1\underline{/9.6°} \times \frac{5+\mathrm{j}6}{5.385\underline{/21.8°}} = 65.4\underline{/37.9°}\mathrm{A}$$

$$\dot{I}'_3 = \dot{I}'_1 - \dot{I}'_2 = 45.1\underline{/9.6°} - 65.4\underline{/37.9°} = 33.5\underline{/-102.3°}\mathrm{A}$$

(3) 回到原电路，可得各待求电流为

$$\dot{I}_1 = \dot{I}'_1 = 45.1\underline{/9.5°}\mathrm{A}$$

$$\dot{I}_2 = \frac{1}{\sqrt{3}}\dot{I}'_2\underline{/30°}\underline{/120°} = 37.76\underline{/-172.1°}\mathrm{A}$$

$$\dot{I}_3 = \dot{I}'_3 = 33.5\underline{/-102.3°}\mathrm{A}$$

要注意电流 $\dot{I}_2$ 的求解。$\dot{I}_2$ 实际上是原电路三角形负载 C 相中的电流，它超前于三角形负载 A 相中的电流 120°，而 A 相负载中的电流为 $\frac{1}{\sqrt{3}}\dot{I}'_2\underline{/30°}$。

五、关于对称三相电路计算的说明

(1) 任意对称三相电路的计算都可归结为单相电路的计算。

(2) 由单相电路的计算结果得出原电路中的待求量时，依据的是对称情况下，星形连接方式和三角形连接方式中线量和相量间的关系。要特别注意的是各相量之间的相位关系。建议读者留意例 9-6 中电流 $\dot{I}_2$ 的求解过程。

(3) 在仅给出三相电源电压有效值的情况下，计算前必须先选定某一相电源的电压为参考相量,并且要始终记住,电路中的各电量的相位均是以此参考相量的相位为基准得出的。

(4) 三相电源的星形连接和三角形连接这两种连接方式的转换是十分容易的,实际上,在已知电源线电压的情况下,将其视为星形电源或三角形电源都是可以的,因为三相电源的线电压便是三角形电源的每相的相电压;而三相电源的线电压乘以 $1/\sqrt{3}$ 便是星形电源每相的相电压,这里所提到的电压均指有效值。

练习题

9-4 对称三相电路如图 9-23 所示,已知电源线电压为 $200\underline{/0°}\text{V}$,负载阻抗 $Z=(30-\text{j}40)\Omega$,线路阻抗 $Z_l=(10+\text{j}10)\Omega$,求各线电流 $\dot{I}_\text{A}$、$\dot{I}_\text{B}$、$\dot{I}_\text{C}$ 和负载电压 $\dot{U}_\text{a}$、$\dot{U}_\text{b}$ 和 $\dot{U}_\text{c}$。

9-5 如图 9-24 所示对称三相电路,已知电源线电压为 380V,$Z_1=(10+\text{j}30)\Omega$,$Z_2=(90-\text{j}60)\Omega$,求电流 $\dot{I}_\text{A}$、$\dot{I}_1$ 和 $\dot{I}_2$ 的有效值。

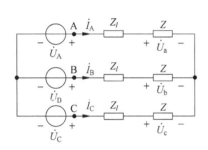

图 9-23 练习题 9-4 电路

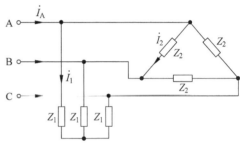

图 9-24 练习题 9-5 电路

9.4 不对称三相电路的计算

一、不对称三相电路的一般计算方法

三相电路通常由三相电源、线路阻抗及三相负载三部分组成。只要这三部分中有一部分不对称,便称为不对称三相电路。在我们的讨论中,不考虑电源不对称的情况,因此,在不对称三相电路中除电源电压外,一般各相的电流、电压不再对称;星形电源及各星形负载的中性点也不为等位点。这样,在一般情况下,无法将三相电路化为单相电路计算,不能由一相的电压、电流直接推出另外两相的电压、电流。因此,对不对称三相电路只能按一般复杂正弦电路处理,视其情况选择适当的方法(如节点法、回路法等)求解。

当然,不对称三相电路不能化为单相电路求解的说法并不是绝对的。在一些特殊的情况下,也可以用求单相电路的方法来计算不对称三相电路。下面将会看到这方面的例子。

二、简单不对称三相电路的计算示例

例 9-7 有一组星形连接的电阻负载,与电压为 380V 的三相对称星形电源相连,分别构成三相三线制和三相四线制电路,如图 9-25(a)、(b)所示,$R_\text{a}=10\Omega$,$R_\text{b}=30\Omega$,$R_\text{c}=60\Omega$,

求两电路中的各支路电流及各负载电压。

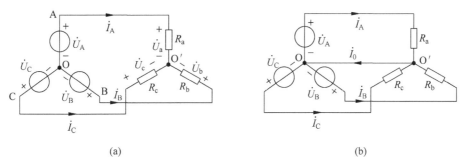

图 9-25　例 9-7 电路

解 （1）计算三相三线制电路。以 A 相电源电压为参考相量,则

$$\dot{U}_A = \frac{380}{\sqrt{3}} \underline{/0°} = 220\underline{/0°} \text{ V}$$

用节点法求解。以 O 点为参考点,可求得 O′点的电位为

$$\dot{U}_{O'} = \frac{\dfrac{220}{10} + \dfrac{220\underline{/-120°}}{30} + \dfrac{220\underline{/120°}}{60}}{\dfrac{1}{10} + \dfrac{1}{30} + \dfrac{1}{60}} = 112\underline{/-11°} \text{ V}$$

这表明两中性点间的电压为 112V,则各相的电流为

$$\dot{I}_A = \frac{\dot{U}_A - \dot{U}_{O'}}{R_a} = \frac{220\underline{/0°} - 112\underline{/-11°}}{10} = 11.2\underline{/11°} \text{ A}$$

$$\dot{I}_B = \frac{\dot{U}_B - \dot{U}_{O'}}{R_b} = \frac{220\underline{/-120°} - 112\underline{/-11°}}{30} = 9.25\underline{/-142.4°} \text{ A}$$

$$\dot{I}_C = \frac{\dot{U}_C - \dot{U}_{O'}}{R_c} = \frac{220\underline{/120°} - 112\underline{/-11°}}{60} = 5.09\underline{/136.1°} \text{ A}$$

负载各相的电压为

$$\dot{U}_a = \dot{I}_A R_a = 11.2\underline{/11°} \times 10 = 112\underline{/11°} \text{ V}$$

$$\dot{U}_b = \dot{I}_B R_b = 9.25\underline{/-142.4°} \times 30 = 277.5\underline{/-142.4°} \text{ V}$$

$$\dot{U}_c = \dot{I}_C R_c = 5.09\underline{/136.1°} \times 60 = 305.4\underline{/136.1°} \text{ V}$$

由计算结果可知,由于负载不对称,负载的各相电压、电流亦不对称。可做出电路的位形图如图 9-26 所示。由位形图可见,此时电源的中性点 O 和负载的中性点 O′不再重合,称为三相电路的中性点位移。

（2）计算三相四线制电路。因电源中性点和负载中性点间用一根无阻导线相连,O 和 O′两点被强迫等位,即 $\dot{U}_{OO'}=0$,这样各相分别构成独立回路,每一相的电流可根据单相电路计算。可求得

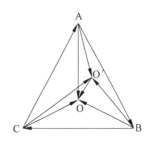

图 9-26　例 9-7 电路的位形图
（中性点位移）

$$\dot{I}_A = \frac{\dot{U}_A}{R_a} = \frac{220\underline{/0°}}{10} = 22\underline{/0°}\text{A}$$

$$\dot{I}_B = \frac{\dot{U}_B}{R_b} = \frac{220\underline{/-120°}}{30} = 7.33\underline{/-120°}\text{A}$$

$$\dot{I}_C = \frac{\dot{U}_C}{R_c} = \frac{220\underline{/120°}}{60} = 3.67\underline{/120°}\text{A}$$

要注意,此时虽然两中性点间电压为零,但中线电流并不为零,由 KCL 可求出中线电流为

$$\dot{I}_O = \dot{I}_A + \dot{I}_B + \dot{I}_C = 22\underline{/0°} + 7.33\underline{/-120°} + 3.67\underline{/120°} = 16.8\underline{/-10.9°}\text{A}$$

显然,各相负载承受的是电源的相电压,这表明负载电压是对称的。

(3) 根据本例的计算,可得出如下两点重要结论:

① 在三相三线制电路中,若电路不对称,可使得电源中性点和负载中性点间的电压不为零,即负载的中性点发生位移。负载的电压、电流均不对称,有的相负载电压低于电源电压,使得负载不能正常工作;有的相负载电压高于电源电压,可导致负载烧毁。因此,在实际工作中,不对称负载不采用三相三线制,三相三线制只用于负载对称的情况。

② 在三相四线制电路中,零阻抗的中线使得电源中性点和负载中性点为等位点,各相自成独立回路,不管负载阻抗如何变化,每相承受的是电源相电压,可使负载正常工作。显而易见,无阻中线是维持负载电压为额定电压的关键。因此,在实际的三相供电系统中,中线上不允许装设保险丝,以防中线电流过大时烧掉保险丝,使中线失去作用;同时,中线上也不允许安装开关。此外,在安排负载时,应尽量做到使各相负载大致均衡,避免中线电流过大。

例 9-8 如图 9-27 所示电路,试计算各线电流。已知电源相电压有效值为 50V,$Z_a = -\text{j}4\Omega$,$Z_b = \text{j}8\Omega$,$Z_c = 5\Omega$。

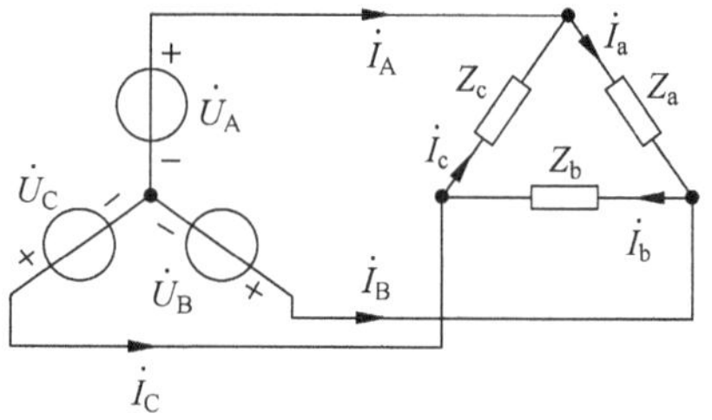

解 这又是一个可化为单相电路计算的不对称三相电路的例子。显然各相负载承受的是星形电源的线电压。设 $\dot{U}_A = 50\underline{/0°}$,则

$$\dot{U}_{AB} = \sqrt{3} \times 50\underline{/30°} = 86.6\underline{/30°}\text{V},$$

$$\dot{U}_{BC} = 86.6\underline{/-90°}\text{V}, \dot{U}_{CA} = 86.6\underline{/150°}\text{V}$$

图 9-27 例 9-8 电路

可求得各相负载的电流为

$$\dot{I}_a = \frac{\dot{U}_{AB}}{Z_a} = \frac{86.6\underline{/30°}}{-\text{j}4} = 21.65\underline{/120°}\text{A}$$

$$\dot{I}_b = \frac{\dot{U}_{BC}}{Z_b} = \frac{86.6\underline{/-90°}}{\text{j}8} = 10.83\underline{/180°}\text{A}$$

$$\dot{I}_c = \frac{\dot{U}_{CA}}{Z_c} = \frac{86.6\underline{/150°}}{5} = 17.32\underline{/150°}\text{A}$$

各线电流为

$$\dot{I}_A = \dot{I}_a - \dot{I}_c = 21.65\underline{/120°} - 17.32\underline{/150°} = 10.92\underline{/67.5°}\text{A}$$

$$\dot{I}_B = \dot{I}_b - \dot{I}_a = 10.83\underline{/180°} - 21.65\underline{/120°} = 18.75\underline{/-90°}\text{A}$$

$$\dot{I}_C = \dot{I}_c - \dot{I}_b = 17.32\underline{/150°} - 10.83\underline{/180°} = 9.61\underline{/115.7°}\text{A}$$

例 9-9 三相电路如图 9-28 所示，已知电源线电压为 380V，$Z_l = (6+\text{j}8)\Omega$ 为一对称三相星形负载，$Z_1 = 10\Omega$，$Z_2 = \text{j}10\Omega$，$Z_3 = -\text{j}10\Omega$。求电流表和电压表的读数，设电表均为理想的。

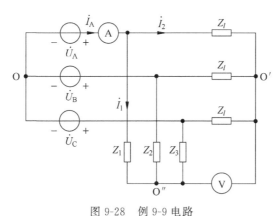

图 9-28　例 9-9 电路

解 因电源线电压为 380V，可设 A 相电源电压为 $\dot{U}_A = 220\underline{/0°}\text{V}$。该电路中有两组三相负载，其中一组为对称负载，另一组为不对称负载，因此就整体而言，这是一个不对称三相电路。由 Z_l 构成的对称负载中，各相电流、电压仍是对称的，于是有 $\dot{U}_{O'O} = 0$，可根据单相电路进行计算。可求得

$$\dot{I}_2 = \frac{\dot{U}_A}{Z_l} = \frac{220\underline{/0°}}{6+\text{j}8} = \frac{220\underline{/0°}}{10\underline{/53.1°}} = 22\underline{/-53.1°}\text{A}$$

由 Z_1、Z_2 和 Z_3 构成的不对称负载中，各相电流、电压不对称，其中性点 O'' 与电源中性点 O 不为等位点，用节点法求 $\dot{U}_{O''O}$，可得

$$\dot{U}_{O''O} = \frac{\dfrac{\dot{U}_A}{Z_1} + \dfrac{\dot{U}_B}{Z_2} + \dfrac{\dot{U}_C}{Z_3}}{\dfrac{1}{Z_1} + \dfrac{1}{Z_2} + \dfrac{1}{Z_3}} = \frac{\dfrac{220\underline{/0°}}{10} + \dfrac{220\underline{/-120°}}{\text{j}10} + \dfrac{220\underline{/120°}}{-\text{j}10}}{\dfrac{1}{10} + \dfrac{1}{\text{j}10} + \dfrac{1}{-\text{j}10}} = 161\underline{/180°}\text{V}$$

因 O 与 O' 为等位点，因此有

$$\dot{U}_{O''O'} = \dot{U}_{O''O} = 161\underline{/180°}\text{V}$$

这表明电压表的读数为 161V。

由电路又可得

$$\dot{I}_1 = \frac{\dot{U}_A - \dot{U}_{O''O}}{Z_1} = \frac{220\underline{/0°} - 161\underline{/180°}}{10} = 38.1\underline{/0°}\text{A}$$

于是求出

$$\dot{I}_A = \dot{I}_1 + \dot{I}_2 = 38.1\underline{/0°} + 22\underline{/-53.1°} = 54.24\underline{/-18.9°}\text{A}$$

这表明电流表的读数为 54.24A。

练习题

9-6 三相电路如图 9-29 所示，求开关 S 打开和闭合两种情况下的各相电流 $\dot{I}_A$、$\dot{I}_B$、$\dot{I}_C$ 及中线电流 $\dot{I}_0$。已知电源线电压 $U_l = 380$V。

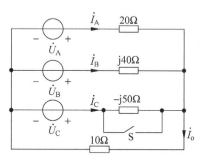

图 9-29 练习题 9-6 电路

9.5 三相电路的功率及测量

下面分对称和不对称两种情况讨论。

一、对称三相电路的功率

1. 对称三相电路的瞬时功率

设对称三相电路中 A 相的电压、电流为

$$u_A = \sqrt{2}U_{ph}\sin(\omega t + \varphi_u)$$

$$i_A = \sqrt{2}I_{ph}\sin(\omega t + \varphi_i)$$

则各相的瞬时功率为

$$p_A = u_A i_A = \sqrt{2}U_{ph}\sin(\omega t + \varphi_u) \times \sqrt{2}I_{ph}\sin(\omega t + \varphi_i)$$
$$= U_{ph}I_{ph}\cos(\varphi_u - \varphi_i) - U_{ph}I_{ph}\cos[2\omega t - (\varphi_u - \varphi_i)] \tag{9-19}$$

$$p_B = u_B i_B = \sqrt{2}U_{ph}\sin(\omega t + \varphi_u - 120°) \times \sqrt{2}I_{ph}\sin(\omega t + \varphi_i - 120°)$$
$$= U_{ph}I_{ph}\cos(\varphi_u - \varphi_i) - U_{ph}I_{ph}\cos[2\omega t - (\varphi_u - \varphi_i) + 120°] \tag{9-20}$$

$$p_C = u_C i_C = \sqrt{2}U_{ph}\sin(\omega t + \varphi_u + 120°) \times \sqrt{2}I_{ph}\sin(\omega t + \varphi_i + 120°)$$
$$= U_{ph}I_{ph}\cos(\varphi_u - \varphi_i) - U_{ph}I_{ph}\cos[2\omega t - (\varphi_u - \varphi_i) - 120°] \tag{9-21}$$

由此可见，每相的瞬时功率均由两部分构成：一部分为常量；另一部分为随时间按两倍角频率变化的正弦量，且各相的这一正弦分量构成一组对称。三相电路总的瞬时功率为

$$p = p_A + p_B + p_C = 3U_{ph}I_{ph}\cos(\varphi_u - \varphi_i) \tag{9-22}$$

这表明，对称三相电路的瞬时功率为一常量。这一结果体现了对称三相电路的一个优良性质，即工作在对称状况下的三相动力机械（如三相发电机、三相电动机）在任一瞬时受到

的是一个恒定力矩的作用,运行平稳,不会产生震动。

2. 对称三相电路的有功功率

对称三相电路每相的有功功率(平均功率)为

$$P_A = \frac{1}{T}\int_0^T p_A dt = U_{ph}I_{ph}\cos(\varphi_u - \varphi_i) = U_{ph}I_{ph}\cos\theta$$

$$P_B = \frac{1}{T}\int_0^T p_B dt = U_{ph}I_{ph}\cos(\varphi_u - \varphi_i) = U_{ph}I_{ph}\cos\theta$$

$$P_C = \frac{1}{T}\int_0^T p_C dt = U_{ph}I_{ph}\cos(\varphi_u - \varphi_i) = U_{ph}I_{ph}\cos\theta$$

可见在对称的情况下,每相的有功功率相同,且等于各相瞬时功率的常数分量。三相总的有功功率为

$$P = P_A + P_B + P_C = 3U_{ph}I_{ph}\cos\theta \tag{9-23}$$

这表明在对称时,三相总的有功功率等于一相有功功率的三倍,也等于三相总的瞬时功率。式中的 $\cos\theta$ 为任一相的功率因数,也称它为对称三相电路的功率因数;$\theta = \varphi_u - \varphi_i$ 为任一相的功率因数角,也称为对称三相电路的功率因数角。

在式(9-23)中,U_{ph}、I_{ph} 分别为相电压、相电流的有效值。对星形连接方式,线量和相量间的关系为 $U_l = \sqrt{3}U_{ph}$ 及 $I_l = I_{ph}$,因此式(9-23)又可写为

$$P = 3U_{ph}I_{ph}\cos\theta = 3 \times \frac{1}{\sqrt{3}}U_l I_l \cos\theta = \sqrt{3}U_l I_l \cos\theta$$

对三角形连接方式,线量、相量间的关系为 $U_l = U_{ph}$ 及 $I_l = \sqrt{3}I_{ph}$ 故

$$P = 3U_{ph}I_{ph}\cos\theta = 3U_l \times \frac{1}{\sqrt{3}}I_l \cos\theta = \sqrt{3}U_l I_l \cos\theta$$

这表明,无论是星形连接方式还是三角形连接方式,对称三相电路总有功功率的计算式均为

$$P = \sqrt{3}U_l I_l \cos\theta \tag{9-24}$$

要注意的是,式(9-24)中的 θ 角是任一相的相电压和相电流的相位差角,而不能认为是线电压和线电流的相位差角。这样,对称三相电路的有功功率既可用相电压、相电流的有效值计算,也可用线电压、线电流的有效值计算,现把关于 P 的两个算式列在一起,以便比较记忆:

$$\begin{cases} P = 3U_{ph}I_{ph}\cos\theta \\ P = \sqrt{3}U_l I_l \cos\theta \end{cases} \tag{9-25}$$

3. 对称三相电路的无功功率

显然,对称三相电路每相的无功功率为

$$Q_A = Q_B = Q_C = U_{ph}I_{ph}\sin\theta$$

则总的无功功率为

$$Q = Q_A + Q_B + Q_C = 3U_{ph}I_{ph}\sin\theta \tag{9-26}$$

式(9-26)为用相量有效值计算 Q 的算式。若采用线量有效值计算,则无论对称三相电路是星形连接方式还是三角形连接方式,其无功功率均可用下式计算:

$$Q = \sqrt{3} U_l I_l \sin\theta \qquad (9\text{-}27)$$

4. 对称三相电路的视在功率

视在功率的一般表示式为

$$S = \sqrt{P^2 + Q^2}$$

在对称三相电路中，若采用相电压、相电流的有效值计算，便有

$$S = \sqrt{P^2 + Q^2} = \sqrt{(3U_{ph} I_{ph} \cos\theta)^2 + (3U_{ph} I_{ph} \sin\theta)^2} = 3U_{ph} I_{ph} \qquad (9\text{-}28)$$

若用线电压、线电流的有效值计算，则

$$S = \sqrt{P^2 + Q^2} = \sqrt{(\sqrt{3} U_l I_l \cos\theta)^2 + (\sqrt{3} U_l I_l \sin\theta)^2} = \sqrt{3} U_l I_l \qquad (9\text{-}29)$$

例 9-10 在图 9-30(a)所示电路中，已知电源电压为 380V，$Z_2 = (9 - j3)\Omega$，求该三相电路的平均功率 P、无功功率 Q 和视在功率 S。

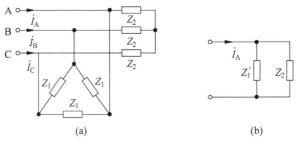

图 9-30 例 9-10 电路

解 因是对称三相电路，只需求出一相的电压、电流及 $\cos\theta$ 便可算得三相电路的 P、Q、S。

先将三角形负载化为星形负载，则等效的星形负载每相的复阻抗为

$$Z_1' = \frac{1}{3} Z_1 = (4 + j7)\Omega$$

于是可做出对应于 A 相的单相电路如图 9-30(b)所示，以 $\dot{U}_A$ 为参考相量，则

$$\dot{U}_A = \frac{380}{\sqrt{3}} \underline{/0°} = 220 \underline{/0°} \text{ V}$$

$$\dot{I}_A = \frac{\dot{U}_A}{Z_1' /\!/ Z_2} = \frac{20\underline{/0°}}{(4+j7) /\!/ (9-j3)} = 39.12 \underline{/-24.7°} \text{ A}$$

由此可知，三相电路的功率因数角为 24.7°，功率因数 pf = cos24.7° = 0.91，可求得

$$P = 3U_{ph} I_{ph} \cos\theta = 3 \times 220 \times 39.12 \times 0.91 = 23495.5 \text{ W}$$

$$Q = 3U_{ph} I_{ph} \sin\theta = 3 \times 220 \times 39.12 \sin 24.7° = 10801.3 \text{ var}$$

$$S = \sqrt{P^2 + Q^2} = \sqrt{23495.5^2 + 10801.3^2} = 25859.3 \text{ VA}$$

或

$$S = 3U_{ph} I_{ph} = 3 \times 220 \times 39.12 = 25859.5 \text{ VA}$$

当然，也可用线量计算。

二、不对称三相电路的功率

1. 不对称三相电路的瞬时功率

在三相电路不对称的情况下，各相电流不再对称。设 A 相电源电压为 $u_A = \sqrt{2}U_{ph}\sin\omega t$，则各相的瞬时功率分别为

$$p_A = u_A i_A = \sqrt{2}U_{ph}\sin\omega t \times \sqrt{2}I_{phA}\sin(\omega t - \varphi_A)$$
$$= U_{ph}I_{phA}\cos\varphi_A - U_{ph}I_{phA}\cos(2\omega t - \varphi_A) \tag{9-30}$$

$$p_B = u_B i_B = \sqrt{2}U_{ph}\sin(\omega t - 120°) \times \sqrt{2}I_{phB}\sin(\omega t - 120° - \varphi_B)$$
$$= U_{ph}I_{phB}\cos\varphi_B - U_{ph}I_{phB}\cos(2\omega t + 120° - \varphi_B) \tag{9-31}$$

$$p_C = u_C i_C = \sqrt{2}U_{ph}\sin(\omega t + 120°) \times \sqrt{2}I_{phC}\sin(\omega t + 120° - \varphi_C)$$
$$= U_{ph}I_{phC}\cos\varphi_C - U_{ph}I_{phC}\cos(2\omega t - 120° - \varphi_C) \tag{9-32}$$

式中，I_{phA}、I_{phB}、I_{phC} 为各相电流的有效值，φ_A、φ_B、φ_C 为各相的功率因数角。总的瞬时功率为

$$p = p_A + p_B + p_C$$

显然，在不对称的情况下，三相电路的总瞬时功率不再为一常数，而是等于一常数与一频率为电源频率两倍的正弦量之和。

2. 不对称三相电路的有功功率

在不对称的情况下，三相电路的总有功功率只能用下式计算：

$$P = P_A + P_B + P_C$$
$$= U_{phA}I_{phA}\cos\varphi_A + U_{phB}I_{phB}\cos\varphi_B + U_{phC}I_{phC}\cos\varphi_C \tag{9-33}$$

这表明只能分别求出各相的有功功率后，再求其和以求得整个三相电路的有功功率。

要注意的是，由于各相的阻抗角不同，因此对不对称三相电路而言，笼统地提功率因数或功率因数角是没有意义的。

3. 不对称三相电路的无功功率

不对称三相电路的无功功率用下式计算：

$$Q = Q_A + Q_B + Q_C = U_{phA}I_{phA}\sin\varphi_A + U_{phB}I_{phB}\sin\varphi_B + U_{phC}I_{phC}\sin\varphi_C \tag{9-34}$$

这表明只能分别求出各相的无功功率后，再求和以求得整个三相电路的无功功率。

4. 不对称三相电路的视在功率

不对称三相电路的视在功率只能用下式计算：

$$S = \sqrt{P^2 + Q^2} \tag{9-35}$$

但

$$S \neq U_{phA}I_{phA} + U_{phB}I_{phB} + U_{phC}I_{phC}$$

这表明不能采用将各相视在功率叠加的方法来求总的视在功率。

例 9-11 求图 9-31 所示三相电路的 P、Q 和 S。已知电源电压为 380V，$Z_1 = (3+j4)\Omega$，$Z_2 = 10\Omega$，$Z_3 = (4-j3)\Omega$，$Z_4 = j8\Omega$。

解 这是一个不对称的三相电路，其负载由一个星形负载和一个三角形负载构成。可

分别求出两部分负载中的有功功率和无功功率后,再求整个三相电路的 P、Q 和 S。

(1) 求星形负载的有功功率和无功功率

星形负载为一个对称负载。由于对称三相电源直接加在这一对称负载上,因此可用求对称三相电路功率的方法求它的有功功率和无功功率。设 A 相电源电压为

$$\dot{U}_\text{A} = \frac{380}{\sqrt{3}}\underline{/0°} = 220\underline{/0°}\text{V}$$

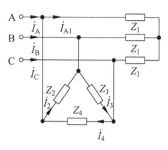

图 9-31 例 9-11 电路

则

$$\dot{I}_\text{A1} = \frac{\dot{U}_\text{A}}{Z_1} = \frac{220\underline{/0°}}{3+\text{j}4} = \frac{220\underline{/0°}}{5\underline{/53.1°}} = 44\underline{/-53.1°}\text{A}$$

由此可知,对称星形负载的功率因数角为 53.1°,于是,对称星形负载的有功功率为

$$P_\text{Y} = 3U_\text{ph}I_\text{ph}\cos\varphi = 3U_\text{A}I_\text{A1}\cos\varphi = 3\times 220\times 44\cos 53.1° = 17424\text{W}$$

对称星形负载的无功功率为

$$Q_\text{Y} = 3U_\text{ph}I_\text{ph}\sin\varphi = 3U_\text{A}I_\text{A}\sin\varphi = 3\times 220\times 44\sin 53.1° = 23232\text{var}$$

(2) 求三角形负载的有功功率和无功功率

三角形负载为非对称负载,只能分别求出各相的有功功率和无功功率后,再进行叠加求出其总的有功功率和无功功率。

仍设 $\dot{U}_\text{A} = 220\underline{/0°}\text{V}$,则三角形负载的各相电流为

$$\dot{I}_2 = \frac{\dot{U}_\text{AB}}{Z_2} = \frac{380\underline{/30°}}{10} = 38\underline{/30°}\text{A}$$

$$\dot{I}_3 = \frac{\dot{U}_\text{BC}}{Z_3} = \frac{380\underline{/30°-120°}}{4-\text{j}3} = \frac{380\underline{/-90°}}{5\underline{/-36.9°}} = 76\underline{/-53.1°}\text{A}$$

$$\dot{I}_4 = \frac{\dot{U}_\text{CA}}{Z_4} = \frac{380\underline{/30°+120°}}{\text{j}8} = \frac{380\underline{/150°}}{8\underline{/90°}} = 47.5\underline{/60°}\text{A}$$

于是各负载的有功功率和无功功率为(各功率的下标与负载阻抗的下标一致)

$$\begin{cases} P_2 = U_\text{AB}I_2\cos(\widehat{\dot{U}_\text{AB},\dot{I}_2}) = 380\times 38\cos(30°-30°) = 14440\text{W} \\ Q_2 = U_\text{AB}I_2\sin(\widehat{\dot{U}_\text{AB},\dot{I}_2}) = 380\times 38\sin(30°-30°) = 0\text{var} \end{cases}$$

$$\begin{cases} P_3 = U_\text{BC}I_3\cos(\widehat{\dot{U}_\text{BC},\dot{I}_3}) = 380\times 76\cos[-90°-(-53.1°)] = 23104\text{W} \\ Q_3 = U_\text{BC}I_3\sin(\widehat{\dot{U}_\text{BC},\dot{I}_3}) = 380\times 768\sin[-90°-(-53.1°)] = -17340\text{var} \end{cases}$$

$$\begin{cases} P_4 = U_\text{CA}I_4\cos(\widehat{\dot{U}_\text{CA},\dot{I}_4}) = 380\times 47.5\cos(150°-60°) = 0\text{W} \\ Q_4 = U_\text{CA}I_4\sin(\widehat{\dot{U}_\text{CA},\dot{I}_4}) = 380\times 47.5\sin(150°-60°) = 18050\text{var} \end{cases}$$

要注意,某相的功率因数角是该相的相电压与相电流的相位之差,三角形负载的各相承受的恰好是线电压,故上述各功率因数角是线电压与相电流的相位差。不要误认为三角形

负载各相的功率因数角是三相电源的相电压与负载相电流的相位差。为避免出错,也可直接根据各相的复阻抗求阻抗角,因为阻抗角等于功率因数角。

三角形负载总的有功功率为

$$P_\triangle = P_2 + P_3 + P_4 = 14440 + 23104 + 0 = 37544\text{W}$$

三角形负载总的无功功率为

$$Q_\triangle = Q_2 + Q_3 + Q_4 = 0 + 17340 + 18050 = 35390\text{var}$$

(3) 求整个三相电路的有功功率、无功功率和视在功率

整个三相电路的有功功率、无功功率为

$$P = P_Y + P_\triangle = 17424 + 37544 = 54968\text{W}$$

$$Q = Q_Y + Q_\triangle = 23232 + 35390 = 58622\text{var}$$

视在功率为

$$S = \sqrt{P^2 + Q^2} = \sqrt{54968^2 + 58622^2} = 80361.8\text{VA}$$

此题还可先求出各相的电流后再计算 P、Q、S,这一方法读者可作为练习。

三、三相电路功率的测量

三相电路功率的测量是电力系统供电、用电中十分重要的问题。除了有功功率(平均功率)的测量之外,无功功率、功率因数及电能(电度)的测量也属于三相电路功率测量的范畴。下面讨论在工程实际中应用十分广泛的指针式仪表测量有功功率和无功功率的一些方法。

1. 三相四线制电路功率的测量

三相四线制电路仅有电源和负载均采用星形连接方式这一种情况。对这种电路,一般采用三个功率表测量其功率,称为三表法,测量电路如图 9-32 所示。从电路中表的接法可知,接入每相的功率表的电流线圈通过的是该相负载的电流,而电压线圈承受的是该相负载的电压,因此各功率表的读数便代表了各相负载所消耗的有功功率。于是三相负载的总功率为三个功率表的读数之和,即总功率为

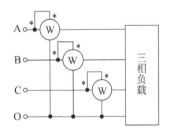

图 9-32 三相四线制电路三相功率的测量电路

$$\begin{aligned}P &= U_A I_A \cos(\widehat{u_A, i_A}) + U_B I_B \cos(\widehat{u_B, i_B}) + U_C I_C \cos(\widehat{u_C, i_C}) \\ &= U_A I_A \cos\varphi_A + U_B I_B \cos\varphi_B + U_C I_C \cos\varphi_C \\ &= P_A + P_B + P_C\end{aligned}$$

式中 P_A、P_B、P_C 分别为 A、B、C 三相负载消耗的功率。

实际中也可只用一个功率表分别测量各相的功率,然后将三个测量值相叠加。

当三相负载对称时,可用一个功率表测任一相的功率,示值的三倍即为三相电路的总功率。这种只用一个功率表测量的方法称为一表法。

2. 三相三线制电路功率的测量

三相三线制电路无中线,电路中的三相负载可以是星形连接,也可以是三角形连接。无论三相负载是否对称,在三相三线制电路中通常用两个功率表测量其平均功率,称为两表法,测量电路如图 9-33 所示。

两表法测量三相三线制电路功率的原理可分析如下。

三相电路总的瞬时功率为

$$p = p_A + p_B + p_C = u_A i_A + u_B i_B + u_C i_C$$

由 KCL,有

$$i_A + i_B + i_C = 0$$

可得

$$i_C = -(i_A + i_B)$$

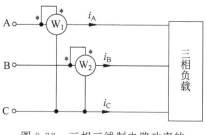

图 9-33 三相三线制电路功率的测量电路(两表法)

将上式代入瞬时功率的表达式,有

$$p = u_A i_A + u_B i_B + u_C(-i_A - i_B) = u_A i_A + u_B i_B - u_C i_A - u_C i_B$$
$$= (u_A - u_C)i_A + (u_B - u_C)i_B = u_{AC} i_A + u_{BC} i_B$$

三相的平均功率为

$$P = \frac{1}{T}\int_0^T p(t)\mathrm{d}t = \frac{1}{T}\int_0^T (u_{AC} i_A + u_{BC} i_B)\mathrm{d}t$$
$$= U_{AC} I_A \cos(\widehat{u_{AC}, i_A}) + U_{BC} I_B \cos(\widehat{u_{BC}, i_B}) = P_1 + P_2$$

由两表法的接线图可见,电路中的功率表 W_1 的读数恰为上式中的 P_1,功率表 W_2 的读数恰为上式中的 P_2,因此可用两表法测量三相三线制电路的功率,即两个功率表读数之和(代数和)便为三相总的平均功率。

值得注意的是,当线电压 u_{AC} 与线电流 i_A 的相位差角 $\varphi_1 = \varphi_{u_{AC}} - \varphi_{i_A}$ 在 90°和 270°之间,即 $90° < \varphi_1 < 270°$ 时,P_1 为负值。与此对应的是,电路中功率表 W_1 的指针会反向偏转,此时可将 W_1 表电流线圈的两个接头换接,以使其正向偏转而得到读数,但其读数应取为负值。与此类似,W_2 表的读数也可能为负值。

可将两表法的接线规则归纳为:将两只功率表的电流线圈分别串接于任意两相的端线中,且电流线圈带"*"号的一端接于电源一侧;两只功率表的电压线圈带"*"号的一端接于电流线圈的任一端,而电压线圈的非"*"号端须同时接至未接功率表电流线圈的第三相的端线上。

3. 对称三相三线制电路无功功率的测量

(1) 一表法测量无功功率

用一只功率表可测量对称三相三线制电路的无功功率。测量电路如图 9-34 所示,由此可得功率表的读数为

$$P = U_{CA} I_B \cos(\widehat{u_{CA}, i_B}) = u_{CA} I_B \cos\varphi'$$

因是对称三相电路,若设电路为感性的,任一相相电压和相电流的相位差为 φ,可做出相量图如图 9-35 所示。由相量图可见,线电压 $\dot{U}_{CA}$ 和相电流 $\dot{I}_B$ 间的相位差为

$$\varphi' = 90° - \varphi$$

于是功率表的读数为

$$P = U_{CA} I_B \cos\varphi' = U_{CA} I_B \cos(90° - \varphi) = \sqrt{3} U_B I_B \sin\varphi = \sqrt{3} Q_B$$

上式中的 Q_B 为 B 相的无功功率,但 $Q_B = \frac{1}{3}Q$,因此三相总的无功功率为

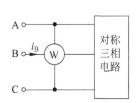
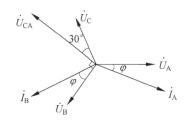

图 9-34 用一表法测量对称三相电路的无功功率   图 9-35 对称三相电路(感性)的相量图

$$Q = \sqrt{3}\,P \tag{9-36}$$

这表明功率表读数的 $\sqrt{3}$ 倍即为三相电路的总无功功率。

(2) 两表法测无功功率

用两表法测对称三相三线制电路无功功率的接线方法与两表法测有功功率的接线方法完全相同,如图 9-33 所示。设两个功率表的读数分别为 P_1 和 P_2,则电路的无功功率 Q 及负载的功率因数角 φ 分别为

$$Q = \sqrt{3}(P_1 - P_2) \tag{9-37}$$

$$\varphi = \arctan\left(\sqrt{3}\,\frac{P_1 - P_2}{P_1 + P_2}\right) \tag{9-38}$$

式(9-37)和式(9-38)的推导建议读者自行完成。

练习题

9-7 用一表法测量对称三相三线制电路的无功功率时,是否可根据功率表的读数确定无功功率的性质(即感性无功或容性无功)?试作相量图予以说明。

9.6 例题分析

例 9-12 已知图 9-36 所示电路的线电压为 380V,负载为Y连接,求负载每相阻抗 Z。

解 由于是对称三相负载,故电路的功率用下式计算

$$P = \sqrt{3}\,U_l I_l \cos\varphi$$

则线电流为

$$I_l = \frac{P}{\sqrt{3}\,U_l \cos\varphi} = \frac{1200}{\sqrt{3}\times 380 \times 0.65} = 2.81\text{A}$$

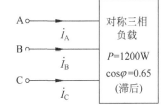

图 9-36 例 9-12 图

以 A 相电压为参考相量,即

$$\dot{U}_\text{A} = U_\text{A}\underline{/0°} = \frac{380}{\sqrt{3}}\underline{/0°} = 220\underline{/0°}\text{V}$$

由于负载为星形连接,故线电流等于相电流;又因电路的功率因数 $\cos\varphi = 0.65$(滞后),则每相负载的阻抗角为

$$\varphi_Z = \arccos 0.65 = 49.5°$$

于是 A 相电流为

$$\dot{I}_A = I_A \underline{/-\varphi_Z} = 2.81\underline{/-49.5°}\text{A}$$

故负载各相的阻抗为

$$Z = Z_A = Z_B = Z_C = \frac{\dot{U}_A}{\dot{I}_A} = \frac{220\underline{/0°}}{2.81\underline{/-49.5°}}$$

$$= 78.43\underline{/49.5°} = (51+\text{j}59.6)\Omega$$

例 9-13 一联成Y形的对称负载接于线电压 $U_l = 380\text{V}$ 的对称三相电源上,负载每相阻抗 $Z = (8+\text{j}6)\Omega$。(1)求负载每相的电压、电流,做出位形图和电流相量图;(2)若C相断路,解本题;(3)若C相短路,解本题。

解 (1)以A相电源电压为参考相量,即

$$\dot{U}_A = \frac{380}{\sqrt{3}}\underline{/0°} = 220\underline{/0°}\text{V}$$

由图 9-37(a)所示电路可求得

$$\dot{I}_A = \frac{\dot{U}_A}{Z} = \frac{220\underline{/0°}}{8+\text{j}6} = 22\underline{/-36.9°}\text{A}$$

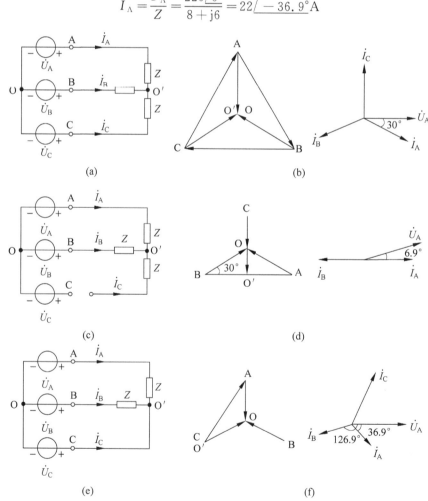

图 9-37 例 9-13 图

则
$$\dot{I}_B = \dot{I}_A \angle -120° = 22\angle 156.9° \text{A}$$
$$\dot{I}_C = \dot{I}_A \angle 120° = 22\angle 83.1° \text{A}$$

显然负载各相电压等于电源各相电压,即
$$\dot{U}_{AO'} = \dot{U}_A = 220\angle 0°\text{V}, \quad \dot{U}_{BO'} = \dot{U}_B = 220\angle -120°\text{V}, \quad \dot{U}_{CO'} = \dot{U}_C = 220\angle 120°\text{V}$$
做出位形图及电流相量图如图 9-37(b)所示。

(2) C 相断路后的电路如图 9-37(c)所示,可求出
$$\dot{I}_A = \frac{\dot{U}_{AB}}{Z+Z} = \frac{380\angle 30°}{16+\text{j}12} = 19\angle -6.9°\text{A}$$
$$\dot{I}_B = -\dot{I}_A = 19\angle -6.9° + 180° = 19\angle 173.1°\text{A}$$
$$\dot{I}_C = 0$$

各相负载的电压为
$$\dot{U}_{AO'} = Z\dot{I}_A = 19\angle -6.9° \times 10\angle 36.9° = 190\angle 30°\text{V}$$
$$\dot{U}_{BO'} = Z\dot{I}_B = 19\angle 173.1° \times 10\angle 36.9° = 190\angle -150°\text{V}$$

C 相负载的电压为零。画出位形图和电流相量图如图 9-37(d)所示。由位形图可见,此时电路发生中性点位移,两中性点间的电压为
$$U_{OO'} = 220\sin 30° = 110\text{V}$$

(3) C 相短路后的电路如图 9-37(e)所示,由图可见,C、O'两点重合,A、B 两相的负载承受的均是线电压。于是有
$$\dot{I}_A = \frac{\dot{U}_{AC}}{Z} = \frac{-\dot{U}_{CA}}{Z} = \frac{-380\angle 30° + 120°}{8+\text{j}6} = 38\angle -66.9°\text{A}$$

请注意线电压 $\dot{U}_{CA}$ 相位的确定。
$$\dot{I}_B = \frac{\dot{U}_{BC}}{Z} = \frac{380\angle 30° - 120°}{8+\text{j}6} = 38\angle -126.9°\text{A}$$
$$\dot{I}_C = -\dot{I}_A - \dot{I}_B = -38\angle -66.9° - 38\angle -126.9° = 65.82\angle 83.1°\text{A}$$

画出位形图和电流相量图如图 9-37(f)所示。由位形图可见,此时两中性点间的电压为
$$U_{OO'} = U_C = 220\text{V}$$

例 9-14 图 9-38(a)所示电路中对称三相电源的电压为 380V,求电压表的读数。

解 这是一个不对称的三相电路,为便于分析,画出电路的电源部分,如图 9-38(b)所示(当然也可将电源画为三角形连接),图中每相电源电压为 220V(因线电压为 380V),显然电压表的端电压为 $\dot{U}_{BO'}$。

设 $\dot{U}_A = 220\angle 0°\text{V}$,则有
$$\dot{I} = \frac{\dot{U}_A - \dot{U}_C}{R+R} = \frac{220\angle 0° - 220\angle 120°}{2R} = \frac{190}{R}\angle -30°\text{A}$$

于是

$$\dot{U}_{BO'} = \dot{U}_B - \dot{U}_A + R\dot{I}$$
$$= 220\underline{/-120°} - 220\underline{/0°} + 190\underline{/-30°} = 330\underline{/-120°}\text{V}$$

即电压表的读数为 330V。

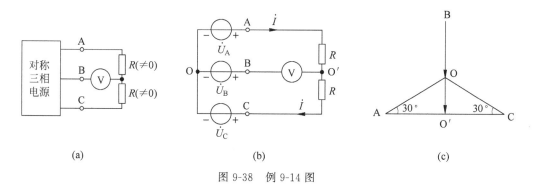

图 9-38 例 9-14 图

还可根据位形图求解。此时 B 相相当于断路,则负载中性点位于 A、C 两点连线的中点处,如图 9-38(c)所示,可求得

$$\dot{U}_{BO'} = \dot{U}_{BO} + \dot{U}_{OO'} = 220 + 220\sin30° = 330\text{V}$$

由此可见,此题用位形图分析,计算更为简便。

例 9-15 求图 9-39 所示电路中的电流 $\dot{I}_A$、$\dot{I}_B$、$\dot{I}_C$ 和 $\dot{I}_0$。已知 $Z = (30+\text{j}40)\Omega$,$Z_0 = (8+\text{j}6)\Omega$,$Z_1 = \text{j}20\Omega$,电源电压为 380V。

解 这是一个非对称三相电路,但应注意到两个 Z_1 负载分别直接并联在两相之间,这样,由 Z 构成的Y形负载中的电流、电压仍是对称的,负载的中性点 O' 和电源的中性点 O 为等位点。设 $\dot{U}_A = 220\underline{/0°}\text{V}$,可求出

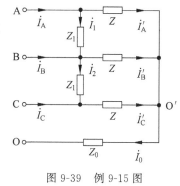

图 9-39 例 9-15 图

$$\dot{I}'_A = \frac{\dot{U}_A}{Z} = \frac{220\underline{/0°}}{30+\text{j}40} = 4.4\underline{/-53.1°}\text{A}$$

$$\dot{I}'_B = \dot{I}'_A\underline{/-120°} = 4.4\underline{/-173.1°}\text{A}$$

$$\dot{I}'_C = \dot{I}'_A\underline{/120°} = 4.4\underline{/66.9°}\text{A}$$

及

$$\dot{I}_1 = \frac{\dot{U}_{AB}}{Z_1} = \frac{380\underline{/30°}}{\text{j}20} = 19\underline{/-60°}\text{A}$$

$$\dot{I}_2 = \frac{\dot{U}_{BC}}{Z_1} = \frac{380\underline{/-90°}}{\text{j}20} = 19\underline{/-180°}\text{A}$$

于是得

$$\dot{I}_A = \dot{I}_1 + \dot{I}'_A = 19\underline{/-60°} + 4.4\underline{/-53.1°} = 23.37\underline{/-58.7°}\text{A}$$

$$\dot{I}_B = \dot{I}'_B + \dot{I}_2 - \dot{I}_1 = 4.4\underline{/-173.1°} + 19\underline{/-180°} - 19\underline{/-60°} = 36.51\underline{/154.1°}\text{A}$$

$$\dot{I}_{\mathrm{C}} = \dot{I}'_{\mathrm{C}} - \dot{I}_2 = 4.4\underline{/66.9°} - 19\underline{/-180°} = 21.12\underline{/11°}\,\mathrm{A}$$

显然中线电流应为零,即

$$\dot{I}_0 = 0$$

例 9-16 求图 9-40 所示三相电路中的线电流 $\dot{I}_{\mathrm{A}}$、$\dot{I}_{\mathrm{B}}$ 和 $\dot{I}_{\mathrm{C}}$,并求电路的功率因数及消耗的总功率。已知电源电压为 380V。

解 由于是对称三相电路,故可求得某一线电流后,按对称关系推出另两个线电流。下面计算线电流 $\dot{I}_{\mathrm{A}}$。设 $\dot{U}_{\mathrm{AB}} = 380\underline{/0°}$,有

$$\dot{I}_{\mathrm{A}} = \dot{I}_{\mathrm{A1}} + \dot{I}_{\mathrm{A2}}$$

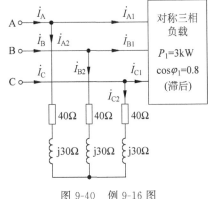

图 9-40 例 9-16 图

图中方框所代表的对称三相负载的连接方式虽不清楚,但这无关紧要,可设它为Y形连接或△形连接,不妨设它为Y形连接。由于功率因数 $\cos\varphi_1 = 0.8$(滞后),则每相的阻抗角为

$$\varphi_1 = \arccos 0.8 = 36.9°$$

有

$$I_{\mathrm{A1}} = \frac{P_1}{\sqrt{3}U_{\mathrm{AB}}\cos\varphi_1} = \frac{3\times 10^3}{\sqrt{3}\times 380\times 0.8} = 5.7\,\mathrm{A}$$

则

$$\dot{I}_{\mathrm{A1}} = I_{\mathrm{A1}}\underline{/-\varphi_1}\underline{/-30°} = 5.7\underline{/-66.9°}\,\mathrm{A}$$

应注意 $\dot{I}_{\mathrm{A1}}$ 的相位并非是 $-\varphi_1$,而是 $-\varphi_1 - 30°$。这是因为计算时以 $\dot{U}_{\mathrm{AB}}$ 为参考相量,又将方框内的三相负载视为Y形连接,A 相电源的电压 $\dot{U}_{\mathrm{A}}$ 滞后 $\dot{U}_{\mathrm{AB}}$ 30°,而 $\dot{I}_{\mathrm{A1}}$ 滞后 $\dot{U}_{\mathrm{A}}$ 的角度为 φ_1(感性负载),故 $\dot{I}_{\mathrm{A1}}$ 的相位为 $-\varphi_1 - 30°$。若将方框内的三相负载视为△形连接,也可得出同样的结果。

下面求出另一负载的电流

$$\dot{I}_{\mathrm{A2}} = \frac{\dot{U}_{\mathrm{A}}}{40 + \mathrm{j}30} = \frac{220\underline{/-30°}}{50\underline{/36.9°}} = 4.4\underline{/-66.9°}\,\mathrm{A}$$

则

$$\dot{I}_{\mathrm{A}} = \dot{I}_{\mathrm{A1}} + \dot{I}_{\mathrm{A2}} = 5.7\underline{/-66.9°} + 4.4\underline{/-66.9°} = 10.1\underline{/-66.9°}\,\mathrm{A}$$

不难得出另两个线电流为

$$\dot{I}_{\mathrm{B}} = \dot{I}_{\mathrm{A}}\underline{/-120°} = 10.1\underline{/173.1°}\,\mathrm{A}$$

$$\dot{I}_{\mathrm{C}} = \dot{I}_{\mathrm{A}}\underline{/120°} = 10.1\underline{/53.1°}\,\mathrm{A}$$

电路的功率因数为

$$\mathrm{pf} = \cos\varphi = \cos(\widehat{\dot{U}_{\mathrm{A}},\dot{I}_{\mathrm{A}}}) = \cos[-30° - (-66.9°)] = \cos 36.9° = 0.8\,(\text{滞后})$$

电路消耗的总功率为

$$P = \sqrt{3}U_l I_l \cos\varphi = \sqrt{3}\times 380\times 10.1\times 0.8 = 5318\,\mathrm{W}$$

总功率 P 也可计算为

$$P = P_1 + P_2$$

其中

$$P_2 = 3I_{A2}^2 \times 40 = 3 \times 4.4^2 \times 40 = 2323.2\text{W}$$

则

$$P = P_1 + P_2 = 3000 + 2323.2 = 5323.2\text{W}$$

这一结果与前面的计算结果稍有不同,是因为存在舍入误差。

例 9-17 在图 9-41(a)所示对称三相电路中,已知线电压为 380V, $Z_1 = (4-j14)\Omega$, $Z_2 = (15+j15)\Omega$,试确定各电表的读数。

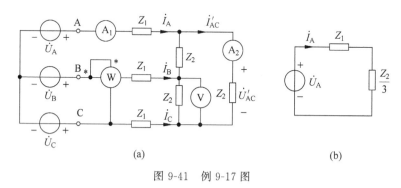

图 9-41 例 9-17 图

解 将由 Z_2 构成的△形连接转换为Y形连接后,可得单相(A 相)电路如图 9-41(b)所示。以 A 相电源电压为参考相量,则

$$\dot{I}_A = \frac{\dot{U}_A}{Z_1 + \frac{Z_2}{3}} = \frac{\frac{380}{\sqrt{3}}\underline{/0°}}{4-j14+5+j5} = \frac{220\underline{/0°}}{9-j9} = 17.28\underline{/45°}\text{A}$$

故电流表 A_1 的读数为 17.28A。

△形负载的线电流有效值为 I_A,则其相电流的有效值为

$$I'_{AC} = \frac{1}{\sqrt{3}}I_A = 9.98\text{A}$$

故电流表 A_2 的读数为 9.98A。

△形负载每相负载的电压有效值为

$$U'_{AC} = |Z_2|I'_{AC} = 9.98\sqrt{15^2+15^2} = 211.7\text{V}$$

故电压表的读数为 211.7V。

功率表的电流线圈通过的电流是 $\dot{I}_B$,电压线圈承受的电压是 $\dot{U}_{BC}$,则功率表的读数为

$$P = U_{BC}I_B\cos(\widehat{\dot{U}_{BC},\dot{I}_B})$$

但

$$\dot{I}_B = \dot{I}_A\underline{/-120°} = 17.28\underline{/-75°}\text{A}$$

$$\dot{U}_{BC} = \dot{U}_{AB}\underline{/-120°} = 380\underline{/-90°}\text{V}$$

可得

$$P = U_{BC}I_B\cos(\widehat{\dot{U}_{BC},\dot{I}_A}) = 380 \times 17.28\cos(-15°) = 6342.7\text{W}$$

故功率表的读数为 6342.7W。

例 9-18 如图 9-42(a)所示电路,已知 $j\omega L = j15\Omega$,$j\omega M = j12\Omega$,$R = 6\Omega$,$Z_l = (3+j3)\Omega$,求电流 $\dot{I}_A$ 和 $\dot{I}_1$。

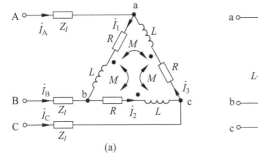
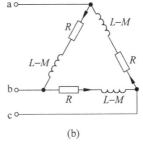
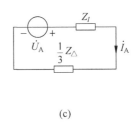

图 9-42 例 9-18 图

解 这是一个含互感的对称三相电路。设法做出其去耦等效电路后求解。根据图示电流的参考方向,△形连接的互感电路中 $\dot{I}_1$ 支路的端电压方程为

$$\dot{U}_1 = R\dot{I}_1 + j\omega L\dot{I}_1 + j\omega M\dot{I}_2 + j\omega M\dot{I}_3 = R\dot{I}_1 + j\omega L\dot{I}_1 + j\omega M(\dot{I}_2 + \dot{I}_3)$$

由于 $\dot{I}_1$、$\dot{I}_2$、$\dot{I}_3$ 为一组对称电流,即

$$\dot{I}_1 + \dot{I}_2 + \dot{I}_3 = 0$$

故

$$\dot{I}_2 + \dot{I}_3 = -\dot{I}_1$$

于是

$$\dot{U}_1 = (R + j\omega L - j\omega M)\dot{I}_1 = [R + j\omega(L-M)]\dot{I}_1$$

由此做出△形负载的去耦等效电路如图 9-42(b)所示,其每一相的等值参数为

$$Z_\triangle = R + j\omega(L-M) = (6+j3)\Omega$$

做出单相电路(A 相)如图 9-42(c)所示,可求得

$$\dot{I}_A = \frac{\dot{U}_A}{Z_l + \frac{1}{3}Z_\triangle} = \frac{220\underline{/0°}}{3+j3+2+j1} = \frac{220\underline{/0°}}{5+j4} = 34.36\underline{/-38.7°}\text{A}$$

$$\dot{I}_1 = \frac{1}{\sqrt{3}}\dot{I}_A\underline{/30°} = \frac{1}{\sqrt{3}} \times 34.36\underline{/-38.7° + 30°} = 19.84\underline{/-8.7°}\text{A}$$

例 9-19 图 9-43(a)所示电路称为相序仪,可用于检查三相电源的相序。试分析其工作情况。

解 相序仪工作时,是根据两灯泡亮暗程度的不同来决定三相电源的相序的。下面用位形图分析其工作情况。这是一个不对称的丫形电路,先弄清中性点位移的情况。为此,以电容 C 为负载,做出戴维南等效电路如图 9-43(b)所示。其中开路电压 $\dot{U}_{OC}$ 为 A 相开路时

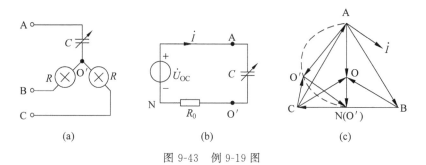

图 9-43 例 9-19 图

A、O' 两点间的电压。在 A 相开路时，B、C 两相的负载相同，且共同承受线电压 $\dot{U}_{BC}$，于是中性点 O' 在位形图上位于线电压 $\dot{U}_{BC}$ 的中点 N 处，如图 9-43(c)所示。可求出

$$\dot{U}_{OC} = \dot{U}_{AN} = 1.5\dot{U}_A$$

等效电阻 $R_0 = \frac{1}{2}R$，电流为

$$\dot{I} = \frac{\dot{U}_{OC}}{R_0 + Z_C} = \frac{\dot{U}_{OC}}{R_0 - j\frac{1}{\omega C}}$$

$\dot{I}$ 相量超前于 $\dot{U}_{OC}$。在等效电路中，R_0 和 C 上的电压相量垂直，即 $\dot{U}_{AO'}$、$\dot{U}_{O'N}$ 和 $\dot{U}_{AN}$ 构成直角三角形。于是随着电容 C 值的变化，中性点 O' 在位形图中虚线所示的半圆上移动。当 $C=0$ 时，$X_C=\infty$（相当于开路），O' 点与 N 点重合；当 $C=\infty$ 时，$X_C=0$（相当于短路），O' 点与 A 点重合。由位形图可见，对于 $C\neq 0$ 及 $C\neq\infty$ 的任何 C 值，总有 $\dot{U}_{BO'} > \dot{U}_{CO'}$，这表明 B 相的灯泡总是亮于 C 相的灯泡，于是可由此来决定电源的相序。实际使用相序仪时，将电容 C 所接的那一相定为 A 相，则灯泡较亮的那一相为 B 相，较暗的那一相为 C 相，使用中要注意 C 值的选择，首先不可使 $C=0$（不能开路），否则因两灯泡亮度一样而无法判断；C 也不可过大，以避免其中一个灯泡的电压过高。

例 9-20 在实际应用中，可利用所谓的"裂相电路"由单相电压源获得对称三相电压。图 9-44(a)所示为一种裂相电路，若 $\dot{U}_{AB}$、$\dot{U}_{BC}$、$\dot{U}_{CA}$ 构成一组对称电压，试确定电路中的参数 R_1、R_2、X_{C1} 和 X_{C2}。

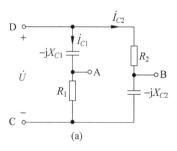 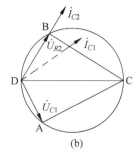

图 9-44 例 9-20 图

解 以单相电源电压 $\dot{U}$ 为参考相量做出电路的位形图如图 9-44(b)所示。显然,A、B、C、D 四点均位于以 DC 为直径的圆上。若 $\dot{U}_{AB}$、$\dot{U}_{BC}$、$\dot{U}_{CA}$ 构成一组对称电压,则 A、B、C 三点须构成一个等边三角形。设 R_1 和 X_{C1} 串联支路的阻抗角为 φ_1,R_2 和 X_{C2} 串联支路的阻抗角为 φ_2,则 φ_1 和 φ_2 分别为电流 $\dot{I}_{C1}$ 和 $\dot{I}_{C2}$ 超前电压 $\dot{U}$ 的相位角。由位形图可见,当 A、B、C 三点构成等边三角形时,应有 $\varphi_1=30°$,$\varphi_2=60°$,据此可导出参数之间的关系为

$$\begin{cases} \dfrac{X_{C1}}{R_1} = \tan 30° \\ \dfrac{X_{C2}}{R_2} = \tan 60° \end{cases}$$

即

$$R_1 = \sqrt{3} X_{C1}, \quad X_{C2} = \sqrt{3} R_2$$

例 9-21 对称三相电路如图 9-45(a)所示,已知电源线电压为 380V,三相负载的有功功率为 8712W,功率因数 $\cos\varphi=0.6$,线路阻抗 $Z_l=(2+j)\Omega$。若接入一组电容器如图中所示,使负载的功率因数提高至 0.8,求每相电容 C 的值及此时负载吸收的有功功率。

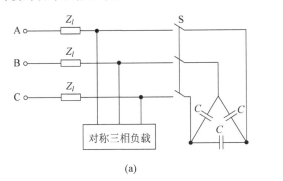
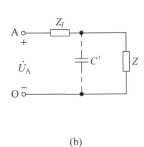

图 9-45 例 9-21 电路

解 由于输电线路阻抗不为零,因此当接入电容提高负载的功率因数后,负载吸收的有功功率将会变化且有增加。做出单相等效电路如图 9-45(b)所示。设负载每相阻抗为 $Z=R+jX$,因 $\cos\varphi=0.6$,则可得 $R=0.75X$。

由三相有功功率 $P=8712\text{W}$,有

$$\frac{1}{3}P = \left[\left(\frac{U_l}{\sqrt{3}}\right)^2 \Big/ (R+2)^2 + (X+1)^2\right] R$$

由上式及 $R=0.75X$,可得

$$5X^2 - 24X + 16 = 0$$

解之,得

$$X_{(1)} = 4\Omega, \quad X_{(2)} = 0.8\Omega$$

则可得两组负载的阻抗值,即

$$Z_{(1)} = (3+j4)\Omega, \quad Z_{(2)} = (0.6+j0.8)\Omega$$

与之对应的导纳值为

$$Y_{(1)} = (0.12 - j0.16)\text{S}, \quad Y_{(2)} = (0.6 - j0.8)\text{S}$$

若将负载的功率因数提高至 0.8,则负载的导纳值为
$$Y'_{(1)} = (0.12 - j0.09)S, \quad Y'_{(2)} = (0.6 - j0.45)S$$
即并联的电容 C' 应满足下述关系式:
$$\omega C'_{(1)} = 0.16 - 0.09 = 0.07 S$$
$$\omega C'_{(2)} = 0.8 - 0.45 = 0.35 S$$
解之,可得
$$C'_{(1)} = 222.82 \mu F, \quad C'_{(2)} = 1114.08 \mu F$$
于是,三角形连接的电容组的 C 值为
$$C_{(1)} = \frac{1}{3} C'_{(1)} = 74.27 \mu F$$
$$C_{(2)} = \frac{1}{3} C'_{(2)} = 371.36 \mu F$$
并联电容后,每相的阻抗值为
$$Z'_{(1)} = 1/Y'_{(1)} = (5.333 + j4)\Omega = R'_{(1)} + jX'_{(1)}$$
$$Z'_{(2)} = 1/Y'_{(2)} = (1.967 + j0.8)\Omega = R'_{(2)} + jX'_{(2)}$$
由此求得提高功率因数后,三相负载的功率为
$$P_{(1)} = 3 I_{ph(1)}^2 R'_{(1)} = 3 \times \frac{(380/\sqrt{3})^2}{(5.333+2)^2 + (1+4)^2} \times 5.333 = 9776 W$$
$$P_{(2)} = 3 I_{ph(2)}^2 R'_{(2)} = 3 \times \frac{(380 \times \sqrt{3})^2}{(1.967+2)^2 + (1+0.8)^2} \times 1.067 = 12180 W$$

例 9-22 在图 9-46(a)所示正弦稳态三相电路中,已知功率表的读数为 1000W,电源相电压为 220V,A 相线电流为 5A。求感性负载 Z 的值及三相的总功率 P。

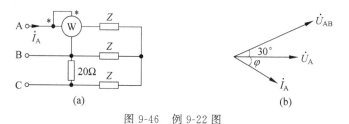

图 9-46 例 9-22 图

解 设 $\dot{U}_A = 220 \underline{/0°}$ V,做出相量图如图 9-46(b)所示。由功率表的接线方式,可知其读数为
$$P' = U_{AB} I_A \cos(\widehat{u_{AB}, i_A}) = U_{AB} I_A \cos(30° + \varphi)$$
将已知数据代入上式,有
$$1000 = 380 \times 5 \cos(30° + \varphi)$$
即
$$30° + \varphi = \arccos 0.5263 = 58.24°$$
$$\varphi = 58.24° - 30° = 28.24°$$
于是求得负载阻抗的值为

$$Z = \frac{\dot{U}_A}{\dot{I}_A} = \frac{220\underline{/0°}}{5\underline{/-28.24°}} = 44\underline{/28.24°} = (38.76 + j20.82)\,\Omega$$

由 Z 构成的对称三相负载的有功功率为

$$P_Z = \sqrt{3}\,U_{AB} I_A \cos\varphi = \sqrt{3} \times 380 \times 5\cos 28.24° = 2899\,\text{W}$$

求得三相的总功率为

$$P = P_Z + P_{20\Omega} = 2899 + \frac{U_{BC}^2}{20} = 2899 + \frac{380^2}{20} = 10119\,\text{W}$$

习题

9-1 三相对称电源如题 9-1(a)图所示，每相电源的相电压为 220V。(1)试画出题 9-1(b)图所示电路的相电压和线电压的相量图；(2)试画出题 9-1(c)图所示电路相电压、线电压的相量图，并求出各线电压的值。

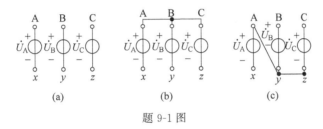

题 9-1 图

9-2 电路如题 9-2 图所示，已知 A 相电源电压为 $\dot{E}_A = 220\underline{/0°}\,\text{V}$，$Z = (30+j40)\,\Omega$，$Z_N = (6+j8)\,\Omega$，求电流 $\dot{I}_A$、$\dot{I}_B$、$\dot{I}_C$ 及 $\dot{I}_0$，并画出相量图和位形图。

9-3 在题 9-3 图所示三相电路中，若 $\dot{U}_{AB} = 380\underline{/0°}\,\text{V}$，$Z_l = (2+j1)\,\Omega$，$Z = (9+j12)\,\Omega$，求出各电流相量。

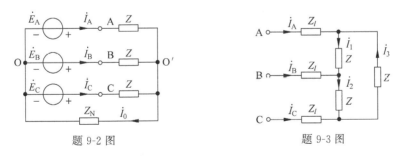

题 9-2 图　　　　　　　　题 9-3 图

9-4 三相感应电动机的三相绕组接成星形，接到线电压为 380V 的对称三相电源上，其线电流为 13.8A。求：(1)各相绕组的相电压和相电流；(2)各相绕组的阻抗值；(3)若将绕组改为三角形连接，相电流和线电流各是多少？

9-5 求题 9-5 图所示电路中各电流表的读数。已知三相电源电压为 380V，$Z_l = -j2\,\Omega$，$Z_1 = (2+j2)\,\Omega$，$Z_2 = (3-j12)\,\Omega$。

9-6 在题9-6图所示电路中，$\dot{U}_{AB}=380\underline{/0°}\text{V}$，$j\omega L=j4\Omega$，$j\omega M=j2\Omega$，$Z_1=5\Omega$，$Z_2=j3\Omega$，求电流$\dot{I}_A$、$\dot{I}_B$、$\dot{I}_C$。

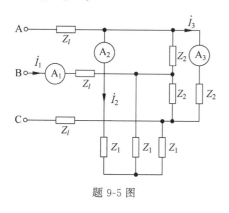

题 9-5 图

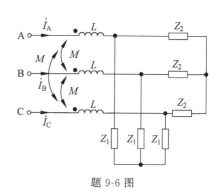

题 9-6 图

9-7 电路如题9-2图所示，试就下面两种情况计算$\dot{I}_A$，$\dot{I}_B$，$\dot{I}_C$和$\dot{I}_0$：
（1）若B相负载断开；（2）若C点和O′点间发生短路。

9-8 三相电路如题9-8图所示，其由两组星形负载构成，其中一组对称，一组不对称。三相电源电压对称，线电压有效值为380V，试求电压表的读数。

9-9 在题9-9图所示电路中，当开关S闭合后，各电流表的读数均为I_1。若将S打开，问各电流表的读数为多少。

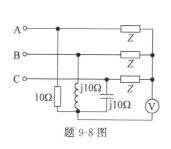

题 9-8 图

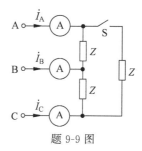

题 9-9 图

9-10 一组对称三相负载接于线电压为400V的对称三相电源上。当该组负载接成星形时，其消耗的平均功率为19200W；当该组负载连成三角形时，线电流为$80\sqrt{3}$A。求每相负载的阻抗$Z=R+jX$。

9-11 某三相电动机的额定电压$U_l=380$V，输出功率为2.2kW，$\cos\varphi=0.86$，效率$\eta=0.88$，求电动机的电流大小。

9-12 对称三相电路如题9-12图所示，各相负载阻抗为$Z=(R_L+jX_L)\Omega$，已知电压表读数为$100\sqrt{3}$V，电路功率因数为0.866，三相无功功率$Q=100\sqrt{3}$var。求：(1)三相总有功功率；(2)每相负载等值阻抗。

9-13 欲将题9-13图所示对称三相负载的功率因数提高至0.9，求并联电容的参数C，并计算电流I，已知电源电压为380V。

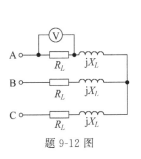

题 9-12 图

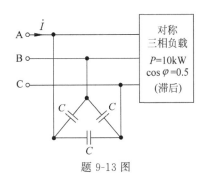

题 9-13 图

9-14 对称三相电路如题 9-14 图所示。已知电源线电压为 380V，$f=50$Hz，线路阻抗 $Z_l=(1+j2)\Omega$，负载阻抗 $Z_1=(12+j16)\Omega$，$Z_2=(48+j36)\Omega$。(1)求电源端的线电流、各负载的相电流及电源端的功率因数；(2)若将负载端的功率因数提高至 0.9，求需接入的电容器的 C 值、电源端的线电流及此时负载的总有功功率。

9-15 在题 9-15 图所示三相电路中，电源线电压为 380V，三角形负载对称且 $Z_1=(4+j3)\Omega$，星形负载不对称，且 $Z_2=(4+j3)\Omega$，$Z_3=(3+j4)\Omega$，$Z_4=20\Omega$。求三相电路的有功功率、无功功率和视在功率。

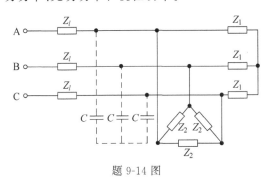

题 9-14 图

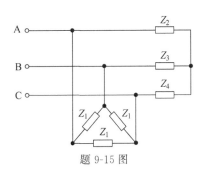

题 9-15 图

9-16 在题 9-16 图所示的三相电路中，三相负载为对称的感性负载。试借助相量图证明两功率表之和为三相电路的总功率，并指出哪一功率表的读数可能取负值，在何种情况下取负值。

9-17 题 9-17 图所示电路中的两组电源是对称的，已知 $\dot{U}_{A1}=220\underline{/0°}$V，$\dot{U}_{A2}=110\underline{/0°}$V，试确定各电表的读数。

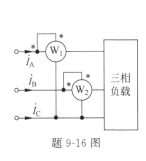

题 9-16 图

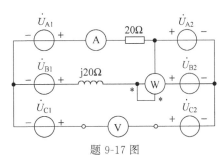

题 9-17 图

9-18 在题 9-18 图所示三相电路中,已知 $U_{AB}=380$V,求各电表的读数。

9-19 求题 9-19 图所示电路中各电表的读数。已知电源相电压为 220V,$Z_1=(6+j8)\Omega$,$Z_2=(4-j3)\Omega$。

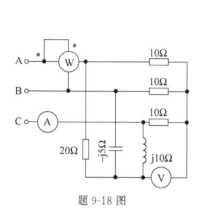

题 9-18 图

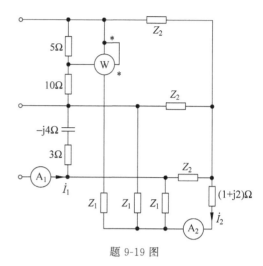

题 9-19 图

9-20 三相电路如题 9-20 图所示,已知输电线路阻抗 $Z_l=j2\Omega$,第一组负载阻抗 $Z_1=-j22\Omega$,第二组对称负载工作在额定状态下,其额定线电压为 380V,额定有功功率为 7220W,额定功率因数为 0.5(感性)。(1)求电源侧的线电压及功率因数;(2)若 A 相的 Q 点处发生开路故障(Q 点处断开),求此时的稳态电流 I_B、I_C 的表达式及三相电路的有功功率和无功功率。

9-21 在题 9-21 图所示三相电路中,已知三相对称负载的额定线电压为 380V,额定有功功率为 23.232kW,额定功率因数为 0.8(感性)。若电源的相电压为 $\dot{E}_A=220\underline{/0°}$V,角频率 $\omega=100$rad/s;线路阻抗 $Z_l=(1+j2)\Omega$;电源端对地电容 $C_0=2000\mu$F,电源的中性点接的电感为 $L_k=(50/3)$mH。(1)求三相负载的参数;(2)计算线路上的电流 $\dot{I}_A$、$\dot{I}_B$ 和 $\dot{I}_C$;(3)求开关 S 闭合后,线路上的稳定电流 $\dot{I}_A$、$\dot{I}_B$、$\dot{I}_C$ 以及接地电感 L_k 中的电流 $\dot{I}_{LN}$。

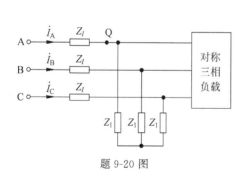

题 9-20 图

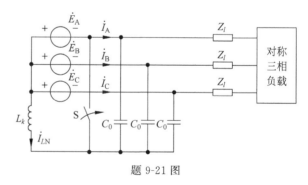

题 9-21 图

9-22 题 9-22 图所示电路为双端供电电路,以确保负载不停电。星形负载的功率 $P_1=30$kW,$\cos\varphi_1=0.94$;三角形负载的功率 $P_2=24$kW,$\cos\varphi_2=0.6$;线路阻抗 $Z_{l1}=(1+j2)\Omega$,$Z_{l2}=(2+j2)\Omega$。若星形连接的发电机相电压为 220V,$\cos\varphi=1$,当输出功率 $P=$

40kW 时，求三角形连接发电机的相电压、输出功率和功率因数。

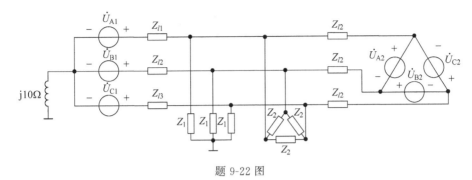

题 9-22 图

习题参考答案

第1章

1-1 (1) -15W(产生) (2) 6W(吸收) (3) $-200e^{-2t}\text{mW}$(产生)

1-2 $P_1=600\text{W}$(吸收), $P_2=-600\text{W}$(发出)

1-3 (1) $P_1=300\text{W}$(吸收), $P_2=105\text{W}$(吸收) (2) $I_3=0.5\text{A}, I_4=-1.2\text{A}$

1-4 $I_1=-3\text{A}, I_2=-4\text{A}$

1-5 $I_4=-2\text{A}, I_5=3\text{A}$

1-6 (1) $U_3=-4\text{V}, U_4=-3\text{V}, U_5=1\text{V}, U_7=3\text{V}$

　　(2) $\varphi_1=2\text{V}, \varphi_2=-3\text{V}, \varphi_4=1\text{V}, \varphi_5=4\text{V}, \varphi_6=-6\text{V}$

1-8 (1) -2Ω (2) 0.5Ω

1-9 $50\text{V}, 10\text{mA}$

1-10 (a) $P_V=18\text{W}$(吸收), $P_I=-18\text{W}$(发出)

　　 (b) $P_V=-10\text{W}$(发出), $P_I=2\text{W}$(吸收)

　　 (c) $P_V=-12\text{W}$(发出), $P_I=-6\text{W}$(发出)

1-11 (a) $P_{1\Omega}=9\text{W}, P_{2\Omega}=8\text{W}$

　　 (b) $P_{1\Omega}=64\text{W}, P_{2\Omega}=8\text{W}$

1-12 $2\text{A}, -30\text{W}$

1-13 (1) $3\text{V}, I=5.5\text{mA}, I_A=5.5\text{mA}, I_B=I_C=0$

　　 (2) $0\text{V}, I=4\text{mA}, I_A=I_C=0, I_B=4\text{mA}$

　　 (3) $5\text{V}, I=6.5\text{mA}, I_A=0, I_B=I_C=3.25\text{mA}$

1-14 8V

1-15 $P_{3A}=-18\text{W}, P_{2A}=0\text{W}$

1-16 (a) $-3\text{V}, -13.5\text{W}$

　　 (b) $15\text{V}, -27\text{W}$

1-17 $P_u=30\text{W}, P_i=-34\text{W}$

1-18 (a) $2\text{A}, 5\text{W}$

　　 (b) $1.25\text{A}, 3.125\text{W}$

1-19 $U_1=-1.5\text{V}, U_2=0.5\text{V}, U_3=7.5\text{V}$

1-20 $\dfrac{4}{3}\Omega$

1-21 -24V 或 0V

1-22 $P_{1A}=23\text{W}, P_{2A}=-74\text{W}, P_{3A}=27\text{W}, P_{10V}=10\text{W}, P_C=-114\text{W}$

第 2 章

2-1 $a_1 = -1/a_2, b_1 = -b_2/a_2$

2-2 (1) $I = 1\text{A}, R_1 = 10\Omega, R_2 = 8\Omega$
     (2) $R_1 = 2\Omega, R_2 = 1\Omega$

2-3 (1) $2\text{V}, 1\text{A}, \frac{2}{3}\text{A}, \frac{1}{3}\text{A}$
     (2) $0\text{V}, \frac{5}{4}\text{A}, 0\text{A}, \frac{5}{4}\text{A}$
     (3) $\frac{30}{11}\text{V}, \frac{10}{11}\text{A}, \frac{10}{11}\text{A}, 0\text{A}$

2-4 (a) 读数增大 (b) 读数不变 (c) 读数增大

2-5 $R_{ab} = R_1 + \frac{R_2(R_3 + R_4 + R_5)}{R_2 + R_3 + R_4 + R_5}, R_{ac} = R_1 + R_7$

$R_{ad} = R_1 + R_6 + \frac{R_3(R_2 + R_4 + R_5)}{R_3 + R_2 + R_4 + R_5}, R_{bd} = R_6 + \frac{(R_2 + R_3)(R_4 + R_5)}{R_2 + R_3 + R_4 + R_5}$

$R_{ce} = R_7 + \frac{(R_2 + R_4)(R_3 + R_5)}{R_2 + R_4 + R_3 + R_5}$

2-6 (a) 10Ω (b) 0.5Ω (c) 2Ω

2-7 (a) 200V (b) 181.8V

2-8 $R_1 = 29.28\text{k}\Omega, R_2 = 270\text{k}\Omega, R_3 = 300\text{k}\Omega$

2-9 9V

2-10 $I_1 = -3\text{A}, I_2 = \frac{13}{6}\text{A}$

2-11 $2R$ 或 $-4R$

2-12 2.8Ω

2-13 $I_1 = -\frac{5}{6}\text{A}, I_2 = \frac{1}{6}\text{A}$

2-14 略

2-15 (a) 3V 电压源和 2Ω 电阻的串联 (b) 1A 电流源
      (c) 3V 电压源和 3Ω 电阻的串联 (d) 2V 电压源和 1Ω 电阻的串联

2-16 $u_{ab} = -5\text{V}, P_{5\text{V}} = -75\text{W}, P_{5\text{A}} = 25\text{W}, P_{6\text{V}} = 60\text{W}, P_{10\text{A}} = -110\text{W}$

2-17 6V 电压源和 2000Ω 电阻的串联

2-18 $U_{oc} = 90\text{V}, R_o = 10^5\Omega$

2-19 $R_1 = 1\Omega$

2-20 2Ω

2-21 18V 电压源与 5Ω 电阻的串联

2-22 (a) $P_{120\text{V}} = 864\text{W}, P_{2\text{I}} = -3744\text{W}$ (b) $P_{4\text{A}} = -374\text{W}, P_{30\text{V}} = -172.5\text{W}$

2-23 $0.5\text{V}; 1\text{A}, 3\text{V}$

2-24 3A

2-25 (a) 6V电压源和7Ω电阻的串联   (b) 1V电压源和3.5Ω电阻的串联

2-26 2W

2-27 $-\dfrac{6}{7}$A

2-28 (a) 6Ω (b) 10.5Ω

2-29 5Ω

2-30 2A

2-31 (a) $\dfrac{7}{12}$Ω (b) $\dfrac{4}{5}$Ω (c) $\dfrac{13}{7}$Ω (d) $\dfrac{11}{20}$Ω

第3章

3-1 $P_{8V}=-32$W,$P_{2V}=-4$W,$P_{1V}=1$W

3-2 $P_{20V}=-120$W,$P_{6V}=12$W,$P_{2U_1}=-16$W

3-3 9.5A,10A,13A,6.5A,3.5A

3-4 18W,12W,−135W

3-5 0.5A,2A,2.5A,1.5A,1A

3-6 $\dfrac{2}{25}$A

3-7 (2/27)W,−(10/3)W

3-8 略

3-9 72.2W,889.2W

3-10 −6W

3-11 6V,2A

3-12 −3A,−2A,1A,0

3-13 −50W

3-14 1A,0.5A,0.5A

3-15 $P_{1A}=0$,$P_{10V}=-30$W

3-16 $\dfrac{5}{3}$V,$\dfrac{55}{12}$A

3-17 略

3-18 0.5A

3-19 $P_{2V}=-20$W,$P_{2A}=-4$W

3-20 1A

第4章

4-1 (a) $\dfrac{2}{3}$A (b) $P_{2V}=-18$W,$P_{2A}=-8$W,$P_{4A}=-16$W,$P_{6V}=-18$W

4-2 2A,4A

4-3 24W,−168W

4-4 $U=1.75$V,$I=0.125$A

习题参考答案

4-5 $U_s = -24$V 或 1.6V

4-6 9A

4-7 $i_1 = I_1 - I_2, i_2 = 0$

4-8 288W, 128W

4-9 4Ω

4-10 -30V

4-11 $\frac{2}{3}$Ω, 15A

4-12 $R_L = \frac{5}{3}$Ω

4-13 (a) $U_{oc} = 3.5$V, $R_0 = \frac{15}{8}$Ω (b) $U_{oc} = 4$V, $R_0 = 2$Ω

4-14 $U_{oc} = 15$V, $R_0 = 2$Ω

4-15 $U_{oc} = -10$V, $R_0 = 5$Ω

4-16 $\frac{2}{3}$A

4-17 80V

4-18 4W

4-19 32W

4-20 -4W

4-21 -1.2A

4-22 $\alpha = -1 - \dfrac{R_2 R_5}{R_1(R_2 + R_3)}$

4-23 1.5A

4-24 48V 电压源与 12Ω 电阻的串联或 6.4V 电压源与 0.8Ω 电阻的串联,$I_L = \dfrac{7}{12}$A

4-25 -2.4V

4-26 1A

4-27 52W, 78W

4-28 4V

4-29 -1.5A

4-30 8A

4-31 2.5A

4-32 (a) 3Ω, $\dfrac{64}{3}$W (b) 2Ω, $\dfrac{9}{8}$W

4-33 2Ω, 5000W, -2A

4-34 10Ω, 140.625W

4-35 1Ω, 3A

4-36 4A, 1A

4-37 10.96V

4-38　$I_{AB}=\dfrac{2E}{3R}, U_{CD}=E$

第 5 章

5-1　$(R_3+R_4)U_S/R_4$

5-2　$u_o=u_i$

5-3　$-R_4u_i/R_1$

5-4　2

5-5　$2V,-500\Omega$

5-6　$-3V$

5-7　$720mV,180mA$

5-8　R_1R_3/R_2

5-9　$2(u_{s2}-u_{s1})$

5-10　7.5V

第 6 章

6-1　(a) $\varepsilon(t)+(1-t)\varepsilon(t-1)+(t-2)\varepsilon(t-2)$
　　(b) $\delta(t)+t\varepsilon(t-1)-t\varepsilon(t-2)+2\delta(t-2)$
　　(c) $t\varepsilon(t)+2(1-t)\varepsilon(t-1)+\left(t-\dfrac{3}{2}\right)\varepsilon(t-2)+\dfrac{1}{2}\varepsilon(t-3)$

6-2　略

6-3　2.67V,4.5V

6-4　(a) $i_C=[-0.5\delta(t)-0.5\delta(t-1)+\delta(t-2)]A$
　　(b) $i_C=\{0.5[-0.5\varepsilon(t)+\varepsilon(t-1)]+0.5[\varepsilon(t-2)-\varepsilon(t-3)]\}A$

6-5　(1) $u_C=\left[\dfrac{3}{2}-\dfrac{1}{2}(1-t)^2\right][\varepsilon(t)-\varepsilon(t-1)]+\left[\dfrac{3}{2}+\dfrac{1}{2}(t-1)^2\right][\varepsilon(t-1)-\varepsilon(t-2)]+$
　　　$2\varepsilon(t-2)$
　　(2) $\dfrac{9}{8}J,2J,2J$

6-6　1.076V

6-7　(1) $u_L(t)=[\varepsilon(t)-\varepsilon(t-1)]-[\varepsilon(t-1)-\varepsilon(t-3)]+[\varepsilon(t-3)-\varepsilon(t-4)]$
　　(2) $P_L(t)=t[\varepsilon(t)-\varepsilon(t-1)]+(t-2)[\varepsilon(t-1)-\varepsilon(t-3)]+(t-4)[\varepsilon(t-3)-\varepsilon(t-4)]$

6-8　(1) $i_L=\dfrac{1}{2}t^2[\varepsilon(t)-\varepsilon(t-1)]+\left[1-\dfrac{1}{2}(2-t)^2\right][\varepsilon(t-1)-\varepsilon(t-3)]+$
　　　$\dfrac{1}{2}(t-4)^2[\varepsilon(t-3)-\varepsilon(t-4)]$
　　(2) $\dfrac{1}{8}J,\dfrac{1}{2}J,\dfrac{1}{8}J$

6-9　略

6-10　略

6-11 略

6-12 100 个

6-13 (1) 1.6μF (2) 8V,2V,4/3V,2/3V (3) $6e^{-3t}$ A, $2e^{-3t}$ A

6-14 $u_{C1}(0_+)=\dfrac{9}{11}$V $u_{C2}(0_+)=-\dfrac{6}{11}$V $u_{C3}(0_+)=\dfrac{3}{11}$V $u_{C4}(0_+)=-\dfrac{9}{11}$V

6-15 初始电压为 3V 的 0.4F 的电容与 $[0.8\delta(t)-4.8e^{-6t}\varepsilon(t)$A] 电流源的并联

6-16 (1) 2H (2) $i_1=\dfrac{2}{3}(1-e^{-2t})\varepsilon(t), i_2=\dfrac{4}{3}(1-e^{-2t})\varepsilon(t), i_3=\dfrac{8}{9}(1-e^{-2t})\varepsilon(t)$,

$i_4=\dfrac{4}{9}(1-e^{-2t})\varepsilon(t)$ $u_2=\dfrac{8}{3}e^{-2t}\varepsilon(t)$V $u_3=\dfrac{16}{3}e^{-2t}\varepsilon(t)$V

6-17 $i_1(0_+)=2$A, $i_2(0_+)=2$A, $i_3(0_+)=0.5$A, $i_4(0_+)=-0.5$A, $u_1(t)=0.5\delta(t)$V

6-18 电感 L 与电压源 $e_s(t)$ 的串联电路,其中 $L=\dfrac{L_3(L_1+L_2)}{L_1+L_2+L_3}, e_s(t)=\dfrac{L_2L_3}{L_1+L_2+L_3}\dfrac{di_s}{dt}$

第 7 章

7-1 $T=0.01$s, $f=100$Hz, $\omega=628$rad/s, $\varphi_u=40°, \varphi_i=-72°$

7-2 $u(t)=10\sin(314t+36.87°)$V$=10\cos(314t-53.13°)$V

7-3 $\varphi=90°$; i 超前于 u

7-4 (1) i_2 滞后于 $u_1\ 60°$, i_1 超前于 $u_2\ 105°$

(2) $U_1=6\underline{/30°}$V, $U_2=3\underline{/135°}$V, $I_1=2\underline{/-120°}$mA, $I_2=1.5\underline{/-30°}$mA

7-5 $u_1=100\sqrt{2}\sin(200t+53.1°)$V, $u_2=220\sin(200t+36.87°)$V,

$u_3=170\sqrt{2}\sin(200t-61.93°)$V

7-6 (1) $u=60\sqrt{2}\sin(\omega t-45°)$ (2) $u=107.78\sin(\omega t+40.5°)$

(3) $i=13.88\sin(2t-36.42°)$ (4) $i=23.53\sin(100t-16.83°)$

7-7 $i_1(t)=5\sqrt{2}\sin(314t-53.1°)$A, $i_2(t)=1.135\sqrt{2}\sin(314t+28.18°)$A,

$i_3(t)=4\sqrt{2}\sin(314t+60°)$A

7-8 (1) $u(t)=1.2\sin(1000t+30°)$V

7-9 40.7mH, 13.18J

7-10 $u(t)=57.68\sqrt{2}\sin(1000t-33.7°)$V

7-11 7.24μF, 0.35J

7-12 (1) $i(t)=0.255\sqrt{2}\sin(100\pi t-60°)$A (2) $u(t)=38.2\sqrt{2}\sin(2000\pi t+150°)$V

(3) $u(t)=25.5\sqrt{2}\sin(3000\pi t+150°)$V

7-13 略

7-14 (1) $C=\dfrac{2}{3}$F (2) $R=0.173\Omega$ 或 $L=0.3$mH 或 $C=1$F

7-15 20V

7-16 (1) $I=5\underline{/90°}$A (2) $i(t)=\dfrac{10}{3}\cos\omega t$A (3) $u(t)=4\sqrt{2}\sin(\omega t-73.7°)$V

(4) $Z=(7.85-j18.4)\Omega$ (5) $Y=0.0828\underline{/-60.17°}$S

7-17 $R=4.31\Omega, L=2H, C=2.77\times10^{-3}F$

7-18 $12.5\Omega, 0.1295H$

7-19 (1) $Z=(50-j50)\Omega, \dot{I}=\sqrt{2}\underline{/45°}$A (2) $Z=(50+j50)\Omega, \dot{I}=\sqrt{2}\underline{/-45°}$A

(3) $Z=(50-j100)\Omega, \dot{I}=0.4\sqrt{5}\underline{/63.4°}$A

7-20 (1) $Y=(2+j)\times10^{-2}S, \dot{U}=400\sqrt{5}\underline{/-26.6°}$V

(2) $Y=(2-j3)\times10^{-2}S, \dot{U}=1000\underline{/0°}$V

(3) $Y=(2-j)\times10^{-2}S, \dot{U}=400\sqrt{5}\underline{/26.6°}$V

7-21 (a) $Z=(3-j)\Omega, Y=(0.3+j0.1)S$ (b) $Z=\left(2+j\dfrac{2}{3}\right)\Omega, Y=(0.45+j0.15)S$

(c) $Z_L=(11.92-j1.44)\Omega, Y=\left(-\dfrac{3}{13}-j\dfrac{2}{13}\right)S$

7-22 (1) $(0.794+j1.676)\Omega$ (2) $(0.595-j0.32)S$

7-23 $i_1=0.878\sin(314t+13.7°)A, i_2=1.066\sin(314t+39.3°)A$,

$i_3=0.475\sin(314t-86.7°)A$

7-24 $I=2.38\underline{/-42.4°}A$

7-25 $i_1=0.708\sin tA, i_2=0.224\sqrt{2}\sin(1000t+26.57°)A$

7-26 $I_1=16.39\underline{/32.35°}\Omega VA, I_2=1.106\underline{/55.46°}A, I_3=0.0386\underline{/10.43°}A$

7-27 $I_1=0.45\underline{/10.5°}A, I_2=2.86\underline{/10.4°}A, I_3=0.55\underline{/28.8°}A$

7-28 $0.784\underline{/-101°}A$

7-29 $10\underline{/90°}A$

7-30 25krad/s

7-31 $\omega=\sqrt{\dfrac{R_1+R_2}{R_2LC}}$

7-32 $5.51k\Omega$

7-33 $40V, 30V, 60V$

7-34 $(144.3+j100)\Omega$

7-35 $10.22\Omega A, 141V$

7-36 (1) $15V$ (2) $9V$

7-37 $0.02\mu F$

7-38 $380\Omega, 1.21H, 4.19\mu F$

7-39 $R\neq0, C=\dfrac{1}{2\omega^2 L}$

7-40 (1) $\widetilde{S}=(172.8+j230.4)VA$ (2) $\widetilde{S}=(241.8+j418.8)VA$

(3) $\widetilde{S}=(294.03-j392.04)VA$ (4) $\widetilde{S}=(141.2-j141.2)VA$

7-41 (1) $\tilde{S}=(154-j72)\text{VA}, \cos\varphi=0.91$

(2) $\tilde{S}=(623.5-j360)\text{VA}, \cos\varphi=0.866$

(3) $\tilde{S}=(10.6-j3.6)\text{VA}, \cos\varphi=0.95$

(4) $\tilde{S}=(173.2-j99.7)\text{VA}, \cos\varphi=0.866$

7-42 $400\text{W}, \pm 300\text{var}, \cos\varphi=0.8$

7-43 $300\text{W}, -100\text{var}, -100\text{var}, 200\text{var}, -200\text{var}$

7-44 32W

7-45 $\cos\varphi=0.993, 1.735\text{kvar}, 68.9\text{A}$

7-46 28.4mH

7-47 $80\Omega, 385\text{mH}, 0.0154\mu\text{F}$

7-48 $R=5\Omega, X_L=100\Omega, X_C=20\Omega$

7-49 $R_1=625\Omega, X_C=833.3\Omega, X_L=600\Omega$

7-50 -200W

7-51 $Z_1=80\underline{/54°}\Omega, Z_2=50\underline{/60°}\Omega$

7-52 $R_1=R_2=R_3=5\Omega, X_L=X_C=5\sqrt{3}\Omega$

7-53 $(5.3+j10.6)\Omega$

7-54 $R_1=6\Omega, R_2=4\Omega, L=25\text{mH}, C=398\mu\text{F}$

7-55 $j26.67\text{VA}, j1633\text{VA}$

7-56 $Z=j30\Omega, P=0$

7-57 $Z_L=(11.92-j1.44)\Omega, P_{\max}=3.02\text{W}$

7-58 $(0.4-j0.2)\Omega, 0.25\text{W}$

7-59 $(2-j2)\Omega, 1.5\text{W}$

7-60 $118\mu\text{F}$

7-61 (1) $21.26\text{A}, 1800\text{W}; 0.874$(滞后) (2) $10.22\Omega, 2788\text{W}, 0.926$(滞后)

7-62 $0.0154\mu\text{F}, 385\text{mH}, 8\text{mW}$

7-63 $(70-j71)\Omega, 33.75\Omega$

7-64 $10\underline{/90°}\text{A}$

7-65 $u_1=4\sin t\text{ V}, u_2=\dfrac{(\sqrt{2})^n}{2^{n-1}}\sin(t+n\times 45°)\text{V}$

第 8 章

8-1 $160\Omega, 2.56\text{H}, 15.625\text{pF}$

8-2 $2.26\Omega, 28.78\text{mH}$

8-3 $10\times 10^{-3}\Omega, 0.5\times 10^{-10}\text{H}, 5\times 10^{-3}\text{F}, Q=100$

8-4 $100\text{k}\Omega, 0.1\text{mH}, 100\text{pF}, 0.1\text{W}, Q=50$

8-5 9.6V

8-6 $8\text{A}, Q=0.75$

8-7　(a) 电路先发生并联谐振　(b) 电路先发生串联谐振

8-8　(a) $\dfrac{1}{\sqrt{LC}}$　(b) $\dfrac{1}{RC}\sqrt{\dfrac{R^2C}{L}-1}$　(c) $\dfrac{1}{\sqrt{LC_2}}$

8-9　$\sqrt{\dfrac{1+\alpha}{L}-\dfrac{1}{R^2C^2}}$

8-10　$\dot{I}=10\sqrt{2}\underline{/45°}\text{A},R=10\sqrt{2}\,\Omega,X_L=5\sqrt{2}\,\Omega,X_C=10\sqrt{2}\,\Omega$

8-11　除 $\dot{I}_3=0$，其余各支路电流均为 1A

8-12　$R=8\,\Omega$ 或 $2\,\Omega,C_2=440\,\mu\text{F}$ 或 $1.5\,\mu\text{F}$

8-13　$17.3\underline{/0°}\text{A},6.04\,\Omega,11.55\,\Omega,5.77\underline{/30°}\,\Omega$

8-14　$\dfrac{\sqrt{3}}{2}\,\Omega,0.05\text{H},0.2\text{F}$

8-15　$L=0.031\text{mH},C_p=12.7\text{pF}$

8-16　$U_S=173\text{V},R_1=17.32\,\Omega,R_2=17.32\,\Omega,X_L=20\,\Omega,X_{C1}=10\,\Omega,X_{C2}=10\,\Omega$

8-17　略

8-18　(1) $u_1=L_1\dfrac{\text{d}i_{s1}}{\text{d}t}-M\dfrac{\text{d}i_{s2}}{\text{d}t},u_1=M\dfrac{\text{d}i_{s1}}{\text{d}t}-L_2\dfrac{\text{d}i_{s2}}{\text{d}t}$

　　　(2) $I_1=\dfrac{1}{\Delta}(L_2U_{S1}+MU_{S2}),I_2=\dfrac{1}{\Delta}(MU_{S1}+L_1U_{S2}),\Delta=\text{j}\omega(L_1L_2-M^2)$

　　　(3) $u_1=L_1\dfrac{\text{d}i_{s1}}{\text{d}t}+(L_1+M)\dfrac{\text{d}i_{s2}}{\text{d}t}\quad u_2=(L_1+M)\dfrac{\text{d}i_{s1}}{\text{d}t}+(L_1+L_2+2M)\dfrac{\text{d}i_{s2}}{\text{d}t}$

8-19　$M=0.49\text{H}$

8-20　(a) 280V　(b) 82.53V

8-21　(a) $\text{j}2\,\Omega$　(b) $(0.45+\text{j}5.1)\,\Omega$

8-22　$1.39\underline{/-33.7°}\text{A},34.45\underline{/83.6°}\text{A}$

8-23　$0.135\underline{/-36.9°}\text{A},2\sqrt{2}\underline{/-45°}\text{A},0.0811\underline{/-90°}\text{A}$

8-24　$\dot{U}=30.9\underline{/51.87°}\text{V},\dot{I}=4.92\underline{/-38.13°}\text{A},\dot{I}_1=1.97\underline{/-38.13°}\text{A},$
　　　$\dot{I}_2=2.95\underline{/-38.13°}\text{A}$

8-25　$58.33\underline{/90°}\text{V}$

8-26　200V

8-27　$i_1=0.167\sin(t+180°)\text{A},i_2=0.458\sin t\,\text{A},i_3=0.708\sin t\,\text{A}$

8-28　$f=\dfrac{1}{2\pi\sqrt{L_2C}}$

8-29　$1.5\,\mu\text{F},4\underline{/0°}\text{A},2\underline{/180°}\text{A},6\underline{/0°}\text{A}$

8-30　0.49H

8-31　$Z_L=(3.48+\text{j}3.36)\,\Omega,P_{L\max}=12.9\text{W}$

8-32　(1) $Z=(0.2-\text{j}9.8)\,\Omega,i_1=\sqrt{2}\cos 10^4 t\,\text{A},i_2=10\cos(10^4 t-135°)\text{A}$

(2) $Z=(0.2+\text{j}9.8)\Omega, P_{\max}=10\text{W}$

8-33 (a) $16.39\underline{/32.35°}\Omega$ (b) $\text{j}3.3\Omega$

8-34 $n=\dfrac{1}{3}, 6.75\text{W}$

8-35 $1.25\underline{/0°}\text{A}, 2.5\underline{/180°}\text{A}, 6.25\text{W}$

8-36 $6.67\underline{/-53.1°}\text{V}, 8.88\text{W}$

8-37 $\sqrt{2}\underline{/-45°}\text{A}, 2\sqrt{2}\underline{/-45°}\text{A}$

8-38 $(0.5+\text{j}0.5)\Omega, 4\text{W}$

8-39 $n_1=5, n_2=2, 0.36\text{W}$

8-40 $400\sqrt{2}\sin(10^6 t+90°)\text{V}$

8-41 $n_1^2 R_1 + n_2^2 R_2 + (n_1+n_2)^2 R_3$

8-42 5.81A

8-43 $3.75\text{A}, 47.76\text{V}$

第 9 章

9-1 略

9-2 $\dot{I}_A=4.4\underline{/-53.1°}\text{A}, \dot{I}_B=4.4\underline{/-173.1°}\text{A}, \dot{I}_C=4.4\underline{/66.9°}\text{A}, \dot{I}_0=0$

9-3 $\dot{I}_A=22\sqrt{2}\underline{/-75°}\text{A}, \dot{I}_1=17.96\underline{/-45°}\text{A}$

9-4 (1) 220V, 13.8A (2) 15.94Ω (3) 23.9A, 41.4A

9-5 $I_1=59.1\text{A}, I_2=67.6\text{A}, I_3=26.8\text{A}$

9-6 $\dot{I}_A=50\underline{/-102.5°}\text{A}, \dot{I}_B=50\underline{/137.5°}\text{A}, \dot{I}_A=50\underline{/17.5°}\text{A}$

9-7 (1) $\dot{I}_A=4.12\underline{/-60.7°}\text{A}, \dot{I}_B=0, \dot{I}_C=4.12\underline{/-74.5°}\text{A}, \dot{I}_0=3.14\underline{/6.9°}\text{A}$

(2) $\dot{I}_A=7.6\underline{/-83.1°}\text{A}, \dot{I}_B=7.6\underline{/-143.1°}\text{A},$

$\dot{I}_C=35.16\underline{/66.8°}\text{A}, \dot{I}_0=22\underline{/66.9°}\text{A}$

9-8 160.6V

9-9 $I_A=I_C=I_1/\sqrt{3}, I_B=I_1$

9-10 $Z=(3+\text{j}4)\Omega$

9-11 4.43A

9-12 (1) 300W (2) $(300+\text{j}100\sqrt{3})\Omega$

9-13 $C=91.5\mu\text{F}, 30.39\text{A}(并联 C 前), 16.88\text{A}(并联 C 后)$

9-14 (1) 17.9A, 9.05A, 5.23A, 0.667

(2) 114.9μF(欠补偿), 14.9A, 7743W

9-15 84.586kW, 66.601kvar, 107.659kVA

9-16 略

9-17 6.74A, 69.7V, 906.7W

9-18 83.7A, 627.6V, 13462W

9-19 $I_1 = 124.5\text{A}, I_2 = 0, P = 333.3\text{W}$

9-20 (1) 414V, 0.72 (2) $\dot{I}_B = 12.41\underline{/-129.45°}\text{A}, 3677.7\text{W}, 3642.3\text{var}$

9-21 (1) $(4+j3)\Omega$ (2) $22\sqrt{2}\underline{/-135°}\text{A}, 22\sqrt{2}\underline{/105°}\text{A}, 22\sqrt{2}\underline{/-15°}\text{A}$

   (3) $22\sqrt{2}\underline{/135°}\text{A}, 74.49\underline{/96.2°}\text{A}, 48.86\underline{/51°}\text{A}, 132\underline{/-90°}\text{A}$

9-22 $U_{A2} = 848.42\text{V}, P' = 88.95\text{kW}, \cos\varphi' = 0.565$

图书资源支持

感谢您一直以来对清华版图书的支持和爱护。为了配合本书的使用,本书提供配套的资源,有需求的读者请扫描下方的"书圈"微信公众号二维码,在图书专区下载,也可以拨打电话或发送电子邮件咨询。

如果您在使用本书的过程中遇到了什么问题,或者有相关图书出版计划,也请您发邮件告诉我们,以便我们更好地为您服务。

我们的联系方式:

地　　址:北京市海淀区双清路学研大厦A座701

邮　　编:100084

电　　话:010-83470236　010-83470237

资源下载:http://www.tup.com.cn

客服邮箱:2301891038@qq.com

QQ:2301891038(请写明您的单位和姓名)

书圈

扫一扫,获取最新目录

课程直播

用微信扫一扫右边的二维码,即可关注清华大学出版社公众号"书圈"。